新型工业化人才培养
新形态教材精品系列

工业和信息化部"十四五"规划教材
国家级一流本科课程配套教材

机械制造技术基础

微|课|版

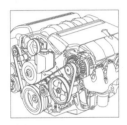
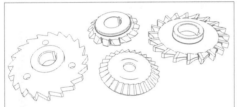
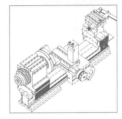

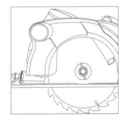

赵万华◎主编　李言◎主审

张俊　洪军◎副主编

人民邮电出版社
北　京

图书在版编目（CIP）数据

机械制造技术基础：微课版 / 赵万华主编. -- 北京 : 人民邮电出版社，2024.6

新型工业化人才培养新形态教材精品系列

ISBN 978-7-115-64021-5

Ⅰ. ①机… Ⅱ. ①赵… Ⅲ. ①机械制造工艺－高等学校－教材 Ⅳ. ①TH16

中国国家版本馆CIP数据核字(2024)第060276号

内 容 提 要

本书是工业和信息化部"十四五"规划教材，在内容的选取方面相比于传统教材有较大幅度的变化，主要体现在：本书从零件的成形原理出发，引出减材成形之切削减材的工艺方法及装备，即切削加工成形及其机床、夹具等。

全书共 6 章，主要内容包括零件成形原理、工艺及装备，切削运动、刀具与切削原理，数控机床及其性能，机床夹具原理与设计，切削加工工艺过程设计和机器装配工艺基础。本书从工程需求出发，特别强调基本概念与基础理论，从知识点的提取到知识点逻辑的撰写，均力求符合学生的认知规律。

本书可作为普通高等院校机械工程专业核心专业课程教材，也可供车辆工程、工业工程等专业的本科生和研究生参考使用，还可作为机械制造业的科研人员和工程技术人员解决实际问题的重要参考资料。

◆ 主　　编　赵万华

　　副主编　张　俊　洪　军

　　主　审　李　言

　　责任编辑　王　宣

　　责任印制　陈　犇

◆ 人民邮电出版社出版发行　北京市丰台区成寿寺路 11 号

　　邮编　100164　电子邮件　315@ptpress.com.cn

　　网址　https://www.ptpress.com.cn

　　涿州市京南印刷厂印刷

◆ 开本：787×1092　1/16

　　印张：19.25　　　　　　　2024 年 6 月第 1 版

　　字数：497 千字　　　　　 2024 年 6 月河北第 1 次印刷

定价：79.80 元

读者服务热线：(010)81055256　印装质量热线：(010)81055316

反盗版热线：(010)81055315

广告经营许可证：京东市监广登字 20170147 号

■　**时代背景**

机械制造技术基础是 20 世纪 90 年代教学改革的产物，教育工作者把当初的 5～6 门课程合并为一门课程，并经过约 30 年国内高校课程体系的调整，业内基本认可了这门课程的知识体系，即包括机床、刀具、夹具、加工工艺及质量控制方面的知识。近年来，市面上同名教材也出版了几十种。不同学校根据自己的培养方案针对课程内容的选择也是各有侧重，如有些学校把机床单列为一门课程，有些学校把夹具单列为一门课程，但多数学校均将它们集成在机械制造技术基础这一门课程内，这就是本书采用《机械制造技术基础（微课版）》这一书名的缘由。

■　**写作思路**

本书是编者在总结近 30 年在机械制造技术基础、机床设计、机械制造工艺学等方面的教学经验和近 20 年从事高效加工工艺和机床科学研究的成果，充分分析国内同名教材和国外相关教材的教学内容，并结合理解教与学的规律及课堂教学特征的基础上编写而成的，因此，本书在内容组织、编写风格、语言运用等方面均具有自己的特点；此外，考虑到学生学习知识的有用性及实用性，同时考虑到相关领域未来的发展趋势，本书所传授的知识更具有基础性和可扩展性。

本书总体涵盖了零件成形原理、金属切削材料去除机理与刀具、切削加工机床、机床夹具、工艺过程设计和机器装配等内容，但在内容的组织上，又以全新的思路进行编著和撰写；同时考虑到人们学习知识的规律，编者抓住每部分知识的内涵与本质，使本书内容讲解由浅入深、由简到繁。

本书强调基础理论知识的学习，如切削部分的切削原理、切削力、热的分析计算；在讲授机床时，从切削运动的实现及控制这一本质层面入手，根据不同切削运动，引出不同的机床，并且从运动的实现过程到机床上切削运动的特点，系统介绍了机床运动控制及机床整机的性能指标，包括主轴精度、几何精度、机床的联动运动控制、机床的动态性能及机床的可靠性等。

■　**本书内容**

本书各章具体内容介绍如下。

● 　第 1 章　零件成形原理、工艺及装备：本章的基础理论知识是需要读者明白成形的精度、效率和成本是各种成形工艺或方法的基本要求，追求的目标是优质、高效、低成本。增材、减材、等材这三种成形原理下的各种成形工艺或方法都遵循这一规律。增材是积分原理，减材是微分原理，等材多是形状和性能改变。实践知识需要现场参观各类成形工艺和方法，了解相应的工艺及装备等。

- 第 2 章　切削运动、刀具与切削原理：减材原理下的切削加工成形，其基础理论知识比较多，包括剪切滑移理论的材料去除机理，刀具设计的基本原理，切削动力学、切削稳定域等基础理论知识，以及切削过程中的力、热、切削功率，自动化加工时刀具磨破损状态监测等基本概念。

- 第 3 章　数控机床及其性能：机床是完成切削运动的设备，因此其基本的概念和理论依据应该是运动的实现以及运动的控制，从传统的机床到数控机床以及加工中心，其基本的功能都是运动，因此本章的基础理论知识应是运动的控制，特别是数控机床联动运动的控制是其核心技术。除此之外，完成这种运动的精度、精度保持性、动态特性、可靠性等是机床的基本性能指标。

- 第 4 章　机床夹具原理与设计：夹具是机床进行加工必不可少的辅助装置，其功能是完成定位、夹紧的，六点定位原理是基本的知识点，但由于机床功能的增强，一次装夹可实现多个面加工，体现出高度的工序集中特点，因此原来一些概念已不再适用，如一次装夹可实现六个面的加工，这就使得定位误差的概念发生了本质的变化，在定位过程中产生的误差不再是原来的基准位移和定位元件制造不准确导致的，而多是由机床的精度决定的，或者是由随行夹具每次在机床上的定位所导致的；在夹紧方面，航空结构件普遍存在多点过定位和多点夹紧的现象，从装夹的本质层面需考虑零件本身的柔性问题，所以在定位点和夹紧点的布置方面需有些新的考虑。

- 第 5 章　切削加工工艺过程设计：采用数控机床完成的切削加工工艺，可以说很大程度上不同于传统机床的切削加工工艺，特别是在加工中心、复合机床上的加工，突出的特点是工序集中，加工顺序仍然与传统的加工顺序相同，但往往在一台机床上完成，反而对复杂零件加工路径的优化和参数优化成为突出问题；在加工前的仿真也是复杂零件数控加工工艺制定中必须考虑的环节。

- 第 6 章　机器装配工艺基础：本章简单介绍了有关装配的基本概念，增加了装配的具体内容。传统教材仅仅讲解了装配精度（间隙或过盈）的问题，实际上装配环节远不止装配精度，还包括装配时的刚度要求、密封要求、应力要求等，它们都应该是装配环节必须被考虑的。在此基础上，对装配数字化、自动化相关知识也进行了简单总结、梳理和介绍，目的在于给学生初步的总体概念。

■ 本书特色

1. 紧扣课程教学规律，合理构建知识体系

根据课堂教学规律可知，课堂着重讲解课程的基本概念、基础理论知识，而工程能力应放在实践环节培养，不能占用大量的课堂时间。为此，本书在仔细梳理各部分基础理论知识的基础上，考虑本科阶段的培养目标，对各部分基础理论知识和工程知识进行了充分的删选和凝练，以保证课堂上的教学效果，同时保证学生能举一反三、融会贯通，遵循的理念是掌握的知识越是基础，其适应能力就越强。

2. 强化基础理论学习，扎实锤炼工程能力

在本书各章的最后，编排了思考与练习题以及实践训练题这两种类型的内容，思考与练

习题主要用于训练和考核基础理论知识点，实践训练题主要用于课内实践训练环节，相当于以往的课程设计。对于课内实践训练环节，建议任课教师可以通过"课内指导、课外训练"的方式进行。

3. 配套丰富教辅资源，助力培养拔尖人才

本书配有精美的 PPT 课件、教学大纲、教案、习题答案以及重要知识点的微课视频，还有相应的线上资源（慕课视频），可供教师上课和学生自学参考。未来对实践训练题也将编写提纲及指导书，以供师生参考。

■　编者团队

本书由赵万华教授担任主编，张俊教授、洪军教授担任副主编，同时参与编写的还有李旸、金涛、位文明、刘辰、吕盾、张会杰、刘辉、刘弘光等。本书全部内容由李言教授倾情主审，编者在此深表感谢。

本着教授学生有用知识的原则，本书相比于传统教材尝试着进行了一种新的大胆改革，当然这种变化需要高校教师有一个接受的过程；同时，鉴于编者精力有限，本书难免有不足之处，希望同行多多提出宝贵意见和建议，以便编者对本书进行不断修改、完善，共同为建设好"机械制造技术基础"这门课程出把力。

编　者
2023 年冬于西安

第0章　绪论 ………………………………… 1

第1章　零件成形原理、工艺及装备 ……… 3

1.1　零件成形的基本要求 ………………… 3

　　1.1.1　零件材料 …………………………… 3

　　1.1.2　材料构造 …………………………… 3

　　1.1.3　零件几何特征及分类 …………… 4

　　1.1.4　零件成形质量要求 ……………… 6

1.2　三种成形原理及工艺方法 …………… 7

　　1.2.1　增材成形原理及典型工艺和
　　　　　　装备 …………………………………… 7

　　1.2.2　等材成形原理及典型工艺和
　　　　　　装备 ………………………………… 12

　　1.2.3　减材成形原理及典型工艺和
　　　　　　装备 ………………………………… 19

1.3　复合成形工艺 ………………………… 27

　　1.3.1　同种原理不同工艺复合 ……… 27

　　1.3.2　多种原理复合 …………………… 29

　　1.3.3　多任务复合 ……………………… 30

1.4　成形工艺及设备的一般性要求 …… 30

　　1.4.1　质量要求 ………………………… 31

　　1.4.2　效率要求 ………………………… 31

　　1.4.3　成本要求 ………………………… 31

　　1.4.4　绿色环保要求 …………………… 31

　　1.4.5　人机友好要求 …………………… 31

思考与练习题 …………………………………… 32

实践训练题 ……………………………………… 32

第2章　切削运动、刀具与切削原理 …… 33

2.1　切削运动 ……………………………… 33

2.1.1　切削运动定义 …………………… 33

2.1.2　两种切削运动 …………………… 33

2.1.3　切削过程的表征 ………………… 34

2.1.4　零件表面形状与切削运动的
　　　　关系 ………………………………… 36

2.2　刀具结构 ……………………………… 37

2.2.1　刀具设计总体原则 ……………… 37

2.2.2　刀具切削部分 …………………… 37

2.3　刀具种类 ……………………………… 41

2.3.1　按加工方式分类 ………………… 41

2.3.2　按结构形式分类 ………………… 44

2.3.3　按标准化分类 …………………… 44

2.4　刀具材料 ……………………………… 45

2.4.1　刀具材料应具备的性能 ………… 45

2.4.2　常用刀具材料 …………………… 45

2.4.3　新型刀具材料 …………………… 46

2.4.4　涂层刀具材料 …………………… 47

2.5　金属材料切削的变形过程 ………… 48

2.5.1　直角切削和斜角切削 …………… 48

2.5.2　材料的剪切—滑移—断裂
　　　　过程 ………………………………… 49

2.5.3　切削变形区 ……………………… 49

2.5.4　变形程度表示方法 ……………… 50

2.5.5　切屑形态 ………………………… 50

2.6　切削力 ………………………………… 52

2.6.1　切削力的产生 …………………… 52

2.6.2　切削力的计算 …………………… 53

2.6.3　切削力的测量 …………………… 65

2.7　切削热 ………………………………… 66

2.7.1　切削热的产生 …………………… 66

2.7.2　切削热/切削温度的计算 ········ 66
2.7.3　切削温度的影响因素与
　　　　控制 ······························ 69
2.7.4　切削温度的测量 ·············· 70
2.8　切削区材料的微观组织特性 ······· 71
2.8.1　切屑的微观组织 ·············· 72
2.8.2　已加工表面的微观组织 ······ 73
2.9　刀具磨破损、寿命及状态监测 ····· 76
2.9.1　刀具磨破损现象 ·············· 76
2.9.2　刀具寿命及影响因素 ········ 79
2.9.3　刀具破损 ······················ 79
2.9.4　刀具磨破损状态监测 ········ 79
2.10　磨削加工方法 ···················· 81
2.10.1　单刃/多刃刀具加工的不足 ··· 81
2.10.2　磨削机理 ···················· 81
2.10.3　磨削工具 ···················· 82
2.10.4　磨削运动 ···················· 83
2.10.5　光整加工方法 ·············· 83
思考与练习题 ······························ 84
实践训练题 ································· 85

第3章　数控机床及其性能 ············· 86

3.1　典型机床的构型及其运动 ········· 86
3.1.1　车床构型及其运动 ·········· 86
3.1.2　铣床构型及其运动 ·········· 87
3.1.3　镗床构型及其运动 ·········· 89
3.1.4　钻床构型及其运动 ·········· 90
3.1.5　刨床构型及其运动 ·········· 91
3.1.6　复合机床构型及其运动 ····· 91
3.2　机床运动的实现方法 ············· 92
3.2.1　动力源 ························· 92
3.2.2　传动部件 ······················ 93
3.2.3　支承及导向部件 ·············· 94
3.2.4　机床基础件 ··················· 96
3.3　机床的运动控制 ··················· 97
3.3.1　电机技术发展与机床运动
　　　　实现 ························· 98
3.3.2　单轴运动精度控制 ·········· 104
3.3.3　联动运动实现及控制 ······· 116
3.4　机床的主轴精度 ·················· 127
3.4.1　机床主轴的功能及分类 ····· 127

3.4.2　主轴的主要性能指标及其保证
　　　　方法 ························· 131
3.4.3　主轴性能的测量 ············· 138
3.5　机床几何精度 ···················· 141
3.5.1　机床几何精度与几何误差 ··· 141
3.5.2　重力与温度对位姿误差的
　　　　影响 ························· 147
3.5.3　机床几何精度测试 ·········· 153
3.6　机床动态性能 ···················· 155
3.6.1　动态性能是机床性能的关键
　　　　指标 ························· 155
3.6.2　机床动态性能分析的基础
　　　　理论 ························· 157
3.6.3　机床动态性能的测试 ······· 174
3.7　机床的可靠性 ···················· 177
3.7.1　机床可靠性的内容 ·········· 177
3.7.2　可靠性的分类及指标 ······· 178
3.7.3　提升机床可靠性的基本途径··· 180
思考与练习题 ···························· 182
实践训练题 ······························· 183

第4章　机床夹具原理与设计 ·········· 184

4.1　机床夹具的基本概念 ············ 184
4.1.1　工件装夹的必要性 ·········· 184
4.1.2　工件装夹的方式 ············· 185
4.1.3　夹具的工作原理 ············· 185
4.1.4　夹具的种类、适用场合及
　　　　组成 ························· 191
4.2　工件在夹具中的定位及夹具在机
　　　床上的定位 ···················· 192
4.2.1　基准的概念 ··················· 193
4.2.2　六点定位原理 ················ 193
4.2.3　组合定位分析 ················ 198
4.2.4　夹具在机床上的定位 ······· 200
4.3　工件在夹具中的夹紧 ············ 204
4.3.1　夹紧的基本概念 ············· 204
4.3.2　夹紧的基本方式及其适用
　　　　场合 ························· 206
4.3.3　自动夹紧装置 ················ 209
4.4　工件装夹过程中的误差及其
　　　传递 ····························· 213

4.4.1 工件的定位误差以及夹具在
机床上的定位误差 ………… 213
4.4.2 夹紧误差 ………………… 214
4.4.3 夹具的制造误差 ………… 216
4.5 自动化夹具及自动上下料系统 … 216
4.5.1 托盘夹具 ………………… 217
4.5.2 加工自动化与自动上下料
系统 …………………… 218
思考与练习题 ………………… 221
实践训练题 …………………… 222

第5章 切削加工工艺过程设计 ……… 223

5.1 切削加工工艺过程设计内涵 … 223
5.1.1 生产过程、制造过程、加工过
程、装配过程与工艺过程 … 223
5.1.2 工序、工步和工作行程 … 224
5.1.3 装夹与工位 ……………… 224
5.1.4 生产类型与加工工艺过程的
特点 …………………… 224
5.1.5 工艺过程的设计原则及原始
资料 …………………… 226
5.2 设计工艺过程的步骤及需要解决
的主要问题 ………………… 227
5.2.1 设计工艺过程的步骤 …… 227
5.2.2 设计工艺过程需要解决的主要
问题 …………………… 230
5.3 加工顺序的制定准则 ………… 234
5.3.1 制定加工顺序的基本原则 … 234
5.3.2 考虑内应力释放的加工顺序
安排原则 ……………… 235
5.4 加工路线的制定准则 ………… 238
5.4.1 走刀路线的确定原则 …… 239
5.4.2 加工路线的确定方法 …… 239
5.5 加工参数的制定准则 ………… 244
5.5.1 加工参数选取的切削静力学
准则 …………………… 244
5.5.2 加工参数选取的切削动力学
准则 …………………… 245

5.6 数控加工工艺过程 …………… 251
5.6.1 数控加工程序的编制 …… 252
5.6.2 数控加工工艺过程仿真 … 256
5.6.3 形成工艺文件 …………… 257
5.7 加工工艺过程质量检测/监测与
分析 ………………………… 259
5.7.1 质量检测/监测的目的 …… 259
5.7.2 质量数据采集 …………… 259
5.7.3 质量数据分析方法 ……… 260
5.7.4 减小加工误差的基本思路和
方法 …………………… 272
思考与练习题 ………………… 273
实践训练题 …………………… 274

第6章 机器装配工艺基础 ………… 275

6.1 机器装配概述 ………………… 275
6.1.1 机器装配的概念 ………… 275
6.1.2 装配工作的基本内容 …… 276
6.1.3 机器装配生产类型及特点 … 278
6.1.4 装配工艺过程设计 ……… 279
6.2 装配的性能要求及工艺方法 … 281
6.2.1 装配精度保证与装配
尺寸链 ………………… 281
6.2.2 结合面装配刚度保证
方法 …………………… 287
6.2.3 无应力/小应力装配 ……… 289
6.2.4 其他装配性能要求 ……… 290
6.3 数字化装配技术 ……………… 291
6.3.1 数字化装配的定义 ……… 291
6.3.2 数字化装配关键技术 …… 292
6.4 自动化装配技术 ……………… 295
6.4.1 自动化装配的定义 ……… 295
6.4.2 自动化装配关键技术 …… 295
思考与练习题 ………………… 298
实践训练题 …………………… 299

参考文献 ………………………… 300

第 **0** 章 绪论

人类赖以生存的世界离不开制造，国家的国防军工、人们的衣食住行也离不开制造。随着人类的进步，制造业越来越得以发展，其发展的目标是最大限度地改善人们的物质生活水平。制造业是一个国家和民族的支柱产业，也是国防军工（如航空、航天、航海等）制造水平和实力的象征，还是增加就业机会的核心产业。

机械制造是指那些包含装备的制造业。实际上任何制造业都离不开装备的制造，近些年其常常分为 to C（to customer，面向个体消费者）和 to B（to business，面向企业）的制造。前者是指那些直接制造终端产品的制造，如计算机、手机、汽车的制造等；后者是指那些制造终端产品装备的制造，如机床的制造、光刻机的制造等。人们的服装、餐饮也都离不开装备的制造，如织布机、缝纫机等。这些装备多数都是由机械零部件组成的。即使是非机械的零部件，如电子元器件等也是离不开制造的，所以说机械的制造更是制造业的基础。

制造业的水平依赖于制造技术的水平，那什么是技术呢？物化的技术应为分析计算软件、参数库、知识库、规范及标准等，它又分为共性技术和专有技术等，而支持这些技术的核心是算法或者说技术基础。本书的重点就在于技术基础——在机械制造过程中的这些技术基础问题，如切削过程的材料去除机理、切削过程中的力分析/热分析与计算、机床的运动控制算法、切削颤振机理等。

其中最关键的问题是如何能从实际的制造业或工程中提炼出这些技术基础问题，从而加以学习和研究。并且随着制造业的发展，这些技术基础问题是否也不断发展呢？当然，对这一问题应科学、理性地分析，在产品和技术层面，毫无疑问是不断发展的，但是在某些最基础的科学原理和方法方面并没有太大变化，如基本的动力学方程、有限元方法等。

任何制造业都离不开装备，这些装备都是由零件组成的，而这些零件都是通过各种成形装备进行成形和加工后完成的。零件成形和加工完成后再通过装配工艺装配成机器、机构或装备，这些装备具备各种各样的功能和性能。因此，本书就是以零件成形、加工、装配为主线，阐述整个加工制造系统或过程中的技术基础的。

首先从零件的成形原理出发，介绍了三种成形原理以及基于每一种原理的各种成形工艺方法和相应的装备。在引出减材成形原理的切削加工去除材料成形工艺及其装备（即机床）后，阐述用刀具切除材料的基本机理及其相应的刀具设计等，紧接着介绍完成切削运动的机床，包括完成机床切削运动的动力源、传动机构以及支承和导向机构等，提出机床的各项性能指标，主要的指标有主轴性能、几何精度、动态性能、联动精度以及可靠性等。然后介绍了完成加工必不可少的辅助装备（即夹具），介绍了夹具设计的一般原理和方法以及工程中常见的机床夹具。

工艺过程的设计是通过机床优质、高效、低成本完成切削加工成形至关重要的部分，本书阐述了其中核心的加工顺序决策、加工路径优化和切削参数优化需要的基础理论知识。在阐述完零件加工成形过程中的基础理论后，最后一章介绍了机器装配的一般概念和几个重要的概念，并介绍了数字化装配和自动化装配的概念等。

本书突出的特点是在基本概念讲授清楚的基础上，加强了基础理论知识的学习，从每一个工程问题的本质层面进行启发，由浅入深，摒弃罗列式、堆砌式的写作风格。这些概念和基础理论知识又是紧密结合工程需求进行提炼的，力争最后其要能回到工程需求中。

实际上，工科学习普遍的特点是要加强实践性知识的学习和训练，其原因在于必须了解了工程需求后才能提炼或理解其中的技术基础问题，否则就会出现纸上谈兵的状况。事实上，从事应用层面的研究，都要从了解工程需求开始，否则要么纸上谈兵，要么理论脱离实际。那么，如何加强对工程问题的理解呢？答案是唯有通过实践。在实践中注意观察、注意体会，当然也必须具备一定的工程基础知识和基础理论知识后才能有所体会，如基本的力学问题、动力学问题、传热问题、控制问题等，工程知识包括对机械结构的认识和表达、对电气元器件的认识、对基本功能原理的理解与掌握等。反之，如果对机械结构都不熟悉，对材料、精度、配合、装配都不理解，谈何能理解其中的力学、动力学、传热问题。因此，在学习本课程的过程中，应将课堂教学与现场教学两种方法相结合，理论的学习与现场的工程问题认知交替进行，才能达到较好的效果。学完后才能真正做到在现场知其然，更能知其所以然。

本书虽然采用了《机械制造技术基础》这一书名，但是在内容构成上与现有的同名教材有非常大的不同，一是一改过去以介绍性的工程知识为主，而是以每部分必要的基本概念、相关的基础理论知识为主；二是从成形原理出发引出后续知识，一种成形原理可能有 n 种具体的成形工艺方法及相应的装备，这种逻辑是便于学生理解和掌握的，也有利于学生推陈出新、培养创新思维；三是机床是以数控机床的内涵出发引出的，即机床是实现切削运动的机构、装置或设备，其核心是如何实现和保证切削运动，这种思路在同名教材中鲜有出现。同时，如对运动控制的知识掌握了，会使得学生具有更强、更广泛的适应性，因为工程机械、工程装备中处处离不开运动的控制。当然机床中的运动控制精度要求最高，工况也比较复杂。

对于原来教材中大量的介绍性知识，又是学习中不可缺少的内容，本书中多数以表格形式给出，或者给出了相关可参考的手册等。学生可以利用课外时间自学，无须占用课堂上宝贵的时间。

在本书内容的安排上，每一章附有思考与练习题和实践训练题，以供学生学习完每章后进行复习和实践。对于一些当前比较成熟和应用广泛的商用工具软件，本书只做了简单的功能和使用方法介绍，建议学生利用课外的时间自学或参加有关的软件学习培训，也可以结合课程设计进行学习训练。

第 1 章　零件成形原理、工艺及装备

机械零件的成形，截至目前技术的发展现状，根据成形前后质量的变化，可归纳为三种成形原理：等材成形原理、增材成形原理和减材成形原理。还有学者提出第四种成形原理，即自生长成形原理，这种原理从质量变化的角度也可归纳为增材成形原理。每一种成形原理都派生出了多种具体的成形工艺或方法，而每一种工艺都需要相应的设备或装备来实现。对成形工艺及装备的基本要求是质量、效率和成本，这三者之间又是矛盾的。技术水平的高低就表现在如何很好地解决这三者之间的矛盾，即保证优质、高产、低消耗。

本章主要介绍的三种成形原理及相应的工艺和装备都是当前在工业上比较成熟的。随着科学技术的不断发展，研发机构仍然在不断开发新的工艺、方法，提升装备的性能或者扩展装备的功能，其根本目的是更好地解决质量、效率与成本之间的矛盾。

1.1　零件成形的基本要求

1.1.1　零件材料

在拟定零件成形工艺前，首先要确定该零件所使用的材料。不同材料会表现出不同的性能，这些性能在成形工艺中大多能得以保留并最终体现在机械零件的性能上。除了常规的力学性能之外，还有热学性能（热导率、比热容）、电学性能（电阻率、击穿电压）、化学性能（耐腐蚀性）、光学性能（吸光率、折射率）等。我国对于零件材料性能有着严格的规定，例如，根据 GB/T 50050—2017 的要求，不锈钢管材在工业循环水介质环境下，腐蚀率应小于 0.005mm/年。机械零件所使用的材料作为典型的结构材料，可分为金属材料（碳钢、钛合金、镍基高温合金等）、非金属材料（陶瓷、树脂等）和复合材料（金属基复合材料和非金属基复合材料），其力学性能，如抗拉抗压强度、塑性、韧性、硬度等是主要的性能指标。

1.1.2　材料构造

为了满足零件在使用过程中的性能要求，一般是同一连续介质材料通过相应工艺形成不同的结构形式来达到目的。材料在宏观可见层次上的组成形式称为构造。按照材料宏观组织和孔隙状态的不同，我们可将用于机械零件制造的材料分为以下类型。

1. 致密状构造

致密状构造材料完全没有或基本没有孔隙。具有该种构造的材料一般密度较大，导热性较高，如钢材、玻璃、铝合金等。

2. 多孔状构造

多孔状构造材料具有较多的孔隙，孔隙直径较大，如多孔金属，它的金属本体是由微小球状体（俗称粉末）经高温烧结而成的，金属内部各个方向都布满极微小细孔。多孔状构造的材料如图 1.1 所示。多孔状构造的金属材料还可以根据其孔洞的形态分为独立孔洞型和连续孔洞型两大类。独立孔洞型的材料具有相对密度小，刚性、比强度好，吸振、吸声性能好等特点；连续孔洞型的材料除了具有上述特点之外，还具有浸透性好、通气性好等特点。

（a）微孔状构造的材料　　　　　　　（b）蜂窝状构造的材料

图 1.1　多孔状构造的材料

此外，也可通过异质材料来得到不同的性能，如复合材料，它是运用先进的材料制备技术将不同性质的材料组分优化组合而成的新材料。复合材料按其组成材料分为三种：金属与金属复合材料、非金属与金属复合材料、非金属与非金属复合材料。复合材料按其结构特点可分为四种：（1）纤维增强复合材料，将各种纤维增强体置于基体材料内复合而成，如纤维增强塑料、纤维增强金属等；（2）夹层复合材料，由性质不同的表面材料和芯材组合而成，通常面材强度高、厚度薄，芯材质轻、强度低，但具有一定的刚度和厚度，分为实心夹层和蜂窝夹层两种；（3）细粒复合材料，将硬质细粒均匀分布于基体中，如弥散强化合金、金属陶瓷等；（4）混杂复合材料，由两种或两种以上增强相材料混杂于一种基体相材料中构成，与普通单增强相复合材料相比，其冲击强度、疲劳强度和断裂韧性显著提高，并具有特殊的热膨胀性能，分为层内混杂、层间混杂、夹芯混杂、层内/层间混杂和超混杂复合材料。

1.1.3　零件几何特征及分类

零件要在最终的机器或设备上实现其功能，其结构上必须具备一定的形状要求。零件按照其几何形状特征一般可分为五大类型：回转类、箱体类、支架类、曲面类和薄壁类。

1. 回转类

回转类零件成形面主体具有回转特征，如轴类和盘类等，如图 1.2 所示。该类特征的成形可在毛坯基础上通过材料去除方式中的车削工艺来实现。

图 1.2　回转类零件

2. 箱体类

箱体类零件三个方向尺寸较为均衡，内部一般装有传动机构，如汽车发动机的缸体、汽车变速器壳体、机床主轴箱箱体等，如图 1.3 所示。该类零件外部含有大量的孔特征和大平面特征，可在铸造工艺基础上通过镗削、铣削等工艺来实现孔和平面的精密加工。

图1.3 箱体类零件

3. 支架类

支架类零件一般起支承其他零部件空间位置的作用，内部具有多支承结构，因此在某个方向的尺寸要小于另外两个方向，如自行车的车梁，飞机的肋、筋、梁等，如图1.4所示。该类零件可根据尺寸和性能要求，在毛坯基础上采用切削去除材料，以实现特征的加工。

图1.4 支架类零件

4. 曲面类

曲面类零件的典型特征是外形面带有曲面特征，而且表面质量一般要求较高，如发动机的涡轮盘、汽轮机或发动机的叶片、螺旋桨叶片等，如图1.5所示。因此，对这类零件在毛坯基础上采用材料去除工艺时，加工姿态会实时变化，从而需要比常规零件加工多两个自由度。

图1.5 曲面类零件

5. 薄壁类

薄壁类零件典型特征是厚度很薄，如汽车车身的覆盖件、飞机的蒙皮、机床的防护罩等，如图1.6所示。这类零件是设备的外表，为了实现防护、美观等功能。该类零件由于刚度差，难以通过材料去除方式获得其特征，但可以通过等材成形的冲压工艺来完成。

图1.6 薄壁类零件

不论哪一种形状特征的零件，涉及具体怎么成形或者选择哪一种成形方法时，其设计出发点都要考虑成形的一般要求，即成形的质量、效率和成本。这种要求也会自始至终地促进新成形工艺、方法的创造，甚至是成形原理的发明以及已有成形设备的升级、改造。例如，航空发动机的涡轮长轴主要用于传递扭矩，因此需要设计为回转体结构，可以采用锻造和车削作为其主要成形工艺；飞机机翼骨架为飞机主要承载部件和飞机升力的来源，是尺寸很大的框架结构，需要通过大型龙门机床等完成切削过程，再通过铆接、焊接等方式完成各部分连接与整体加工，如图 1.7 所示；在生物医疗领域，仿生骨骼、牙齿（见图 1.8）等，由于其尺寸小、结构复杂、个性化需求高等特点，因此往往通过等材（模具）或增材方式进行成形。

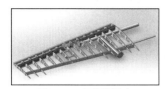

图 1.7　飞机机翼骨架

图 1.8　个性化的牙齿

1.1.4　零件成形质量要求

零件的性能通常是根据其具体的工作环境和工作要求，由零件的使用部门向设计部门提出的，并交给加工部门完成整个成形工艺后对其进行检验。常规情况下，零件都是由连续介质，通过各种成形工艺成形出不同的形状来保障不同的性能，一般有加工精度和表面质量两方面要求。

1．加工精度

加工精度是指零件加工以后的几何参数（尺寸、形状和位置）与图样规定的理想零件几何参数相符合的程度。符合程度越高，加工精度也越高。加工精度一般体现在以下三个方面。

（1）尺寸精度

尺寸精度是指加工后零件实际尺寸变化所达到的标准公差的等级范围。不同工艺方法由于成形原理、装备的不同会导致所达到的尺寸精度不一样。

（2）位置精度

位置精度是指加工后零件有关表面之间的实际位置符合程度，如轴类零件外圆轴线与端面的垂直度，箱体孔系中各孔之间的平行度、垂直度，同一轴线上各孔的同轴度等。

（3）形状精度

形状精度是指加工后零件表面的实际几何形状与理想的几何形状相符合的程度，如圆度、圆柱度、平面度、直线度等。

2．表面质量

（1）表面层的几何形状特征

① 表面粗糙度

表面粗糙度是指加工表面具有的较小间距和微小峰谷的不平度。一般采用轮廓算术平均偏差 Ra 进行标注和大小衡量。

表面粗糙度主要是由切削过程中刀具—工件的相对运动、刀具几何参数产生的。除此之外，切削线速度、切削过程中的振动、刀具磨损、切削变形、切削热、工件材料差异等因素对粗糙度也有着很大影响，这些因素的综合效应不可忽视。凡是参加切削加工的因素，都在不同程度上影响着表面粗糙度。一般来说，切削工况条件越差，即切削参数越大、刀具后刀面磨损越严重、工件可切削加工性越差，相应的表面粗糙度也会越高。

较低的表面粗糙度是机械加工工艺追求的目标，但过低的表面粗糙度往往也不利于接触面润滑油的存储等。一般工程中要求的较合适的表面粗糙度 Ra 数值区间为 $0.4\sim0.8\mu m$。

② 波度

波度是介于加工精度（宏观）和表面粗糙度之间的周期性几何形状误差，它主要是由加工过程中工艺系统的振动所导致的。

（2）表面层的物理力学性能

① 表面加工硬化

表面加工硬化是指已加工表面强度、硬度提高而塑性、韧性下降的现象。其主要评价指标是加工硬化程度（表面强度与基体强度之比，也可以使用硬度之比）与加工硬化层深度，通常使用显微硬度计或纳米压痕设备进行测量。

这一指标与表面晶粒度显著正相关。二者产生的本质原因都是表面塑性变形。当然，从材料学角度而言，加工硬化的产生不仅与晶粒度减小有关，还与位错纠缠、位错墙等微观结构的形成、晶粒变形拉长造成的力学性能各向异性相关。因此，控制加工硬化层深度和加工硬化程度，本质上是控制表面塑性变形层的产生。

② 表面金相组织

金相组织是指金属或合金的化学成分以及各种成分在合金内部的物理状态和化学状态。零件成形后由于切削热的作用，表面层会产生金相组织的变化。如磨削加工由于磨削速度高，大部分磨粒带有很大的负前角，磨粒除了切削作用外，很大程度是在刮擦挤压工件表面，因而产生的磨削热比切削时大得多。加之，磨削时约有 70%的热量瞬时进入工件，只有小部分通过切屑、砂轮、冷却液、大气带走，而切削时只有约 5%的热量进入工件，致使磨削时工件表面层温度比切削时高得多，表面层的金相组织产生更为复杂的变化，表面层的硬度也相应有了更大的变化，直接影响了零件的使用性能。

③ 表面残余应力

已加工表面残余应力是指加工完成后，消除外力和不均匀温度场加载后仍残留在工件表面的自相平衡的内应力。

表面残余应力按照研究尺度，可分为第一类、第二类、第三类残余应力，第一类残余应力由零件宏观不均匀变形引起，第二类残余应力由晶粒内及晶粒间不均匀变形产生，第三类残余应力则主要是由位错、点缺陷等晶体缺陷引起的微观尺度内应力产生。机械加工领域关注的主要是第一类残余应力，但随着对表面质量要求的逐渐提高，第二类残余应力也逐渐成为关注的重点。

工件表面变形的不均匀程度决定了表面残余应力的大小和类型。而变形不均匀程度又受到切削参数、后刀面几何形貌等因素的影响。一般来说，后刀面磨损越严重，切削线速度越高，越易产生深度更深、数值更高的残余应力层。一般切削加工会引起数百微米的残余应力影响层，残余应力值介于数十至数百兆帕斯卡。残余压应力可有效抑制裂纹萌生与扩展，而拉应力则相反。

1.2 三种成形原理及工艺方法

1.2.1 增材成形原理及典型工艺和装备

增材成形原理顾名思义是通过材料增加或累加的原理成形的。该技术以零件三维模型为基础，通过软件分层离散和数控成形系统，将三维实体变为若干个二维平面，利用激光束、电子束、热熔喷嘴等方式将粉末、热塑性材料等特殊材料进行逐层堆积、黏结，最终叠加成形，制造出实体产品，其流程如图 1.9 所示。

增材成形的前提是预先需对三维模型进行数据处理，主要是根据后序堆积工艺获取堆积的数据。目前的堆积工艺大多是从点堆积到线，从线堆积成片，再从片堆积成三维体状。因

零件的三种成形原理

此，在堆积之前需要对三维数模进行分层处理，即用一组平行平面与三维数模求交，得到面片数据，再进行离散成线或点数据，作为堆积时材料单元的大小和堆积的路径。理论上分层的厚度越小，堆积后的形状越接近模型本身，但分层的厚度太小会严重影响堆积的效率，所以往往分层处理时需根据不同工艺方法确定堆积的层厚及单元堆积材料的宽

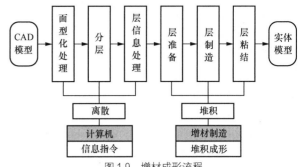

图 1.9　增材成形流程

度；另外，有些工艺方法分层太薄时，堆积时也难以做到那么小的材料堆积单元。如激光光斑大小、功率、照射粉末移动的速度都影响最小堆积材料的宽度和高度（层厚）。

增材成形至今已发展多种工艺方法。根据材料的不同，其可分为金属材料的累加成形和非金属材料的累加成形。根据所使用能源的不同，其又可分为激光成形、熔融成形、电子束成形、离子束成形等。金属零件增材制造方法按原材料主要分为金属粉末高能束烧结堆积成形和丝材熔积成形两类。金属粉末制备成本高昂，尺寸精度相对较高，堆积效率低下，特别是高强铝、镁合金制粉难度大，生产风险高；丝材制备成本低，堆积效率高，但热输入高，成形精度相对较低。根据粉末送进的方式不同，其又可分为铺粉式和喷粉式。

1. 光固化立体成形

光固化立体成形（stereo lithography apparatus，SLA）的工艺流程为以光敏树脂为原料，在计算机控制下的激光或紫外光束以预定义的零件各分层截面轮廓为轨迹对液体树脂进行逐点扫描，使被扫描区的树脂薄层产生光聚合反应，从而形成零件的一个薄层截面。当一层截面固化完毕，升降工作台移动一个层片厚度的距离，在上一层已经固化的树脂表面再覆盖一层新的液态树脂，用以进行再一次的扫描固化。新固化的一层牢固地黏合在前一层上，如此循环往复，直到整个零件原型制造完毕，如图 1.10 所示。光固化立体成形设备如图 1.11 所示。该方法能够呈现较高的精度和较好的表面质量，并能制造形状特别复杂（如空心零件）和特别精细（如工艺品、首饰等）的零件。

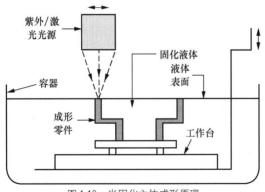

图 1.10　光固化立体成形原理

图 1.11　陕西恒通 SPS600 光固化快速成形机

2. 熔融沉积成形

熔融沉积成形（fused deposition modeling，FDM）是利用其他热源把塑料等非金属材料加热到熔融态，通过喷头或喷嘴挤出成细丝后堆积成三维形状。熔融沉积成形工艺使用的材料包括成形材料和支撑材料两类，要求成形材料具有熔融温度低、黏度低、黏结性好、收缩

率小等特点，而支撑材料要求具有能够承受一定的高温、与成形材料不浸润、具有水溶性或者酸溶性、具有较低的熔融温度、流动性好等特点。

熔融沉积成形的工作原理是将低熔点丝状材料通过送丝机构送入热熔喷头，在带加热器的挤压头中熔化，使熔化的热塑材料丝通过喷头挤出，挤压头沿零件的每一截面的轮廓准确运动，挤出半流动的热塑材料沉积固化成精确的实际部件薄层，覆盖于已建造的零件之上并迅速凝固，每完成一层工作台便下降一层高度，喷头再进行下一层截面的扫描喷丝，如此反复逐层沉积，直到最后一层，这样逐层由底到顶地堆积成一个实体模型或零件。熔融沉积成形设备的机械系统主要包括喷头、送丝机构、运动机构、加热工作室和工作台 5 个部分，熔融沉积成形原理和技术设备见图 1.12 和图 1.13。熔融沉积成形技术的优点包括成本低、成形材料范围较广、环境污染较小、设备及材料体积较小、原料利用率高、后处理相对简单等；缺点包括成形时间较长、精度低、需要支撑材料等。

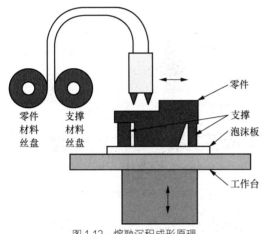

图 1.12 熔融沉积成形原理

图 1.13 Stratasys F900 熔融沉积成形技术设备

3. 选区激光烧结成形

选区激光烧结（selected laser sintering，SLS）使用的是红外激光束，材料主要包括塑料、蜡、陶瓷、金属或其复合物的粉末。选区激光烧结成形的工艺流程（见图 1.14）为先将一层很薄（亚毫米级）的原料粉末铺在工作台上，接着在计算机控制下的激光束通过扫描器以一定的速度和能量密度，按分层面的二维数据扫描，激光扫描过的粉末就烧结成一定厚度的实体片层，未扫描的地方仍然保持松散的粉末状，根据物体截层厚度升降工作台，粉末输送辊再次将粉末铺平，然后开始新一层的扫描，如此反复，直至扫描完所有层面。加工完成后，去掉多余粉末，再经过打磨、烘干等适当的后处理，即可获得零件。典型的选区激光烧结成形设备如图 1.15 所示。该方法使用材料广泛，成形效率高，无须支撑，应用范围广。

4. 激光选区熔化成形

激光选区熔化成形（selected laser melting，SLM）的工艺流程（见图 1.16）为零件的三维数模完成切片分层处理并导入成形设备后，水平刮板首先把薄薄的一层金属粉末均匀地铺在基板上，高能量激光束按照三维数模当前层的数据信息选择性地熔化基板上的粉末，成形出零件当前层的形状，然后水平刮板在已加工好的层面上再铺一层金属粉末，高能束激光按照数模的下一层数据信息进行选择熔化，如此往复循环，直至整个零件完成制造。激光选区熔化成形设备如图 1.17 所示。该技术通常采用粒径 30μm 左右的超细粉末为原材料，具有精度高、表面质量优异等特点，制造的零件只需进行简单的喷砂或抛光即可直接使用。

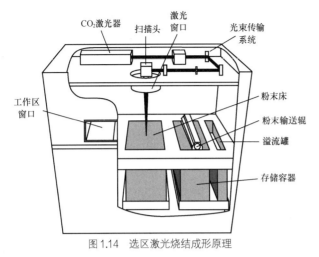

图 1.14　选区激光烧结成形原理

图 1.15　3D Systems 公司 DMP Factory 350
选区激光烧结成形设备

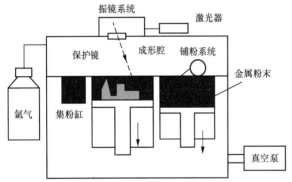

图 1.16　激光选区熔化成形原理

图 1.17　EOS 公司 M290 激光选区熔化成形设备

5. 激光近净成形

激光近净成形，也称为激光工程化净成形（laser engineered net shaping，LENS），是在激光熔覆技术的基础上发展起来的一种金属零件 3D 打印技术。激光近净成形的工作原理（见图 1.18）为利用切片软件将零件切成一系列薄层，并生成每一层的扫描轨迹，采用中、大功率激光熔化同步供给的金属粉末，按照预设轨迹逐层沉积在基板上，最终形成金属零件。激光近净成形设备如图 1.19 所示。该技术所选熔覆材料广泛，零件致密度高，性能好，材料利用率高，制造成本低。但是，该技术制造成形效率低，表面质量粗糙，需要惰性气体保护。

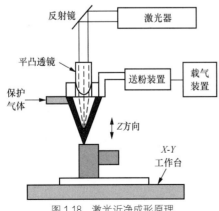

图 1.18　激光近净成形原理

图 1.19　Optomec LENS 850-R 激光近净成形设备

6. 电子束选择性熔化成形

电子束选择性熔化（electron beam selective melting，EBSM）成形是采用高能高速的电子束选择性地轰击金属粉末，从而使得粉末材料熔化成形。电子束选择性熔化成形的工艺流程（见图1.20）为先在铺粉平面上铺展一层粉末，电子束在计算机的控制下按照截面轮廓的信息进行有选择的熔化，金属粉末在电子束的轰击下被熔化在一起，并与下面已成形的部分黏结，层层堆积，直至整个零件全部堆积完成，去除多余的粉末便得到所需的三维产品。上位机的实时扫描信号经数模转换及功率放大后传递给偏转线圈，电子束在对应的偏转电压产生的磁场作用下偏转，达到选择性熔化。电子束选择性熔化成形设备如图1.21所示。该技术的优点是成形过程效率高，零件变形小，成形过程不需要金属支撑，微观组织更致密，电子束的偏转聚焦控制更加快速、灵敏；缺点是打印零件尺寸小，适用材料仅限钛或铬钴合金，成形前需要抽真空，设备和材料价格昂贵。

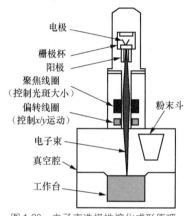

图 1.20 电子束选择性熔化成形原理

图 1.21 Arcam Spectra L 电子束选择性熔化成形设备

7. 电弧喷涂成形

电弧喷涂成形（wire arc spray，WAS）是利用燃烧于两个连续送进的金属丝之间的电弧来熔化金属，用高速气流把熔化的金属雾化，并对雾化后的金属粒子加速使它们喷向工件形成涂层的技术（见图1.22）。电弧喷涂系统一般由喷涂专用电源、控制装置、电弧喷枪、送丝机构及压缩空气供给系统组成。电弧喷涂成形设备如图1.23所示。该技术具有成本低、高效、节能、操作灵活、涂层质量稳定等优点。

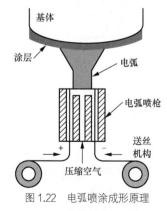

图 1.22 电弧喷涂成形原理

图 1.23 电弧喷涂成形设备

8. 熔焊增材制造

熔焊增材制造是应用传统的焊接技术，利用焊接热源为成形热源，以金属丝为成形材料，通过逐层熔覆堆积方式实现金属材料三维增材制造的一种方法。根据采用焊接热源的类型和成形方式，熔焊增材制造可以分为熔化极气体保护焊（gas metal arc welding，GMAW）增材制造、钨极氩弧焊（gas tungsten arc welding，GTAW）增材制造、等离子弧焊（plasma arc welding，PAW）增材制造（见图 1.24）以及堆焊-切削组合增材制造四类。熔化极气体保护焊方式的填充金属丝即电极，金属丝从垂直于工作平面的方向送入，熔滴落下后凝固形成成形轨迹。钨极氩弧焊方式的电极为钨棒，填充金属丝由独立的送丝机构控制，金属丝直接送入熔池，填充金属丝的熔滴可以准确地"放置"在前一个熔滴后，熔滴靠表面张力连续、平稳地过渡形成表面。等离子弧焊方式的成形原理与钨极氩弧焊方式的成形原理相近。堆焊-切削组合成形方式是将"增材料法"和"减材料法"的原理相结合的成形方式，即用边堆焊边去除的方式来提高成形件的精度，堆焊一层后铣削一层。熔焊增材制造设备如图 1.25 所示。该技术具有成本低，材料利用率高，零件致密度高，可控工艺参数多，可制作复杂结构零件等优点。但是，熔焊增材制造存在成形件表面质量差、残余应力过大等问题。

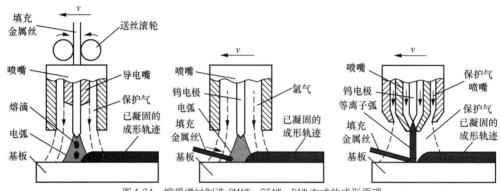

图 1.24　熔焊增材制造 GMAW、GTAW、PAW 方式的成形原理

1.2.2　等材成形原理及典型工艺和装备

顾名思义，等材成形原理是指成形前后的材料质量或体积基本不变，亦即借助某些方法仅使材料的形状发生改变，如图 1.26 所示，且统计数据表明，当前工程中机电产品 40%～50%的零件是由模具成形的。根据采用模具成形时金属材料的不同形态，模具成形可分为铸造成形和压力成形。

图 1.25　ArcMan 600 熔焊增材制造设备

1. 模具成形

（1）铸造成形

铸造是一种熔炼金属，制造铸型，并将熔融金属浇入铸型，凝固后获得具有一定形状、尺寸和性能金属零件毛坯的成形方法，其成形原理示意图如图 1.27 所示。铸造是人类掌握比较早的一种金属热加工工艺，已有约 6 000 年的历史。我国在公元前 1700～公元前 1000 年进入青铜铸件的全盛期，工艺上已达到相当高的水平。被铸金属材料可以是铜、铁、铝、锡、铅等，铸件生产成形方便，成本较低，适用性广，回转类、箱体类、支架类零件均可采用铸造成形，农业机械中 40%～70%、机床中 70%～80%的都是铸件。此外，利用铸造可获得复杂形状的零件，尤其是复杂内腔的毛坯，铸件的形状、尺寸与零件的形状、尺寸非常接近，减少了切削量。但铸件质量不稳定，易产生较多缺陷。

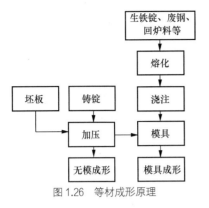

图 1.26 等材成形原理

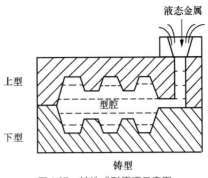

图 1.27 铸造成形原理示意图

铸造需将原金属材料熔化，再将液态熔融金属浇入铸模型腔中，在重力或外力（压力、离心力、电磁力等）作用下使其充满型腔，待其冷却、凝固后，获得具有一定形状、尺寸和性能的金属零件或毛坯。铸造是一个复杂的工艺流程，主要包括以下工序（见图 1.28）。

① 生产过程准备，根据零件图、生产批量和交货期限，制定生产工艺方案和工艺文件，绘制铸造工艺图。

② 生产准备，包括准备熔化用材料、造型制芯用材料和模具、芯盒等工艺装备。

③ 造型与制芯。

④ 熔化与浇注。

⑤ 出模、清理和检验等。

根据液态金属的浇注工艺，铸造可分为重力铸造和压力铸造。其中重力铸造是指金属液在地球重力作用下注入铸模型腔的工艺，也称浇铸。压力铸造是指金属液在其他外力（不含重力）作用下注入铸模型腔的工艺。

根据铸型和模具，铸造可分为砂型铸造、金属型铸造、熔模铸造等。

a．砂型铸造

砂型铸造是一种以砂作为主要造型材料，制作铸模的传统铸造工艺。砂型铸造是常用、基本的铸造方法，价格低廉、操作方便、灵活，不受铸造合金种类、铸件形状和尺寸的限制，适用于各种生产规模。但每个砂质铸模只能浇注一次，获得铸件后铸型即损坏，必须重新造型，所以砂模铸造的生产效率较低；又因为砂的整体性质软而多孔，所以砂型铸造的铸件尺寸精度较低，表面也较粗糙。

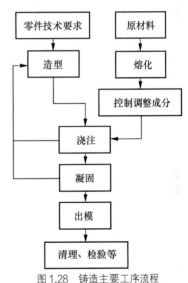

图 1.28 铸造主要工序流程

图 1.29、图 1.30 分别为砂型铸造过程和对应的生产设备。

砂型铸造主要工艺流程有：造型、制芯、合型、熔炼、落砂、清理、检验等步骤。其中造型和制芯主要是进行砂型和型芯的制造，是整个铸造生产的核心，加砂机加砂后可利用造型机进行加压、紧实型砂操作；合型又称合箱，该步骤是将铸型的各个组成单元，如上型、下型、型芯等组合成一个完整铸型的过程，可用合箱机完成；生铁锭、废钢、回炉料等熔炼后得到熔融金属液，再通过浇注系统注入铸型的型腔；经过冷却后，可使用落砂机或捅箱机使铸件与型砂、砂箱分离，最后进行清理和检验。根据砂型铸造工艺可配置相应生产设备，如图 1.30 所示。

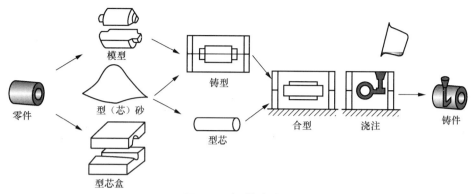

图 1.29　砂型铸造过程

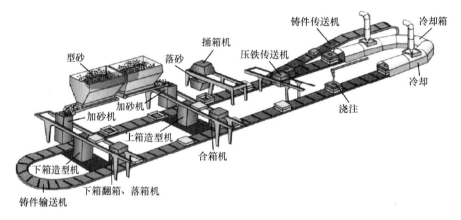

图 1.30　砂型铸造生产设备

b. 金属型铸造

金属型铸造是将液态金属浇注到金属制成的铸型中，随后冷却、凝固，获得铸件的铸造方法，如图 1.31 所示。与砂型铸造不同，金属制成的铸型可以使用多次（几百次甚至上万次），因此也被称为永久型铸造或硬模铸造。由于金属型的铸型模具能反复使用，故金属型铸造生产效率高，对环境污染小；此外，其铸件尺寸精度好，表面光洁，机械性能高。但铸件在凝固时易产生裂纹，需对工艺过程参数进行严格控制，不易生产过大或过薄的铸件，且模具结构复杂，制造周期较长，成本较高。

与砂型铸造不同，金属型铸造使用的铸型是由金属铸造的，但工艺流程相似，包含浇注、冷却、开箱、顶出、清理、合箱等多道工序。图 1.32 为十二工位转台水冷金属型铸造生产设备，12 套金属型分别安装在 12 个工位上，操作时浇包不同，转台在各工位停留一段时间并完成相应工序。

c. 熔模铸造

熔模铸造通常是在可熔模具的表面涂覆多层耐火材料，待其氧化干燥后，加热将其中模具熔去，而获得具有与模具形状相应空腔的型壳，再经过焙烧，然后在型壳温度很高的情况下浇注，进而获得铸件的一种方法。熔模铸造工艺流程如图 1.33 所示。汽轮机、涡轮机叶片，成形刀具，伞齿轮等常由熔模铸造获得。熔模铸造获得的铸件精度通常较高，表面粗糙度较小，可直接铸造出复杂的组合零件，外形、内腔形状几乎不受限制，也可铸造出各种薄壁或质量很小的铸件。

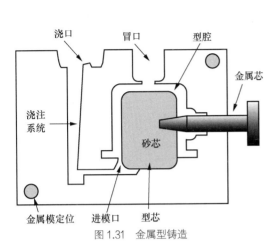

图 1.31 金属型铸造

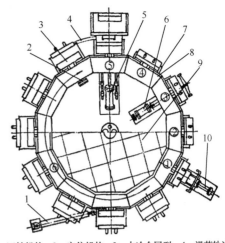

1—回转机构；2—定位机构；3—水冷金属型；4—滑落轨道；
5—顶出机构；6—压紧机构；7—开合机构；8—小车；
9—机盖；10—合箱机构。
①合箱；②下芯；③浇注；④冷却；⑤顶出；⑥清理。
图 1.32 十二工位转台水冷金属型铸造生产设备

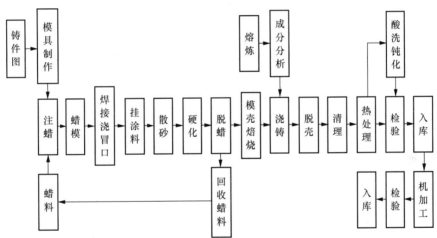

图 1.33 熔模铸造工艺流程

（2）压力成形

压力成形是一种固体金属在外力作用下产生塑性变形，获得一定形状、尺寸和力学性能的毛坯或零件的成形方法，也可称为塑性加工。与铸造相比，压力加工件的机械性能较高，材料利用率高，但不易获得形状复杂的锻件。此外，压力成形可改善金属的内部组织，提高金属的力学性能。常见的压力成形方法有锻造、冲压等。

① 锻造

在加压设备及模具的作用下，使坯料、铸锭产生局部或全部的塑性变形，以获得一定几何尺寸、形状和质量的锻件。根据所用设备和模具的不同，锻造可以分为自由锻造、模型锻造和胎模锻造。

a. 自由锻造

自由锻造是利用冲击力或压力使金属在锻压设备的上、下两个抵铁间直接产生塑性变形，金属沿垂直于作用力的方向自由变形，其成形示意图如图 1.34 所示。自由锻造无须模具，金属流动不受模具限制，属于无模具成形，但为与其他先进无模成形技术区分，在此对自由锻造进行简单介绍。自由锻件尺寸精度较低，加工余量大，操作技术要求高，适用于形状简单的锻件成形。自由锻造又可以分为手工自由锻造、液压机自由锻造等。

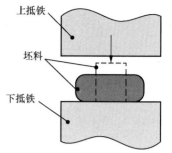

图 1.34　自由锻造示意图

手工自由锻造是通过人手工提供冲击力实施锻造，液压机自由锻造是通过液压控制系统完成的。65MN 自由锻造液压机工作示意图如图 1.35 所示。其执行机构由三个工作缸和两个回程缸及活动横梁组成，锻造过程是通过活动横梁在工作缸和回程缸的相互作用下完成往复的锻造动作实现的。

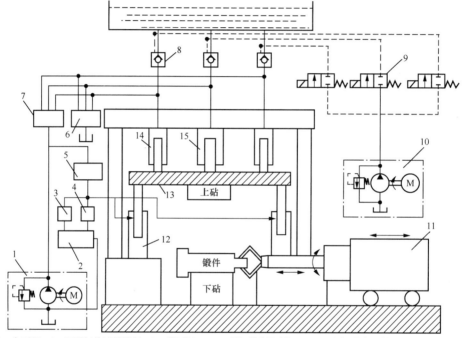

1—主泵组；2—回程缸快速排液阀；3—背压阀；4—回程缸排液比例阀；5—回程缸进液比例阀；6—工作缸排液阀组；
7—工作缸进液阀组；8—充液阀；9—电磁换向阀；10—控制泵组；11—操作机；12—回程缸；
13—活动横梁；14—侧工作缸；15—主工作缸。

图 1.35　65MN 自由锻造液压机工作示意图

b. 模型锻造

与自由锻造不同，模型锻造在成形过程中利用高强度金属锻模模具使坯料在其内受压变形，其成形示意图如图 1.36 所示。金属变形在模腔内进行，金属流动受模具限制，模锻件尺寸精度较高，加工余量小，可锻造出形状较为复杂的锻件，适合小型锻件的大批量生产。

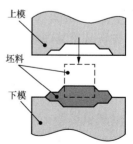

图 1.36　模型锻造示意图

图 1.37 为三向模锻压力机和模锻模具示意图。三向模锻压力机可以实现从三个方向同时施加挤压力，通过更换不同的模具和工装对不同类型的管件实现一次性模锻成形，因此可用于弯通、

三通、四通、变径等管件接头的一体成形。

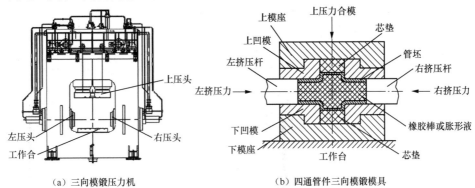

（a）三向模锻压力机 （b）四通管件三向模锻模具

图 1.37 三向模锻压力机和模锻模具示意图

c．胎模锻造

胎模锻造是自由锻造与模型锻造相结合的加工方法，即在自由锻造设备上使用可移动的模具生产锻件。图 1.38 为锤子锤头的胎模结构。胎模锻造模具结构简单、易于制造，但寿命较短。胎模锻造与固定模型锻造相比，操作更灵活，胎模锻造模具简单，易制造、加工，成本低，生产准备周期较短，但胎模锻件与模锻件相比精度较低，表面质量较差。

② 冲压

与锻造使用的坯料、铸锭不同，将金属板料放在冲模之间，使其受冲压力产生分离或变形的压力加工方法称为冲压，图 1.39 所示为冲压工艺示意图。利用冲压加工方法可获得形状复杂的零件，材料利用率高，冲压件尺寸精度由模具保证，模具结构一般较复杂，生产周期长，成本较高。冲压工艺多用于成批、大量生产。

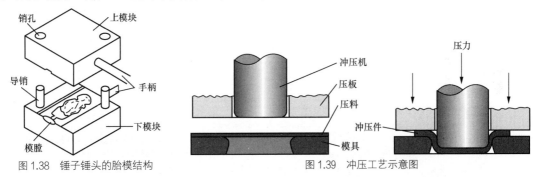

图 1.38 锤子锤头的胎模结构 图 1.39 冲压工艺示意图

图 1.40 所示为小型单柱气动冲压机，其气缸提供冲压力，可完成冲孔、修边、切口、剖切、弯曲、拉伸、挤压、打印等多种工序。

2．无模成形

无模成形是以计算机为主要手段，实现板料的无模具塑性成形。常见的无模成形有无模多点成形、数字化渐进成形、喷丸成形等。

（1）无模多点成形

无模多点成形是利用高度可调节的数控液压加载单元（基本群体）形成离散曲面来替代传统模具进行三维曲面成形的方法，是一种多点压延加工技术。该技术适用于小批量生产，目前已在高速列车流线型车头、船舶板材成形、医学工程等领域得到应用。图 1.41 为无模多点成形示意图。

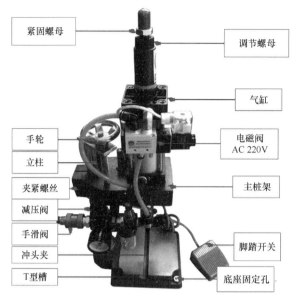

图 1.40　小型单柱气动冲压机

图 1.42 为长春瑞光科技有限公司 YAM-4 型 1 000kN 无模多点成形压力机。成形时其利用图 1.42 中所示一系列规则排列的基本体点代替整体式冲压模具，通过控制计算机来调整基本体单元的高度，进而形成所需要的成形面，最终实现板材的无模、快速、柔性化加工。

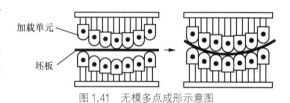

图 1.41　无模多点成形示意图

（2）数字化渐进成形

数字化渐进成形原理如图 1.43 所示。该方法将零件复杂的三维形状沿 X 轴方向离散化，分解成一系列二维断面层，利用工具头在这些二维断面层上局部进行等高线塑性加工，以达到所要求的形状。

图 1.42　长春瑞光科技有限公司 YAM-4 型 1 000kN
无模多点成形压力机

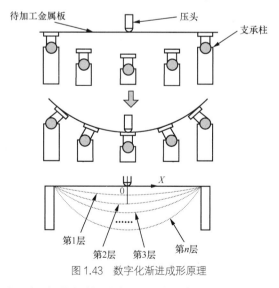

图 1.43　数字化渐进成形原理

数字化渐进成形加工是在三轴联动数控成形机上进行的，图 1.44 所示为 AMINO 生产的数字化渐进成形样机和制造的薄壳零件。在计算机控制下成形工具头运行至指定位置，设定下压量，根据控制系统指令，按照第一层截面轮廓的要求，以走等高线的方式对板材实行渐进塑性加工；形成所需第一层轮廓后，成形工具头再压下设定高度，按第二层截面轮廓要求运动；以此往复，直至整个零件成形完毕。

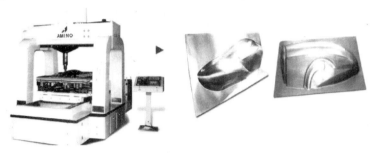

图 1.44　AMINO 生产的数字化渐进成形样机和制造的薄壳零件

（3）喷丸成形

喷丸成形是一种借助高速弹丸流撞击金属构件表面，使其产生变形的金属成形方法，也是大中型飞机金属机翼整体壁板首选的成形方法。图 1.45 为喷丸成形原理示意图。

图 1.46 所示为 Rosler 公司带摆动回转工作台的喷丸成形机 AST 1000 GV3。我们在摆动臂上安装回转工作台，回转工作台通过摆动臂移动喷丸室，在喷丸室顶部安装配置内孔矛枪装置，用于圆柱形回转零件（如驱动轴内孔）的喷丸加工。这种方法可以缩小设备占地空间，而且在设备喷丸室外进行工件上、下料非常方便。

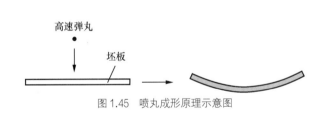

图 1.45　喷丸成形原理示意图　　　　　图 1.46　Rosler 喷丸成形机 AST 1000 GV3

1.2.3　减材成形原理及典型工艺和装备

减材成形，顾名思义是通过减去毛坯上多余的材料而获得最后形状的成形方法。减材成形主要包括切削、磨削、三束加工、化学/电化学加工等成形方法。不同种类的零件具有不同的特征，需采用不同的成形原理进行加工。回转类零件以回转曲面特征为主，需要刀具相对工件回转进行加工；箱体类零件以斜面、曲面、孔系等特征为主，需要旋转多刃刀具沿曲面移动或沿轴线进给进行加工；支架类零件以斜面、腔孔等特征为主，在形成最终特征前需要旋转多刃刀具沿给定轨迹移动去除毛坯余量。图 1.47 给出了零件特征、切削运动与成形原理的关系框图，以复杂曲面类零件叶轮为例，分析其主要几何特征形成所需刀具、主运动、进给运动，以及由此形成的铣削成形方法与对应工艺。

1. 切削减材成形

切削类的成形方法使用具有确定几何形状切削刃的刀具，通过刀具与工件的相对运动将材料切除，主要包括刨削、钻削、拉削、车削、铣削等；磨削类的成形方法使用砂轮等不具有确定几何形状切削刃的刀具，通过刀具与工件的相对运动将材料去除，主要包括砂轮磨削、珩磨、研磨等。下面就上述减材成形工艺方法中较常见且典型的方法进行介绍。

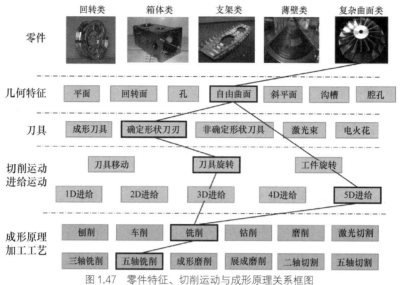

图 1.47　零件特征、切削运动与成形原理关系框图

（1）刨削

图 1.48 所示滑台零件，其燕尾槽是由多个平面特征组合而成的柱面，可以通过使用具有平面刀刃的刀具沿柱面母线运动依次生成各平面获得，也可以通过使用具有同一形状的成形刀具沿柱面母线运动直接获得，这就是刨削的成形方法。刨削时，刀具的往复直线运动为切削主运动，可形成平面、斜面、沟槽等特征，如图 1.49 所示。因此，刨削速度不可能太高，生产效率较低。刨削比铣削平稳，其加工精度一般可达 IT7～IT8，表面粗糙度 Ra 为 1.6～3.2μm，精刨时平面度可达 0.02/1 000，表面粗糙度 Ra 可达 0.4～0.8μm。牛头刨床一般只用于单件生产，加工中小型工件；龙门刨床主要用来加工大型工件，加工精度和生产率都高于牛头刨床。插床实际上可以看作立式的牛头刨床，主要用来加工键槽等内表面。插齿机的插刀与转动的工件形成范成运动，可加工出渐开线齿轮的齿面。

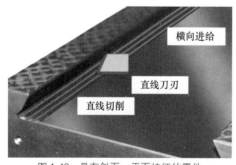

图 1.48　具有斜面、平面特征的零件

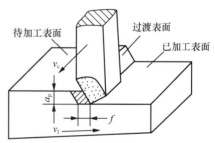

图 1.49　刨削加工

（2）车削

图 1.50 所示零件具有法兰、柱面、端面等回转面特征，可通过使用具有直线刀刃的刀具围绕轴线作旋转运动，同时作直线运动去除材料获得。实际应用中，多选择工件作旋转运动而刀具作直线运动的方式，这就是车削的成形方法。车削方法的特点是工件旋转，形成主切削运动，产生回转表面、工件的端面等特征。通过刀具相对工件实现不同的进给运动，可以

获得不同的工件形状。当刀具沿平行于工件旋转轴线运动时，就形成内、外圆柱面；当刀具沿与轴线相交的斜线运动时，就形成锥面。仿形车床或数控车床可以控制刀具沿着一条曲线进给，从而形成特定的旋转曲面。采用成形车刀横向进给时，也可加工出旋转曲面来。车削还可以加工螺纹面、端平面及偏心轴等。车削加工精度一般为 IT7～IT8，表面粗糙度 Ra 为

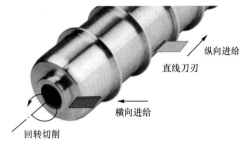

图 1.50　具有回转特征的零件

1.6～6.3μm。精车时，加工精度可达 IT5～IT6，表面粗糙度 Ra 可达 0.1～0.4μm。车削的生产率较高，切削过程比较平稳，刀具较简单。图 1.51 给出了车削工艺示意图，可进行车削工艺的设备主要有卧式车床、立式车床与车削加工中心等（见图 1.52）。

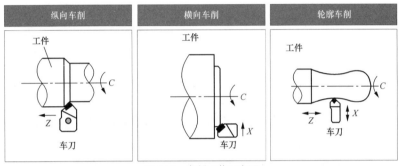

图 1.51　车削工艺示意图

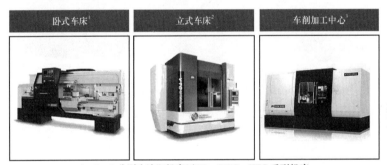

1、2、3 分别为沈阳机床厂 EL、VTC、HTC 系列机床

图 1.52　可进行车削工艺的主要装备

（3）铣削

图 1.53 所示叶片类零件具有自由曲面，需要使刀刃切于加工表面，且要求刀具沿表面作贴合的曲线运动，因此至少需要三维运动才能实现，实际中为提高加工质量往往刀轴也做二维姿态变化，通过刀刃的包络获得被加工自由曲面，这就是多轴联动点铣的成形方法。铣削的主切削运动是刀具的旋转运动，工件通过装夹在机床的工作台上完成进给运动，可形成平面、柱面、自由曲面等各种特征。铣削刀具较复杂，一般为多刃刀具。

图 1.53　具有自由曲面的零件

不同的铣削方法下，铣刀完成切削的刀刃也不同，例如卧铣时，平面是由铣刀的外圆面上的刃形成的；立铣时，平面是由铣刀的端面刃形成的。提高铣刀的转速可以获得较高的切削速度，因此生产率较高。但由于铣刀刀齿的切入、切出会形成冲击，切削过程容易产生振动，因而限制了表面质量的提高。这种冲击也加剧了刀具的磨损和破损，往往导致硬质合金刀片的碎裂。铣削时，铣刀在切离工件的一段时间内，可以得到一定冷却，因此散热条件较好。图 1.54 给出了铣削工艺的示意图，可进行铣削工艺的设备主要有卧式铣床、立式铣床与立式加工中心等（见图 1.55）。

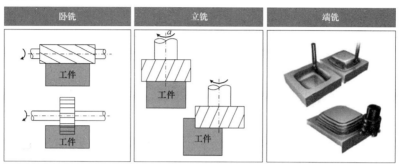

图 1.54 铣削工艺示意图

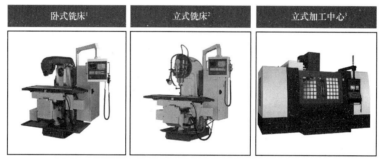

1、2、3 分别为北京北一机床厂 XK、BVK、VMC 系列机床

图 1.55 可进行铣削工艺的主要装备

按照铣削时主运动速度方向与工件进给方向的相同或相反，又分为顺铣和逆铣，如图 1.56 所示。

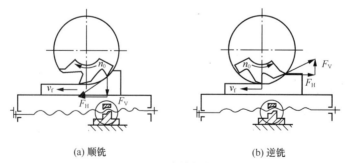

(a) 顺铣　　　　　　　　(b) 逆铣

图 1.56 顺铣和逆铣

顺铣时，铣削力的水平分力与工件的进给方向相同，而工作台进给丝杠与固定螺母之间一般又有间隙存在，因此切削力容易引起工件和工作台一起向前窜动，使进给量突然增大，容易引起打刀。逆铣则可以避免这一现象，因此，生产中多采用逆铣。在顺铣铸件或锻件等表面有硬度的工件时，铣刀齿首先接触工件的硬皮，加剧了铣刀的磨损，逆铣则无这一缺点。

但逆铣时，切削厚度从零开始逐渐增大，因而刀刃开始经历了一段在切削硬化的已加工表面上挤压滑行的阶段，也会加速刀具的磨损，同时，铣削刀具有将工件上抬的趋势，也易引起振动，这些是逆铣的不利之处。

铣削的加工精度一般可达 IT7～IT8，表面粗糙度 Ra 为 0.8～6.3μm。普通铣削一般能加工平面或槽面等，用成形铣刀也可以加工出特定的曲面等，如铣削齿轮等。数控铣床可通过数控系统控制几个轴按一定关系联动，铣出复杂曲面来，这时刀具一般采用球头铣刀。数控铣床在加工模具的模芯和型腔、叶轮机械的叶片等形状复杂的工件时，应用非常广泛，因而相应的多轴联动数控铣床发展也很快。

（4）钻削与镗削

图 1.57 所示缸体零件有直径不同的孔，可以使用具有直线刀刃的刀具旋转去除材料，并沿轴线移动，对小直径孔刀刃贴合孔底、对大直径孔刀刃贴合孔的柱面，这就是钻削与镗削的成形原理。钻削与镗削均可形成圆柱面（孔）特征。在钻床上，用旋转的钻头钻削孔是孔加工常用的方法，钻头的旋转运动为主切削运动，钻头的轴向运动为进给运动，如图 1.58 所示。钻削的加工精度较低，一般只能达到 IT11～IT13，表面粗糙度 Ra 一般为 0.8～12.5μm。单件、小批生产中，中小型工件上较大的孔（$D<50$mm），常用立式钻床加工；大中型工件上的孔，用摇臂钻床加工。精度高、表面质量要求高的小孔，在钻削后常常采用扩孔和铰孔来进行半精加工和精加工。扩孔采用扩孔钻头，铰孔采用铰刀进行加工。铰削加工精度一般为 IT8～IT9，表面粗糙度 Ra 为 0.4～1.6μm。扩孔、铰孔时，扩孔钻和铰刀均在原底孔的基础上进行加工，因此无法提高孔轴线的位置精度和直线度。镗孔时，镗孔后的轴线是以镗杆的回转轴线决定的，因此可以校正原底孔轴线的位置精度。镗孔可在镗床上或车床上进行，如图 1.59 和图 1.60 所示。在镗床上镗孔时，镗刀与车刀基本相同；不同之处在于镗刀随镗杆一起转动，形成主切削运动，而工件不动。镗孔加工精度一般为 IT8～IT10，表面粗糙度 Ra 为 0.8～3.2μm。数控钻床、数控镗床主要是实现孔轴线的位置控制，因此只要控制刀具移到孔中心的坐标上即可，即实现点位控制。

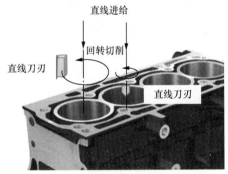

图 1.57　具有孔特征的零件

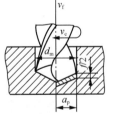

图 1.58　钻削加工

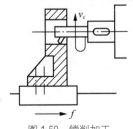

图 1.59　镗削加工

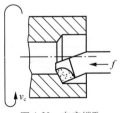

图 1.60　车床镗孔

（5）齿轮加工

齿轮具有特殊的齿面特征，可采用展成法、成形法与点铣法进行加工，图 1.61 给出了齿轮的成形示意图。展成法基于渐开线齿廓的特点，由直线刃刀具在基圆纯滚动包络出渐开线；成形法刀具形状与齿槽一致；点铣法刀刃切于齿面沿预设路径作五轴的运动与姿态变化去除材料而形成齿面。圆柱齿轮加工在粗加工中采用滚削、插削与车齿（gear skiving）等工艺方法；齿轮的精加工采用剃齿、成形磨齿、蜗杆砂轮磨齿等工艺方法，都属于前述切削与磨削类工艺方法。图 1.62 给出了齿轮加工中使用的几种工艺方法，依次为粗加工的齿条插刀插齿、滚齿、齿轮插刀插齿、车齿工艺与精加工的蜗杆砂轮磨削。

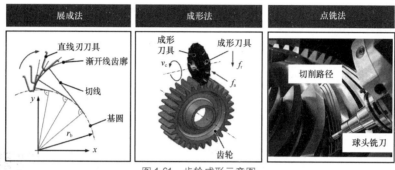

图 1.61　齿轮成形示意图

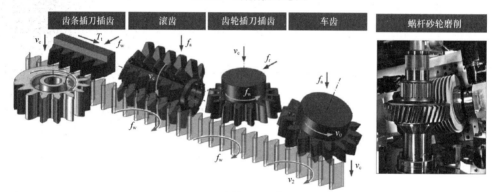

图 1.62　齿轮加工工艺示意图

2. 三束减材成形

三束加工成形使用激光束、电子束、等粒子束等作用于毛坯，由于其具有高能量、聚焦的特点，易获得极高的温度（10 000℃以上），使材料瞬时急剧熔化和蒸发，因此可以实现各种难加工材料的切割、打孔与开槽。图 1.63 给出了三束加工成形原理示意图。三束加工一般由专门的加工机完成，下面以激光加工为例介绍加工机的组成与激光加工工艺的特点。

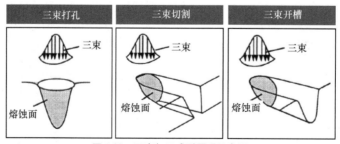

图 1.63　三束加工成形原理示意图

（1）激光束加工

激光束加工工艺由激光加工机完成，激光加工机通常由激光器、电源、光学系统和机械系统等组成（见图1.64）。激光器（常用的有固体激光器和气体激光器）把电能转变为光能，产生所需的激光束，经光学系统聚焦后，照射在工件上进行加工。工件固定在三坐标精密工作台上，由数控系统控制和驱动，完成加工所需的进给运动。

激光加工具有以下特点：一是不需要加工工具，故不存在工具磨损问题，同时也不存在断屑、排屑的麻烦；二是激光束的功率密度很高，几乎对任何难加工的金属和非金属材料（如高熔点材料、耐热合金及陶瓷、宝石、金刚石等硬脆材料）都可以加工；三是激光加工是非接触加工，工件无受力变形；四是激光打孔、切割的速度很高（打一个孔只需0.001s，切割20mm厚的不锈钢板则切割速度可达1 270mm/min），加工部位受热的影响较小，工件热变形很小。另外，激光切割的切缝窄，切割边缘质量好。

目前，激光加工已广泛用于金刚石拉丝模、钟表宝石轴承、发散式气冷冲片的多孔蒙皮、发动机喷油嘴、航空发动机叶片等的小孔加工，以及多种金属材料和非金属材料的切割加工。在大规模集成电路的制作中，已采用激光焊接、激光划片、激光热处理等工艺。

（2）电子束加工

如图1.65所示，在真空条件下，电子枪射出高速运动的电子束，电子束通过一极或多极汇聚形成高能束流，经电磁透镜聚焦后轰击工件表面，高能束流冲击工件表面时，电子的动能瞬间大部分转变为热能；由于光斑直径小（其直径在微米级或更小），在轰击处形成局部高温，可使被冲击部分的材料在几分之一微秒内，温度升高到几千摄氏度以上，材料局部快速汽化、蒸发而实现加工目的。所以电子束加工是通过热效应进行的。

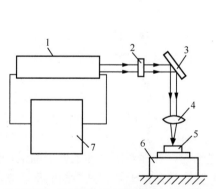

1—激光器；2—光阑；3—反射镜；4—聚焦镜；5—工件；6—工作台；7—电源。

图1.64 激光加工机示意图

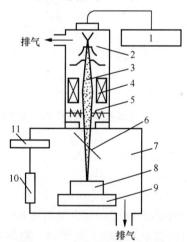

1—高压；2—电子枪；3—电子束；4—电磁透镜；5—偏转器；6—反射镜；7—加工室；8—工件；9—工作台；10—窗口；11—镜头。

图1.65 电子束加工成形原理示意图

电子束加工有如下特点。

① 束斑小。电子束能够极其微细地聚焦，甚至聚焦到0.1μm，加工面积可以很小，是一种精密微细的加工方法。微型机械中的光刻技术可达到亚微米级宽度。

② 能量密度很高。能量密度能达到$10^7 \sim 10^9 \mathrm{W/cm^2}$，使照射部分的温度超过材料的熔化和汽化温度。去除材料主要靠瞬时蒸发，是一种非接触式加工。电子束适合于加工精微深孔和狭缝等，速度快，效率高。

③ 可控性好。通过磁场或电场对电子束的强度、位置、聚焦等可以进行直接控制，加工出斜孔、弯孔及特殊表面，便于实现自动化生产。位置控制精度能准确到 0.1μm 左右，强度和斑束尺寸可达到 1%的控制精度。

④ 生产率很高。电子束的能量密度高，而且能量利用率可达 90%以上，所以加工生产率很高。

⑤ 无污染。由于电子束加工是在真空中进行，因而污染少，加工表面不氧化，特别适用于加工易氧化的金属和合金材料，以及纯度要求极高的半导体材料。

⑥ 电子束加工有一定的局限性，一般只用来加工小孔、小缝及微小的特征表面，且需要一套专用设备和数万伏的高压真空系统，价格较高，生产应用有一定局限性。

（3）离子束加工

离子束加工的原理与电子束加工的原理类似，也是在真空条件下，将氩、氪、氙等惰性气体，通过离子源产生离子束并经过加速、集束、聚焦后，以其动能轰击工件表面的加工部位，实现去除材料的加工。该方法所用的是氩（Ar）离子或其他带有 10keV 数量级动能的惰性气体离子。

离子束加工具有以下特点。

① 易于精确控制，加工精度高。离子束可通过离子光学系统进行聚焦扫描，使微离子束的聚焦光斑直径在 1μm 以内进行加工，并能精确控制离子束流密度、深度、含量等，以获得精密的加工效果。离子束可以对材料实行"原子级加工"或"微毫米加工"。

② 加工应力小、变形小。离子束加工是依靠离子撞击工件表面的原子而实现的，是一种微观作用。其宏观作用力极小，加工应力、变形也极小，故对脆性零件、半导体、极薄材料、高分子材料等各种材料及低刚度工件进行微细加工时，加工的适应性较好。

③ 加工所产生的污染少。因为离子束加工是在较高真空中进行的，所以污染少，特别适合易氧化的金属、合金材料及半导体材料的精密加工。但是，要增加抽真空装置，不仅投资费用较大，而且维护麻烦。

3. 化学、电化学减材成形

化学、电化学加工成形利用化学溶蚀、电解溶蚀、电火花等方法对工件材料进行去除。该方法适用于具有高硬度、高强度、高脆性或高熔点的各种难加工材料（如硬质合金、钛合金、淬火工具钢、陶瓷、玻璃等）零件的加工。

图 1.66 给出了电解加工原理示意图。电解加工是利用金属在电解液中产生阳极溶解的电化学原理对工件进行成形加工的一种方法。工件材料接直流电源正极，工具接负极，两极之间保持狭小间隙（0.1～0.8mm），具有一定压力（0.5～2.5MPa）的电解液从两极间的间隙中高速（15～60m/s）流过。当阴极工具向阳极工件不断进给时，在面对阴极的工件表面上，金属材料按阴极型面的形状不断溶解，电解产物被高速电解液带走，于是工具型面的形状就相应地"复印"在工件上。

图 1.67 是电火花加工机床的工作原理示意图。电火花加工机床一般由脉冲电源、自动进给机构、机床本体、工作液及其循环过滤系统等部分组成，工件固定在机床工作台上。脉冲电源提供加工所需的能量，其两极分别接在工具电极与工件上。当工具电极与工件在进给机构的驱动下在工作液中相互靠近时，极间电压击穿间隙而产生火花放电，释放大量的热，工件表层吸收热量后达到很高的温度（10 000℃以上），其局部材料因熔化甚至汽化而被蚀除下来，形成一个微小的凹坑。工作液循环过滤系统强迫清洁的工作液以一定的压力通过工具电极与工件之间的间隙，及时排除电蚀产物，并将电蚀产物从工作液中过滤出去。多次放电的结果，工件表面产生大量凹坑。工具电极在进给机构的驱动下不断下降，其轮廓形状便被"复

印"到工件上（工具电极材料尽管也会被蚀除，但其速度远小于工件材料）。

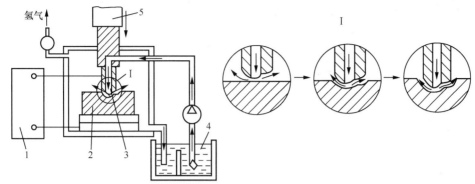

1—直流电源；2—工件；3—工具电极；4—电解液；5—进给机构。

图 1.66 电解加工原理示意图

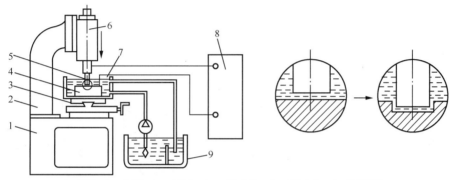

1—床身；2—立柱；3—工作台；4—工件电极；5—工具电极；6—进给机构；
7—工作液；8—脉冲电源；9—工作液循环过滤系统。

图 1.67 电火花加工机床的工作原理示意图

1.3 复合成形工艺

毛坯经过加工成为零件，往往要经历不同的工艺过程，如锻造、车削、铣削、磨削、热处理等，传统的工序分散模式将不同的工艺安排在不同的机床上完成。复合成形工艺将多类或同类的不同工艺在一台设备上完成，这样复合成形的优点有以下几点。

（1）提高加工效率，消除了机床间搬运与重复装卸的时间。

（2）提高加工精度，工件一次装夹定位，避免了定位误差的传递、叠加。

（3）提高单台设备性价比，减少占地面积，减少搬运、存储装置。

复合成形要从零件的几何特征或加工特征以及性能要求分析。如从零件几何特征出发，一个零件上以回转面特征为主，但同时具有非端面的平面、自由曲面等，则需要采用车铣复合成形工艺；零件在基体材料的基础上还有第二种材料，则需采用增减材复合成形工艺；零件需要在机械加工后进行表面处理，则需采用多任务复合成形工艺。

1.3.1 同种原理不同工艺复合

成形工艺复合主要是同一类减材成形工艺的复合，即车削、铣削、磨削工艺等的复合，如图 1.68 所示。常用的工艺复合方式有车铣复合、铣车复合、车磨复合、滚车复合等多种类型。

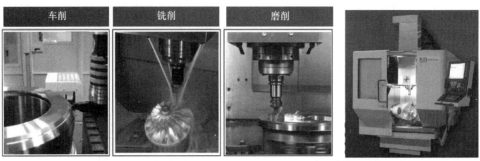

图 1.68　科德数控的 KMC MT 系列立式加工中心的复合成形工艺

1. 车铣复合

图 1.69 所示零件包含圆柱面、沟槽、端面、孔、小平面、键槽等多个特征。采用传统工艺方法时，需要依次使用车床、钻床、铣床等分别进行车削、钻削、铣削加工各处特征，加工效率低。车铣复合成形工艺将上述各种工艺复合在一台设备上完成，可大幅提高加工效率与质量。图 1.70 展示了复合车削、铣削、磨削等工艺的车铣复合加工中心。

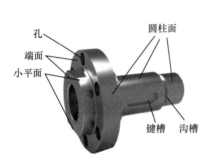

图 1.69　典型车铣复合加工零件特征

图 1.70　秦川机床 VTM260 龙门式车铣复合加工中心

2. 铣车复合

起落架套筒、支架等零件包含曲面、槽腔、齿圈等多个特征（见图 1.71），采用传统工艺方法时需要依次进行铣削、车削、滚齿等工艺来成形各种特征，加工时用到铣床、车床、滚齿机等设备。铣车复合成形工艺将上述多种工艺合成在一台设备上完成，可大幅提高制造效率与质量。图 1.72 展示了复合铣削和车削的卧式铣车复合加工中心。

图 1.71　典型铣车复合加工零件特征

图 1.72　科德数控 KTX1250 TC 铣车复合加工中心

3. 车磨复合

齿轮箱齿轮、链轮、万向节销、活塞环和刹车盘等零件主要特征为圆柱面（见图 1.73），同时表面精度要求高，采用传统工艺方法时需要依次使用车床、磨床分别进行车削和磨削加工。车磨复合成形工艺可将上述两种工艺集合在一起，在一台设备上完成硬车削和磨削过程，大幅提高零件加工效率与表面质量。图 1.74 展示了复合车削和磨削工艺的立式车磨复合加工中心。

图 1.73　典型车磨复合加工零件特征　　　　图 1.74　德国 EMAG VSC DS 系列立式车磨复合加工中心

1.3.2　多种原理复合

1. 增材和减材复合

图 1.75 是一个复合了两种材料的复杂零件。采用传统工艺方法时，需要先加工基材特征，在增材装备上生成第二种材料的特征，最后使用加工中心再次加工，使其达到精度要求。将上述过程合成在一台设备上完成则可大幅提高制造效率与质量。增材成形工艺与减材成形工艺的复合是随着增材工艺成熟而出现的，一般是在加工中心上配备增材头实现。复合工艺中增材工艺满足特殊材料或特殊形状的成形要求，一次装夹下的减材工艺实现高尺寸精度与表面质量。图 1.76 为一安装了增材头的立式加工中心上复合的增材与减材工艺。

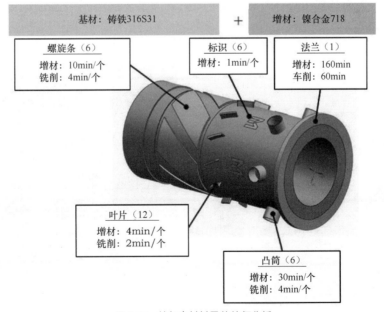

图 1.75　某复合材料零件特征分析

图 1.76　立式加工中心上复合的增材与减材工艺（图片来自 DMG MORI Lasertec）

2. 增材和等材复合

增材和等材复合是将增材加工工艺与等材加工工艺综合，结合两种原理的优点来完成零件的加工和性能提升。典型的增材和等材复合工艺是增材和锻造复合，其工艺原理如图 1.77 所示，利用激光作为光源完成材料的堆积成形，然后启动微型锻头，锻头路径与激光发生器一致，微锻头对熔池金属进行微锻变形处理。采用这种方式可以强化组织性能，改善界面冶金连接状态。同时，非晶合金组织经过大塑性变形处理后，内部结构不均匀性增加，自由体积浓度增大，塑性提升。

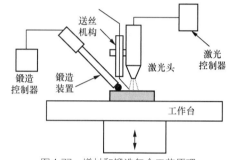

图 1.77　增材和锻造复合工艺原理

1.3.3　多任务复合

图 1.78 是一个机床主轴轴颈的加工工艺。采用传统工艺方法时，需要先车削轴颈完成粗加工与半精加工，然后进行局部热处理提高硬度，再进行磨削，达到最终精度。多任务复合将上述过程合成在一台设备上完成则可大幅提高制造效率与质量。多任务复合是指在一台设备中成形工艺与表面处理相复合或成形工艺与热处理工艺相复合。在成形工艺结束后或成形工艺中安排热处理工艺或表面处理工艺，可实现所需材料性能的调整、表面强化或表面结构等。图 1.79 为加工中心上复合激光表面纹理加工工艺。

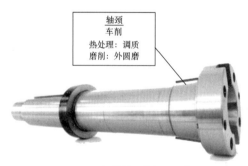

图 1.78　主轴轴颈的加工工艺

图 1.79　加工中心上复合激光表面纹理加工工艺
（图片来自 DMG MORI Lasertec）

1.4　成形工艺及设备的一般性要求

从上文可知，目前随着技术的发展，相应的制造工艺也越来越丰富。一个零件既可以通过减材成形来完成，也有可能通过等材成形来实现，当然还有可能借助增材成形来获得。但从工程应用角度而言，必须考虑成形过程中的质量、效率、成本，以及绿色环保、人机友好等要求。

三种成形原理对比

1.4.1 质量要求

质量是指完成的零件的优劣程度。对于企业而言，质量是最重要，也是最根本的一个指标要求。如果是单个零件，质量可以通过零件的加工精度和表面质量来评价；如果是批量零件，质量可以通过全检或按数理统计方法进行抽检来评价。

1.4.2 效率要求

效率一般指生产效率，是指完成单个零件成形所需的时间或单位时间生产的零件数量。对于零件大批大量生产，由于基本时间在单位时间中所占比例较大，因此通过缩短基本时间即可提高生产效率。另外，辅助时间在单件时间中也占有较大比例，尤其是在大幅度提高切削用量之后，基本时间显著减少，辅助时间所占比例将更高。此时采取措施缩减辅助时间就成为提高生产效率的重要方向。缩短辅助时间有两种途径：一是使辅助动作实现机械化和自动化，从而直接缩减辅助时间；二是使辅助时间与基本时间重合，间接缩短辅助时间。

1.4.3 成本要求

成本可以通过工艺过程的技术经济分析来评价。设计切削加工工艺过程时，在同样能满足被加工零件的加工精度和表面质量的要求下，通常可以由几种加工方案来实现。其中有些方案可具有很高的生产率，但设备和工装夹具方面的投资较大，另一些方案则可能投资较节省，但生产率较低，因此，不同的方案对应不同的经济效果。为了选取在给定生产条件下最经济、合理的方案，对不同的工艺方案进行技术经济分析和评比就具有重要意义。

1.4.4 绿色环保要求

绿色制造技术是指在保证产品的功能、质量、成本的前提下，综合考虑环境影响和资源效率的现代制造模式。它使产品从设计、制造、使用到报废整个产品生命周期中不产生环境污染或使环境污染最小化，符合环境保护要求，对生态环境无害或危害极少，节约资源和能源，使资源利用率最高，能源消耗最低。产品制造过程的工艺方案不一样，物料和能源的消耗也将不一样，对环境的影响也不一样。绿色工艺规划就是要根据制造系统的实际，尽量研究与采用物料和能源消耗少、废弃物少、噪声低、对环境污染小的工艺方案和工艺路线。

1.4.5 人机友好要求

随着技术的发展，人机交互友好也开始成为评价系统与用户之间交互关系的一个重要方面。用户通过成形设备的人机交互界面与设备交流，并进行操作，都希望能具备最大的可用性和用户友好性。

此外，对于工程中实际零件的成形，在保证质量的前提下，效率应尽可能高，成本应尽可能低，但三者之间往往是一对矛盾。而恰恰为了解决这一矛盾，才促使成形工艺和设备的不断进步与发展，也促使已有成形设备的不断升级与改造。

思考与练习题

1-1　组成机器的零件为什么都有形状要求？

1-2　零件的形状可以分为几类？为什么要这样分类？

1-3　零件的成形原理有几种？试就每一种原理举出三种具体的工艺方法。

1-4　复合成形工艺是基于什么目的发展起来的？未来还会有哪些复合工艺出现？

1-5　零件的成形质量有哪些？对零件的哪些性能有影响？

1-6　以实例说明成形工艺与设备的关系。

实践训练题

1-1　零件的分类有什么意义？试选择三类零件说明其最适用的成形原理和工艺方法，并示意画出完成这种成形方法设备的原理图。

1-2　某传动轴上有键槽，试画出在一台车床上能进行键槽铣削功能的复合车铣机床的运动原理。

1-3　调研某机械加工或制造企业，收集该企业在保证质量、提高效率、降低成本以及减少排放方面所采取的具体措施。

第2章 切削运动、刀具与切削原理

切削过程是刀具与工件相互作用的运动过程。在此过程中，为了能顺利去除工件上的多余材料并获得所需要的形状，对刀具结构及其材料、刀具与工件的相对运动控制提出了相应的要求。本章从切削运动着手，以诸多切削加工方法中最基本、最简单的刨削运动为例，对切削过程进行表征，阐述刀具的结构、种类和材料，介绍材料的切削去除机理和变形行为，并针对切削过程的两个最主要物理概念——切削力和切削热，介绍了解析计算的推导过程和测量方法；然后描述刀具由于"力、热"作用而产生的磨破损现象和刀具寿命概念，并介绍了其状态监测方法；最后，为降低零件表面粗糙度，介绍了常用的磨削加工方法和工艺。

2.1 切削运动

2.1.1 切削运动定义

切削加工是利用刀具切去工件毛坯上多余的材料（加工余量），以获得具有一定形状、尺寸、位置精度和表面质量的零件的机械加工方法。切削

工件几何特征与切削运动的关系

加工过程的切削作用是通过刀具与工件之间的相互作用和相对运动来实现的。刀具与工件间的相对运动称为切削运动，即表面成形运动。

2.1.2 两种切削运动

为通过切削运动获得零件的形状要求，切削运动分为主运动和进给运动。

1. 主运动

主运动是切下切屑所需的最基本运动。在切削运动中，主运动的速度最高，消耗的功率最大。主运动只有一个，如车削时工件的旋转运动、铣削时铣刀的旋转运动、钻削时钻头的旋转运动、刨削时刨刀的直线运动等，如图 2.1 中的运动 Ⅰ。

2. 进给运动

进给运动是保证多余材料不断被投入切削，从而通过刀具和工件的切削运动加工出完整表面所需的运动。进给运动分为直线进给和回转进给，可以有一个或几个，如车削时车刀的纵向和横向运动，磨削外圆时工件的旋转和工作台带动工件的纵向移动等，如图 2.1 中的运动 Ⅱ。

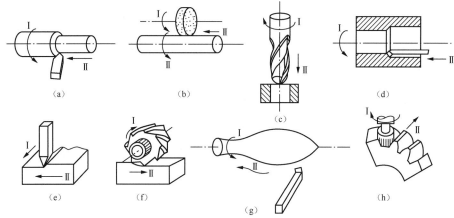

图 2.1　各种切削过程的主运动和进给运动

2.1.3　切削过程的表征

为了后续能更好地描述切削运动过程、零件精度和表面质量，本小节有必要对切削过程的刀具形状及切削运动特征进行表征。

1.　切削过程三表面

在切削过程中，工件上通常存在着三个不断变化的表面（以刨削为例，刀具最简单、运动最简单，而其他的刀具和运动均可以以此类推），如图 2.2 所示。

（1）已加工表面：工件上已切去切屑的表面。

（2）待加工表面：工件上即将被切去切屑的表面。

（3）加工表面（过渡表面）：工件上正在被切削的表面。

2.　切削用量三要素

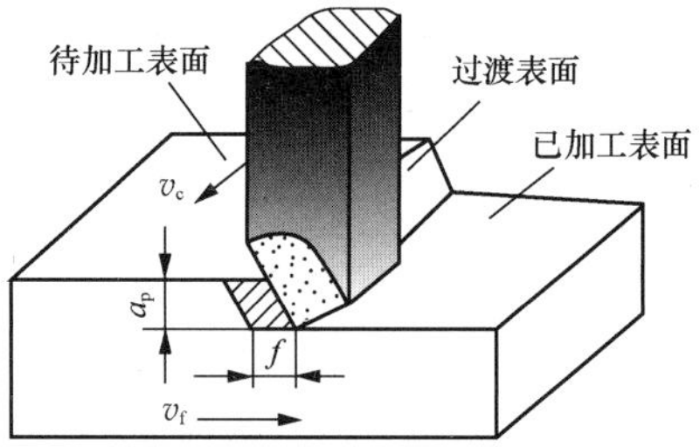

切削用量是切削时各参数的合称，包括切削速度、进给量和切削深度（背吃刀量）三要素。这三个参数既是描述切除材料多少的参数，同时通过这些参数也能计算出切削时需要消耗的功率，因此它们也是机床在设计时选择电机、进行传动机构设计等方面的依据。

（1）切削速度

切削速度是单位时间内，刀具和工件在主运动方

图 2.2　切削过程三表面

向上的相对位移，单位为 m/s。若主运动为往复直线运动（如刨削，见图 2.2），则常用其平均速度 v 作为切削速度，即

$$v = \frac{2Ln_r}{1\,000 \times 60}$$　（2-1）

式中：L——往复直线运动的行程长度（mm）；

　　　n_r——主运动每分钟的往复次数（次/min）。

若主运动为旋转运动（如车削），则切削速度计算公式为

$$v = \frac{\pi d_w n}{1\,000 \times 60}$$　（2-2）

式中：d_w——工件待加工表面或刀具的最大直径（mm）；

　　　n——工件或刀具每分钟转数（r/min）。

（2）进给量

进给量是主运动每转一转或每一行程时（或单位时间内），刀具与工件之间在进给运动方向上的相对位移，单位为 mm/r（用于车削、镗削等，如图 2.3 所示）或 mm/行程（用于刨削、磨削等）。进给量还可以用进给速度 v_f 或每齿进给量 f_z（用于铣刀、铰刀等多刃刀具）表示，如图 2.4 所示，其中进给速度单位是 mm/s，每齿进给量单位为 mm/齿。一般情况下，有

$$v_f = nf = nzf_z \tag{2-3}$$

式中：n——主运动的转速（r/s）；

z——刀具齿数。

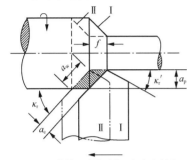

图 2.3 进给量和切削深度（车削）

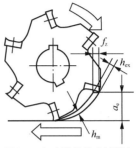

图 2.4 每齿进给量（铣削）

（3）切削深度

切削深度（背吃刀量）是待加工表面与已加工表面之间的垂直距离，单位为 mm。刨削时切削深度为单边吃刀量（见图 2.2），车削外圆时（见图 2.3）计算方法如下：

$$a_p = \frac{d_w - d_m}{2} \tag{2-4}$$

式中：d_w，d_m——待加工表面和已加工表面的直径（mm）。

对于铣削而言，切削深度 a_p 如图 2.5 所示。除此之外，铣削还有一个切削参数即切削宽度 a_e，如图 2.4 和图 2.5 所示。

3. 切削层三参数

切削层是指工件上正被切削刃切削的一层金属，亦即相邻两个加工表面之间的一层金属。以刨削为例（见图 2.6），切削层是指刨刀每次进给从工件上切下的那一层金属。切削层的大小反映了切削刃所受载荷的大小，直接影响到加工质量、生产率和刀具的磨损等。

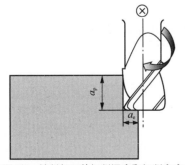

图 2.5 铣削加工的切削深度和切削宽度

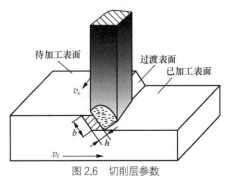

图 2.6 切削层参数

（1）切削宽度 b

沿主切削刃方向度量的切削层尺寸（mm）为切削宽度，表示为

$$b = \frac{a_\mathrm{p}}{\sin \kappa_\mathrm{r}} \qquad\qquad (2-5)$$

式中：κ_r——主切削刃与工件切线方向的夹角。

（2）切削厚度 h

两相邻加工表面间的垂直距离（mm）为切削厚度，表示为

$$h = f \sin \kappa_\mathrm{r} \qquad\qquad (2-6)$$

（3）切削层面积 A_c

切削层垂直于切削速度截面内的面积（mm²）为切削层面积，表示为

$$A_\mathrm{c} = bh = a_\mathrm{p} f \qquad\qquad (2-7)$$

2.1.4 零件表面形状与切削运动的关系

通过主运动和进给运动，就可以形成不同形式的零件表面。根据刀具的复杂程度和二者之间的运动形式可有如下关系。

1. 简单刀具+简单运动

简单刀具结合简单运动（如直线运动）只能加工出简单的表面，如图 2.1 所示，简单的刨刀和两个简单的直线运动只能加工出平面，外圆面可通过车刀与作回转运动和直线运动的零件相互作用实现，孔则可通过旋转并不断进给的钻头或镗刀来实现。

2. 复杂刀具+简单运动（成形刀具）

在数控机床盛行之前，机床各运动轴难以实现联动运动控制，不能实现复杂的运动，因此复杂零件表面往往通过设计复杂的刀具结构和简单的运动来实现，如图 2.7（a）所示的成形刀具。当然，如今五轴机床非常普遍，有些零件为了追求高效率，在某些工序仍然会采用成形刀具来加工，以达到多工序复合加工的效果，如图 2.7（b）所示的手机外壳圆弧边可通过成形刀具一次加工到位。

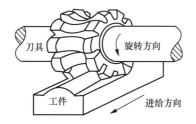 

（a）成形刀具1　　　　　　　　　　　　（b）成形刀具2（手机侧边）

图 2.7　复杂刀具结合简单运动实现复杂型面加工

3. 简单刀具+复杂运动（五轴联动）

对于一些整体复杂且型面不断变化的零件，如果仅仅通过成形刀具，有时则很难加工完成，如图 2.8 所示的整体叶轮、叶片等零件。该类零件则可通过数控机床的多轴联动功能，即刀尖点或工件切削点能在多进给轴同步运动下，形成平面或空间的曲线轨迹，从而可用简单结构刀具（球头铣刀）在复杂的运动形式下实现复杂型面的加工。很显然，这种情况加工出来的型面精度就取决于多轴联动运动控制精度。

4. 复杂刀具+复杂运动（齿轮加工）

对于齿轮一类零件，由于其结构特殊性，加工过程往往采用复杂的滚刀和复杂的刀工联动轨迹实现各种复杂齿形的加工。如图 2.9 所示，齿轮加工时复杂的运动体现在刀具与工件

之间的展成运动。

图 2.8 叶轮叶片的复杂型面加工

图 2.9 齿轮加工

2.2 刀具结构

2.2.1 刀具设计总体原则

任何刀具都由刀头和刀体（刀杆）两部分构成，如图 2.10 所示。刀头用于切削，刀体用于装夹。车刀（见图 2.10（a））、刨刀等非旋转类刀具的刀体安装在刀架上，铣刀（见图 2.10（b））的刀体则通过刀柄连接后安装在机床主轴上。

为了保证切削加工的顺利进行，获得理想的加工表面，所用的刀头必须具有合理的几何形状，如运动方向有切削刃、非切削部分摩擦力小、结构利于排屑、切削刃有一定强度等原则。刀体由于要与刀架或刀杆连接，故有一定的形状要求，且同时要保证其刚度。

（a）车刀   （b）铣刀

图 2.10 刀具总体结构形式

虽然用于切削加工的刀具种类繁多，但刀具切削部分的组成却有共同点。刨刀的切削部分可看作是各种刀具切削部分最基本的形态。各类刀具切削刃的设计完全由其主运动和进给运动决定。下面以刨刀为例，介绍刀具切削部分（刀头）的结构。

2.2.2 刀具切削部分

切削部分（刀头）是刀具的核心部位，是完成材料去除功能的主体。受切削过程中刀具与工件的相对运动关系影响，刀头需具备合理的结构，才能实现材料的顺利去除。

1. 刀头上的表面

图 2.11 所示为刨刀结构示意图，刀头各面和刃的形成是由其切削运动所决定的。刀头结构包括三个表面，即前刀面、主后刀面和副后刀面，它们的含义说明如下。

（1）前刀面：也称前面，是刀具上与切屑接触并相互作用的表面。

（2）主后刀面：也称主后面，是刀具上与工件过渡表面接触并相互作用的表面。

（3）副后刀面：也称副后面，是刀具上与工件已加工表面接触并相互作用的表面。

2. 切削刃

在前面介绍的刀头表面中，相互间形成了交线，该交线即切削刃，如图 2.11 所示。其相关部分的含义说明如下。

（1）主切削刃：前刀面与主后刀面的交线，它完成主要的切削工作。

（2）副切削刃：前刀面与副后刀面的交线，它配合主切削刃完成切削工作，并最终形成已加工表面。

（3）刀尖：连接主切削刃和副切削刃的一段刀刃，它可以是小的直线段或圆弧。

由前刀面、主后刀面、副后刀面、主切削刃、副切削刃、刀尖共同构成了一把刨刀的刀头，可统称为"三面两刃一尖"。

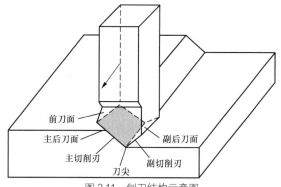

图 2.11 刨刀结构示意图

其他各类刀具，如车刀、钻头、铣刀等，都可看作刨刀的演变和组合。车刀（见图 2.12（a））切削部分形状与刨刀的相同，在实际切削时相当于把刨削的工件卷起来就形成了车削工艺；钻头（见图 2.12（b））可看作是两把一正一反并在一起的刨刀，因而有两个主切削刃、两个副切削刃，还增加了一个横刃；铣刀（见图 2.12（c））可看作由多把刨刀组合而成的复合刀具，其每一个刀齿相当于一把刨刀。

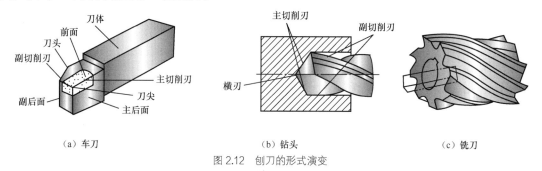

（a）车刀　　　　　　　　　　（b）钻头　　　　　　　　　（c）铣刀

图 2.12 刨刀的形式演变

3. 参考平面

切削平面与切削刃只是刀头几何形状的特征描述，而刀具角度是用来确定其具体几何形状的重要参数。切削角度决定了刀具切削部分各表面的空间位置。要确定和测量刀具角度，必须引入三个相互垂直的参考平面，如图 2.13 所示。

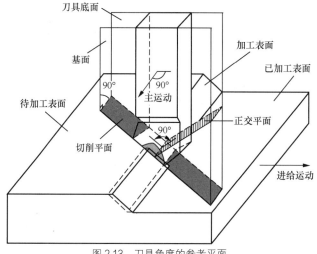

图 2.13 刀具角度的参考平面

（1）切削平面：通过主切削刃上某一点并与工件加工表面相切的平面。

（2）基面：通过主切削刃上某一点并与该点切削速度方向相垂直的平面。

（3）正交平面：通过主切削刃上某一点并与主切削刃在基面上的投影相垂直的平面。

切削平面、基面和正交平面共同组成标注刀具角度的正交平面参考系。

4．刀具标注角度

有了切削平面等参考平面后，即可定义刀具的标注角度。该角度也是制造和刃磨刀具所必需的，并在刀具设计图上予以标注的角度。刀具标注角度主要有五个，以刨刀为例，如图 2.14 所示。

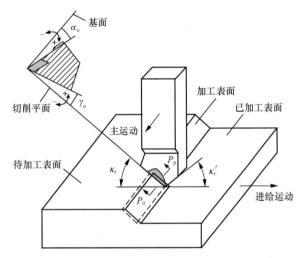

(a) 前角、后角、主偏角和副偏角

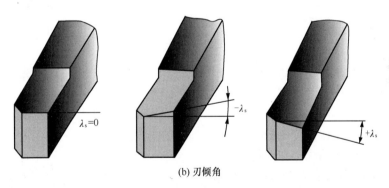

(b) 刃倾角

图 2.14　刀具标注角度

（1）前角 α_o：在正交平面内测量的前刀面与基面之间的夹角。前角表示前刀面的倾斜程度，有正、负和零值之分，正负规定如图 2.14（a）所示。

（2）后角 γ_o：在正交平面内测量的主后刀面与切削平面之间的夹角。后角表示主后刀面的倾斜程度，一般为正值（见图 2.14（a））。

（3）主偏角 κ_r：在基面内测量的主切削刃在基面上的投影与进给运动方向的夹角。主偏角一般为正值（见图 2.14（a））。

（4）副偏角 κ_r'：在基面内测量的副切削刃在基面上的投影与进给运动反方向的夹角。副偏角一般为正值（见图 2.14（a））。

（5）刃倾角 λ_s：在切削平面内测量的主切削刃与基面之间的夹角（见图 2.14（b））。当主切削刃呈水平时，$\lambda_s=0$；当刀尖为主切削刃上最低点时，$\lambda_s<0$；当刀尖为主切削刃上最高点时，$\lambda_s>0$。需要说明的是，标注角度是在刀杆纵向轴线垂直于进给方向，并且不考虑进给运动的影响等条件下描述的。

5. 刀具工作角度

在实际的切削加工中，由于刀具安装位置和进给运动的影响，刀具的标注角度会发生一定的变化，其原因是切削平面、基面和正交平面位置会发生变化。以切削过程中实际的切削平面、基面和正交平面为参考平面所确定的刀具角度称为刀具的工作角度，又称实际角度。

（1）刀具前后倾斜对工作角度的影响

以刨刀为例，当安装刀具向前倾斜时（见图 2.15（a）），由于前刀面和后刀面位置发生变化，导致刀具的工作前角 α_{oe} 变小，工作后角 γ_{oe} 变大；当安装刀具向后倾斜时（见图 2.15（b）），由于前刀面和后刀面位置发生变化，导致刀具的工作前角 α_{oe} 变大，工作后角 γ_{oe} 变小。

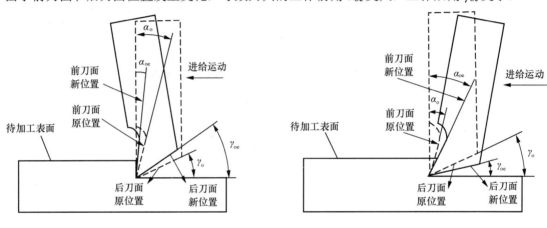

（a）刨刀向前倾斜　　　　　　　　　　　　（b）刨刀向后倾斜

图 2.15　刨刀安装前后倾斜时工作角度变化

（2）刀具左右倾斜对工作角度的影响

当刨刀刀杆左右倾斜时，刀具的工作主偏角 κ_{re} 和工作副偏角 κ_{re}' 也会发生相应变化，如图 2.16 所示。

（3）进给运动对工作角度的影响

车削时由于进给运动的存在，使车外圆及车螺纹的加工表面实际上是一个螺旋面（见图 2.17）；车端面或切断时，加工表面是阿基米德螺旋面（见图 2.18）。因此，实际的切削平面和基面都要偏转一个附加的螺旋升角 μ，使车刀的工作前角 γ_{oe} 增大，工作后角 α_{oe} 减小。一般车削时，进给量比工件直径小很多，故螺旋升角 μ 很小，它对车刀工作角度影响不大，可忽略不计。但在车端面、切断和车外圆进给量（或加工螺纹的导程）较大时，则应考虑螺旋升角的影响。

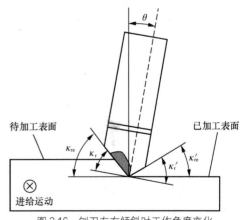

图 2.16　刨刀左右倾斜时工作角度变化

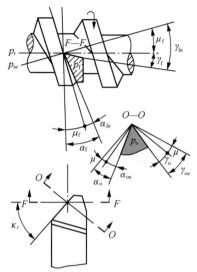

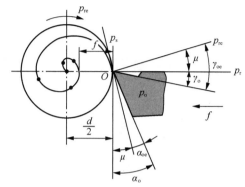

图 2.17 轴向进给运动对工作角度的影响　　　　　图 2.18 径向进给运动对工作角度的影响

2.3 刀具种类

2.3.1 按加工方式分类

刀具按切削运动形式来分，即刨削时用的刀具称为刨刀，同理还有车刀、铣刀、钻头、镗刀等几大类型。

1. 刨刀

刨刀是用于刨削加工的刀具。刨刀工作时为不连续切削，刚接触工件时受到冲击载荷作用。为了避免刨刀刀杆在切削力作用下产生弯曲变形，通常使用弯头刨刀。因此，在切削面积相同的情况下，刨刀刀杆截面尺寸较车刀大 1.25～1.50 倍，常常采用负刃倾角（−100°～20°），以提高切削刃抗冲击载荷性能。刨刀可分为平面刨刀、偏刀、角度偏刀、切刀、弯头刀和斜槽切刀等，如图 2.19 所示。

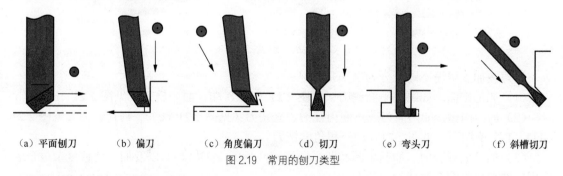

（a）平面刨刀　　（b）偏刀　　　（c）角度偏刀　　　（d）切刀　　　（e）弯头刀　　　（f）斜槽切刀

图 2.19 常用的刨刀类型

2. 车刀

车刀是金属切削加工中（特别是回转类零件加工时）应用最广的一种刀具，它可以在车床上加工外圆、端平面、螺纹、内孔，也可用于切槽和切断等。图 2.20 列出了几种常用车刀。

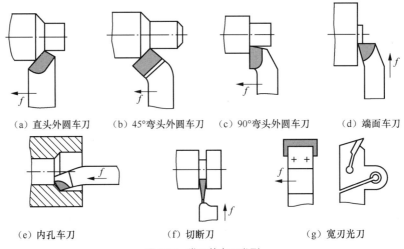

(a) 直头外圆车刀　　(b) 45°弯头外圆车刀　　(c) 90°弯头外圆车刀　　(d) 端面车刀

(e) 内孔车刀　　　　　　(f) 切断刀　　　　　　(g) 宽刃光刀

图 2.20　常用的车刀类型

3．铣刀

铣刀是一种应用广泛的多刃回转刀具，生产率较高，加工表面粗糙度值较大，其种类很多，如图 2.21 所示。

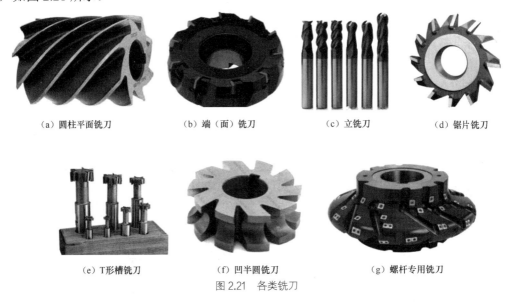

(a) 圆柱平面铣刀　　　　(b) 端（面）铣刀　　　　(c) 立铣刀　　　　(d) 锯片铣刀

(e) T形槽铣刀　　　　　(f) 凹半圆铣刀　　　　(g) 螺杆专用铣刀

图 2.21　各类铣刀

铣刀按加工用途不同可分为以下几种。

（1）加工平面，如圆柱平面铣刀（见图 2.21（a））、端（面）铣刀（见图 2.21（b））等。

（2）加工沟槽，如两面刃或三面刃铣刀、立铣刀（见图 2.21（c））、锯片铣刀（见图 2.21（d））、T 形槽铣刀（见图 2.21（e））和角度铣刀。

（3）加工成形表面，如凸半圆和凹半圆铣刀（见图 2.21（f））以及加工其他复杂成形表面用的铣刀（见图 2.21（g））。

4．钻头

钻头是从实体材料上加工出孔的刀具，常用的有麻花钻、中心钻和深孔钻等，如图 2.22 所示。

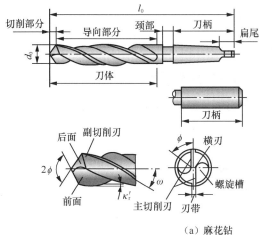

（a）麻花钻

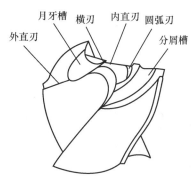

（b）群钻

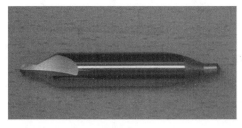

（c）中心钻　　　　　　　　　　　　　　（d）深孔钻

图 2.22　各类钻头

（1）麻花钻

麻花钻是应用最广的孔加工刀具，特别适合于 ϕ30mm 以下孔的粗加工，有时也可用于扩孔，如图 2.22（a）所示。生产中，为了提高钻孔的精度和效率，常将标准麻花钻按特定方式刃磨成"群钻"（也称倪志福钻头）使用，如图 2.22（b）所示。

（2）中心钻

中心钻（见图 2.22（c））用于加工轴类工件的中心孔。钻孔时，先打中心孔，也有利于钻头的导向，可防止钻偏。

（3）深孔钻

深孔钻是专门用于钻削深孔（长径比≥5）的钻头，其可分为外排屑和内排屑两类，如图 2.22（d）所示。深孔钻削时，散热和排屑困难，且因钻杆细长而刚性差，易产生弯曲和振动。一般要借助压力冷却系统解决冷却和排屑问题。

5. 扩孔刀具

另一类是对工件上已有孔进行再加工用的刀具，常用的有扩孔钻、铰刀及镗刀等，如图 2.23 所示。

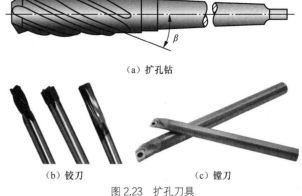

（a）扩孔钻

（1）扩孔钻

扩孔钻（见图 2.23（a））常用作铰或磨前的预加工以及毛坯孔的扩大。相比钻头，扩孔钻没有横刃，扩孔效率和精度均比麻花钻高。

（2）铰刀

铰刀是精加工刀具，加工精度可达 IT6～IT7，加工表面粗糙度 Ra 可达 0.4～1.6μm，如图 2.23（b）所示。

（b）铰刀　　　　　（c）镗刀

图 2.23　扩孔刀具

（3）镗刀

镗刀多用于箱体孔的粗、精加工，一般分为单刃镗刀和多刃镗刀两大类。结构简单的单刃镗刀如图 2.23（c）所示。镗削时，镗杆刚性很差，往往需要镗模或采用浮动镗来克服镗刀受力产生弯曲，提高镗孔的轴线位置精度。

2.3.2　按结构形式分类

刀具按结构形式，可分为整体式刀具、镶片式刀具、机夹式刀具和复合式刀具等，如图 2.24 所示。

（a）整体式刀具　　（b）镶片式刀具　　（c）机夹式刀具　　（d）复合式刀具

图 2.24　按结构形式分类的刀具

（1）整体式刀具抗振性好，结构简单，失效后浪费较大（见图 2.24（a））。

（2）镶片式刀具往往通过焊接方式与刀体相连，抗振性较好，刃磨方便，刀片受焊接热影响（见图 2.24（b））。

（3）机夹式刀具的刀杆可重复利用，其耐用度高，结构相对复杂（见图 2.24（c））。

（4）复合式刀具是将两把或两把以上的同类或不同类刀具组合成一体的专用刀具。它能在一次加工的过程中，完成诸如钻孔、扩孔、铰孔、锪孔和镗孔等多工序或不同工艺的复合，具有高效率、高精度、高可靠性的成形加工特点。图 2.24（d）是钻—铰—锪复合式刀具。

2.3.3　按标准化分类

刀具按是否标准化分为标准刀具和非标刀具。标准刀具是根据国家标准制作的各种刀具；

非标刀具是根据零件的加工特性，特别设计制造的刀具，它能提高生产效率，降低成本，常见的有非标车刀、镗刀、铣刀、铰刀、钻头等。

2.4 刀具材料

2.4.1 刀具材料应具备的性能

为了完成切削，除了要求刀具具有合理的角度和适当的结构外，刀具的材料是保证刀具完成切削功能的重要基础。在切削过程中，刀具在强切削力下工作，同时与切屑和工件表面产生剧烈的摩擦，也会导致刀具与工件的温度升高，工作条件极为恶劣。为使刀具具有良好的切削性能，必须选用合适的材料。刀具材料对加工质量、生产率和加工成本影响极大，其应具备的性能如下。

1. 高的硬度

刀具材料的硬度必须高于工件的硬度，以便切入工件。在常温下，刀具材料的硬度一般应该在 HRC60 以上。

2. 高的耐磨性

刀具材料应具有抵抗磨损的能力。一般情况下，刀具材料硬度越高，耐磨性越好。

3. 高的耐热性

刀具材料在高温下应能保持高的硬度、强度、韧性和耐磨性。

4. 足够的强度和韧性

刀具材料只有具备足够的强度和韧性，刀具才能承受切削力和切削时产生的振动，以防脆性断裂和崩刃。

5. 良好的工艺性

为便于刀具本身的制造，刀具材料还应具有一定的工艺性能，如切削性能、磨削性能、焊接性能及热处理性能等。

6. 良好的热物理性能和耐热冲击性

要求刀具材料的导热性要好，刀具不会因受到大的热冲击而产生内部裂纹，导致刀具断裂。

2.4.2 常用刀具材料

1. 工具钢

工具钢是用以制造切削刀具、量具、模具和耐磨工具的钢。工具钢具有较高的硬度和在一定温度下能保持高硬度和红硬性，以及高耐磨性和适当的韧性。工具钢一般分为碳素工具钢、合金工具钢和高速工具钢（高速钢），如表 2.1 所示。

表 2.1　　　　　　　　　　　　　　工具钢种类及其特点

种类	含量	特点
碳素工具钢	含碳量为 0.7%～1.2%	淬火后硬度高，易发生裂纹，耐热性差
合金工具钢	加入少量的 Cr、W、Mn、Si 等合金元素	热处理变形有所减少，耐热性有所提高
高速工具钢	含有较多的 W、Cr、V 合金元素	耐热性提高，强度、韧性和工艺性都较好，适合中速切削

为了提高高速钢的硬度和耐磨性，常采用如下措施来提高其性能。

（1）在高速钢中增添新的元素。例如我国制成的铝高速钢，在高速钢中增添了铝元素，使其硬度达 HRC70，耐热性超过 600℃，被称为高性能高速钢或超高速钢。

（2）用粉末冶金法制造的高速钢称为粉末冶金高速钢。它可消除碳化物的偏析并细化晶粒，提高了材料的韧性、硬度，并减小了热处理变形，适用于制造各种高精度刀具。

2. 硬质合金

硬质合金是以高硬度、高熔点的金属碳化物（碳化钨（WC）、碳化钛（TiC））为基体，以金属钴（Co）、镍（Ni）等为黏结剂，用粉末冶金方法制成的一种合金。其硬度为 HRC74～82，能耐 800～1 000℃ 的高温，因此耐磨、耐热性好；其切削速度是高速钢的 6 倍，但强度和韧性比高速钢低，工艺性差，因此硬质合金常用于制造形状简单的高速切削刀片，经焊接或机械夹固在车刀、刨刀、端铣刀、钻头等刀体（刀杆）上使用。

硬质合金牌号按使用领域不同，分为 P、M、K、N、S、H 六大类。各个类别为满足不同的使用要求，以及根据材料耐磨性和韧性的不同，又可分为若干组，详细可见表 2.2。

表 2.2　　　　　　　　　　　硬质合金各类牌号适合加工的材料

分类	适合加工的材料
P	主要用于长切屑材料的加工，如钢、铸钢、长切屑可锻铸铁
M	主要用于不锈钢、铸钢、锰钢、可锻铸铁、合金钢、合金铸铁等材料的加工
K	主要用于短切屑材料的加工，如铸铁、冷硬铸铁、短切屑可锻铸铁、灰铸铁
N	主要用于有色金属、非金属材料的加工，如铝、镁、塑料、木材
S	主要用于耐热和优质合金材料的加工，如耐热钢，含镍、钴、钛各类合金
H	主要用于硬切削材料的加工，如淬硬钢、冷硬铸铁

国产的硬质合金一般分为两大类：一类是由 WC 和黏结剂 Co 组成的钨钴类（YG 类）；另一类是 WC、TiC 和 Co 组成的钨钛钴类（YT 类）。

YG 类硬质合金的韧性较好，但切削韧性材料时，耐磨性较差。因此，它适用于加工铸铁、青铜等脆性材料。常用的牌号有 YG3、YG6、YG8 等，其中数字表示 Co 的百分比含量。

YT 类硬质合金比 YG 类硬度高，耐热性好，切削韧性材料时的耐磨性较好，但韧性较差，一般适用于加工钢件。常用的牌号有 YT5、YT15、YT30 等，其中数字表示 TiC 的百分比含量。

为了克服常用硬质合金强度和韧性低、脆性大、易崩刃的缺点，常采用如下措施改善其性能。

（1）调整化学成分。增添少量的碳化钽（TaC）、碳化铌（NbC），使硬质合金既有高的硬度又有好的韧性。

（2）细化合金的晶粒。如超细晶粒硬质合金，硬度可达 HRA90～93，抗弯强度可达 2.0GPa。

2.4.3　新型刀具材料

1. 陶瓷

陶瓷是以氧化铝（Al_2O_3）或氮化硅（Si_3N_4）等为主要成分，经压制成形后烧结而成的刀具材料。陶瓷硬度高，化学性能好，耐氧化，所以被广泛用于高速切削加工中。但由于其强度低、韧性差，长期以来主要用于精加工。

陶瓷刀具与传统硬质合金刀具相比，具有以下优点：（1）可加工硬度高达 HRC65 的高硬度难加工材料；（2）可进行扒荒粗车及铣、刨等大冲击间断切削；（3）耐用度可提高几倍至几十倍；（4）切削效率提高 3～10 倍，可实现以车、铣代磨。

2. 金刚石

金刚石是碳的同素异构体，是自然界已经发现的最硬材料，显微硬度达到 HV10000。金刚石一般有两种：天然金刚石和人造金刚石。前者性质较脆，容易沿晶体的解理面破裂，导致大块崩刃，并且天然金刚石价格昂贵，因此往往被人造聚晶金刚石（polycrystalline diamond，PCD）代替。

人造聚晶金刚石是以石墨为原料，通过合金触媒的作用，在高温高压下烧结而成。它有如下特点。

（1）硬度和耐磨性极高。它在加工高硬度材料时，耐用度是硬质合金刀具的 10～100 倍，甚至高达几百倍。

（2）摩擦系数低。与一些有色金属之间的摩擦系数约为硬质合金刀具的一半。

（3）刀刃非常锋利。可用于超薄切削和超精密加工。

（4）导热性能好。金刚石导热系数为硬质合金的 1.5～9.0 倍。

（5）热膨胀系数低。金刚石热膨胀系数比硬质合金小，约为高速钢的 1/10。

人造金刚石的热稳定性差，不得超过 700～800℃，特别是它与铁元素的化学亲和力很强，因此它不宜用来加工铁金属材料，多用于有色金属及其合金和一些非金属材料的加工，是目前超精密切削加工中最主要的刀具。

3. 立方氮化硼

立方氮化硼（cubic boron nitride，CBN）是由六方氮化硼和触媒在高温高压下合成的，是继人造金刚石问世后出现的又一种新型高新技术产品。它具有很高的硬度、热稳定性和化学惰性，以及良好的透红外性和较宽的禁带宽度等优异性能，硬度仅次于金刚石，但热稳定性远高于金刚石，可承受 1 200℃以上的切削温度；其对铁系金属元素有较大的化学稳定性，在高温下（1 200～1 300℃）不会发生化学反应。立方氮化硼磨具的磨削性能十分优异，不仅能胜任难磨材料的加工，提高生产率，还能有效地提高工件的磨削质量。

由于 CBN 具有优于其他刀具材料的特性，因此人们一开始就试图将其应用于切削加工，但单晶 CBN 的颗粒较小，很难制成刀具，且 CBN 烧结性很差，难以制成较大的 CBN 烧结体。直到 20 世纪 70 年代，中国、美国、英国等国家才相继研制成功作为切削刀具的 CBN 烧结体——聚晶立方氮化硼（polycrystalline cubic boron nitride，PCBN）。从此，PCBN 以其优异的切削性能而被应用于切削加工的各个领域，尤其是在高硬度材料、难加工材料的切削加工中更是独树一帜。目前应用广泛的是 PCBN 刀具复合片，根据添加的黏结剂比例不同，其硬质特性也不同，黏结剂含量越高，其硬度就越低，其韧性就会越好。

2.4.4 涂层刀具材料

以上五种材料均是刀具切削部分的整体应用。在实际工程中，有时为了既提高材料的耐磨性，又节省制造成本，常常在硬质合金或高速钢表面上涂覆一薄层耐磨性好的难熔金属或非金属化合物制成刀具，即涂层刀具。涂层高速钢刀具一般采用物理气相沉积法（physical vapor deposition，PVD），沉积温度在 500℃左右，涂层厚度为 2～5μm；涂层硬质合金一般采用化学气相沉积法（chemical vapor deposition，CVD），沉积温度在 1 000℃左右，涂层厚度可达 5～10μm，并且设备简单，涂层均匀。近十几年来，随着涂覆技术的进步，硬质合金也可采用 PVD 法。另外还用 PVD 与 CVD 相结合的技术开发了复合的涂层工艺，称为等离子体化学气相沉积法（plasma assisted chemical vapor deposition，PACVD）。该方法利用等离子体来促进化学反应，可把涂覆温度降至 400℃以下，目前已经可以降至 180～200℃，使硬质合金基体与涂层材料之间不会产生扩散、相变或交换反应，以保持刀片原有的韧性。

涂层材料需具有硬度高、耐磨性好、化学性能稳定、不与工件材料发生化学反应、耐热耐氧化、摩擦系数低，以及与基体附着牢固等特性。显然，单一的涂层材料很难满足上述各项要求。所以硬质涂层材料已由最初只能涂单一的 TiC、TiN、Al_2O_3，进入开发厚膜、复合和多元涂层的新阶段。新开发的 TiCN、TiAlN、TiAlN 多元、超薄、超多层涂层与 TiC、TiN、Al_2O_3 等涂层的复合，加上新型的抗塑性变形基体，在改善涂层的韧性、涂层与基体的结合强度、提高涂层耐磨性方面有了重大进展。

未涂层高速钢的硬度仅为 62～68HRC（760～960HV），硬质合金的硬度仅为 89.0～93.5HRA（1 300～1 850HV），而涂层后的表面硬度可达 2 000～3 000HV 以上。故与未涂层的刀具（刀片）相比，涂层刀具允许的切削速度高，同时切削过程的切削力小，零件的已加工表面质量较好。

2.5　金属材料切削的变形过程

金属材料切削是指刀具和工件通过切削运动形成切屑的过程。该过程中会出现许多物理现象，如切削力、切削热、积屑瘤、刀具磨损和加工硬化等。因此，研究切削中的材料变形过程对保证加工质量、提高生产效率、降低生产成本以及对切削加工的发展等都有着重要意义。

2.5.1　直角切削和斜角切削

由 2.3 节我们已经学到，一把刀具有"三面两刃一尖"。最常见的切削形式为三维斜角切削，如图 2.25（a）所示，切削刃与切削速度方向不垂直，而是存在刃倾角，这种切削形式所涉及的几何参数过于复杂。为简化分析过程，通常采用三维直角切削，也称正交切削，如图 2.25（b）所示。直角切削是指切削刃垂直于切削速度方向（刃倾角 λ_s=0°），没有副切削刃参与切削的方式。假设材料变形行为在沿切削刃方向是一致的，那么可得到二维直角切削，如图 2.25（c）所示。

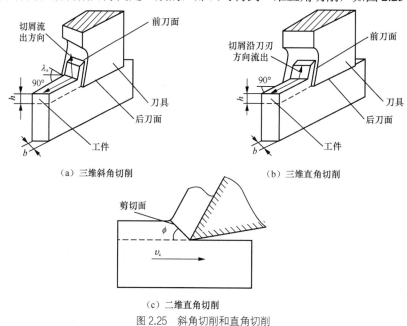

（a）三维斜角切削　　　　　　　　（b）三维直角切削

（c）二维直角切削

图 2.25　斜角切削和直角切削

2.5.2 材料的剪切—滑移—断裂过程

图 2.26 是实际金属材料的二维直角切削断面图。从微观角度来看，如图 2.27 所示，材料切削前均可看作近似圆形的晶粒，当受到刀具挤压后，切削层金属在始滑移面 *OA* 以左发生弹性变形，越靠近 *OA* 面，弹性变形越大。在 *OA* 面上，应力达到材料的屈服强度 σ_s，则发生塑性变形，产生滑移现象。随着刀具的连续移动，原来处于始滑移面上的金属不断向刀具靠拢，应力和变形也逐渐加大。在始滑移面 *OE* 上，应力和变形达到最大值。越过 *OE* 面，切削层金属将脱离

材料剪切—滑移变形过程与切削变形区

图 2.26 二维直角切削断面图

工件基体，沿着前刀面流出而形成切屑，完成切离阶段。经过塑性变形的金属，其晶粒沿大致相同的方向伸长。可见，金属切削过程实质是一种剪切—滑移—断裂过程。在这一过程中产生的力、热等诸多物理现象，都是由切削过程中的变形和摩擦所引起的。

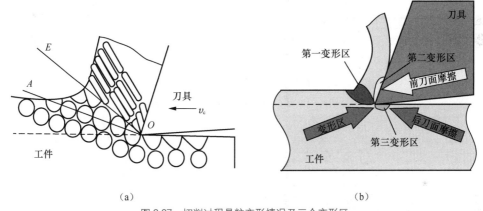

（a）   （b）

图 2.27 切削过程晶粒变形情况及三个变形区

2.5.3 切削变形区

根据图 2.27（a）所示的晶粒滑移线，我们可将塑性金属材料切削时，刀具与工件接触的区域分为三个变形区，如图 2.27（b）所示。

1. 第一变形区

OA 与 *OE* 之间是切削层的塑性变形区，称为第一变形区或称基本变形区。基本变形区的变形量最大，表现为沿滑移线的剪切变形，以及随之产生的加工硬化。在一般切削速度范围内，该变形区的宽度仅为 0.20～0.02mm，所以可用剪切面来表示。剪切面和切削速度方向的夹角称为剪切角，用 ϕ 表示。

2. 第二变形区

切屑与前刀面摩擦的区域称为第二变形区或称摩擦变形区。切屑形成后与前刀面之间存在压力，所以沿前刀面流出时必然有很大的摩擦，因而使切屑底层又一次产生塑性变形。

3. 第三变形区

工件已加工表面与后刀面接触的区域称为第三变形区或称加工表面变形区。

这三个变形区聚集在切削刃附近，此处的应力比较集中而复杂。金属被切削层就在此处与工件基体发生分离，大部分变成切屑，很小一部分留在已加工表面上。

2.5.4 变形程度表示方法

剪切角 ϕ 的大小和切削力的大小有直接关系。对于同一工件材料，用同样的刀具切削同样大小的切削层，当切削速度高时，ϕ 较大，剪切面积变小，如图 2.28（a）所示，切削较省力，说明剪切角的大小可以用来衡量切削过程的变形程度。如果要定量测出该参数，需要通过"快速落刀法"的方式，借助一定的实验装置获取切屑根部试样，但相关实验装置搭建难度较大且样品变形状态存在随机性。因此，为便于直观理解，引入了"变形系数"这个概念。刀具切下的切屑厚度 h_c 通常要大于工件上切削层的厚度 h，而切屑长度 l_c 却小于切削层长度 l，如图 2.28（b）所示。切屑厚度与切削层厚度之比称为厚度变形系数 ξ_a，切削层长度与切屑长度之比称为长度变形系数 ξ_l。

$$\xi_a = \frac{h_c}{h} \tag{2-8}$$

$$\xi_l = \frac{l}{l_c} \tag{2-9}$$

由于工件上切削层的宽度与切屑平均宽度差别不大，因此切削前后的体积基本不变，故 $\xi_a = \xi_l = \xi$。变形系数 ξ（大于 1）反映了切屑的变形程度，且易测量。它与剪切角 ϕ 之间的关系如下。

$$\xi = \frac{h_c}{h} = \frac{OM \cdot \sin(90 - \phi + \alpha)}{OM \cdot \sin \phi} = \frac{\cos(\phi - \alpha)}{\sin \phi} \tag{2-10}$$

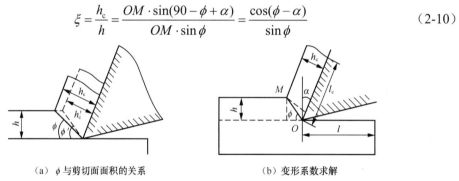

（a）ϕ 与剪切面面积的关系　　　　　　　（b）变形系数求解

图 2.28 变形系数的表示与求解

2.5.5 切屑形态

切削变形区内的材料变形程度与工件材料属性密切相关，因此，不同材料经历同样的剪切—滑移—断裂过程后，其切屑形态会有很大差异，大致可以分为图 2.29 所示的四种。其中，图 2.29（a）～图 2.29（c）为切削塑性材料的切屑，图 2.29（d）为切削脆性材料的切屑。

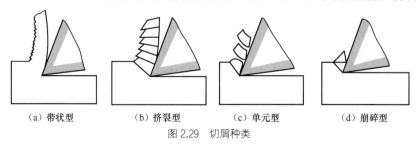

（a）带状型　　　　（b）挤裂型　　　　（c）单元型　　　　（d）崩碎型

图 2.29 切屑种类

1. 带状型

带状型切屑是最常见的一种切屑（见图 2.29（a））。它的内表面是光滑的，外表面是毛茸的。如用显微镜观察，在外表面上也可看到剪切面的条纹，但每个单元很薄，肉眼看来大体上是平整的。加工塑性金属材料，当切削厚度较小、切削速度较高、刀具前角较大时，一般常得到这类切屑。它的切削过程平稳，切削力波动较小，已加工表面粗糙度较小。

2. 挤裂型

挤裂型切屑与带状型切屑的不同之处在于其外表面呈锯齿形，内表面有时有裂纹，如图 2.29（b）所示。这类切屑之所以呈锯齿形，是因为它的第一变形区较宽，在剪切滑移过程中滑移量较大。由滑移变形所产生的加工硬化使剪切力增加，在局部达到材料的破裂强度。这种切屑大多在切削速度较低、切削厚度较大、刀具前角较小时产生。

3. 单元型

在挤裂型切屑的剪切面上，如果裂纹扩展到整个面上，则整个单元被切离，形成梯形的单元型切屑（见图 2.29（c））。

4. 崩碎型

崩碎型切屑多属于脆性材料的切屑。这种切屑的形状是不规则的，加工表面是凹凸不平的，如图 2.29（d）所示。从切削过程来看，切屑在破裂前变形很小，与塑性材料的切屑形成机理也不同，它的脆断主要是由于材料所受应力超过了它的抗拉极限。加工脆硬材料，如高硅铸铁、白口铁等，特别是当切削厚度较大时常得到这种切屑。由于它的切削过程很不平稳，容易破坏刀具，也有损于机床，已加工表面又粗糙，因此在生产中应力求避免。其具体方法是减小切削厚度，使切屑呈针状或片状，同时适当提高切削速度，以增加工件材料的塑性。

值得注意的是，对于带状型和挤裂型切屑而言，不同切削状态下产生的锯齿状切屑形态也存在显著差别。为了定量描述该差别，通常用锯齿化程度 G_s 这一物理量对其进行表征，如式（2-11）所示。

$$G_s = \frac{H-h}{H} \tag{2-11}$$

式中：H——锯齿总高度；h——锯齿根部到切屑底面的高度，如图 2.30 所示。

图 2.31 给出了 Ti6Al4V 在不同切削速度下切屑锯齿化程度的演变规律，通过该物理量可以深入分析材料去除过程的切削力波动、材料断裂机制等问题。另外，考虑切屑形态的另一个意义是对于带状型切屑，在自动化加工时必须考虑断屑问题，否则过长的带状型切屑会缠绕在刀具或工件上，从而损伤工件表面。

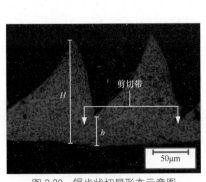

图 2.30　锯齿状切屑形态示意图

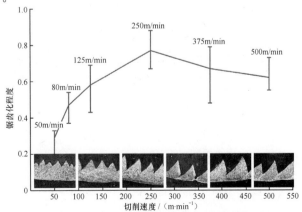

图 2.31　Ti6Al4V 切削时切屑锯齿化程度演化

2.6 切削力

切削加工是刀具与工件之间的力学相互作用。切削力是二者相互作用产生的重要物理现象之一，同时也是计算功率消耗、进行机床/刀具/夹具设计、指定合理的切削用量、优化刀具几何参数的重要依据。

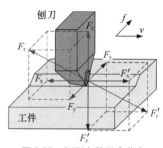

切削力热的产生及主要求解方法

2.6.1 切削力的产生

1. 切削力来源

材料切削时，刀具切入工件，使被加工材料发生变形并被去除所需的力，称为切削力。由 2.5 节对切削变形的分析可知，切削力源于以下三个方面：

（1）克服被加工材料弹性变形的抗力；

（2）克服被加工材料塑性变形的抗力；

（3）克服切屑与前刀面的摩擦力和刀具后刀面与过渡表面和已加工表面之间的摩擦力。

2. 切削力分解

上述各力的总和形成作用在刀具上的合力 F_r（国标为 F）。为了满足实际应用需要，F_r 可分解为相互垂直的 F_x（国标为 F_f）、F_y（国标为 F_p）和 F_z（国标为 F_c）三个分力，如图 2.32 所示。

图 2.32 刨削力的三个分力

在刨削时：

F_x——主切削力或切向力。它的方向与过渡表面相切并与基面垂直。F_x 是计算刨刀强度、确定机床功率所必需的。

F_y——进给力。它是处于基面内并与走刀方向平行而方向相反的力。F_y 是设计走刀机构、计算刨刀进给功率所必需的。

F_z——切深抗力。它是处于基面内并与工件表面垂直的力。F_z 是计算刨刀强度的依据。工件在切削过程中产生的振动往往与 F_z 有关。

由图 2.32 可以看出

$$F_r = \sqrt{F_z^2 + F_x^2 + F_y^2} \tag{2-12}$$

消耗在切削过程中的功率称为切削功率 P_m（国标为 P_0）。切削功率为 F_x 所消耗的功率，因 F_y 和 F_z 方向没有位移，所以不消耗功率。于是

$$P_m = F_x v \times 10^{-3} \tag{2-13}$$

式中：P_m——切削功率（kW）；F_x——主切削力（N）；v——切削速度（m/s）。

在求得切削功率后，还可以计算出主运动电动机的功率 P_E，但需要考虑机床的传动效率 η，即

$$P_E \geqslant \frac{P_m}{\eta} \tag{2-14}$$

一般 η 取值为 0.75～0.85，大值适用于新机床，小值适用于旧机床。

3. 切削力用途

一般切削加工过程，切削力少则几十牛，多达几千牛，它会导致刀具和工件变形、刀具

磨损甚至破损和断刀、降低零件加工质量等一系列问题。此外，对于铣削等多齿切削，切削力的频率成分多且复杂，是工艺系统发生共振/颤振的一大原因，因此，控制切削力的大小对于切削过程的稳定意义重大。

2.6.2　切削力的计算

直角切削过程中切削力的解析建模方法

切削力的计算主要有三种方法：解析法（由刀具与工件之间的受力关系解析推导）、数值法（如常用的有限元计算）、经验公式法（通过实验测试回归拟合得到）。三种方法各有优缺点，下面逐个对以上方法进行介绍。

1. 解析法

以简单的二维直角切削为例，工件分为基体和切削层，在水平方向上，刀具相对于工件运动完成切削过程，切削层金属经过变形最终形成切屑。因此，根据前面所学的知识可知，刀具与工件接触的区域分为三个变形区（基本变形区、摩擦变形区、加工表面变形区），其中基本变形区和摩擦变形区产生的力集中在切屑上，同时反过来作用在刀具上，而加工表面变形区（第三变形区）的力集中在已加工表面上，反过来也作用在刀具上，因此将整个切削力计算分为两部分分别进行求解。

（1）基本变形区和摩擦变形区

① 切屑上的受力分析

根据上述切削变形区理论，假设直角切削模型中的刀具不存在圆角，剪切面趋近于无穷薄，其上应力分布均匀且稳定，切屑与刀具以及后刀面与已加工表面间的接触区内应力分布均匀稳定、摩擦均匀稳定。把直角切削得到的切屑作为一个独立体分析其受力情况，如图 2.33 所示。切屑受到两个力作用：一是刀具前刀面对切屑的作用力 F_C；二是工件在剪切面上对切屑的作用力 F_C'。对切屑而言，二力应该平衡，即 $F_C = F_C'$，F_C 和 F_C' 可以分解为以下三组不同的分力：

a. F_C' 沿水平和竖直方向分解为 F_{tc} 和 F_{fc}；

b. F_C' 沿着剪切面和垂直剪切面方向分解为 F_s（剪切力）和 F_n（正压力）；

c. F_C 沿着刀具前刀面和垂直刀具前刀面方向分解为 F_u（摩擦力）和 F_v（法向力）。

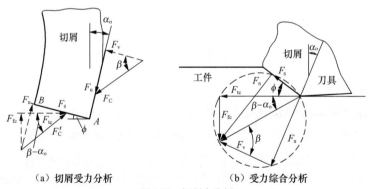

（a）切屑受力分析　　　　（b）受力综合分析

图 2.33　切削力分析

考虑到切屑的尺寸小，为便于分析，把 F_C 和 F_C' 的作用点从实际作用位置移到刀尖点，就可以得到更简洁的受力关系图，如图 2.33（b）所示。其中 F_C 和 F_C' 由于平行且相等，因此重合在一起。根据它们的几何关系，可以借助于以 F_C 为直径、过刀尖点的圆，将各分力联系在一起。ϕ 为剪切角，β 为摩擦角，是 F_C 与 F_v 的夹角，α_o 为刀具前角，h 为切削厚度，b 为切削宽度，切削层面积 $A_c = b \times h$，剪切面面积 $A_s = A_c / \sin\phi$，τ 表示剪切面上的切应力，则

$$F_s = \tau_s \cdot A_s = \tau_s \cdot b \cdot \frac{h}{\sin\phi} \tag{2-15}$$

$$F_s = F_C \cos(\phi + \beta - \alpha_o) \tag{2-16}$$

$$F_C = \frac{F_s}{\cos(\phi + \beta - \alpha_o)} = \frac{\tau_s \cdot b \cdot h}{\sin\phi\cos(\phi + \beta - \alpha_o)} \tag{2-17}$$

$$F_{tc} = F_C \cos(\beta - \alpha_o) = \frac{\tau_s \cdot b \cdot h \cdot \cos(\beta - \alpha_o)}{\sin\phi\cos(\phi + \beta - \alpha_o)} \tag{2-18}$$

$$F_{fc} = F_C \sin(\beta - \alpha_o) = \frac{\tau_s \cdot b \cdot h \cdot \sin(\beta - \alpha_o)}{\sin\phi\cos(\phi + \beta - \alpha_o)} \tag{2-19}$$

由式（2-18）和式（2-19）可以看出，摩擦角 β 会直接影响刀具进给方向的切向力 F_P 和法向力 F_Q。如果忽略后刀面的摩擦力，通过测力仪测出两个方向力的比值，就可求得 β 值。

$$\tan(\beta - \alpha_o) = \frac{F_{fc}}{F_{tc}} \tag{2-20}$$

$\tan\beta$ 即前刀面平均摩擦系数 μ，我们可以通过求 $\tan\beta$ 来测定前刀面平均摩擦系数 μ。

$$\tan\beta = \mu = \frac{F_{fc} + F_{tc}\tan\alpha_o}{F_{tc} - F_{fc}\tan\alpha_o} \tag{2-21}$$

② 剪切角与摩擦角之间的关系

a. 最大剪应力原则

R 是前刀面上 F_C 和 F_v 的合力，在主应力方向，而剪切力 F_s 是在最大剪应力方向。根据材料力学知识可知，R 与 F_s 的夹角应为 $\pi/4$。由图 2.33 可知，二者之间的夹角为 $\phi+\beta-\alpha_o$，所以：

$$\phi + \beta - \alpha_o = \frac{\pi}{4} \tag{2-22}$$

或

$$\phi = \frac{\pi}{4} - (\beta - \alpha_o) \tag{2-23}$$

式（2-22）和式（2-23）就是李和谢弗公式，它是根据直线滑移线场理论推导出的近似剪切角公式。

b. 最小能量原则

此外，知名学者麦钱特（Merchant）还根据合力最小原理确定了剪切角的另一种计算方法，即在式（2-17）的基础上求微分，并令 $\mathrm{d}F_C/\mathrm{d}\phi=0$，即可得到 F_C 为最小值时 ϕ 的值，表示为

$$\phi = \frac{\pi}{4} - \frac{\beta}{2} + \frac{\alpha_o}{2} \tag{2-24}$$

式（2-24）就是著名的麦钱特公式。

上述两个公式的计算结果和实验结果在定性上是一致的，但在定量上则有差别，麦钱特公式的计算值偏大，而李和谢弗公式的计算值偏小。

③ 切削力表达式

由式（2-18）和式（2-19）可知，对于固定的刀具和工件材料，其刀具前角 α_o、摩擦角 β、剪应力 τ_s 均是固定值，因此剪切力 F_{tc} 和犁切力 F_{fc} 可以重新表示为

$$F_{tc} = F_C \cos(\beta - \alpha_o) = bh \frac{\tau_s \cos(\beta - \alpha_o)}{\sin\phi\cos(\phi + \beta - \alpha_o)} = bhK_{tc} \tag{2-25}$$

$$F_{fc} = F_C \sin(\beta - \alpha_o) = bh \frac{\tau_s \sin(\beta - \alpha_o)}{\sin\phi\cos(\phi + \beta - \alpha_o)} = bhK_{fc} \tag{2-26}$$

式中：K_{tc}，K_{fc}——剪切力系数和犁切力系数（N/mm²），二者分别表示为

$$K_{tc} = \frac{\tau_s \cos(\beta - \alpha_o)}{\sin\phi\cos(\phi + \beta - \alpha_o)} \tag{2-27}$$

$$K_{fc} = \frac{\tau_s \sin(\beta - \alpha_o)}{\sin\phi\cos(\phi + \beta - \alpha_o)} \tag{2-28}$$

综上，得到了切屑作用于刀具的切削力 F_{tc}、F_{fc} 的表达式。

（2）已加工表面变形区

已加工表面作用在刀具后刀面上的力取决于刀具后角、摩擦系数、刀具磨损等因素。假设作用在后刀面上的摩擦力为 F_{te}，垂直于后刀面的正压力为 F_{fe}，如果后刀面上的应力分布均匀，则正压力 F_{fe}（见图 2.34）可表示为

$$\begin{cases} F_{te} = \sigma_f V_B b = K_{te} b \\ F_{fe} = \mu\sigma_f V_B b = K_{fe} b \end{cases} \tag{2-29}$$

式中：σ_f——应力；V_B——后刀面接触长度；μ——摩擦力系数；K_{te}，K_{fe}——切向和法向犁切力系数，可表达为

$$\begin{cases} K_{te} = \sigma_f V_B \\ K_{fe} = \mu\sigma_f V_B \end{cases} \tag{2-30}$$

因此，将切屑作用在刀具和已加工表面作用在刀具上的力综合起来，则可得到总的切削力，其计算公式为

$$\begin{cases} F_t = F_{tc} + F_{te} = bhK_{tc} + bK_{te} \\ F_f = F_{fc} + F_{fe} = bhK_{fc} + bK_{fe} \end{cases} \tag{2-31}$$

（3）二维直角切削力计算公式的推广

① 三维斜角切削

以上切削力的推导方法是针对二维直角切削过程，即切削速度垂直于主切削刃。对于三维斜角切削，切削速度与切削刃的法向存在一个角度 i，如图 2.35 所示。因此，斜角切削中存在三个方向的分力 F_{tc}、F_{fc}、F_{rc}。参照二维直角切削的分析过程，切削力通过两次空间坐标转换，首先将合力 F 投影到以切削刃为基准的 xyz 坐标系，然后根据角度 i 投影到以切削方向为基准的正交平面，即可得到斜角切削中三个分力的计算公式。为便于分析，针对

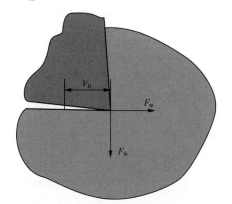

图 2.34 刀具后刀面受力情况

三维斜角切削以切削刃为基准建立三维直角坐标系：x 轴位于切削平面且垂直于切削刃，y 轴重合于切削刃，z 轴垂直于 xy 平面（即切削平面），如图 2.35（a）所示。这里需要定义几个参考平面：剪切面、前刀面、切削平面、法向平面。其中正交平面垂直于切削刃且与切削方向之间存在夹角 i。如图 2.35（b）所示，与二维直角切削需要求解摩擦角和剪切角类似，三维斜角切削需要求解五个关键参数：剪切方向角（ϕ_n、ϕ_i）、切削流动方向角 η 和切削力方向角（θ_n、

θ_i）。为了求解这五个参数，需要把切屑作为一个独立体分析其受力情况。切屑受到两个力的作用：一是刀具前刀面对切屑的摩擦合力 F_c；二是工件在剪切面上的剪切合力 F。

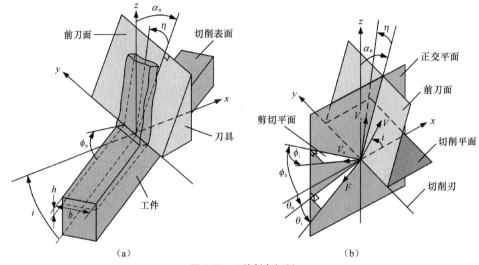

图 2.35　三维斜角切削

进行上述参数求解后，可以获得五个关键参数。代入上述参数，即可得到切削力 F_{tc}、进给力 F_{fc}、背向力 F_{rc} 的计算公式。

$$F_{tc} = \frac{\tau_s bh(\cos\theta_n + \tan\theta_i \tan i)}{[\cos(\theta_n + \phi_n)\cos\phi_i + \tan\theta_i \sin\phi_i]\sin\phi_n} \tag{2-32}$$

$$F_{fc} = \frac{\tau_s bh \sin\phi_n}{[\cos(\theta_n + \phi_n)\cos\phi_i + \tan\theta_i \sin\phi_i]\cos i \sin\phi_n} \tag{2-33}$$

$$F_{rc} = \frac{\tau_s bh(\tan\theta_i - \cos\theta_n \tan i)}{[\cos(\theta_n + \phi_n)\cos\phi_i + \tan\theta_i \sin\phi_i]\sin\phi_n} \tag{2-34}$$

同样也可以将以上公式写成类似于式（2-31）的形式。

$$F_t = bhK_{tc} + bK_{te} \tag{2-35}$$

$$F_f = bhK_{fc} + bK_{fe} \tag{2-36}$$

$$F_r = bhK_{rc} + bK_{re} \tag{2-37}$$

其中三个方向对应的切削力系数为

$$K_{tc} = \frac{\tau_s(\cos\theta_n + \tan\theta_i \tan i)}{[\cos(\theta_n + \phi_n)\cos\phi_i + \tan\theta_i \sin\phi_i]\sin\phi_n} \tag{2-38}$$

$$K_{fc} = \frac{\tau_s \sin\phi_n}{[\cos(\theta_n + \phi_n)\cos\phi_i + \tan\theta_i \sin\phi_i]\cos i \sin\phi_n} \tag{2-39}$$

$$K_{rc} = \frac{\tau_s(\tan\theta_i - \cos\theta_n \tan i)}{[\cos(\theta_n + \phi_n)\cos\phi_i + \tan\theta_i \sin\phi_i]\sin\phi_n} \tag{2-40}$$

② 直刃铣削

铣削是回转切削运动，每齿的切削厚度会随时间变化而变化，且同一切屑也表现出不同的厚度，如图 2.36 所示。如果是直刃铣刀，将其沿高度方向进行微元分解，将每一微元等效为一个二维直角切削刨刀，每刃微元承受切向力 $\mathrm{d}F_t$ 和径向力 $\mathrm{d}F_r$，如式（2-41）所示，然后将其在轴向进行积分，即可得到总切削力 F_t 和径向力 F_r，对其进行 x 和 y 方向分解和综合，如式（2-42）所示。

$$\begin{cases} \mathrm{d}F_{t,j}(\phi,z) = K_{tc} \cdot h_j(\phi_j(z)) \cdot \mathrm{d}z + K_{te} \cdot \mathrm{d}z \\ \mathrm{d}F_{r,j}(\phi,z) = K_{rc} \cdot h_j(\phi_j(z)) \cdot \mathrm{d}z + K_{re} \cdot \mathrm{d}z \end{cases} \tag{2-41}$$

$$\begin{cases} F_x = \sum_{j=1}^{N} \sum_{l=1}^{M} [-\mathrm{d}F_{t,j,l} \cos(\phi_{jl}) - \mathrm{d}F_{r,j,l} \sin(\phi_{jl})] \\ F_y = \sum_{j=1}^{N} \sum_{l=1}^{M} [\mathrm{d}F_{t,j,l} \sin(\phi_{jl}) - \mathrm{d}F_{r,j,l} \cos(\phi_{jl})] \end{cases} \tag{2-42}$$

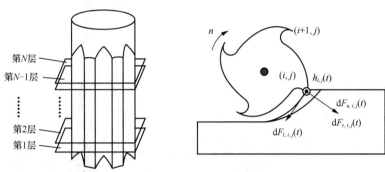

图 2.36　直刃铣刀切削力求解思路

③ 螺旋刃铣削

如果是带螺旋角的立铣刀，则会比以上情况更复杂些。由于螺旋角的存在，在轴向产生了分力，因此，在直刃铣刀切削基础上，同一齿上的不同部位参与切削的时间也不一样，其切削力的计算更为复杂。然而，同样可以将铣刀（圆柱立铣刀）沿高度方向进行微元分解，将每一微元等效为一个三维斜角切削刨刀，如图 2.37 所示。微元切削刃的三向力可通过式（2-43）来计算。

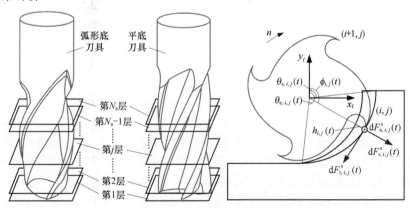

图 2.37　螺旋刃刀具切削力求解思路

$$\begin{cases} \mathrm{d}F_{t,j}(\phi,z) = K_{tc} \cdot h_j(\phi_j(z)) \cdot \mathrm{d}z + K_{te} \cdot \mathrm{d}z \\ \mathrm{d}F_{r,j}(\phi,z) = K_{rc} \cdot h_j(\phi_j(z)) \cdot \mathrm{d}z + K_{re} \cdot \mathrm{d}z \\ \mathrm{d}F_{a,j}(\phi,z) = K_{ac} \cdot h_j(\phi_j(z)) \cdot \mathrm{d}z + K_{ae} \cdot \mathrm{d}z \end{cases} \tag{2-43}$$

式中：切削层厚度 $h_j(\phi,z) = f \sin\phi_j(z)$；$\phi$——啮合角，如图 2.38 所示。

最后将若干个微元进行积分得到瞬时的总切削力，其计算公式如式（2-44）所示，通过该过程可以计算出三个方向的铣削力值。图 2.39 为某平底铣刀切削过程的力变化曲线。

$$
\begin{cases}
F_x = \sum_{j=1}^{N} \sum_{l=1}^{M} [-\mathrm{d}F_{\mathrm{t},j,l} \cos(\phi_{jl}) - \mathrm{d}F_{\mathrm{r},j,l} \sin(\phi_{jl})] \\
F_y = \sum_{j=1}^{N} \sum_{l=1}^{M} [\mathrm{d}F_{\mathrm{t},j,l} \sin(\phi_{jl}) - \mathrm{d}F_{\mathrm{r},j,l} \cos(\phi_{jl})] \\
F_z = -\sum_{j=1}^{N} \sum_{l=1}^{N} \mathrm{d}F_{\mathrm{a},j,l}
\end{cases}
\tag{2-44}
$$

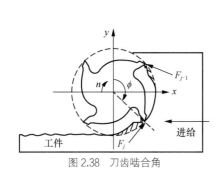

图 2.38　刀齿啮合角

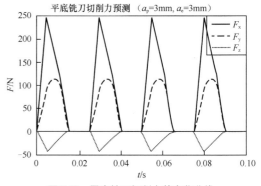

图 2.39　平底铣刀切削力的变化曲线

2．数值法

随着计算机技术的发展，数值计算方法已在很多工程问题中得到广泛的应用。切削过程的物理量分析也可通过数值计算方法获得。下面以有限元法为例，介绍切削力或后续切削热计算的基本思路和过程。

（1）有限元法求解的基本思想

有限元法的基本思想是将一个连续实体分割成大小不一的有限个区域，根据实际情况将各个不同的区域划分成相同或不同的单元，再按照一定的逻辑方式将这些离散的单元连接起来。单元可以选择相同或是不同的形状，如三角形或四边形（二维模型）。划分单元的目的是将形状复杂的实体表达出来，再根据实际情况构造出来的变形协调方程综合求解。因划分的单元和节点数量有限，故称为有限元法。对实体划分的区域足够小，区域内的单元选择就越接近实际，单元数量足够多，区域内的变形和应力的变化情况就会越趋于准确化，计算出来的结果就越接近真实情况。理论上，单元数量足够多时，有限元计算出来的解将会收敛于问题的精确解，但计算量大幅增加，计算耗费时间可观。因此需要在计算量和计算精度之间寻求平衡点。

（2）切削过程材料的弹塑性本构模型

材料在切削过程中发生怎样的变形行为取决于它的弹塑性本构模型，因此材料本构模型是切削过程有限元分析中的一个最重要环节，对分析结果影响很显著。本构模型，又称材料的力学本构方程或材料的应力—应变模型，是描述材料的力学特性（应力—应变—强度—时间关系）的数学表达式。材料的应力—应变关系很复杂，具有非线性、黏弹塑性、剪胀性、各向异性等，同时应力水平、应力历史以及材料的组成、状态、结构等均对其有影响。图 2.40 所示为典型韧性材料变形过程中的应力—应变曲线。一个完整的材料本构模型主要由三个部分组成：弹性本构模型、塑性本构模型和失效损伤本构模型。

① 弹性本构模型

对于常见的金属材料，假设其切削过程中材料各向同性，其弹性变形阶段的本构模型可以通过胡克定律进行描述，即

$$\sigma = E\varepsilon \qquad (2\text{-}45)$$

式中：σ——应力；E——弹性模量；ε——弹性应变。

② 塑性本构模型

材料在发生屈服后其应力—应变具有非线性的关系，通常用塑性本构方程来描述二者的关系。塑性本构模型通常基于材料应力—应变实验数据拟合获得。目前，最常用于描述材料变形过程

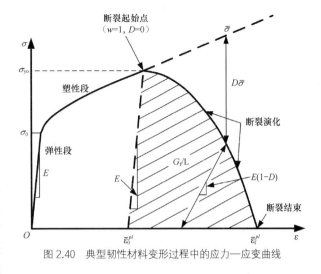

图 2.40　典型韧性材料变形过程中的应力—应变曲线

的唯象本构模型为 1985 年提出的 Johnson-Cook 模型（简称 JC 模型），其表达式为

$$\bar{\sigma} = \underbrace{\left[A + B\left(\bar{\varepsilon}^{pl}\right)^n \right]}_{\text{应变硬化}} \underbrace{\left[1 + C \ln \frac{\bar{\dot{\varepsilon}}^{pl}}{\dot{\varepsilon}_0} \right]}_{\text{应变率硬化}} \underbrace{\left[1 - \left(\frac{T - T_r}{T_m - T_r} \right)^m \right]}_{\text{热软化}} \qquad (2\text{-}46)$$

式中：$\bar{\sigma}$——屈服应力；$\bar{\varepsilon}^{pl}$——等效塑性应变；$\bar{\dot{\varepsilon}}^{pl}$——等效塑性应变率；$\dot{\varepsilon}_0$——参考应变率；$T$、$T_r$ 和 T_m——实验温度、室温和材料熔点温度；A、B、C、n 和 m——与材料相关的参数，可通过实验拟合获取。

从式（2-46）可知，JC 模型将材料的塑性应力与其应变、应变率和温度相关联，表达式右端三项分别代表应变硬化效应、应变率硬化效应和热软化效应对材料屈服应力的影响。

上述 JC 模型的实验数据是利用 Hopkinson 杆实验完成的，其最大应变不超过 100%。而金属材料的切削过程通常伴随着高温、高应变和大变形条件，其切削区域的应变可达 300%以上，如图 2.41 所示。因此，为更加准确地描述切削过程中材料的塑性变形行为，学者们往往需要根据不同材料的特性在原始 JC 本构模型的基础上进行相应的修正，以获得不同的修正本构方程。

③ 失效损伤本构模型

失效损伤本构模型是指材料在塑性变形之后发生失效开始到完全失效时的应力—应变关系。目前对于失效损伤本构模型的研究并不充分，对于金属切削过程中最常用的失效模型为 JC 失效模型，其表达式为

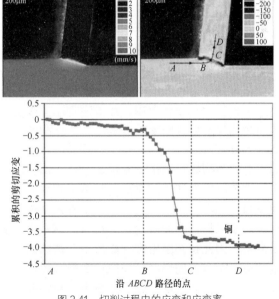

图 2.41　切削过程中的应变和应变率

$$\bar{\varepsilon}_f^{pl} = \left[D_1 + D_2 \exp\left(D_3 \frac{\sigma_p}{\bar{\sigma}} \right) \right] \left[1 + D_4 \ln\left(\frac{\bar{\varepsilon}^{pl}}{\varepsilon_0} \right) \right] \left[1 + D_5 \frac{T - T_r}{T_m - T_r} \right] \qquad (2\text{-}47)$$

应力三轴度　　　　　　　应变率　　　　　　温度

式中：$\bar{\varepsilon}_f^{pl}$——失效时的临界等效塑性应变；$D_1 \sim D_5$——失效参数。由式（2-47）可知，失效时的临界等效塑性应变与应力三轴度、等效塑性应变率以及温度密切相关。在有限元的计算中，通常需要利用增量形式计算，因此，定义损伤参数 ω 为

$$\omega = \sum \left(\frac{\Delta \bar{\varepsilon}^{pl}}{\bar{\varepsilon}_f^{pl}} \right) \qquad (2\text{-}48)$$

式中：$\Delta \bar{\varepsilon}^{pl}$——等效塑性应变的单步增量，当 ω 超过 1 时，材料发生失效。

（3）切削的有限元分析过程

对切削过程进行有限元分析，需先对分析模型（工件和刀具）进行离散化处理，把具有无限个自由度的连续系统离散成有限个自由度的单元集合体，通过求解有限个数值来近似模拟真实环境的无限个未知量，其分析流程如图 2.42 所示。

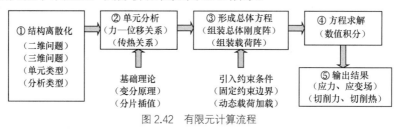

图 2.42　有限元计算流程

（4）有限元软件应用

上面介绍了采用有限元法仿真切削过程的思路和流程，下面以商业有限元软件 ABAQUS 为例，阐述计算的大致步骤，其他软件如 ANSYS、DEFORM、Third Wave Advant Edge 等计算过程类似。

① 建立几何网格模型

绘制刀具和工件的草图模型，使用分割功能将工件进一步分割为待切削层、分离层和基体三个部分。分离层也叫牺牲层，连接基体和待切削层，会在切削过程中发生断裂失效，厚度较小（本模型取三个单元层厚）。

对刀具和工件进行网格划分，如图 2.43 所示。首先在几何模型边界进行撒种，撒种数量按照切屑部分的最小单元尺寸 5～10μm 进行计算，再划分网格。刀工接触区涉及换热、摩擦等问题，网格划分得密一些；而刀具上非接触区并非关注重点，从减小计算量角度可以划得稀疏些，因此刀具设置梯度撒种。对于工件，其切屑变形严重而基体几乎不变形，因此待切削层撒种数量多一些，而基体可沿深度方向梯度减少撒种数量。值得注意的是，待切削层部分划分得到的网格并非矩形，而是倾斜角度约 40°的平行四边形；

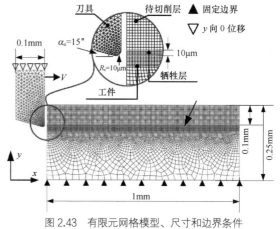

图 2.43　有限元网格模型、尺寸和边界条件

这一倾斜角度与该材料切削时的剪切角类似，是为了防止强烈的剪切作用下单元过度变形导致的计算不收敛。待切削层部分特殊的几何形状也是为了适应这一倾斜角度而设计的。工件受力状态近似为平面应变状态（z 方向近似不产生变形），选择二阶计算精度。工件单元类型为 CPE4RT，刀具单元类型为 CPE3T。

对刀具和工件的材料属性进行设置。工件材料属性主要分为密度、弹性常数、塑性参数、断裂参数、热膨胀系数、比热容、热导率、非弹性热份额等。塑性和断裂是影响计算能否正常进行以及结果是否准确的核心。对于塑性阶段，本模型采用 Johnson-Cook（JC）塑性模型，对于断裂损伤起始的参数设置，选择塑性金属材料损伤中的 JC 损伤模型，模型参数均见表 2.3。断裂失效结束单元删除可由断裂能或断裂位移进行判断，一般取断裂能 46。在材料属性赋予完成后，分别为刀具、分离层、待切削层和基体创建各自的截面，并为各自截面赋予不同的材料属性，平面应变厚度取 3（依据实际工件宽度调整），最后将截面属性赋予部件，完成整个对部件赋予材料属性的过程。

表 2.3　　　　　　　　　　　　Johnson-Cook 塑性和断裂参数

参数	A	B	n	m	C	D_1	D_2	D_3	D_4	D_5
取值	862	331	0.34	0.8	0.012	-0.09	0.25	-0.5	0.014	3.87

将工件和刀具加入装配体，调整二者相对位置关系，使得刀具位于工件的右端，刀尖点靠近待切削层和基体连接位置但要保证二者初始不接触（即存在少量间隙）。装配完成后，将刀具的右上角顶点设置为参考点，便于后续施加运动载荷。

在初始分析步后设置一项切削分析步。设置计算时间为根据切削长度和切削线速度计算得到的结果，这一时间通常在毫秒数量级。此外，还可设置希望输出的总步数以及针对该模型可输出的结果变量类型。

② 加载边界与约束条件

施加刀具运动、工件固定约束、刀具和工件初始温度等边界条件。在刀具参考点位置设置该点的运动速度为切削线速度。对工件下方的节点施加全固定约束，刀具上端施加 y 方向固定约束。对刀具和工件的初始温度场进行定义，在初始分析步内输入初始温度 298K。

设置刀工接触的切向、法向力学行为和热传导行为。先设置接触属性：摩擦系数取 0.3，法向选择硬接触，选择传递到从面的热份额为 0.9。再设置接触类型：初始分析步内的面-面接触，主面为刀具的外表面，从面为待切削层的全部节点。

设置刀具为解析刚体。

至此，切削有限元建模的前处理工作就完成了，最终得到图 2.43 中所示的有限元模型。

③ 切削仿真的后处理与分析

在上述建模工作完成后，建立求解器计算的任务。对求解计算精度（单精度和双精度）、并行计算的 CPU 核心数量、内存占用等求解相关内容进行设置。计算过程中可以浏览求解进度，后缀名为 .odb 的文件包含了该计算任务的结果信息，并可对其进行后处理。

④ 仿真结果查看与数据处理

计算完成后可以观察不同时刻切削过程中的切屑形态变化，将米塞斯应力、等效塑性应变、温度等物理量云图展示在变形后的工件上。其次，可以绘制切削力随时间变化的曲线。对于获得的曲线，还可以进一步进行后处理，例如求切削力的平均值。最后，想要获取云图上沿着某条路径的物理量变化值，可以先创建一条路径，而后输出沿该路径积分点的物理量数值。例如，可以获取前刀面不同位置的温度、已加工表面不同深度的残余应力等。

⑤ 切削仿真结果分析

图 2.44 是通过有限元软件计算得到的 Ti6Al4V 合金切削过程中的切削力和切屑几何形态。由图 2.44 可知，Ti6Al4V 合金在切削过程中产生了锯齿状切屑，且切削力出现了周期性的波动。这是由于绝热剪切效应导致的。此外，切削力的峰值和谷值与绝热剪切带的三阶段形成过程是对应的。它表明 Ti6Al4V 合金的高速切削是一种非稳态切削过程。

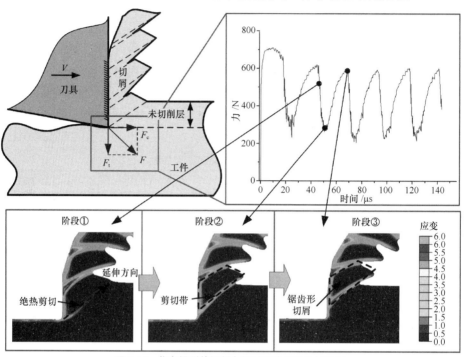

图 2.44　仿真得到的切削力与对应的切屑几何形态

3. 经验公式法（拟合法）

目前，生产中已经积累了大量的切削力实验数据。对于一般加工方法，如车削、孔加工和铣削等已建立起了可直接利用的经验公式。常用的经验公式可分为两类：一类是指数公式；另一类是按单位切削力进行计算。采用拟合法得到的经验公式计算切削力一般只能得到近似粗略的平均值。

（1）车削

在金属切削中广泛应用指数公式计算切削力，常用的指数公式为

$$F_z = C_{F_z} a_p^{x_{F_z}} f^{y_{F_z}} v^{n_{F_z}} K_{F_z} \tag{2-49}$$

$$F_y = C_{F_y} a_p^{x_{F_y}} f^{y_{F_y}} v^{n_{F_y}} K_{F_y} \tag{2-50}$$

$$F_x = C_{F_x} a_p^{x_{F_x}} f^{y_{F_x}} v^{n_{F_x}} K_{F_x} \tag{2-51}$$

式中：C_{F_z}、C_{F_y}、C_{F_x}——系数，由被加工的材料性质和切削条件所决定；x_{F_z}、y_{F_z}、n_{F_z}，x_{F_y}、y_{F_y}、n_{F_y}，x_{F_x}、y_{F_x}、n_{F_x}——三个分力公式中，背吃刀量 a_p、进给量 f 和切削速度 v 的指数；K_{F_z}、K_{F_y}、K_{F_x}——三个分力公式中，当实际加工条件与求得经验公式时的条件不符时，各种因素对切削力的修正系数的积。

式（2-49）～式（2-51）中的系数 C_{F_z}、C_{F_y}、C_{F_x} 和指数 x_{F_z}、y_{F_z}、n_{F_z}、x_{F_x}、y_{F_x}、n_{F_y}、

x_{F_x}、y_{F_x}、n_{F_x} 可在切削用量手册中查得。手册中的数值是在特定的刀具几何参数（包括几何角度和刀尖圆弧半径等）下针对不同的加工材料、刀具材料和加工形式，由大量的实验结果处理而来的。表 2.4 列出了计算车削切削力的指数公式中的系数和指数，其中对硬质合金刀具有 $\kappa_r=45°$，$\gamma=10°$，$\lambda_s=10°$；对高速钢刀具有 $\kappa_r=45°$，$\gamma=20°\sim25°$，刀尖圆弧半径 $r_\varepsilon=1.0mm$。当刀具的几何参数及其他条件与上述不符时，各个因素都可用相应的修正系数进行修正，对于 F_z、F_y 和 F_x，所有相应修正系数的乘积就是 K_{F_z}、K_{F_y} 和 K_{F_x}。各个修正系数的值和计算公式，可由切削用量手册查得。

表 2.4 切削力经验公式系数

被加工材料	刀具材料	加工形式	公式中的系数及指数											
			切削力				背向力				进给力			
			C_{F_z}	x_{F_z}	y_{F_z}	n_{F_z}	C_{F_y}	x_{F_y}	y_{F_y}	n_{F_y}	C_{F_x}	x_{F_x}	y_{F_x}	n_{F_x}
结构钢及铸钢	硬质合金	外圆纵车、横车及镗孔	1 433	1.0	0.75	−0.15	572	0.9	0.6	−0.3	561	1.0	0.5	−0.4
		切槽及切断	3 600	0.72	0.8	0	1393	0.73	0.67	0	—	—	—	—
		切螺纹	23 879	—	1.7	0.71	—	—	—	—	—	—	—	—
	高速钢	外圆纵车、横车及镗孔	1 766	1.0	0.75	0	922	0.9	0.75	0	530	1.2	0.65	0
		切槽及切断	2 178	1.0	1.0	0	—	—	—	—	—	—	—	—
		成形车削	1 874	1.0	0.75	0	—	—	—	—	—	—	—	—
不锈钢	硬质合金	外圆纵车、横车及镗孔	2 001	1.0	0.75	0	—	—	—	—	—	—	—	—
灰铸铁 190HBW	硬质合金	外圆纵车、横车及镗孔	903	1.0	0.75	0	530	0.9	0.75	0	451	1.0	0.4	0
		切螺纹	29 013	—	1.8	0.82	—	—	—	—	—	—	—	—
	高速钢	外圆纵车、横车及镗孔	1 118	1.0	0.75	0	1167	0.9	0.75	0	500	1.2	0.65	0
		切槽及切断	1 550	1.0	1.0	0	—	—	—	—	—	—	—	—
可锻铸铁 150HBW	硬质合金	外圆纵车、横车及镗孔	795	1.0	0.75	0	422	0.9	0.75	0	373	1.0	0.4	0
	高速钢	外圆纵车、横车及镗孔	981	1.0	0.75	0	863	0.9	0.75	0	392	1.2	0.65	0
		切槽及切断	1 364	1.0	1.0	0	—	—	—	—	—	—	—	—
中等硬度不均质铜合金 120HBW	高速钢	外圆纵车、横车及镗孔	540	1.0	0.66	0	—	—	—	—	—	—	—	—
		切槽及切断	736	1.0	1.0	0	—	—	—	—	—	—	—	—
铝及铝硅合金	高速钢	外圆纵车、横车及镗孔	392	1.0	0.75	0	—	—	—	—	—	—	—	—
		切槽及切断	491	1.0	1.0	0	—	—	—	—	—	—	—	—

由表 2.4 可见，除切削螺纹外，切削力 F_z 中切削速度 v 的指数 n_{F_z} 几乎全为 0，说明切削速度对切削力影响不明显（经验公式中反映不出来）。这一点在后面还要进行说明。对于最常

见的外圆纵车、横车或镗孔，$x_{F_z}=1.0$，$y_{F_z}=0.75$，这是一组典型的值，它们不仅对计算切削力有用，还可用于分析切削中的一些现象。

（2）铣削

与车削不同的是，铣削是多刃切削，每个刀齿都承受主切削力（切向力）F_t、径向力 F_r 和轴向力 F_a。将每个刀齿三个方向力分量进行叠加即可得到总的切削力分量，最后合成为总切削力 F。同样，作用在工件上的总切削力 F' 和 F 大小相等，方向相反。为了测量方便，一般将 F' 沿 x、y、z 三个方向进行分解，得 F_x、F_y、F_z，则总切削力 F 为

$$F = F' = \sqrt{F_t^2 + F_r^2 + F_a^2} = \sqrt{F_x^2 + F_y^2 + F_z^2} \qquad (2\text{-}52)$$

式中，纵向进给力 F_x 又可表达为 F_f，横向进给力 F_y 可表达为 F_e，垂直进给力 F_z 可表达为 F_{fN}。

铣削时各方向的切削力有一定比例，如表 2.5 所示。以圆柱铣刀和面铣刀为例，其总切削力可参考表 2.6 所列出的经验公式进行计算。当加工材料性能不同时，需要修正系数 K_{fc}。

表 2.5 　　　　　　　　　　　各铣削力之间比值

铣削条件	比值	对称铣削	不对称铣削	
			逆铣	顺铣
端铣削 $a_e=(0.4\sim0.8)d$ $f_z=0.1\sim0.2$mm/z	F_f/F_c	0.30～0.40	0.60～0.90	0.15～0.30
	F_{fN}/F_c	0.85～0.95	0.45～0.70	0.90～1.00
	F_e/F_c	0.50～0.55	0.50～0.55	0.50～0.55
圆柱铣削 $a_e=0.05d$ $f_z=0.1\sim0.2$mm/z	F_f/F_c		1.00～1.20	0.80～0.90
	F_{fN}/F_c	—	0.20～0.30	0.75～0.80
	F_e/F_c		0.20～0.30	0.35～0.40

表 2.6 　　　　　　　　　　圆柱铣削和端铣时的铣削力计算式

铣刀类型	刀具材料	工件材料	切削力 F_c 计算式（单位：N）
圆柱铣刀	高速钢	碳钢	$F_c = 9.81 \times 65.2\, a_e^{0.86} f_z^{0.72} a_p Z d^{-0.86}$
		灰铸铁	$F_c = 9.81 \times 30\, a_e^{0.83} f_z^{0.65} a_p Z d^{-0.83}$
	硬质合金	碳钢	$F_c = 9.81 \times 96.6\, a_e^{0.88} f_z^{0.75} a_p Z d^{-0.87}$
		灰铸铁	$F_c = 9.81 \times 58\, a_e^{0.90} f_z^{0.80} a_p Z d^{-0.90}$
面铣刀	高速钢	碳钢	$F_c = 9.81 \times 78.8\, a_e^{1.1} f_z^{0.80} a_p^{0.95} Z d^{-1.1}$
		灰铸铁	$F_c = 9.81 \times 50\, a_e^{1.14} f_z^{0.72} a_p^{0.90} Z d^{-1.14}$
	硬质合金	碳钢	$F_c = 9.81 \times 789.3\, a_e^{1.1} f_z^{0.75} a_p Z d^{-1.3} n^{-0.2}$
		灰铸铁	$F_c = 9.81 \times 54.5\, a_e f_z^{0.74} a_p^{0.90} Z d^{-1.0}$
被加工材料 σ_b 或硬度不同时的修正系数 K_{F_c}			加工钢料时 $K_{F_c} = \left(\dfrac{\sigma_b}{0.637}\right)^{0.30}$（式中 σ_b 的单位：GPa）
			加工铸铁时 $K_{F_c} = \left(\dfrac{\text{布氏硬度值}}{190}\right)^{0.55}$

（3）单位切削力法

单位切削力 p 是指单位切削面积上的切削力。其表达式为

$$p = \frac{F_z}{A_c} = \frac{F_z}{a_p f} = \frac{F_z}{a_c a_w} \tag{2-53}$$

式中：p——单位切削力（N/mm²）；A_c——切削面积（mm²）；a_p——背吃刀量（mm）；f——进给量（mm/r）；a_c——切削厚度（mm）；a_w——切削宽度（mm）。

如单位切削力为已知，则可由式（2-53）求出切削力 F_z。

单位时间内切除单位体积的金属所消耗的功率称为单位切削功率 P_s（kW·mm⁻³·s⁻¹）：

$$P_s = \frac{P_m}{Z_w} \tag{2-54}$$

式中：Z_w——单位时间内的金属切除量（mm³/s），其表达式为

$$Z_w \approx 1\,000 v a_p f \tag{2-55}$$

P_m——切削功率（kW），其表达式为

$$P_m = F_z v \times 10^{-3} = p a_p f v \times 10^{-3} \tag{2-56}$$

将 Z_w 和 P_m 代入式（2-54），得

$$P_s = \frac{p v a_p f \times 10^{-3}}{1\,000 v a_p f} = p \times 10^{-6} \tag{2-57}$$

通过实验求得 p 后，即可由式（2-56）和式（2-53）求出 P_m，再求出 F_z。

实验结果表明，对于不同材料，单位切削力不同，即使是同一材料，如果切削用量、刀具几何参数不同，p 值也不相同。因此，在利用 p 实验值计算 P_m 和 F_z 时，如果切削条件与实验条件不同，必须引入修正系数加以修正。

实践证明，切削力的影响因素很多，主要有工件材料、切削用量、刀具几何参数、刀具材料、刀具磨损状态和切削液等。

最后指出一点，在某些场合仅需要粗略地估计一下切削力时，我们可以暂时忽略其他因素的影响，只考虑单位切削力，用初选的切削层面积乘以单位切削力求得。例如，用硬质合金刀具车削钢材，单位切削力大约取为 2 000N/mm²，若 a_p=5mm，f=0.4mm/r，则 F_z 大约为 (2 000×5×0.4)N=4 000N。

2.6.3　切削力的测量

切削过程中如切削条件（工件材料、切削用量、刀具材料和刀具几何角度以及周围介质等）发生变化，切削力也将随之而变。前面介绍的切削力计算（拟合法、解析法、数值法）都是建立在一定假设条件上的，计算精度还存在一定差距，因此，在研究和生产实际中，要想得到准确的切削力大小，可以采用实验测量的方法。

1. 直接测量法

直接测量法是指采用切削力测量系统将切削过程产生的切削力作用在测力仪的弹性元件上所产生的变形，或作用在压电晶体上产生的电荷经过转换处理后，显示出各个方向力的大小。切削力测量系统一般包括三部分：测力仪（测力传感器）、数据采集系统和计算机。测力仪通常安装在车床刀架或铣床工作台、主轴等上，用于提取切削力信号，并将其转换为电信号。数据采集系统则对该电信号进行调理和采集，使其转换为可用的数字信号。最后通过计算机上的采集软件显示出切削力信号。

目前最常用的是压电式测力仪，以压电晶体作为力传感元件，利用压电效应原理进行测量，即电介质在受到沿一定方向的外力作用而变形时，其内部会产生极化现象，同时在它的两个相对表面上出现正负相反的电荷。当外力去掉后，它又会恢复到不带电的状态。当作用力的方向改变时，电荷的极性也随之改变。

从动态测力的观点来看，压电式测力仪是一种比较理想的测力传感器，具有灵敏度高、固有频率高、受力变形小等优点，但价格昂贵。对于铣削等多齿加工工艺，该类型测力仪则能很好地测量到切削力的波动特性。图 2.45 是一套完整的压电式测力仪系统，图 2.46 是测量某铣削过程得到的切削力变化曲线。

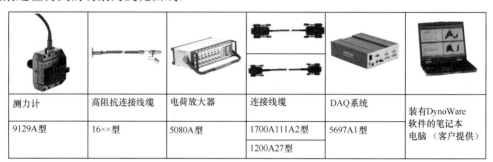

测力计	高阻抗连接线缆	电荷放大器	连接线缆	DAQ系统	装有DynoWare软件的笔记本电脑（客户提供）
9129A型	16××型	5080A型	1700A111A2型	5697A1型	
			1200A27型		

图 2.45　某型号压电式测力仪系统

2. 间接测量法

除了直接测量切削力外，也可通过间接方法进行测量，即通过用功率表测出机床电机在切削过程中所消耗的功率 P_E 后，计算出切削功率 P_m。这种方法只能粗略估算切削力的大小，不够精确。

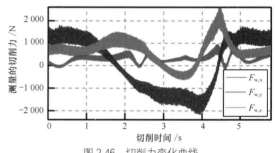

图 2.46　切削力变化曲线

2.7　切削热

2.7.1　切削热的产生

切削热是切削过程中另外一个重要的物理现象。切削时所消耗的能量，除了 1%～2% 用以形成新表面和以晶格扭曲等形式形成潜藏能外，其余 98%～99% 均转换为热能，因此可以近似认为切削时所消耗的能量全部转换为热。大量的切削热使得切削温度升高，这将直接影响刀具前刀面上的摩擦系数、积屑瘤的形成和消退、刀具的磨损、工件加工精度和已加工表面质量等，所以研究切削热和切削温度也是分析工件加工质量和刀具寿命的重要内容。

被切削的金属在刀具的作用下，因发生弹性和塑性变形而耗功，这是切削热的一个重要来源。此外，切屑与前刀面、工件与后刀面之间的摩擦也要耗功，也产生大量的热量。因此，切削时共有三个发热区域，即剪切面、切屑与前刀面接触区、后刀面与过渡表面接触区，三个发热区与三个变形区相对应。

2.7.2　切削热/切削温度的计算

由于切削的不断进行，一方面在不停产生热，另一方面热也处于持续耗散中，当二者平衡时，温度就会趋于相对稳定。切削温度一般指前刀面与切屑接触区域的平均温度，而该平均温度可近似地认为是剪切面的平均温度和前刀面与切屑接触面摩擦温度之和。其中剪切面的平均温度可通过剪切力和剪切速度做功的角度解析推导出，前刀面与切屑接触面摩擦温度同样可通过摩擦力与切削速度做功的角度解析推导出。以上即解析法推导切削温度的思路，这里只介绍简单的拟合法（经验公式）。

1. 切削热计算

在正常的切削过程中，对磨损量较小的刀具，后刀面与工件的摩擦较小，可以将后刀面的摩擦功所转换的热量忽略不计，并假定主运动所做的功全部转换为热能，则单位时间内产生的切削热为

$$H_m = F_z v \tag{2-58}$$

式中：H_m——切削热（J/s），也即切削过程中每秒所产生的热量。

由前面所学知识可知，切削力可写为切削三要素的函数表达式，因此，可以将相关关系代入式（2-58），得到切削热计算的经验公式。

$$H_m = C_{F_z} a_p^{xF_z} f^{yF_z} v^{nF_z} K_{F_z} v \tag{2-59}$$

在用硬质合金车刀车削 $\sigma_b = 0.637\text{GPa}$ 的结构钢时，将切削力 F_z 的经验公式代入后得

$$H_m = F_z v = C_{F_z} a_p f^{0.75} v^{-0.15} K_{F_z} v = C_{F_z} a_p f^{0.75} v^{0.85} K_{F_z} \tag{2-60}$$

由式（2-60）可知，切削用量中，切削深度 a_p 对切削热的影响最大，切削速度 v 的影响次之，进给量 f 的影响最小。

2. 切削温度经验公式计算

根据理论分析和大量的实验研究，发现切削温度主要受切削用量、刀具几何参数、工件材料、刀具磨损和切削液影响。通过实验得出的切削温度经验公式为

$$\theta = C_\theta v^{z_\theta} f^{y_\theta} a_p^{x_\theta} \tag{2-61}$$

式中：θ——实验测出的前刀面接触区平均温度（℃）；C_θ——切削温度系数；v——切削速度（m/min）；f——进给量（mm/r）；a_p——背吃刀量（mm）；z_θ、y_θ、x_θ——相应的指数。

实验得出，用高速钢和硬质合金刀具切削中碳钢时，切削温度系数 C_θ 及指数 z_θ、y_θ、x_θ 如表 2.7 所示。

表 2.7 切削温度系数及指数

刀具材料	加工方法	C_θ	z_θ		y_θ	x_θ
高速钢	车削	140~170	0.35~0.45		0.2~0.3	0.08~0.10
	铣削	80				
	钻削	150				
硬质合金	车削	320	$f/(\text{mm·r}^{-1})$ 0.1 0.2 0.3	0.41 0.31 0.26	0.15	0.05

由表 2.7 可知，在切削用量三要素中，v 的指数最大，f 次之，a_p 最小。这说明切削速度对切削温度影响最大，随切削速度的提高，切削温度迅速上升。而背吃刀量 a_p 变化时，散热面积和产生的热量亦作相应变化，故 a_p 对切削温度的影响很小。

3. 切削温度有限元计算

在 2.6 节，已经介绍了用有限元法来计算切削力。计算切削温度的过程与其一样，这里

只补充介绍切削温度计算额外的边界条件、载荷条件等。

由于切削是力热耦合的过程，因此在有限元计算中，通常是通过力热耦合的分析步实现切削温度的计算的。简单地说，在热计算过程中，摩擦和塑性变形产热是热量的主要来源，也即有限元热方程的载荷，而温度的变化是模型对于热载荷的响应。有限元模型积分点上的温度由热微分方程计算得到（主要是热传导，热辐射和热对流忽略不计），并通过形函数外推和插值得到节点和单元上的温度，最终得到整个温度分布云图。

首先介绍切削产热。切削热是切削温度变化的来源。由于切削过程发生得很快，因此通常认为是绝热过程，也即除了刀具和工件外，不存在外部热源，也无热量耗散。故三个变形区内产生的热量就是热的主要来源，这些热量一部分分配至刀具，另一部分则分配至工件的切屑和已加工表面。这一分配系数（也叫热份额）通常通过接触对的形式实现，即分别设置刀具表面和工件表面为主面和从面，并设置产生热量的一部分（热份额）传导至从面，这一热份额取决于多个因素，但在有限元软件中通常只能设置为一个估计的常数。例如，通常认为切削线速度较高时，热份额可高达 0.9，也即第二变形区摩擦产生的热量中 90%分配了工件的切屑。

其次介绍热量的传递。它由热传导完成，在有限元计算中需要设置材料的热传导系数。实际材料的热传导系数并非一个常数，而是一个与温度相关的变量。因此，为了使计算结果更加精确，我们可以在有限元软件中设置不同温度下工件材料不同的热传导系数，这些数据可查阅文献和资料库获得。有限元软件会根据所设置的传热系数和热传导偏微分方程在积分点进行热量计算。

在完成产热和热传导后，可粗略认为温度变化由式（2-62）决定。

$$\Delta T = \frac{Q}{cm} \tag{2-62}$$

式中：ΔT——温度变化；Q——热量；c——刀具或者工件的比热容；m——该有限元单元的质量。

图 2.47 是切削钛合金和纯铜二维有限元仿真最终得到的温度分布云图，图例中 NT11 表示节点温度。对于温度计算结果的分析，可以重点关注以下几个方面。

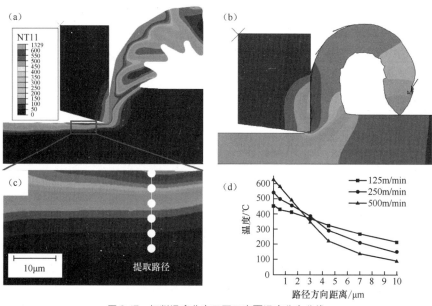

图 2.47 切削温度分布云图及表面温度分布曲线

（1）最高温度及其出现的位置，通常情况下，最高温度出现在第二变形区前刀面和切屑摩擦接触位置，这与前刀面磨损、积屑瘤的出现密切相关。

（2）沿温度云图上特定路径提取的温度分布曲线，例如，沿着切深方向路径提取已加工表面的温度分布（见图 2.47（c）和图 2.47（d）），可以发现由于热传导，已加工表面温度呈现梯度分布趋势。

（3）某个单元或节点的温度历史曲线，这种分析方式能够有效估算某点的温度变化速率，而温度变化速率又与工件材料可能发生的相变有关。

由图 2.47 的温度云图对比、分析可以看出（图 2.47（a）钛合金，图 2.47（b）纯铜），由于两种材料热导率和本构行为的差异，温度分布特征出现了较为显著的差异。这一点主要表现在，由于钛合金的热导率比铜更差，其产生的热量不能很好地传导，从而导致其局部温度更高，高温分布较为集中。这种趋势随着切削速度的提高变得越发显著，这是由于更高的切削线速度下允许热传导的时间也会更少。

2.7.3 切削温度的影响因素与控制

1. 切削参数

切削三要素是影响切削温度的首要因素。为了有效控制切削温度以提高刀具寿命，在机床允许的条件下，选用较大的吃刀深度和进给量，比选用大的切削速度更为有利。

2. 工件材料与刀具材料

工件材料对切削温度的影响与材料的强度、硬度及导热性有关。材料的强度、硬度越高，切削时消耗的功越多，切削温度也就越高，如钛合金、镍基高温合金等难加工材料，其切削过程的切削温度就非常高。另外，如果材料的导热性好，则可以使切削温度降低，如相对铝合金而言，镁合金导热性更好一些，其切削温度更低一些。

此外，刀具材料对切削温度的影响也很重要。导热系数较高，切削热易从刀具方面导出，有利于提高刀具寿命，如金刚石刀具的导热性能要高于硬质合金刀具。

3. 刀具角度

前角和主偏角对切削温度影响较大。前角增大，变形和摩擦减小，因而切削热少。但前角不能过大，否则刀头部分散热体积减小，不利于切削温度的降低。主偏角减小将使刀刃工作长度增加，散热条件改善，因而使切削温度降低。

4. 刀具磨损

刀具后刀面的磨损值达到一定数值后，对切削温度的影响增大；切削速度越高，影响就越显著。合金钢的强度大，导热系数小，所以切削合金钢时刀具磨损对切削温度的影响就比切削碳素钢时大。

5. 切削液

切削液是降低切削过程中切削温度的一种最直接方法。它除起冷却作用外，还可以起润滑、清洗和防锈的作用。切削液对切削温度的影响与切削液的导热性能、比热、流量、注入方式以及本身的温度有很大关系。

（1）切削液种类

① 水溶液：主要成分是水，并在水中加入一定量的防锈剂，其冷却性能好，润滑性能差，呈透明状，常在磨削中使用。

② 乳化液：将乳化油用水稀释而成，呈乳白色。为使油与水混合均匀，常加入一定量的乳化剂（如油酸钠皂等）。乳化液具有良好的冷却和清洗性能，并具有一定的润滑性能，适用

于粗加工及磨削。

③ 切削油：主要是矿物油，特殊情况下也采用动、植物油或复合油，其润滑性能好，但冷却性能差，常用于精加工工序。

④ 液氮：使用−196℃的液态氮喷射到切削区，取代了以往的金属切削液，能够有效地抑制切削高温合金等时对切削刀具的磨损，提升加工表面的质量，也间接加强了钛合金等难加工材料零件的疲劳寿命和使用性能。

⑤ 微量润滑：微量润滑（minimal quantity lubrication，MQL）切削是一种准干式切削方法，它将压缩空气与少量的润滑剂混合雾化后，形成微米级气雾，然后喷向切削区，对刀具与切屑和刀具与工件的接触界面进行润滑，以减少摩擦和防止切屑粘到刀具上，同时也冷却了切削区并有利于排屑，从而显著地改善了切削加工条件。微量润滑法所使用的润滑液用量非常少，一般为 0.03～0.20L/h；一台典型的加工中心在进行湿切削时，切削液用量高达 50～500L/h。

（2）选用原则

从导热性能来看，油类切削液不如乳化液，乳化液不如水基切削液。如果用乳化液来代替油类切削液，加工生产率可提高 50%～100%。

粗加工时，冷却性能要求较高，也希望降低一些切削力及切削功率，一般应选用冷却作用较好的切削液，如低浓度的乳化液等。精加工时，主要希望提高工件的表面质量和减少刀具磨损，一般应选用润滑作用较好的切削液，如高浓度的乳化液或切削油等。

加工一般钢材时，通常选用乳化液或硫化切削油。加工铜合金和有色金属时，一般不宜采用含硫化油的切削液，以免腐蚀工件。加工铸铁、青铜、黄铜等脆性材料时，为避免崩碎切屑进入机床运动部件之间，一般不使用切削液。在低速精加工（如宽刀精刨、精铰、攻丝）时，为了提高工件的表面质量，可用煤油作为切削液。

2.7.4　切削温度的测量

尽管切削热是切削温度升高的根源，但直接影响切削过程的却是切削温度。切削温度的测量方法很多，常用的有接触式测量和非接触式测量两大类。

1. 人工热电偶法

当两种材质组成的材料副（如切削加工中的刀具—工件）接近并受热时，会因表层电子溢出而产生溢出电动势，并在材料副的接触界面间形成电位差（即热电势）。由于特定材料副在一定温升条件下形成的热电势是一定的，因此可根据热电势的大小来测定材料副（即热电偶）的受热状态及温度变化情况。人工热电偶法（也称热电偶插入法）即这种原理，可用于测量刀具、切屑和工件上指定点的温度。

它是在刀具或工件被测点处钻一个小孔（孔径越小越好，通常 $\phi<0.5\text{mm}$），孔中插入一对标准热电偶并使其与孔壁之间保持绝缘，如图 2.48 所示。切削时，热电偶接点感受出被测点温度，并通过串接在回路中的毫伏计测出电势值，然后参照热电偶标定曲线得出被测点的温度。

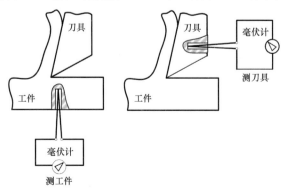

2. 薄膜式热电偶法

薄膜式热电偶与丝式热电偶电极形状

图 2.48　人工热电偶法

不同，采用了微米级厚度薄膜式电极，能达到微秒级响应时间。薄膜式热电偶有两种常见结构（见图 2.49），片状式将两个厚度为 3~6μm 的电极通过真空蒸镀法沉积到绝缘基底，一般采用二氧化硅薄膜作为表面绝缘保护层，测量温度范围可达到 0~300℃，响应时间小于 0.01ms。针状式结构利用针状尖端作为测量端，其中一个电极制成针状，将另一个热电极蒸镀沉积到针状电极表面并用涂层进行绝缘。与片状式相比，针状式存在针尖与被测实体间热传导的干扰作用，但不受衬架以及粘贴剂的影响，响应时间更快。

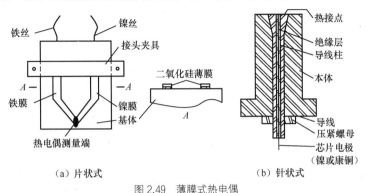

图 2.49　薄膜式热电偶

3．红外热像仪法

刀具、切屑和工件材料受热时都会产生一定强度的光、热辐射，且辐射强度随温度升高而加大，因此可通过测量光、热辐射的能量间接测定切削温度，如红外热像仪法。该方法的工作原理是利用斯蒂芬－波尔兹曼定律，切削时红外热像仪通过光机扫描机构探测工件（或刀具）表面辐射单元的辐射能量，并转换为电子视频信号，以可见图像的形式进行显示，显示的热像图代表被测表面的二维辐射能量场。虽然红外热像仪所测温度为相对温度，滞后于实际切削温度，但根据传热反求算法可准确求得切削过程中工件（或刀具）的温度变化规律及动态分布。红外热像仪测温法具有直观、简便、可远距离非接触监测等优点，在恶劣环境下测量物体表面温度时具有较大的优越性。

2.8　切削区材料的微观组织特性

金属切削过程中工件材料经历了严重的塑性变形，在严重塑性变形作用下，切削区（第一、第二、第三变形区）材料的微观组织（晶粒形态、晶粒尺寸、相体积分数、位错密度以及孪晶体积分数等）发生显著变化，获取并表征切削区材料的微观组织特征（主要包括切屑和已加工表面两部分），对于揭示材料宏观变形及去除过程的微观物理本质具有重要意义。

金相分析是金属材料试验研究的重要手段之一，也是表征切削区材料微观组织特征的主要方法。采用定量金相学原理，由二维金相试样磨面或薄膜金相显微组织的测量和计算来确定合金组织的三维晶体学特征，从而建立合金成分、组织与性能间的定量关系。金相分析前，首先需要制备金相样品，常规金相试样需要经过镶嵌、研磨、抛光和腐蚀四个步骤。图 2.50 是制备好的切屑和已加工表面试样。由于切屑尺寸小、放置困难，通常使用试样夹进行固定。镶嵌材料根据不同的用途分为导电镶嵌粉和不导电镶嵌粉，导电镶嵌粉通常采用含有碳粉/铜粉的环氧树脂；不导电镶嵌粉则一般采用酚醛树脂材料。

在金相试样制备完成后，依据不同的试样类型，选取相应的设备进行分析，包括光学显微镜（optical microscope，OM）、X 射线衍射仪（X-ray diffraction，XRD）、扫描电子显微镜

（scanning electron microscope，SEM）、背散射电子显微镜（electron backscattered diffraction，EBSD）、透射电子显微镜（transmission electron microscope，TEM）等，如图 2.51 所示。

图 2.50　切屑与已加工表面试样

（a）SU-8010场发射扫描电镜　　（b）JEM-F200透射电子显微镜　　（c）粉末X射线衍射仪

（d）LWD300LCS倒置金相显微镜　　（e）X射线残余应力测试仪　　（f）共聚焦显微镜

图 2.51　材料表征仪器设备

2.8.1　切屑的微观组织

切屑是切削过程的产物。由 2.5 节已经学习到不同的切削过程或切削条件会形成不同的切屑形态，切屑记录了切削过程中两大核心塑性变形区域的变形历史，即第一变形区和第二变形区。因此，对切屑区域进行相应的微观组织表征，能够充分了解材料在切削过程中微观组织的演化过程，进而揭示切削过程中材料宏观变形的微观物理本质。微观组织包含的内容很多，对于常见的金属材料而言，主要研究其位错密度演化、孪晶演化、晶粒尺寸变化、相变等。以下就这些微观组织分别进行简要介绍。

1．位错密度

位错运动是材料塑性变形的载体，晶体材料在外力的作用下位错沿着滑移方向在滑移面上移动。宏观塑性变形是微观位错运动的结果，可通过单位面积内的位错数量，即位错密度来进行体现。位错密度一方面反映了材料的塑性变形程度，另一方面也会对材料的韧性和强度产生重要影响。在切屑中，由于塑性变形的产生，位错通常会大量增殖导致位错密度提高，最终切屑位错密度显著高于变形前，出现加工硬化现象。

2. 晶粒尺寸

位错密度的变化会进一步导致材料晶粒尺寸和形态的变化，其中最典型的即材料的动态再结晶，包括新生晶粒的形核、长大等，从而导致晶粒尺寸和分布形式的变化。同时，晶粒尺寸的变化也会对位错的增殖和运动产生相互作用。由于晶粒尺寸与材料强度、硬度存在着明显的数学关系，因此研究切削导致晶粒尺寸变化对于理解切削机理、了解不同材料的切削特性有着重要意义。通常情况下，由于再结晶条件得到满足，切屑晶粒尺寸会发生再结晶导致晶粒尺寸显著下降至几微米甚至百纳米。

3. 孪晶

孪晶是指两个晶体沿一个公共晶面构成镜面对称的位向关系。孪晶由于形核速度极快且具有调节晶体取向的作用，因此在晶体结构滑移系较少、变形温度较低、变形速率较高等条件下易于产生孪晶。孪晶也是塑性变形的主要机制之一，如图 2.52 所示，高速切削条件下材料的塑性变形机制表现为位错运动和孪晶的协同作用。其中图 2.52（a）是光学显微镜下的切屑；图 2.52（b）是透射电子显微镜下非常细观（纳米尺度下）的表征结果，在这一尺度下，可以观察到位错滑移特征和孪晶特征。

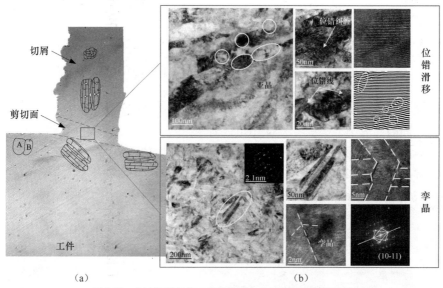

图 2.52　高速切削条件下位错滑移和孪晶的塑性变形机制

4. 相变

相变是指在一定温度和应力条件下，材料从一种晶体结构转变为另一种晶体结构的过程。切削过程由于材料经历的变形时间较短，因此变形区的材料会经历快速温升和冷却两个阶段，同时伴有极高的内应力产生，从而在温度和应力的协同作用下引起材料的相变行为。材料的相变不仅会引起局部材料体积发生变化，而且会对材料的力学属性直接产生影响。

2.8.2　已加工表面的微观组织

已加工表面成形时受材料回弹作用的影响，经历了材料与后刀面的挤压和摩擦，即切削中的第三变形区作用，同样存在严重的塑性变形区域。已加工表面区域分层如图 2.53 所示。

加工硬化层在表面与刀具摩擦接触处塑性变形最严重，在加工表面以下塑性变形程度逐渐下降，一直到某个深度与母材的显微组织一致。加工方法不同，变质层的微观组织结构及力学性能也不同。如高速切削时，以钢为代表的很多金属材料表面变质层最上方会产生白层；该层材料经金相试剂浸蚀后在光学显微镜下无特征形貌，呈现为白色的亮层，因此称之为"白层"；它是一种表面硬度远高于基体硬度的白色超细晶粒层，厚度范围为 $10\sim50\mu m$，硬度可达 $800\sim1\,200HV$，是在较高的切削温度、较大的温度变化率和塑性变形产生的热力耦合作用下的结果。白层有较高脆性，易形成裂纹引起早期剥落失效或成为疲劳源，大大降低结构件的疲劳极限。

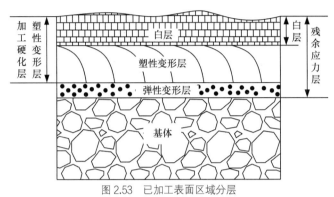

图 2.53　已加工表面区域分层

已加工表面的组织和状态对零件的服役性能（抗疲劳、抗腐蚀、耐磨性等）起着决定性作用。因此，表征已加工表面的微观组织，对于后期实现高表面完整性的零件加工具有重要的现实意义。图 2.54 为已加工表面的旋进电子衍射（precession electron diffraction，PED）技术表征图。图 2.54（a）和图 2.54（b）中不同的颜色代表不同的晶粒，图 2.54（c）中不同颜色的线代表不同的晶界类型。从图 2.54 中可以看出，沿已加工表面深度方向的微观组织有着较为显著的差距，晶粒尺寸也发生变化。这一点证实了切削力热载荷会在已加工表面形成梯度化、有差异的微观组织分布。

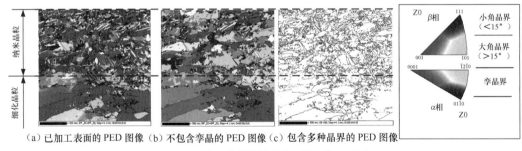

（a）已加工表面的 PED 图像　（b）不包含孪晶的 PED 图像　（c）包含多种晶界的 PED 图像

图 2.54　已加工表面晶粒尺寸及晶界的 PED 表征

已加工表面的微观组织是构建表面完整性几个主要评价指标间内在关联的"桥梁"，其中与微观组织相关的几个主要评价指标为表面形貌、表面缺陷、显微硬度和残余应力。

1. 与表面轮廓和表面缺陷的关系

已加工表面的状态和切屑的成形过程是密不可分的。有研究表明：已加工表面的几何形貌波动以及晶粒细化层的周期性波动和切削过程中的锯齿状切屑成形具有显著的相互作用关系。如图 2.55 所示，锯齿成形过程可以分为两个阶段：第一阶段为剪切带形成，第二阶段为剪切带滑移。两个阶段存在导致了切削力的周期性波动，最终导致了加工表面的几何轮廓存在周期性波动。

伴随着表面轮廓周期性特征的出现，对应的微观组织周期性特征和表面缺陷也开始形成。

由于力热载荷的周期性分布,亚表面微观组织的临界影响深度也出现了周期性分布的特征(见图 2.56(a)和图 2.56(c)),且伴随着该现象的产生,不同切削速度下的表面缺陷也开始出现差异。从图 2.56 中可知,250m/min 和 500m/min 不同切削线速度下,在已加工表面出现了不同的断裂特征:从数量不多的拉长状韧窝转变为了小而多的密集型韧窝,说明断裂方式发生了转变,这与变形区微观组织的改变具有密切关联。其中,拉长状韧窝的出现与大量变形的板条状晶粒有关,而等轴状韧窝则与动态再结晶生成的细小等轴晶粒对应。

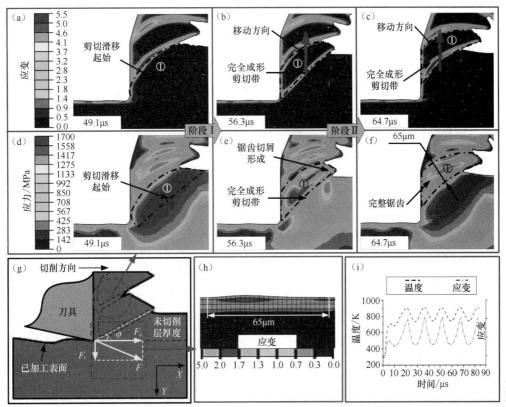

图 2.55　锯齿状切屑成形过程与已加工表面的几何轮廓波动关系

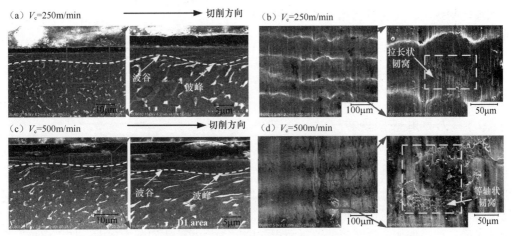

(a)和(c)—已加工表面金相组织周期性特征;(b)和(d)—已加工表面缺陷。

图 2.56　已加工表面金相组织和表面缺陷

2. 对显微硬度的影响

随着微观组织的改变（如位错密度演化、晶粒尺寸变化、相变等），加工表面变形区材料的物理力学性能发生了很大变化，微观组织的演化会引起原始工件材料的硬化/软化。对于切削加工，加工表面显微硬度会高于基体材料，这是由较高的位错密度、更细的晶粒尺寸和马氏体相变引起的。如图 2.57 所示，对已加工表面的样品进行镶嵌和磨抛之后，在距离表面的不同深度区域利用显微硬度计（HXD-1000TMC）进行硬度测试，显微硬度沿着已加工深度方向会逐渐递减，直至与基体一致。

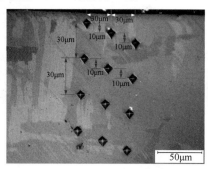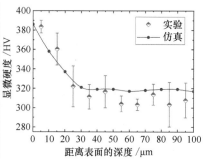

图 2.57　显微硬度测试结果

3. 对残余应力的影响

残余应力源于机械载荷和热应力引起的不均匀塑性变形。残余应力主要分为三类，如图 2.58 所示。第一类宏观残余应力是工件不同部位不均匀变形引起的；第二类微观残余应力源于晶粒间的相互作用；第三类微观残余应力来自晶粒内位错和孪晶等晶体缺陷。切削加工中，晶粒会发生细化、长大、相变等行为，晶粒间的不均匀变形会产生第二类残余应力，另外位错滑移和孪晶也会带来第三类残余应力，因此综合考虑宏观应力和微观组织演化的影响将实现对已加工表面的残余应力更加准确的评价。

图 2.58　考虑微观组织影响的残余应力组成部分示意图

2.9　刀具磨破损、寿命及状态监测

2.9.1　刀具磨破损现象

前面已经介绍到，金属等材料在切削加工中会有切削力和切削热产生，那么刀具一方面切下切屑，另一方面刀具本身也会由于力热作用发生损坏。刀具损坏到一定程度，就要换刀或更换新的刀刃，才能进行正常切削。刀具损坏的形式主要有磨损和破损两类。前者是连续的逐渐磨损；后者包括脆性破损（如崩刃、碎断、剥落、裂纹破损等）和塑性破损两种。刀具磨破损后，使工件加工精度降低，表面粗糙度增大，并导致切削力加大、切削温度升高，甚至产生振动，不能继续正常切削。因此，刀具磨破损直接影响加工效率、质量和成本。

1. 磨损机理

刀具与工件材料接触的切屑底面是活性很高的新鲜表面，正压力很大，接触温度也很高，所以刀具的磨损会伴随着机械、热、化学等多种形式的作用，大致表现为以下四种机理。

（1）硬质点划痕：工件材料中往往含有一些碳化物、氮化物和氧化物等硬质点，这些在摩擦力的作用下会在刀具表面上划出一条条沟纹，造成机械磨损。硬质点划痕在各种切削速度下都存在，它是低速切削刀具（如拉刀等）产生磨损的主要原因。

（2）冷焊黏结：如切屑与前刀面之间的压力和温度高到能让切屑底面材料与前刀面发生冷焊黏结，形成冷焊黏结点，该点处刀具材料表面微粒会被切屑粘走，造成黏结磨损。对于刀具后刀面也同样存在这种机制。在中等偏低的切削速度条件下，冷焊黏结是产生磨损的主要原因。

（3）扩散磨损：切削过程中，刀具后刀面与已加工表面、刀具前刀面与切屑底面相接触，由于高温和高压的作用，刀具材料和工件材料中的化学元素相互扩散，使刀具材料化学成分发生变化，耐磨性能下降，造成扩散磨损。例如，用硬质合金刀具切削钢质工件时，切削温度超过 800℃，硬质合金刀具中的 Co、C、W 等元素就会扩散到切屑和工件中去，由于 Co 元素减少，硬质相（WC、TiC）的黏结强度下降，导致刀具磨损加快。扩散磨损在高温下产生，且随温度升高而加剧。

（4）化学磨损：在一定温度作用下，刀具材料与周围介质（例如空气中的氧，切削液中的极压添加剂硫、氯等）起化学作用，在刀具表面形成硬度较低的化合物，易被切屑和工件擦掉造成刀具材料损失，由此产生的刀具磨损称为化学磨损。化学磨损主要发生在较高的切削速度条件下。

2. 磨损形态

无论是哪种磨损机理，表现在刀具上的磨损形态大致有如下三种。

（1）前刀面磨损：切削塑性材料时，如果切削速度和切削厚度较大，由于切屑与前刀面完全是新生表面相互接触和摩擦，化学活性很高，反应很强烈，接触面又有很高的压力和温度，空气或切削液渗入比较困难，因此在前刀面上形成月牙洼磨损，如图 2.59 所示。开始时前缘离刀刃还有一小段距离，以后逐渐向前、后扩大，长度变化并不显著，一般取决于切削宽度，深度方向会不断增大，最大深度位置即切削温度最高的地方。当月牙洼宽度发展到其前缘与切削刃之间的棱边变得很窄时，刀刃强度降低，易导致刀刃破损。

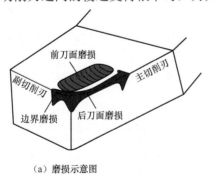

（a）磨损示意图　　　　　　　　　　　　（b）月牙洼磨损

图 2.59　前刀面

（2）后刀面磨损：切削时工件的新鲜加工表面与刀具后刀面接触，相互摩擦，引起后刀面磨损。后刀面虽然有后角，但由于切削刃不是理想的锋利，而有一定的钝圆，后刀面与工件表面的接触压力很大，存在着弹性和塑性变形，因此，后刀面与工件实际上是小面积接触，磨损就发生在这个接触面上。切削铸铁和以较小的切削厚度切削塑性材料时，主要发生这种磨损，后刀面磨损带往往不均匀，如图 2.60 所示。

（3）边界磨损：切削钢料时，常在主切削刃靠近工件外表皮处以及副切削刃靠近刀尖处的后刀面上，磨出较深的沟纹。此两处分别是在主、副切削刃与工件待加工或已加工表面接触的地方，如图 2.61 所示。

图 2.60　后刀面磨损

图 2.61　边界磨损

3. 磨损过程

刀具的磨损过程一般分为三个阶段：初期磨损阶段、正常磨损阶段和急剧磨损阶段，如图 2.62 所示。

（1）初期磨损阶段

由于新刃磨的刀具后刀面存在粗糙不平、显微裂纹、氧化或脱碳层等缺陷，而且切削刃较锋利，后刀面与加工表面接触面积较小，压应力较大，因此这一阶段磨损较快，一般初期磨损量为 0.05～0.10mm，其大小与刀具刃磨质量直接相关，研磨过的刀具初期磨损量较小。

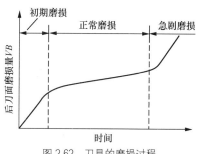

图 2.62　刀具的磨损过程

（2）正常磨损阶段

经初期磨损后，刀具粗糙表面已经磨平，刀具进入正常磨损阶段。这个阶段的磨损缓慢均匀，后刀面磨损量随切削时间延长而近似成比例增加，正常切削时，该阶段时间较长。

（3）急剧磨损阶段

当磨损带宽度增加到一定限度后，加工表面粗糙度增大，切削力与切削温度均迅速升高，磨损速度增加很快，以致刀具损坏而失去切削能力。生产中为合理使用刀具，保证加工质量，应当避免达到这个磨损阶段。在这个阶段到来之前，就要及时换刀或更换新刀刃。

4. 磨钝标准

刀具磨损到一定限度就不能继续使用，这个磨损限度称为磨钝标准。由于很多切削状态下刀具的后刀面会出现均匀的磨损量，且该处的磨损量也较容易测量，因此，常用 VB 值来衡量刀具的磨损量。ISO 标准规定以 1/2 背吃刀量处的后刀面上测定的磨损带宽度 VB 作为刀具的磨钝标准，如图 2.63 所示。自动化生产中用的精加工刀具，常以沿工件径向的刀具磨损尺寸作为衡量刀具的磨钝标准，称为刀具径向磨损量 NB。由于加工条件不同，因此所定的磨钝标准也有变化。例如，精加工的磨钝标准较小，而粗加工则取较大值。

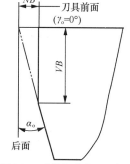

图 2.63　磨钝标准定义示意图

在生产实际中，经常卸下刀具来测量磨损量会影响生产的正常进行，因此，通常根据一些现象来判断刀具是否已经磨钝。例如粗加工时，观察加工表面是否出现亮带、切屑的颜色和形状的变化，以及是否出现振动和不正常的声音等。精加工可观察加工表面粗糙度变化以及测量加工零件的形状与尺寸精度等，发现异常现象，就要及时换刀。

2.9.2　刀具寿命及影响因素

1. 刀具寿命和刀具总寿命

前面定义了磨钝标准之后，就可以定义刀具寿命。一把新刀（或重新刃磨过的刀具）从开始使用直至达到磨钝标准所经历的实际切削时间（不包含对刀、测量、快进等非切削时间），称为刀具寿命（或称耐用度）。对于可重磨刀具，刀具寿命是指刀具两次刃磨之间所经历的实际切削时间。对其从第一次投入使用直至完全报废（经刃磨后亦不可再用）时所经历的实际切削时间，称为刀具总寿命。显然，对于不重磨刀具，刀具总寿命即等于刀具寿命；对于可重磨刀具，刀具总寿命则等于其平均寿命乘以刃磨次数。刀具寿命反映了刀具磨损的快慢程度，可以用来确定换刀时间。

2. 影响因素

除工件材料和刀具材料外，切削参数同样是影响刀具寿命的一个主要因素。通过切削实验，可以发现切削三要素与刀具寿命之间的关系，如式（2-63）所示。

$$T_{\mathrm{L}} = \frac{C}{v^x \cdot f^y \cdot a_{\mathrm{p}}^z} \tag{2-63}$$

式中：T_{L}——刀具寿命（min）；C——系数，与刀具、工件材料和切削条件有关。

用 YT5 硬质合金车刀切削 σ_{b}=0.637GPa 的碳钢时，切削三要素的指数系数 x=5，y=2.25，z=0.75。

由上可知，在切削三要素中，切削速度对刀具寿命的影响最大，其次是进给量，背吃刀量最小，这与三者对切削温度的影响顺序完全一致。这也反映出切削温度对刀具磨损和刀具寿命有着最重要的影响。

刀具磨损寿命与切削用量之间的关系是以刀具的平均寿命为依据建立的。实际上，切削时，由于刀具和工件材料的分散性、所用机床及工艺系统动/静态性能的差别，以及工件毛坯余量不均等条件的变化，刀具磨损寿命是存在不同分散性的随机变量。通过刀具磨损过程的分析和实验表明，刀具磨损寿命的变化规律服从正态分布或对数正态分布。

2.9.3　刀具破损

刀具破损与刀具磨损一样，也是刀具失效的一种形式。刀具在一定的切削条件下使用时，如果它经受不住强大的应力（切削力或热应力），就可能发生突然损坏，使刀具提前失去切削能力，这种情况就称为刀具破损。

破损是相对于磨损而言的。从某种意义上讲，破损可认为是一种非正常的磨损。因为刀具破损和刀具磨损都是在切削力和切削热作用下发生的，磨损是一个比较缓慢的逐渐发展的刀具表面损伤过程，而破损则是一个突发过程，刹那间使刀具失效。

刀具破损的形式分脆性破损和塑性破损两种。硬质合金和陶瓷刀具在切削时，在机械和热冲击作用下，经常发生脆性破损。脆性破损又分为崩刃、脆断、剥落和裂纹破损，如图 2.64 所示。

图 2.64　刀具破损形式

2.9.4　刀具磨破损状态监测

切削加工中刀具磨损问题无法避免，刀具破损时常发生，刀具的异常状态不能及时被发现，势必会给机床、零件等带来损坏。在传统加工中，刀具磨损程度判别都依赖操作工人，为无人/少人值守的智能加工生产线推广带来极大的挑战。若能够对刀具磨损状态进行实时监测，并根据磨损程度加以优化控制，动态调整换刀时间，即可减少由于刀具磨损而带来的损失。采用在线监测技术可以通过采集和挖掘切削加工过程中的多类信号，对刀具状态进行及时、准确的辨识，在此基础上对刀具磨损的演化趋势和刀具的剩余寿命进行评估，实现加工现场的辅助判断。目前，主要有两种途径来监测刀具的磨破损状态。我们可以采取提前换刀、改变切削参数等措施降低刀具磨损对于加工表面质量和尺寸精度的影响，也可以采取停机等紧急措施避免对于工件和机床造成更大的破坏。刀具状态在线监测与智能诊断对于提高零部件的制造效率和制造精度具有重要意义，也是当前智能切削加工技术的主要发展方向。

1. 在线检测

在线检测法主要是通过确定刀具在切削区域形状上的改变或者质量的减少来判断刀具的磨破损状态，未来应用前景较好的有机器视觉检测法。该方法是一种非接触式检测方法，检测系统通常由 CCD 图像传感器、光源（点光源、穿顶光源、环形光源及条形光源等）组成，如图 2.65 所示。通过采集刀具切削部分的图像信息，并对其处理可得到刀具磨破损情况，车刀往往只需要采集前刀面和后刀面，而整体式螺旋铣刀则除了上述两个切削区域外，一般还包括刀尖，此方法的显著特点是直观、准确，可直接观察到刀具切削区域的磨破损状态。由于光学设备一般对环境要求较高，而实际加工过程中工作环境比较恶劣（切削液、切屑等），因此刀具图像采集需要在专门的封闭空间中完成。

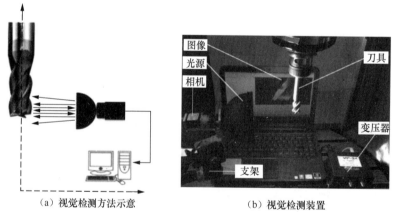

（a）视觉检测方法示意　　　　　　　　（b）视觉检测装置

图 2.65　刀具磨破损的视觉检测

2. 在线监测

在线检测法主要是依据一定的标定关系对提取到的与刀具状态有关的切削参量变化情况进行分析，从而反映刀具的切削状态。例如加工过程中切削力陡增、电流增大，切削过程中的振动增强等都可能与刀具状态有关，因此，相继出现了基于切削力信号、振动信号、声发射信号、电流信号的监测方法。其中电流信号法因电流传感器的成本低、安装方便、不影响加工过程等优点，便于在生产中推广。下面以该方法为例，介绍其原理和实现过程。

在实际加工中，切削力的增大或减小将会导致主轴电流（或功率）的同步增大或减小。基于主轴电流（或功率）的检测方法实际上是将采集的参量由切削力转为电机的电参数，刀具的磨损程度与电流信号的时域统计特征存在一定的相关性。图 2.66 所示为刀具在不同磨损状况下切削所表现出的电流信号时域波形。由图 2.66 可以看出，刀具处在不同磨损阶段时所表现出的电流信号时域波形不同，因此，基于不同磨损阶段，时域波形的电流统计特征也不相同，可提取与刀具磨损相关性强的电流时域统计特征，这些时域敏感统计特征可在一定程度上表征刀具的不同磨损状况。

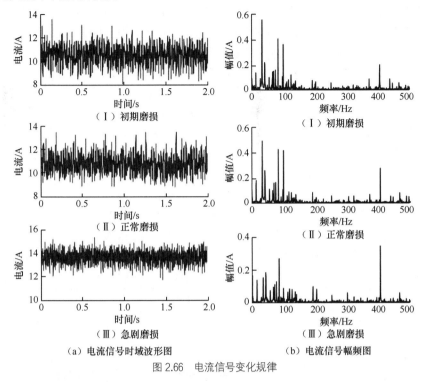

图 2.66　电流信号变化规律

2.10　磨削加工方法

前面我们学习的车削、铣削、钻削等切削加工方法基本都是单刃或多刃（有限数量）加工。磨削则可看成是一种"超多刃/超密刃"加工方法，其无论是在材料去除机理、工艺还是在零件质量上与其他加工方法都有很大不同。

2.10.1　单刃/多刃刀具加工的不足

车刀和镗刀都属于单刃刀具；钻头一般具有两个刃，可看成双刃刀具；铣刀刀刃一般多于两个，属于多齿刀具。这几类刀具在切削和表面成形过程中，均扮演大余量材料去除角色，已加工表面的粗糙度受大体积切屑的影响，始终不能达到很好的效果，这是传统单刃和多刃刀具加工的不足，当然单点金刚石车削例外。因此，要提高已加工表面质量，必须减少切削量，但另一方面又需要考虑效率，靠传统数量的切削刃已无法满足加工要求。通过在刀体上布置大量切削刃，每个刃在切削过程中只承担微量材料的去除，这样就可实现低的表面粗糙度，同时又满足一定的切削效率，磨削加工方法由此诞生。

2.10.2　磨削机理

1.　磨削材料去除过程

磨削与铣削相比，磨粒刃口钝，形状不规则，分布不均匀，其中一些突出和比较锋利的磨粒，切入工件较深，切削厚度较大，起切削作用。由于切屑非常细微，磨削温度很高，磨屑飞出时氧化形成火花。比较钝的、突出高度较小的磨粒，切不下切屑，只起刻划作用，在工件表面上挤压出微细的沟槽，使金属向两边塑性流动，造成沟槽的两边微微隆起。更钝的、隐藏在其他磨粒下面的磨粒只稍微滑擦着工件表面，起抛光作用。另外，即使参加切削的磨粒在刚进入磨削区时，也先经过滑擦和刻划阶段，再进行切削。因此，磨削过程实际上是切削、刻划、抛光作用的综合过程，如图 2.67 所示。

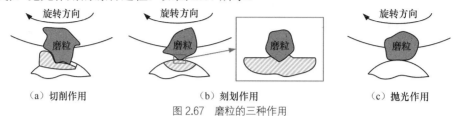

（a）切削作用　　　　　　　　（b）刻划作用　　　　　　　　（c）抛光作用

图 2.67　磨粒的三种作用

2. 磨粒自锐性

磨粒在磨去工件材料的同时，自己的棱角也逐渐被磨平，形成一平面。同时也有磨粒在磨削的瞬间升到高温，又在切削液的作用下骤冷，频繁地骤热骤冷导致了很大的热应力，磨粒因此产生热疲劳而破损。磨粒磨钝后，磨削力也随之增大，致使磨粒破碎或脱落，重新露出锋利的刃口，此特性称为"自锐性"。自锐性使磨削在一定时间内能正常进行，但超过一定工作时间后，应进行人工修整，以免磨削力增大引起振动、噪声及损伤工件表面质量。

2.10.3　磨削工具

1. 砂轮结构

磨削是指用磨具切除工件上多余材料的加工方法。磨具是用磨料和黏结剂、树脂等制成的中央有通孔的圆形固结工具。砂轮是磨具中用量最大、使用面最广的一种，其一般由磨粒、黏结剂和气孔构成，这三部分常称为固结磨具的三要素，如图 2.68 所示。磨粒分为天然磨粒和人造磨粒两大类。天然磨粒金刚石虽好，但价格昂贵，所以目前主要使用人造磨粒，常用的有棕刚玉、人造金刚石、立方氮化硼等。黏结剂是将磨粒黏合起来的材料，它的性能决定了砂轮的强度、耐冲击性、耐磨性和耐热性，有陶瓷、树脂、橡胶和金属等多种。根据磨粒所占砂轮体积的百分比来分级，砂轮可以分为三种组织状态：紧密、中等、疏松。磨粒所占比例越大，砂轮越紧密；反之，磨粒所占比例越小，砂轮越疏松。

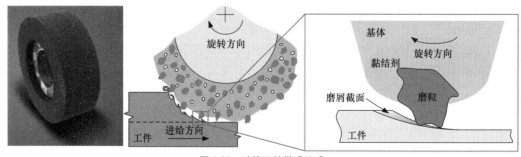

图 2.68　砂轮及其微观组成

砂轮用表面上磨粒和黏结剂粘贴的牢固程度来表示其硬度。砂轮的硬度软，表示砂轮的磨粒容易脱落；砂轮的硬度硬，表示磨粒较难脱落。砂轮的硬度和磨料的硬度是两个不同的概念。同一种磨料可以制成不同硬度的砂轮，它主要取决于黏结剂的性能、数量以及砂轮制造的工艺。磨削与切削的显著差别是砂轮具有"自锐性"，选择砂轮的硬度，实际上就是选择砂轮的自锐性，希望还锋利的磨粒不要太早脱落，也不要磨钝了还不脱落。选择砂轮硬度的一般原则是：加工软金属时，为了使磨料不致过早脱落，选用硬砂轮；加工硬金属时，为了能及时地使磨钝的磨粒脱落，从而露出具有尖锐棱角的新磨粒（即自锐性），选用软砂轮；精磨时，为了保证磨削精度和表面粗糙度，应选用稍硬的砂轮；工件材料的导热性差，易产生烧伤和裂纹时（如磨硬质合金等），选用的砂轮应软一些。

2. 砂轮修整

用金刚石修整砂轮相当于在砂轮工作表面上车出一道螺纹，修整导程和切深越小，修出的砂轮就越光滑，磨削刃的等高性也越好，因而磨出的工件表面粗糙度也就越小。修整用的金刚石是否锋利对修整效果影响也很大。

2.10.4 磨削运动

磨削加工过程中，砂轮的旋转是主运动，工件的横向进给和纵向进给是进给运动，如平面磨削，如图 2.69（c）所示。对于外圆和内孔磨削，工件需要同时旋转来满足在圆周方向的区域加工，如图 2.69（a）和图 2.69（b）所示。

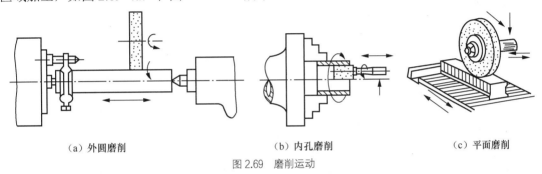

（a）外圆磨削　　　　　　　　（b）内孔磨削　　　　　　　　（c）平面磨削

图 2.69　磨削运动

2.10.5 光整加工方法

磨削加工在一定程度上精度可达 IT5～IT7，表面粗糙度 Ra 可达 0.025～1.600μm，甚至可达 0.08～0.10μm。但由于大量切削刃（磨粒）磨削时，会产生大量磨削热，需要有充分的切削液进行冷却，否则会产生磨削烧伤，降低表面质量。为取得更高的表面质量，诞生了很多光整加工方法。

超精加工、珩磨等都是利用磨条以一定的压力压在工件的被加工表面上，并作相对运动以降低工件表面粗糙度和提高精度的工艺方法，一般用于 Ra <0.08μm 表面的加工。由于切削速度低、磨削压强小，因此加工时产生很少的热量，不会产生热损伤，并具有残余压应力。如果加工余量合适，还可以去除磨削加工变质层。

采用超精加工、珩磨工艺虽然比直接采用精磨达到要求的表面粗糙度要多增加一道工序，但由于这些加工方法都是靠加工表面自身定位进行加工的，因而机床结构简单，精度要求不高，而且大多设计成多工位机床，并能进行多机床操作，故生产效率较高，加工成本较低。由于上述优点，超精加工、珩磨工艺在大批大量生产中应用得比较广泛。例如，在轴承制造中，为了提高轴承的接触疲劳强度和寿命，越来越普遍地采用超精加工来加工套圈与滚子的滚动表面。

1. 超精加工

超精加工是用细粒度的磨条以一定压力压在旋转的工件表面上，并在轴向作往复振荡进行微量切除的光整加工方法，它常用于加工内外圆柱、圆锥面和滚动轴承套圈的沟道。超精加工后表面粗糙度可达 $Ra<0.012\mu m$，表面加工纹路由波纹曲线相互交叉形成，这样的表面容易形成油膜，提高润滑效果，因此耐磨性好。由于切削区温度低，表面层有轻度塑性变形，因此表面带有低残余压应力。

2. 珩磨

珩磨与超精加工类似，只是使用的工具不同以及运动方式不同，珩磨头带有若干块细粒度的磨条靠机械或液压的作用胀紧和施加一定压力在工件表面上，并相对工件作旋转与往复运动，结果在工件表面形成由螺旋线交叉而成的网状纹路。此种方法主要用于内孔的光整加工，孔径可为 $\phi 8\sim 1\,200mm$，长径比 L/D 可达 10 或 10 以上。

近年来采用了人造金刚石、立方氮化硼磨料制作的磨条，效率显著提高，珩磨压力增至 $1.0\sim 1.5MPa$，珩磨余量可达 $0.05\sim 0.10mm$，而磨削区温度仍很低，表面不产生变质层，因而珩磨可取代内圆磨并能直接获得良好的表面质量。

3. 研磨

研磨是将研磨剂涂敷（干式）或浇注（湿式）在研具与工件间，工件与夹具在一定压力下作不断变更方向的相对运动，在磨粒的作用下逐步刮擦并微量切除工件表面很薄的金属层。此种方法可适用于各种表面的加工，表面粗糙度 Ra 可达 $0.16\sim 0.01\mu m$，精度可达五级以上。研磨剂一般采用煤油、润滑油或油脂与研磨粉混合而成，有时还加入活性添加剂如油酸、硬脂酸等，则研磨时尚有一定的化学作用。研具一般采用比工件软的材料制成，常用的有细小珠光体铸铁、夹布胶木、玻璃、紫铜等。一般研磨效率较低，且要求工人的技术熟练程度较高。在研磨较软材料时，宜将研磨粉压嵌在研具上，再进行研磨，以防止研磨粉嵌入工件表面。

若将配合偶件进行对研，则可以达到很好的气、液密封配合，但是对研偶件只能成对使用，不具有互换性。

4. 抛光

抛光是利用布轮、布盘等软的研具涂上抛光膏抛光工件的表面，靠抛光膏的机械刮擦和化学作用去掉表面粗糙度的峰顶，使表面获得光滑镜面。抛光时一般去不掉余量，所以不能提高工件的精度，甚至还会损坏原有精度。经抛光的表面能减小残余拉应力值。

思考与练习题

2-1　金属切削过程可以用哪些参数来表示和比较？

2-2　零件表面形状与进给运动和刀具结构之间有何关系？

2-3　刀具前角、后角有什么作用？说明选择合理前角、后角的原则。

2-4　刀具的工作角度和标注角度有什么区别？影响刀具工作角度的主要因素有哪些？

2-5　扩孔一般可以采用哪些类型刀具？各有什么特点？

2-6　群钻为什么能提高精度和效率？

2-7　金属切削刀具的材料应具备哪些性能？

2-8　作为两种新型刀具材料，金刚石与立方氮化硼各有何特点？

2-9　切削过程的三个变形区各有何特点？它们之间有什么关联？

2-10　切屑的种类有哪些？其变形规律如何？影响切屑类型的因素有哪些？

2-11　金属切削过程中为什么会产生切削力？

2-12　车削时切削合力为什么常分解为三个相互垂直的分力来分析？试说明这三个分力的含义。

2-13 背吃刀深度和进给量对切削力的影响有何不同？

2-14 解析法得到的切削力计算公式中，切削力系数受哪些因素影响？

2-15 切削热是如何产生和传出的？仅从切削热产生的多少能否说明切削区温度的高低？

2-16 切削温度与切削热之间存在什么关系？切削温度的分布与三个变形区有何联系？

2-17 背吃刀量和进给量对切削力和切削温度的影响是否一样？为什么？如何运用这一规律指导生产实践？

2-18 增大前角可以使切削温度降低的原因是什么？是不是前角越大，切削温度越低？

2-19 分析切屑与已加工表面的微观组织有何意义？

2-20 根据切削力和切削热分布特点，二者对切屑及已加工表面微观组织的影响有何不同？

2-21 刀具的正常磨损过程可分为几个阶段？各阶段的特点是什么？

2-22 刀具磨钝标准是什么意思？它与哪些因素有关？

2-23 什么叫刀具寿命？刀具寿命与磨钝标准有什么关系？磨钝标准确定后，刀具寿命是否就确定了？为什么？

2-24 从刀具寿命出发，按什么顺序选择切削用量？从机床动力出发时，按什么顺序选择切削用量？

2-25 磨削加工相比铣削加工，为何能取得更好的零件表面粗糙度？

实践训练题

2-1 用测力计测试铣削平面时的三向切削力，并与计算值比较，分析两者存在偏差的原因。

2-2 试设计一把滚刀，齿数模数自定，分析其标注角度和工作角度。

2-3 查阅刀具磨破损监测技术研究进展文献，归纳总结研究现状及未来发展趋势。

第 **3** 章 数控机床及其性能

机床作为完成切削运动的机构、装置或设备，有其特殊的结构和性能要求。既然是完成运动的机构，所以其必须包含实现运动的动力源、传动机构、执行元件和支承导向机构等。这些运动在空间又有位姿要求，是依靠机床的基础件来保证各运动轴在空间位姿关系的。而恰恰是动力源技术的发展，才使得机床的功能和性能得以扩展和提升，从传统的普通机床发展成为数控机床，同时也使机床的结构发生了很大变化，例如直驱电机和力矩电机的出现，完全省去了中间的传动机构，即所谓的零传动。

本章首先介绍了各类机床的构型和运动，不同的构型适合于加工的零件几何特征是不同的；然后介绍了这些运动的实现与保证方法；在上述基础知识介绍的基础上，重点对机床的主要性能进行介绍，包括单轴的运动控制、多轴的联动运动控制、主轴性能、几何精度、动态性能等；最后介绍机床的精度保持性以及可靠性。

3.1 典型机床的构型及其运动

零件类型按照几何形状特征可以分为回转类、箱体类、支架类、曲面类和薄壁类几类零件。为了适应不同类型零件的加工需求，机床需要设计相应的构型及运动。本节根据零件的形状特征，分析典型机床的构型及其运动。

3.1.1 车床构型及其运动

轴类、盘类等回转类零件主要采用车床加工，其主运动是零件旋转，进给运动是刀具相对于零件沿轴向和径向的进给。根据机床主轴轴线布置方向的不同，车床有卧式和立式两种典型构型，如表 3.1 所示。卧式车床的主运动轴线沿水平方向布置，零件通过卡盘、顶尖等装夹在主轴上。立式车床的主运动轴线沿竖直方向布置，工件安装在主轴台面上。卧式车床具有平床身和斜床身两种典型构型，平床身的进给运动位于水平面内，斜床身的进给运动构成的平面与水平面成 30°、45°、60° 等夹角。相对于平床身，斜床身卧式车床有利于排屑。轴类零件及小型的盘类零件一般采用卧式车床加工。为满足不同长度轴类零件或者不同直径盘类零件的要求，只需加大机床在零件轴线方向的行程或零件装夹卡盘的尺寸等参数。

表 3.1	车床的构型及其运动	
	构型	运动	零件形状特征

平床身		主运动为绕 Z 方向的旋转运动，主运动的轴线在水平方向； X 向和 Z 向为进给运动方向	轴类零件 盘类零件
斜床身		主运动为绕 Z 方向的旋转运动，主运动的轴线在水平方向； X 向和 Z 向为进给运动方向； X 向进给运动与水平面成 30°、45°、60°、75°等夹角，有利于排屑	
立式车床		主运动为绕 Z 方向的旋转运动 C，主运动的轴线在竖直方向； X 向和 Z 向为进给运动方向； 零件装夹在转台 C 上，便于安装大型回转类零件	大型盘类零件
倒立车床		主运动为绕 Z 方向的旋转运动 C，主运动的轴线在竖直方向； X 向和 Z 向为进给运动方向	小型回转类零件的大批量加工

立式车床包括大型立式车床和倒立车床两种典型构型。大型立式车床主要用于大型回转类零件的单件小批量加工，大型盘类零件安装在主轴台面上，便于装夹。倒立车床的主运动轴线也沿竖直方向布置。在使用垂直主轴进行倒立式车削（也称作倒立式上下料车削）时，主轴既承担加工操作（倒立式车削、钻孔、铣削等），也承担自动化系统控制，主要用于小型回转类零件的大批量工件。

3.1.2 铣床构型及其运动

带有平面和曲面特征的零件可以采用铣床加工。铣床的主运动是刀具旋转，进给运动是刀具相对于零件的进给。根据主运动轴线布置方向的不同，铣床可以分为立式铣床和卧式铣床。前者主运动轴线沿水平方向布置，后者主运动轴线沿竖直方向布置，如表 3.2 所示。相对于立式铣床，卧式铣床加工时切屑容易从加工表面落下，不会留在工件上。

表 3.2 铣床的构型及其运动

构型		运动	零件形状特征
三轴		主运动为主轴旋转，X、Y、Z 为三个直线进给运动	零件平面特征
三轴（动梁）		主运动为主轴旋转运动，X、Y、Z 为三个直线进给运动，一般用来加工大型零件，特别是当零件质量大时，采用横梁运动，避免机床驱动大负载运动	大型零件的平面特征
三轴（动工作台）		主运动为主轴旋转运动，X、Y、Z 为三个直线进给运动，一般用来加工大型零件，特别是当零件切削用量大、切削力大时，刀具端质量大，采用工作台运动，避免机床驱动大负载运动	
四轴		主运动为主轴旋转，具有 X、Y、Z 三个直线进给运动和一个回转进给运动 B，零件一次装夹可加工零件的多个表面	多面体零件
五轴（双转台）		主运动为主轴旋转运动，具有 X、Y、Z 三个直线进给运动和 A、C 两个旋转进给运动，两个旋转进给运动在零件端	加工叶轮叶盘等小型复杂曲面零件
五轴（双摆头）		主运动为主轴旋转运动，具有 X、Y、Z 三个直线进给运动和 A、C 两个旋转进给运动，两个旋转进给运动在刀具端	航空结构件等大型复杂曲面零件

续表

构型	运动	零件形状特征
五轴（摆转）	主运动为主轴旋转运动，具有 X、Y、Z 三个直线进给运动和 A、B 两个旋转进给运动，其中一个旋转进给运动在刀具端，另一个在零件端	

　　根据进给运动数量的不同，铣床可以分为三轴、四轴及五轴机床。三轴机床具有三个直线进给运动，适合加工零件上的平面特征。大型零件一般采用龙门结构机床加工，常用工作台移动和横梁移动两种方式。对于质量大的零件一般采用后者，避免机床驱动大负载运动。

　　四轴铣床除了具有三个直线进给运动外，还具有一个旋转进给运动。旋转运动还可用于分度，这样一次装夹即可加工零件的多个表面。

　　五轴铣床除了具有三个直线进给运动外，还具有两个旋转进给运动，用于加工复杂曲面零件。五轴机床具有双转台、双摆头、一摆一转等三轴典型构型。叶轮、叶盘等中小型的复杂曲面零件主要采用双转台式五轴机床加工，航空结构件等大型复杂曲面零件主要采用双摆头式五轴机床加工。

3.1.3　镗床构型及其运动

　　镗床主要用于加工箱体类零件上的孔，其主运动是刀具旋转运动，进给运动是刀具相对于零件的直线运动。镗床的主运动轴线沿水平方向布置，进给运动数量有三个或四个，如表 3.3 所示。四轴镗床除了具有三个直线进给运动外，还具有一个旋转进给运动。旋转运动还可用于分度，一次装夹可加工多个表面上的孔。

表 3.3　　　　　　　　　　　　　　　镗床的构型及其运动

构型	运动	零件形状特征
三轴	主运动为主轴旋转运动，主运动轴线沿水平方向布置，具有 X、Y、Z 三个直线进给运动	各类零件的孔
四轴	主运动为主轴旋转运动，主运动轴线沿水平方向布置，除了具有 X、Y、Z 三个直线进给运动外，还具有一个旋转进给运动 B	零件一次装夹可以加工多面体孔

3.1.4 钻床构型及其运动

钻床主要用于孔加工，其主运动是刀具旋转运动，进给运动是刀具沿孔轴线方向的直线运动。

普通钻床有台式钻床、立式钻床和摇臂钻床等类型，如表 3.4 所示。小型零件上小孔的钻削切削力小、零件质量小，可以在台式钻床上加工。立式钻床则可用于较大孔加工。对于大型零件上的孔，零件上各个孔轴线的跨距大，可采用摇臂钻床加工，以满足零件上不同位置孔的加工。

表 3.4　　　　　　　　　　　　　钻床的构型及其运动

构型		运动	零件形状特征
台式		主运动为钻头旋转运动，进给运动为钻头沿孔轴线方向直线运动	用于小孔加工
立式			用于较大孔加工
摇臂			用于加工大型零件上的孔
数控钻床			构型与三轴铣床类似，可通过程序调整工作台位置来对正钻孔位置

数控钻床的构型与三轴铣床类似，除了依靠程序自动执行主运动和进给运动外，能够通过程序调整工作台位置来对正钻孔位置，避免了普通钻床的人工调整过程。

3.1.5　刨床构型及其运动

刨床主要用于加工平面，特别是窄平面，其主运动是刀具沿平面长度方向的直线运动，进给运动是刀具沿平面宽度方向的间歇直线运动。刨床有牛头刨床和龙门刨床两种类型，如表 3.5 所示。牛头刨床主运动行程较短，可用于加工小型零件上的窄平面；龙门刨床主运动行程大，主要用于大型零件的窄平面加工。

表 3.5　　　　　　　　　　　　　刨床的构型及其运动

构型		运动	零件形状特征
牛头刨床		主运动为刨刀沿零件平面长度方向的直线运动，进给运动是刨刀沿平面宽度方向的间歇直线运动	用于加工小型零件
龙门刨床			用于加工大型零件

3.1.6　复合机床构型及其运动

复合机床是将两种或两种以上加工方法复合到一起的机床，有车铣复合、铣车复合等多种类型，如表 3.6 所示。车铣复合和铣车复合都是将车削和铣削两种加工方法复合到一起的机床。工件旋转运动为车削的主运动，刀具旋转运动为铣削的主运动。车铣复合机床以车削为主，铣削为辅；铣车复合机床以铣削为主，车削为辅。铣车复合机床用作车削时，工作台带动工件旋转作为主运动。

表 3.6　　　　　　　　　　　　复合机床的构型及其运动

构型		运动	零件形状特征
车铣复合		车削为主、铣削为辅。车削时主运动为工件旋转，铣削时主运动为刀具旋转	具有平面特征的回转类零件

续表

构型	运动	零件形状特征
铣车复合		在铣床的基础上增加了车削功能。车削时工作台旋转作为主运动	叶轮、叶盘等具有复杂曲面特征的回转类零件

齿轮轴等零件具有回转轴特征和具有局部平面或曲面特征。该类零件以车削为主，但局部平面或曲面特征需要通过铣削加工。为避免零件加工在车床和铣床上反复安装，可以采用车铣复合机床加工。一次装夹即可完成回转轴特征的车削和局部平面或曲面特征的铣削。

叶轮、叶盘等复杂曲面零件具有复杂曲面和回转轴两类主要特征，复杂曲面为该类零件的主要特征，需要通过铣削方式加工，而回转轴特征则需要通过车削方式加工。同样，为了避免零件加工在铣床和车床上反复切换，可以采用铣车复合机床加工。一次装夹即可完成复杂曲面特征和回转轴特征的加工。

3.2　机床运动的实现方法

机床的主要任务是实现切削运动。切削运动一般可分为直线运动和回转运动，实现运动的组成部分包括动力源、传动结构、支承部分及执行元件等。动力源为运动机构提供动力（功率）和运动的驱动部分，如各种交流电机、直流电机和液压传动系统的液压泵、液压马达等。传动结构改变动力源输出运动的速度和方向，将动力源提供的运动转换为执行元件所需的运动。支承部件用于安装和支承其他固定的或运动的部件，起承载和导向作用。执行元件是工作部件，其功能是连接工件或刀具。本节主要介绍实现切削运动的各个部件。

3.2.1　动力源

根据类型和适用场合，动力源分为普通交/直流电机、步进电机、交/直流伺服电机、直驱电机及液压站等，如表 3.7 所示。

表 3.7　　　　　　　　　　　　　　机床的动力源

动力源	主要应用场合
普通交/直流电机	普通机床
步进电机	精度要求不高的数控机床
交/直流伺服电机	高精度数控机床
直驱电机（直驱式直线电机、直驱式力矩电机）	有高速、高精度要求的数控机床
液压站	精密、超精密机床静压/动静压轴承和进给轴导轨

普通交/直流电机主要用于普通机床。普通交/直流电机转速固定，需要通过机械传动环节实现变速和换向，机械传动结构复杂。

步进电机用于精度要求不高的数控机床。交/直流伺服电机用于闭环、半闭环控制的高精度数控机床。步进电机和交/直流伺服电机可通过改变脉冲、电压等实现自动变速和换向，大大简化机械传动结构。

直驱电机就是直接驱动负载的电机，将旋转电机或直线电机直接耦合或连接到从动负载上实现驱动。直驱电机取消了减速器和滚珠丝杠副等中间传动环节，进一步简化了机械传动结构，从而使整个系统具有高速、高精度、高刚度及快响应等优点，多用于有高速、高精度要求的数控机床。

液压站用于精密磨床，为静压/动静压主轴轴承和进给轴导轨提供动力。

3.2.2 传动部件

车削、铣削、钻削及镗削等切削方法的主运动为工件或刀具的旋转运动；刨削、拉削及插削等加工方法的主运动为刀具的直线运动。三轴机床的进给运动为直线运动，五轴机床两个旋转轴的进给运动为旋转运动。虽然主运动和进给运动的转速、精度和功率要求不同，但都需要依靠传动部件将电机输出的旋转运动转换为主运动或进给运动需要的旋转运动或直线运动，并改变和控制运动的速度。

1. 直线运动的传动部件

当动力源采用旋转电机时，直线运动的实现需要采用将旋转运动转换为直线运动的机械传动部件。直线运动常用的机械传动部件包括滚珠丝杠及齿轮齿条等。

滚珠丝杠通过丝杠旋转带动丝杠螺母沿丝杠轴线运动，从而将旋转运动转换成执行件的直线运动。采用丝杠螺母传动的典型直线运动，其传动结构一般包括电机、联轴器、丝杠螺母、丝杠轴承等，如表 3.8 所示。

表 3.8　　直线运动的传动部件

传动部件	典型传动部件结构图	用途及特点
丝杠螺母		将电机旋转运动转换为工作台直线运动，传动精度高
齿轮齿条		将电机旋转运动转换为工作台直线运动，传动扭矩大，用于大型、重型机床传动
曲柄滑块		将电机旋转运动转换为刀具直线往复运动，用于牛头刨床
零传动		无传动件，动态特性好，可实现高速传动

齿轮齿条通过齿轮旋转带动齿条作直线运动，从而将旋转运动转换成执行件的直线运动。采用齿轮齿条传动的典型直线运动，其传动结构一般包括电机、齿轮轴、齿条、齿轮轴轴承。相对于滚珠丝杠传动，齿轮齿条传动的进给轴一般适用于重载场合。

当动力源采用直驱式直线电机时，直线电机定子与床身固连，直线电机动子与工作台固连，电机动子直接驱动工作台实现直线进给。直驱进给轴为零传动，没有滚珠丝杠及齿轮齿条等传动环节，易于实现高速进给。

2. 旋转运动的传动部件

当动力源采用旋转电机时，旋转运动的实现需要依据转速比等要求将电机的旋转运动转换为主运动或进给运动所需的旋转运动。旋转运动常用的机械传动部件包括带、齿轮、蜗轮蜗杆等，如表 3.9 所示。

表 3.9　　　　　　　　　　　　旋转运动的传动部件

传动部件	典型传动部件结构	用途及特点
带		带的类型有平带、三角带、多楔带及同步齿形带等，运动平稳，适宜高速传动
平行轴齿轮		将主动轴的旋转运动转换为从动轴的旋转运动，并起到减速和提高转矩的作用
相交轴齿轮	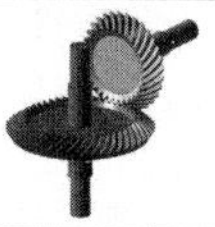	将主动轴的旋转运动转换为从动轴的旋转运动，并能够改变旋转运动的方向
蜗轮蜗杆		将主动轴的旋转运动转换为从动轴的旋转运动，并能够改变旋转运动的方向
零传动	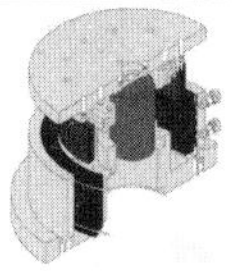	没有带、齿轮、蜗轮蜗杆等传动环节，易于实现高速、高精传动

带包括平带、三角带、多楔带等，靠摩擦力传动。同步齿形带，通过带上齿形和带轮上轮齿相啮合传递运动和动力，适宜高速传动。齿轮传动能传递较大扭矩，线速度不能过高。平行轴齿轮在传动的同时能够改变转速和转矩，相交轴齿轮和蜗轮蜗杆还可用于改变旋转轴线的方向。

当动力源采用直驱式力矩电机时，主运动或进给轴的转子与电机转子制成一体，没有带和齿轮等传动部件。直驱旋转运动也为零传动，易于实现高转速、高精度。

3.2.3　支承及导向部件

支承部件的作用是承受载荷和导向，一方面承受运动部件及工件的量力和切削力；另一方面对运动部件进行导向，保证运动精度。

1. 直线运动的支承部件

直线运动的支承部件为导轨。直线运动的导轨包括滚动导轨和滑动导轨，滑动导轨又可分为普通滑动导轨、静压/动静压滑动导轨等型式，如表 3.10 所示。

表 3.10　　　　　　　　　　　　直线运动的支承部件

支承部件		典型支承部件结构	用途和特点
滚动导轨	滚珠式		导轨为点接触，承载能力较低，刚度较低，用于小载荷场合
	滚柱式		导轨为线接触，承载能力较高，可以用于大载荷场合

续表

支承部件		典型支承部件结构	用途和特点
普通滑动导轨	矩形		承载力大，用于重载导向场合
	三角形		导向精度高，用于精密导向场合
	燕尾形		具有抗倾覆能力
静压/动静压滑动导轨			导向精度高，阻尼大，用于超精密机床

　　滚动导轨由导轨和滑块组成，在导轨和滑块之间的滚道上放置滚动体，它可在导轨条和滑块的滚道内连续地循环滚动。滚动导轨的滚动体可以是滚珠、滚柱和滚针等。滚珠式导轨为点接触，承载能力较低，刚度也较低，多用于小载荷场合。滚柱式导轨为线接触，承载能力较高，可以用于大载荷场合。滚针式导轨也为线接触，用于径向尺寸较小的场合。为保证承载的稳定性和导向精度，滚动导轨一般成对使用。导轨一般安装在固定的床身上，滑块与工作台连接。每条导轨上滑块的数量一般是两个，在刚度要求高的场合也可以布置多个。

　　滑动导轨运动副的两个表面相接触，处于混合摩擦状态。导轨的截面形状包括矩形导轨、三角形导轨、燕尾形导轨和圆柱形导轨等。滑动导轨一般也成对使用。导轨的组合形式包括双三角形导轨组合、双矩形导轨组合、矩形和三角形导轨组合、矩形和燕尾形导轨组合等。相对于滚动导轨，滑动导轨适用于载荷较大的场合。

　　静压导轨在动导轨面上有油腔和封油面，在油腔中输入具有压力的液体或气体，形成压力油膜或气膜，将动导轨浮起。静压导轨的润滑状态为纯液体摩擦，运动副不接触，无磨损。静压导轨阻尼大，抗振性好，低速无爬行，承载能力大，刚度好，油液有吸振作用，导轨摩擦发热也小，多用于精密和高精度机床或低速运动机床。但是，静压导轨需要专门的供油系统。

　　2. 旋转运动的支承部件

　　旋转运动的支承部件为轴承。常用的轴承包括滚动轴承、静压/动静压轴承及磁浮轴承等，如表 3.11 所示。滚动轴承适应范围广，可用于高速、重载、精密场合。静压/动静压轴承和磁浮轴承均属于滑动轴承，前者多用于精密、超精密磨削场合，后者多用于高速、轻载场合。

表 3.11　　　　　　　　　　　　　　旋转运动的支承部件

支承部件		典型支承部件结构	用途和特点
滚动轴承	角接触球轴承		角接触球轴承为点接触，适用于高转速

续表

支承部件		典型支承部件结构	用途和特点
滚动轴承	圆柱/圆锥滚子轴承	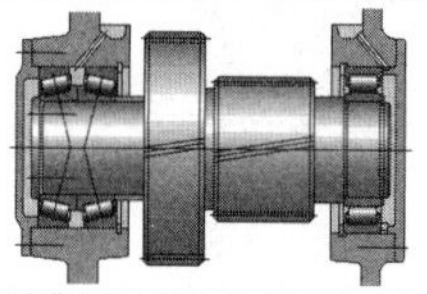	圆柱/圆锥滚子轴承为线接触，适用于重载
液体/气体静压/动静压轴承	径向轴承		轴承为液体/气体润滑状态，提供径向支承，液体静压/动静压轴承适用于精密、重载场合，气体静压/动静压适用于精密、轻载场合
	推力轴承		提供轴向支承
磁浮轴承			适用于轻载、高转速场合

旋转运动的支承首先要考虑能否提供转子沿自身轴线旋转外其他五个自由度的约束，其次还要考虑刚性需要及热变形的影响。例如，主轴前端一般采用面对面/背对背配置角接触球轴承或圆锥滚子轴承，提供径向和双向轴向支承。主轴后端一般为圆柱滚子轴承、深沟球轴承，提供径向支承。主轴后端仅配置径向支承，转子在轴向自由或具有一定游动量，可使转子热伸长变形朝向后端，避免对前端精度的影响。对于较长的转子，也可设计前、中、后三组支承，以提高转子的刚性。

3.2.4 机床基础件

机床上的主运动和各个进给运动在空间中需要保证位姿关系。目前常见的机床均为直角坐标系下布置，即各直线运动轴在空间中呈正交关系，而回转轴与直线运动轴除正交关系外有的还呈一定角度关系。这些运动轴空间的位姿关系就是靠基础件来保证的。

1. 典型的基础件结构形式

基础件又称为机床大件，是指床身、立柱、横梁、底座等大件，相互固定连接成机床的基础和框架，如表 3.12 所示。机床上其他零部件可以固定在支承件上，或者工作时在支承件的导轨上运动。

表 3.12　　　　　　　　　　　　典型的机床基础件

名　称	车床平床身 1	车床平床身 2	车床斜床身
结构图			

名　　称	铣床床身 1	铣床床身 2	铣床立柱
结构图			
名　　称	龙门机床横梁 1	龙门机床横梁 2	龙门机床立柱
结构图			

2. 基础件的性能要求

基础件应有足够的静刚度和较高的静刚度—质量比、较好的动态特性和较大的动刚度及阻尼。基础件要有较高的整机低阶频率，各阶频率不致引起结构共振，不会因振动而产生噪声。基础件的热稳定性要好，热变形对机床加工精度的影响较小。此外，基础件还需保证排屑畅通、吊运安全，有良好的结构工艺性。

3. 基础件的截面形状

基础件的截面形状分为箱形、板块和梁类三种类型。箱形类基础件在三个方向的尺寸都相差不多，如各类箱体、底座、升降台等。板块类基础件在两个方向的尺寸比第三个方向大得多，如工作台、刀架等。梁类基础件在一个方向的尺寸比另外两个方向大得多，如立柱、横梁、滑枕等。

基础件截面形状设计目标应保证最小质量条件下，具有最大静刚度，包括弯曲刚度和扭转刚度。其一般原则：（1）空心截面的刚度比实心的大，同样的断面形状和相同大小的面积，外形尺寸大而壁薄的截面比外形尺寸小而壁厚的截面的弯曲刚度和扭转刚度都高；（2）圆（环）形截面的抗扭刚度比方形好，而抗弯刚度比方形低；（3）封闭截面的刚度远远大于开口截面的刚度，特别是抗扭刚度。

4. 基础件的材料

常见的基础件材料包括铸铁、天然花岗岩及钢板焊接结构等。

铸铁基础件铸造性能好，容易获得复杂结构支承件，成本低，使用广泛，常用牌号有HT300、HT200 等。铸铁基础件的不足之处是存在内应力，使用中内应力释放造成支承件变形，影响机床精度。

天然花岗岩性能稳定，精度保持性好，抗振性好，阻尼大，耐磨性好，导热系数和线胀系数小，热稳定性好，常用于精密机床支承件。

钢板焊接结构基础件的刚度高于铸铁及天然花岗岩。钢板焊接结构基础件容易采用最有利于提高刚度的肋板布置形式，能充分发挥壁板和肋板的承载及抵抗变形的作用。此外，钢板的弹性模量与铸铁的弹性模量几乎相差一倍，采用钢板焊接结构有利于提高固有频率，但焊接工艺会带来较大的内应力问题，容易产生变形。

3.3 机床的运动控制

机床的核心是切削运动，并且合成运动轨迹的多样性决定了所能加工出的零件表面形状的复杂程度。特别是数控机床，通过刀具与工件的相对复杂运动，即多轴的联动，即使使用简单的刀具也可完成复杂曲面的加工。本节重点介绍机床的运动控制原理和所涉及的基础理论知识。

3.3.1 电机技术发展与机床运动实现

1. 传统交流感应电机驱动系统

机床的主运动和进给运动中多数是采用直线运动或回转运动。不论是哪种运动形式，其硬件组成都少不了动力源、传动机构和执行机构。传统直流电机依靠电刷实现电机绕组电流的换向，其稳定性和成本一般不如交流感应电机，且工业现场大都是交流电源，因此直流电机在机床中很少应用。

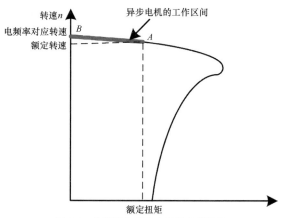

图 3.1　典型异步感应电机的负载特性

在很长一段时间内，交流异步感应电机凭借其低成本、稳定等特性作为工业中的主要电能动力源，因此传统机床动力部分主要由异步感应电机驱动传动系统实现直线或回转运动。典型异步感应电机的负载特性如图 3.1 所示。

异步感应电机的额定扭矩计算公式为

$$T = 9\,550\frac{P}{n_0} \tag{3-1}$$

式中：P——电机额定功率（kW）；n_0——额定转速（r/min）。

式（3-1）中计算的扭矩对应图 3.1 中的 A 点，即额定转速下的扭矩；B 点代表零负载下的转速。实际电机工作中会根据负载大小处于 A 与 B 之间的某一点，具体电机的转速如式（3-2）计算。

$$n = \frac{60f}{p(1-s)} \tag{3-2}$$

式中：f——电频率（Hz）；p——电机极对数；s——电机的转差率。

转差率的表达式为

$$s = \frac{n_e - n}{n_e} \tag{3-3}$$

式中：n_e——电频率除以极对数得到的频率（Hz）；n——电机转子转动频率（Hz）。

在电机的工作区间内，转差率会随着负载扭矩的变化而自适应地小幅变化，因此感应电机的转速实际上只是维持在比电机同步转速稍低的一小段转速区间内自适应地变化，并不能实现精准和大范围的速度输出。故通常采用图 3.2 所示的齿轮箱进行变速以解决机床主运动大范围速比改变的问题。电机经过皮带将运动传递给齿轮箱的输入端，通过操作员选择齿轮箱中配合工作的齿轮实现不同转速的输出。

通过多级齿轮变速后的机床主轴输出速度可以由图 3.3 所示的转速图进行表达。每一级的齿轮传动有多个挡位可以进行选择，多级的串联就可以根据每一级选择的挡位不同，组合出不同的传动比，由此实现变速箱输出端大范围调速的功能。因此在传统机床上也可以看到大量用于选择变速箱中配合齿轮的操作手柄。

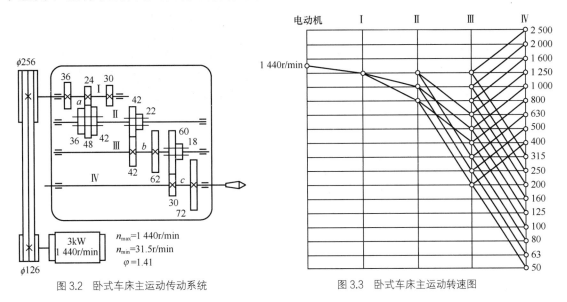

图 3.2　卧式车床主运动传动系统　　　　图 3.3　卧式车床主运动转速图

从图 3.3 中可以看出，这种依赖多级齿轮传动的变速是非连续的、有挡位的，且在机床连续切削过程中不能实现变速。每一次变速都需要断开电机与齿轮箱的连接，再通过操作员搬动操作把手，滑移齿轮箱中的齿轮，选择啮合的齿轮来改变传动比，之后连接电机与齿轮箱。这些复杂的操作对加工质量和效率都是一种制约，机床的功能也因此受到限制。

总之，传统交流感应电机受其性能限制，机床的移动部件变速、换向等功能只能靠传动机构来实现，而对位移的控制也无法精确实现，仅能依靠位移开关实现粗略地定位。联动也仅仅是建立在固定传动比的机械传动链之上，复杂的连续变速几乎不可实现。

当可精确控制的电机，特别是伺服电机出现后，这些运动轴速度的改变全部都可由伺服电机和驱动系统来实现，不再需要复杂的机械变速装置，大大简化了传动机构。特别是直驱电机、力矩电机出现后，甚至完全省去了机械传动，被称为"零传动"。伺服的意义不仅如此，单轴的运动可伺服后，更重要的是为实现多轴联动的复杂合成运动提供了可能。

但是新的应用也就产生了新的控制问题，由于缺少机械的硬连接，各运动轴之间的联动精度主要由伺服驱动系统保证。单轴的伺服运动控制是多轴联动实现的基础。因此，为了保证在联动过程中的多轴同步，就需要首先实现对单轴运动的位置、速度、加速度以及加加速度等的控制。

2. 伺服电机与驱动器

德国 Mannesmann 集团的 Rexroth 公司 Indramat 分部在 1978 年汉诺威贸易博览会上正式推出 MAC 永磁交流伺服电机和驱动系统，标志着此种新一代交流伺服技术已进入实用化阶段。到 20 世纪 80 年代中后期，各公司都已有完整的系列产品，整个伺服装置市场都转向了交流系统。早期的模拟系统在零漂、抗干扰、可靠性、精度和柔性等方面存在不足，尚不能完全满足运动控制的要求。近年来随着微处理器、新型数字信号处理器（DSP）的应用，出现了数字控制系统，提高了控制的精度和稳定性。伺服电机也因此走向成熟并大规模应用，同时也简化了许多传统设备的传动机构，提升了设备性能。典型伺服电机如图 3.4 所示。

（1）伺服电机力矩产生原理与特性

伺服电机通常采用永磁同步电机作为其基本结构。图 3.5 所示为永磁同步电机模型。通常转子上安装永磁体，永磁体存在 N 极与 S 极，永磁体外磁力线从 N 极流出，在外部穿过一定空间后从 S 极流入。永磁体内部的磁力线从 S 极流向 N 极。随着转子的旋转，永磁体产生磁场同步旋转。当外部施加磁场轴线与永磁体磁场方向相同时，外部磁场的变化就可以对永磁体产生磁场进行增强或抑制。永磁体产生磁场的磁力线流出方向称为

图 3.4　典型伺服电机

电机的 d 轴，与 d 轴垂直的方向称为 q 轴。在 q 轴方向上的外加磁场与永磁体的磁场方向正交，两个磁场的相互作用力可推动永磁体及转子旋转。因此在大多数情况下，工程师所要做的就是控制三相绕组产生 q 轴方向上的空间合成磁场，产生 q 轴方向上磁场的三相绕组等效电流矢量就是 q 轴电流。

定子三相绕组由于存在空间分布，配合不同绕组的电流幅值，三相绕组产生磁场的矢量方向和幅值都可以进行控制，如图 3.6 所示。结合电机转子磁场方向的反馈，就可以实现对伺服电机交轴电流的控制，从而实现对电机力矩的控制。

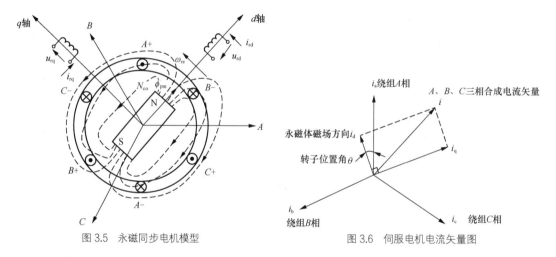

图 3.5　永磁同步电机模型　　　　　图 3.6　伺服电机电流矢量图

由于绕组电流幅值可控，因此在电机从零转速到额定转速之间的工作区间内，电机都可以使用额定电流进行输出，从而在机械层面上实现恒转矩输出。

电机绕组的电流由外部电压施加在绕组上产生。要在绕组上产生正向电流就需要施加一个正向电压。但是随着转速的升高，永磁电机反向感应电动势也会增加，这时就需要施加更高的正向电压超过反向电动势，从而产生正向电流；当转速过高，就会出现感应电动势趋近于驱动器提供最高电压的情况，此时若按之前的控制方法，电机无法提供足够的加速扭矩，无法继续升速，因此需要减小电机的反向感应电动势，才能进一步提升转速。

电机的反向感应电动势主要由电机绕组匝数、电机转速、电机永磁体磁场强度等决定。当需要更高转速时，在绕组匝数确定的情况下就要通过弱化永磁体磁场的方式实现反向感应电动势的降低，因此可以利用在电机转子磁场方向，也就是 d 轴方向上产生一个与永磁体磁场方向相反的合成磁场以降低电机的感应电动势。产生这个磁场的电流矢量同样可以分解到三相绕组之上，从而进行控制。

在弱磁升速的工作区间内，有一部分电流分量在 d 轴进行弱磁工作，而电流的矢量受到

绕组额定电流幅值的限制，因此 q 轴上产生转动力矩的电流就会减少，造成电机在高速段扭矩的下降。伺服电机的原理及控制特性使得伺服电机可以工作在图 3.7 中所包络面积中的任意一个点上，相比于传统异步电机有着更广阔的工作区域，也为机床驱动中的可编程运动提供了实现的技术基础。

在伺服电机末端通常安装有编码器用以反馈伺服电机转子位置。在逆变器的输出电路上安装有电流传感器对电机运行时的相电流进行测量。这些传感器的采集结果经过数学变换就可以得到电机旋转坐标系上的 d 轴和 q 轴分量，从而可以利用 d 轴（弱磁）和 q 轴（转矩）两个电流控制器对电机的扭矩和弱磁状态进行控制。

在电机硬件允许的情况下，大多数伺服电机允许在启动时短时间内产生两到三倍额定扭矩的力，以此提升电机的机械动态响应。不过这也只是一个短暂的状态，主要出现在启动阶段，对于电机的连续运行不存在影响。

对于电机来讲，其最直接的输出是扭矩。扭矩是由电机绕组中的电流与电机中磁场共同作用产生。

$$T_{me} = \frac{p_f}{\omega_{rm}} = p_{rt}[N_{co}\phi_{pk}i_{rq} + i_{rd}i_{rq}(L_{rd} - L_{rq})] \tag{3-4}$$

式中：T_{me}——电机产生的扭矩（N·m）；p_f——电机工作功率（W）；ω_{rm}——电机工作转速（rad/s）；p_{rt}——电机极对数；N_{co}——绕组匝数；ϕ_{pk}——匝链磁通（Wb）；i_{rq}——交轴电流（A）；i_{rd}——直轴电流（A）；L_{rd}——直轴电感（H）；L_{rq}——交轴电感（H）。

由式（3-4）可知，控制电机扭矩的控制量就是电机的直轴电流和交轴电流，这两个旋转坐标系下的正交电流矢量通过结合电机转子位置进行坐标变换计算就可以得到电机定子三相绕组的实际控制电流。

实际电机由于机械结构的限制（槽口大小、气隙变化等），如图 3.8 所示，引起电机在旋转过程中磁阻发生变化，由此匝链磁通和电感参数在电机的旋转过程中并非常数，而是在转子旋转过程中随着电机转子角度的位置变化而发生变化，进而导致电机实际输出扭矩随着电机的转动而发生波动。

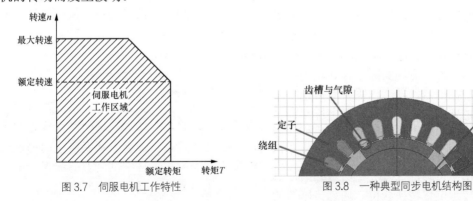

图 3.7 伺服电机工作特性　　　　　图 3.8 一种典型同步电机结构图

（2）伺服电机与驱动器的基本工作原理

伺服电机是一个闭环控制的运动输出装置，其硬件基本结构如图 3.9 所示。

伺服电机本体通常是永磁同步电机，在电机尾部安装有编码器，可以获得电机转子的位置、速度信息。伺服电机的驱动器中有控制板，可以采集电机编码器的位置反馈以及驱动器的输出电流测量值的反馈，并根据上位机给定的位移、速度或扭矩指令，控制逆变器输出。外部的交流动力电经由整流单元转换为直流电并在蓄能电容中蓄能，之后通过逆变器在控制信号的开关作用下将直流电压进行脉冲宽度调制（pulse width modulation，PWM）形式的输出，电压信号经过电机的三相绕组，产生相应电流驱动电机转动。由于驱动器的输出与电机的瞬时状态有着严格的对应关系，因此伺服电机与其驱动器都是配套使用的。

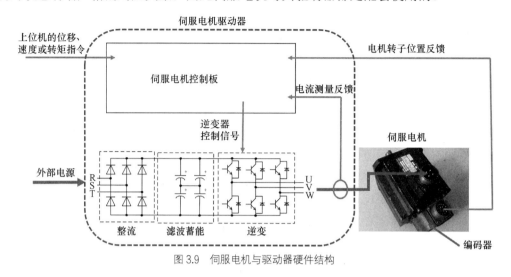

图 3.9 伺服电机与驱动器硬件结构

（3）伺服电机的扭矩、速度、位置控制（三环控制）

综上所述，伺服电机的控制底层是基于电流的控制。对于伺服电机电流的控制就可以实现对电机扭矩的控制。电机本体一般可以简化成为刚性回转体，因此其符合式（3-5）所示的刚体轴转动定律。

$$\sum \tau = J\beta \qquad (3\text{-}5)$$

式中：$\sum \tau$——回转刚体所受外部扭矩的总和（N·m）；J——刚体转动惯量（kg·m²）；β——角加速度（rad/s²）。

当电机外部负载扭矩不变时，通过控制电机的扭矩就可以实现对电机角加速度的控制。电机的角加速度是电机速度的变化率，因此对电机速度的控制可以通过对角加速度的控制实现。电机位置的变化率就是速度，对于电机位置的控制就转换为对电机速度的控制。根据这种方式就可以构建出伺服电机的基本三环控制结构，如图 3.10 所示。

三环控制中的电流环实际包含 d 轴电流和 q 轴电流两个控制器，其工作需要测量电机相电流，除此之外因为涉及电机转子坐标系的转换计算，还需要采集电机转子的位置信息；速度环需要采集转子速度信息，可通过对转子位置信号求变化率得到；位置环中所用到的信息则可直接从转子位置转换获得。通过传感器的信息采集加上闭环控制的方法就可以保证电机可伺服化的高精度运行。

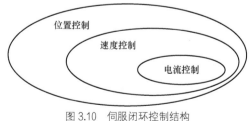

图 3.10 伺服闭环控制结构

伺服电机的三环控制是三个控制器嵌套形成的控制结构。其中的每一个控制器的本质都是闭环控制器。闭环控制器通过传感器采集实际物理量与期望数值进行对比，计算出控制量，通过执行装置实现控制指令。一般伺服电机控制器采用 PID 控制器进行输出指令的计算。其计算方式可按照式（3-6）或式（3-7）所示进行。

$$u(t) = K_P \left(e(t) + \frac{1}{T_I} \int e(t) \mathrm{d}t + T_D \frac{\mathrm{d}e(t)}{\mathrm{d}t} \right) \tag{3-6}$$

$$u(t) = K_P e(t) + K_I \int e(t) \mathrm{d}t + K_D \frac{\mathrm{d}e(t)}{\mathrm{d}t} \tag{3-7}$$

式中：$u(t)$——控制量输出；K_P——比例增益；T_I——积分时间常数；T_D——微分时间常数；K_I——积分增益；K_D——微分增益；$e(t)$——误差，被控物理量的设定值与实际值之差。

（4）伺服驱动机电耦合系统

电机所产生的扭矩作用在旋转机械结构之上，对于简单的单自由度机械结构，根据式（3-8）中微分方程可计算机械系统在受到扭矩驱动后的运动状态改变。

$$T_{me} = J_{mo} \frac{\mathrm{d}\omega_{rm}}{\mathrm{d}_t} + T_{load} + T_{co} + C_v \omega_{rm} \tag{3-8}$$

式中：J_{mo}——电机及负载折算到电机轴上的等效转动惯量（kg·m²）；T_{load}——负载力矩（N·m）；T_{co}——库伦摩擦力矩（N·m）；C_v——黏滞摩擦转矩系数（Nm·s/rad）。

一般所说机电耦合系统，实质就是电产生力矩驱动具有转动惯量的机械机构运动，通过传感器采集运动数据，再计算控制量，产生控制电流的循环过程，如图 3.11 所示。

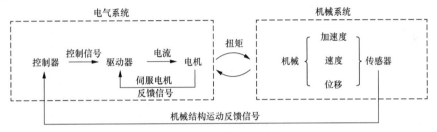

图 3.11 机电耦合系统结构

作为机械与电气系统集成的界面就是电气系统传递给机械系统的驱动扭矩以及机械系统反馈回电气系统的机械运动状态。

一台伺服电机就可以驱动一个轴。伺服电机直驱系统可以采用直线电机或力矩电机直接驱动机床轴线运动，并具备了高精度和高响应的特性。除此之外，在大多数伺服电机作为动力源的机床中，特别是在一些负载大的场合应用还需要连接机械传动结构，例如图 3.12 所示的十字滑台，电机通过联轴节驱动丝杠旋转，丝杠螺母副将旋转运动转换为滑台的直线运动。目前大多数机床的直线运动轴都是采用类似的传动结构，在这样一个结构中除了参与传动的电机、丝杠螺母之外，还包含起导向作用的支承导轨、位移检测的光栅尺等装置（见图 3.12），这些装置的联合使用保证了直线运动滑台的导向精度和运动控制精度。各个运动轴线通过叠放实现机械上的联动基础。

图 3.12 十字滑台

为了实现对这样一个带有传动装置的直线轴的位移、速度、加速度、功率、扭矩、换向等进行控制，可以在原有电机的控制结构之上做一些调整。为了提升滑台的控制精度，伺服位置环的反馈信号改由滑台的光栅尺提供，用以修正传动结构末端的位置，如图 3.13 所示。由于引入了传动结构，传动结构的特性会直接影响伺服运动性能，因此需要对机械传动系统进行建模以便对其性能进行分析。

单自由度滑台的数学模型可以转换为图 3.14 所示的控制系统框图，其中 $D(s)$ 为控制算法的传递函数，$G(s)$ 为被控对象，也就是运动结构的传递函数。被控对象通常包含电气和机械响应两部分，在一般条件下电气的响应远远高于机械响应速度。因此一般的建模过程中通常忽略电气的影响，主要研究机械特性。

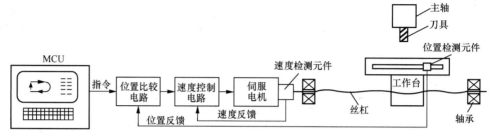

图 3.13　滑台伺服控制系统结构

　　在很多低成本小型多轴联动机床中，也会采用步进电机作为机床的驱动装置。传动结构与伺服系统类似，典型的有桌面级别的小型 3D 打印机装置。步进电机的原理是通过按顺序激活定子上的线圈，吸引转子按照固定步长连续运动。

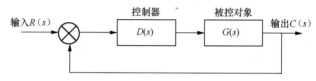

图 3.14　滑台传动系统的控制框图

电机的步长决定电机运动的位移分辨率，步长运动的快慢则决定了电机的运动速度。步进电机通常是一种开环控制电机，只需要简单的控制电路就可以实现控制，应用方便，成本较低。但是步进电机通常负载能力有限，电机很难做到高速。在一些工况下存在丢步风险，有可能产生运动误差。其作为伺服的低成本替代品，可以应用在要求很低的小机床上，但是在金属切削等负载特性较为复杂的领域，伺服电机才是多轴联动机床的选择。

3.3.2　单轴运动精度控制

　　单轴的伺服和传动系统保证了数控机床单一轴线的基础运动条件，使得数控机床轴线可以按照程序进行期望的轨迹运动。单一轴线的运动精度问题也就成为数控机床精度性能的关键一环。

　　1. 数控机床轴线的定位精度和重复定位精度

　　机床是实现高精度加工的母机装备，其本身的精度决定着所加工零件的精度上限。数控机床的精度包含很多方面，而与单轴运动控制相关的主要就是数控轴线的定位精度和重复定位精度。对于定位精度和重复定位精度，国家标准（GB/T 17421.2—2016）有着详细的描述和测量方法。实际根据数控轴线运动方向特性，其轴线运动精度和重复定位精度也分为单向和双向的。

数控机床轴线的
定位精度和重复
定位精度解读

　　在数控轴线的精度测量过程中，目标位置设置为 P_i（$i=1\sim m$），下标 i 表示沿轴线或绕轴线选择的目标位置中的特定位置。机床轴线的实际运动位置为 P_{ij}（$i=1\sim m$，$j=1\sim n$），表示运动部件第 j 次向第 i 个目标位置趋近时实际测得的到达位置，则位置偏差可以描述为 $X_{ij}=P_{ij}-P_i$。位置偏差可以是沿同一个方向趋近目标的单向偏差，也可以是从两个方向趋近目标的一系列测量所得值。通过 n 次运动和测量从两个方向趋近某一位置 P_i，所得从两个方向趋近目标位置的位置偏差的算术平均值分别为 $\overline{X_i}\uparrow=\dfrac{1}{n}\sum\limits_{j=1}^{n}X_{ij}\uparrow$ 和 $\overline{X_i}\downarrow=\dfrac{1}{n}\sum\limits_{j=1}^{n}X_{ij}\downarrow$。

某一位置的双向平均位置偏差表示为两个方向单向位置偏差的算术平均值：$\overline{X_i} = \dfrac{\overline{X_i}\uparrow + \overline{X_i}\downarrow}{2}$，从两个方向趋近某一位置时两单向平均位置偏差之差表示为 $B_i = \overline{X_i}\uparrow - \overline{X_i}\downarrow$，则轴线反向差值表示沿轴线的各个目标位置的反向差值的绝对值中的最大值，即 $B = \max[|\,B_i\,|]$。

某一位置的单向轴线重复定位精度的估算值可以通过对某一位置 P_i 的 n 次单向趋近所获得位置偏差标准不确定度的估算值得到：$S_i\uparrow = \sqrt{\dfrac{1}{n-1}\sum\limits_{j=1}^{n}(X_{ij}\uparrow - \overline{X_i}\uparrow)^2}$ 和 $S_i\downarrow = \sqrt{\dfrac{1}{n-1}\sum\limits_{j=1}^{n}(X_{ij}\downarrow - \overline{X_i}\downarrow)^2}$。

某一位置的单向重复定位精度 $R_i\uparrow$ 和 $R_i\downarrow$ 由某一位置 P_i 的单向轴线重复定位精度的估算值确定范围，覆盖因子为 2，则 $R_i\uparrow = 4S_i\uparrow$ 和 $R_i\downarrow = 4S_i\downarrow$。某一位置的双向重复定位精度 $R_i = \max[2S_i\uparrow + 2S_i\downarrow + |\,B_i\,|; R_i\uparrow; R_i\downarrow]$。

由此，轴线的单向重复定位精度表示为轴线任意位置单向重复定位精度的最大值，也就是 $R\uparrow = \max[R_i\uparrow]$ 和 $R\downarrow = \max[R_i\downarrow]$。轴线的双向定位精度也就是 $R = \max[R_i]$，表示轴线到任意位置重复定位精度的最大值。轴线单向定位系统偏差为沿轴线任一位置 P_i 上单向趋近的单向平均位置偏差 $\overline{X}\uparrow$ 和 $\overline{X}\downarrow$ 的最大值和最小值的代数差，可表示为 $E\uparrow = \max[\overline{X_i}\uparrow] - \min[\overline{X_i}\uparrow]$ 和 $E\downarrow = \max[\overline{X_i}\downarrow] - \min[\overline{X_i}\downarrow]$。

轴线双向定位偏差为沿轴线的任一位置 P_i 上双向趋近的单向平均位置偏差 $\overline{X}\uparrow$ 和 $\overline{X}\downarrow$ 的最大值和最小值的代数差，表示为 $E = \max[\overline{X_i}\uparrow; \overline{X_i}\downarrow] - \min[\overline{X_i}\uparrow; \overline{X_i}\downarrow]$。

轴线双向平均定位偏差为沿轴线任一位置 P_i 的双向平均位置偏差 $\overline{X_i}$ 的最大值与最小值的代数差，表示为 $M = \max[\overline{X_i}] - \min[\overline{X_i}]$。

轴线的单向定位精度表示为 $A\uparrow = \max[\overline{X_i}\uparrow + 2S_i\uparrow] - \min[\overline{X_i}\uparrow - 2S_i\uparrow]$ 和 $A\downarrow = \max[\overline{X_i}\downarrow + 2S_i\downarrow] - \min[\overline{X_i}\downarrow - 2S_i\downarrow]$，其由单向定位系统偏差和单向轴线重复定位精度估算值的 2 倍的组合来确定范围。由此轴线的双向定位精度表示为 $A = \max[\overline{X_i}\uparrow - 2S_i\uparrow; \overline{X_i}\downarrow + 2S_i\downarrow] - \min[\overline{X_i}\uparrow - 2S_i\uparrow; \overline{X_i}\downarrow - 2S_i\downarrow]$。

工程中通过使用激光干涉仪等装置可以对轴线定位进行测量工作。通过对数据的整理，沿轴线方向上的定位精度指标数据可以通过图 3.15 及图 3.16 表达。

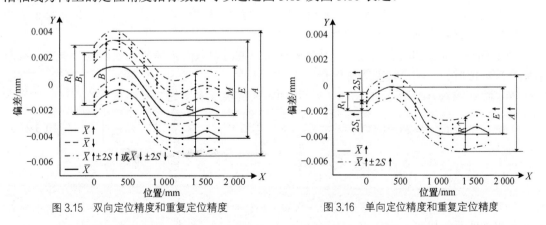

图 3.15　双向定位精度和重复定位精度　　　　图 3.16　单向定位精度和重复定位精度

以上根据国标介绍了数控轴线定位精度和重复定位精度的计算方法。其本质是通过试验针对实际机床采集轴线的给定位置和实际运动位置之差。由此可见，如果要通过理论方法研究机床轴线的精度问题，那么就需要根据给定的位置信号结合机床轴线的数学模型计算数学模型响应结果。通过响应结果和给定位置比较计算轴线的精度特性指标。由此可见，轴线的精度理论计算的核心就是轴线的数学模型。该模型需要尽可能表达出传动环节的各项特性，如摩擦、动力学等问题，以求理论和实际的近似。

2. 机械系统动力学方程与响应

系统的响应通常是指系统受到指令信号后系统的动态特性。

类似伺服驱动滑台这种结构的动力学系统可以简化成单自由度系统，即受到外力作用的一个刚体在一个自由度上具有的位移、速度、加速度等运动特性。

该机械系统的受力及运动关系可以表示为式（3-9）所示的微分方程。

$$F = mx + cx + kx \tag{3-9}$$

式中：F——刚体所受外部驱动力及负载力的和（N）；m——刚体的质量（kg）；c——运动刚体所受黏滞阻力系数（N·s/m）；k——弹性刚度系数（N/m）。

通常根据结构的物理特性所得到的机械系统动力学方程进行拉普拉斯变换，可将动力学方程等效地转换为传递函数，得到被控对象为

$$G(s) = \frac{X(s)}{E(s)} = \frac{1}{ms^2 + cs + k} = \frac{1}{k} \cdot \frac{\frac{k}{m}}{s^2 + \frac{c}{m}s + \frac{k}{m}} = \frac{1}{k} \cdot \frac{\omega_n^2}{s^2 + 2\zeta\omega_n s + \omega_n^2} \tag{3-10}$$

式中：ω_n——无阻尼振荡频率（rad/s），$\omega_n = \sqrt{\dfrac{k}{m}}$；$\zeta$——阻尼比（黏性阻尼系数与临界阻尼系数之比），$\zeta = \dfrac{c}{2\sqrt{mk}}$。

传递函数是一种反映零初始条件下线性系统输出与输入量的拉普拉斯变换之比。它是描述线性系统动态特性的基本数学工具之一，经典控制理论的主要研究方法——频率响应法和根轨迹法都是建立在传递函数的基础之上。传递函数包含联系输入量与输出量所必需的单位，但是它不提供有关系统物理结构的任何信息（许多物理上完全不同的系统可以具有相同的传递函数，称之为相似系统）。

实际工程中，如果不知道系统的传递函数，则可通过引入已知输入量并研究系统输出量的实验方法，确定系统的传递函数（参数辨识）。系统的传递函数一旦被确定，就能对系统的动态特性进行充分描述。它不同于对系统的物理描述。

例如 $G(s)$ 所描述的动态系统，其系统响应可以通过输入阶跃信号并观察输出响应，从而得到系统定位时间、超调误差等精度指标。

单位阶跃输入 $r(t)=l(t)$，则 $R(s)=1/s$，进而系统的阶跃响应为

$$C(s) = R(s)G(s) = \frac{1}{s} \cdot \frac{K\omega_n^2}{s^2 + 2\zeta\omega_n + \omega_n^2} = K\left(\frac{1}{s} - \frac{s + 2\zeta\omega_n}{s^2 + 2\zeta\omega_n s + \omega_n^2}\right) \tag{3-11}$$

对上式进行拉普拉斯反变换，可求得该二阶系统在时域上的单位阶跃响应。

二阶系统的特征方程为

$$s^2 + 2\zeta\omega_n s + \omega_n^2 = 0 \tag{3-12}$$

其根（即系统极点）为

$$s_{1,2} = -\zeta\omega_n \pm \omega_n\sqrt{\zeta^2 - 1} \tag{3-13}$$

由上式可知，特征方程的根存在重负实根、互异负实根、负实部共轭负根、共轭虚根四种情况。这四种情况分别对应了临界阻尼情况、过阻尼情况、欠阻尼情况以及无阻尼情况。针对不同的情况，参考控制工程相关知识，其时域响应都可以通过求解得出。

以欠阻尼情况为例，系统的单位阶跃响应为

$$c(t) = 1 - \frac{\mathrm{e}^{-\zeta\omega_n t}}{\sqrt{1-\zeta^2}}\sin(\omega_d t + \theta), \ t \geqslant 0 \tag{3-14}$$

式中：ω_d——阻尼振荡频率（rad/s），$\omega_d = \omega_n\sqrt{1-\zeta^2}$；$\theta$——阻尼角，$\theta = \arccos\zeta$。

系统的上升时间 t_r 为

$$t_r = \frac{\pi - \theta}{\omega_d} = \frac{\pi - \arccos\zeta}{\omega_n\sqrt{1-\zeta^2}} \tag{3-15}$$

峰值时间 t_p 为

$$t_p = \frac{\pi}{\omega_d} = \frac{\pi}{\omega_n\sqrt{1-\zeta^2}} \tag{3-16}$$

最大超调量 σ_p 为

$$\sigma_p = \exp\left(-\frac{\zeta\pi}{\sqrt{1-\zeta^2}}\right) \tag{3-17}$$

以上动态系统的性能指标都可以由传递函数计算求得，对于实际系统的动态运行精度等特性可以根据以上控制工程相关知识进行分析、计算。

通常在机械传动过程中，传动链结构还会存在一定的弹性变形，特别是传动结构刚度较低且惯量较大的情况下，电机端的位移和传动结构末端在高加速度的影响下会出现非同位问题，即传动环节出现弹性变形导致传动结构两端位移、速度不同步。在低速、低加速度情况下，该变形主要由传动结构所受准静态力导致，其可通过实验或理论计算进行静态补偿。但是在高速、高加速度条件下，传动结构更多的受到自身惯性力影响，进而带来误差增大以及结构振动方面的影响。因此对于一些高速度、高加速度的应用场合，需要建立更加复杂的多自由度动力学模型描述机械系统的响应特性，进而对系统运动的位移、速度以及加速度实现准确控制。

除此之外，由于工程实际问题包含很多非线性问题，例如低速下的摩擦力问题使得使用传统传递函数所表达的线性定常系统难以准确描述某些特殊工况下的系统特性。针对这一情况，可通过动力学模型建立推导电机控制率的方式处理。

3. 伺服驱动系统的模型与响应

根据伺服电机的工作原理，为了实现机械运动部件的位移、速度、加速度等的控制，需要对运动系统的动力学特性进行分析，分别对其扭矩、速度、位移建立控制系统输入输出的传递函数，从而实现精确控制。

① 扭矩模型。传动系统的力矩由电机产生，电机的力矩由作用在绕组上的电压激励的电流产生，因此输入为绕组施加电压、输出为伺服轴扭矩的传递函数模型可以表示为

$$G(s) = \frac{1}{C_T R}\frac{1}{\left(\dfrac{L_q}{R^2}\right)s + 1} \tag{3-18}$$

式中：C_T——电流扭矩常数；R——绕组电阻（Ω）；L_q——绕组 q 轴电感（H）。

② 速度模型。运动的速度是加速度在时间上的积分，其控制是通过输入扭矩，从而进行加速度的改变，进一步改变速度。所以其输入为加速度、输出为速度的传递函数模型为

$$G_v(s) = \frac{1}{Js} \tag{3-19}$$

式中：J——惯量（kg·m²）。

③ 位移模型。位移是速度在时间上的积分，因此其输入为速度、输出为位移的传递函数模型为

$$G_p(s) = \frac{1}{s} \tag{3-20}$$

由于伺服电机具备宽广的调速范围且通过数字控制器可以实现力矩、速度和位置的精确控制，因此使用伺服电机就可以大大简化传动结构，仅靠电机就可实现变速运动。

机械设备中的运动是由电机产生力矩（力）推动与之相连接机械装置进行运动，机械装置受到的其他外力也会通过力矩（力）的形式反馈给电机。所以实际电气与机械之间是通过力矩（力）这一物理量实现机与电之间的结合。机与电之间交互影响，就产生机电系统的耦合。

（1）三环控制模型的建立

单轴伺服全闭环机电耦合系统包含伺服电机、机械传动结构、电机驱动器以及外部运动控制器。伺服电机输入电压经过绕组产生电流，之后电流产生扭矩输出给机械结构，机械结构受到力矩的作用后产生相应的运动状态变化（速度、位移）。机械结构通过传感器进行位置测量，将结果反馈给运动控制器。运动控制器将实际位置和提前规划的运动相比较，计算产生电机速度控制指令，交由电机驱动器。伺服电机驱动器从外部获取电机轴转角位置和速度控制指令，从内部测量电机相电流，通过速度环和电流环实现对电机电流和扭矩的控制。这样构成控制环路实现对单轴的伺服控制，如图 3.17 所示。

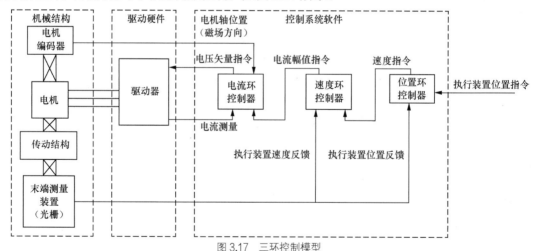

图 3.17　三环控制模型

（2）伺服电机的电流环、速度环和位置环

伺服电机可以通过工程师输入的连续指令实现电机带动机械结构按照期望运动进行工作。具体的实现过程就是通过伺服电机的三个嵌套的控制闭环实现。其中最内环为电流环，控制电机的力矩响应，是一个纯电气系统的控制。中间是速度环，是结合了电气产生力矩以及机械受到力矩驱动后的运动状态变化过程响应，这一部分就是机电结合的典型系统，同时

受到电和机多方面的影响。位置是速度的积分，因此位置环就是在速度环的基础之上通过控制器闭环控制电机驱动机械装置的位置，为需要定位和连续位移控制的需求提供支持。下面针对这三个控制环进行具体分析。

① 电流环

电机电流环通常包含 d 轴和 q 轴电流两个控制器，d 轴主要在超额定转速时使用，q 轴主要决定了电机的输出力矩。这里主要针对 q 轴电流控制进行分析。工程师实际可以通过软件计算结合硬件驱动电路在电机绕组端上产生一定电压，这个电压通过闭合的绕组导线受绕组阻抗等电气特性影响后产生电流，由前述内容可知当伺服电机工作时，电机输出转矩正比于电机 q 轴电流的幅值。而 q 轴电流的幅值可通过驱动器中的电流传感器以及电机转子位置计算出来。当 q 轴电流偏离期望值时，可通过调节绕组上的电压矢量实现电流矢量的修正。当电流矢量满足期望，则意味着电机的输出扭矩满足期望。所以通常所说的伺服电机的电流环也就实现了电机的力矩控制。在电流环的控制器中，电机的电流矢量（正比于力矩）测量值和期望值是控制器的输入物理量，电机的电压矢量为系统的控制输出量。对于伺服电机通常按 d、q 轴对电机控制电流进行分解，那么在这两个正交轴线方向上电流环有两个控制器分别对直轴电流和交轴电流进行控制。

电机的绕组通常由导线绕制。因此在导线两端施加电压后，导线上的电流受到绕组的电阻和电感的影响使绕组上的电流并非和电压同步变化，而是会产生一个动态的响应。其关系又可通过式（3-21）所述微分方程表达为

$$U_q = \frac{L_q}{R} \frac{dI_q}{dt} + RI_q \tag{3-21}$$

式中：U_q——绕组施加电压（V）；L_q——绕组电感（H）；R——绕组电阻（Ω）；I_q——绕组上的电流（A）。

通过对式（3-21）进行拉氏变换并整理得到绕组电流响应传递函数为

$$G(s) = \frac{1}{R} \frac{1}{\left(\dfrac{L_q}{R^2}\right)s + 1} \tag{3-22}$$

显然这个过程是一个惯性环节，且该环节的时间常数为绕组的电感除以电阻的平方，增益为 $1/R$。

由于电机运行的过程中其电阻、电感等参数实际受到温度、转速等影响产生一定变化，因此为了更精确地实现电流，同时提高电流环的响应，通过传感器采集电流信号闭环控制电流。为此引入 PI 控制器，其 $D(s)$ 的传递函数为

$$D(s) = K_p \left(1 + \frac{1}{T_i s}\right) \tag{3-23}$$

式中：K_p——比例增益；T_i——积分时间常数（s）。与被控对象串联并接入反馈如图 3.18 所示。

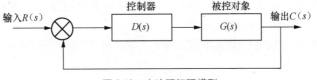

图 3.18　电流环闭环模型

根据图 3.18，电流环模型的开环传递函数为

$$D(s)G(s) = \frac{\dfrac{R}{L}K_p\left(s + \dfrac{1}{K_pT_i}\right)}{s\left(s + \dfrac{R^2}{L_q}\right)} \tag{3-24}$$

系统的闭环传递函数为

$$\frac{C(s)}{R(s)} = \frac{D(s)G(s)}{D(s)G(s) + 1} = \frac{1}{1 + \dfrac{s(s + R^2/L_q)}{(RK_p)/L_q(s + 1/(K_pT_i))}} \tag{3-25}$$

上述传递函数与一阶惯性环节对比可得，当

$$\frac{R^2}{L_q} = \frac{1}{K_pT_i} \tag{3-26}$$

时，电流环为一阶系统，此时电流环一阶系统的时间常数等于

$$T_{ei} = \frac{L_q}{RK_p} \tag{3-27}$$

因此在理想电流环中比例增益越大，系统的响应时间越短。但是实际中由于输入电压有上限，因此比例增益增大到某一程度后，其对响应时间的影响减弱。实际的响应达不到传递函数的理论值。另外，实际系统中还存在一定的干扰信号，当增益过大，这些干扰信号也会引起系统误差的变大，因此需要根据实验测量结果选取合适的增益。添加控制器后的电流环响应如图 3.19 所示。

② 速度环

对于伺服电机的控制可以遵循同样的原理，通过电流环，伺服电机的输出扭矩可以得到控制。又根据欧拉方程可知，当刚体绕自身轴线转动时，作用在刚体转轴上的力矩和与其角加速度成正比，因此对于电机扭矩的控制等效于对于电机加速度的控制，电机角加速度的积分为电机的转速，故通过对电机角加速度的控制可实现对电机角速度的控制。在伺服电机的速度环控制器中，电机的实际转速和期望转速为系统的输入物理量，电机的转矩为控制器

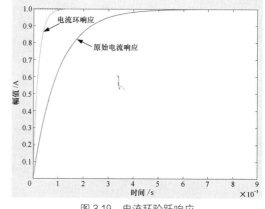

图 3.19　电流环阶跃响应

输出物理量，这个控制输出量同时也是电机电流环 q 轴电流控制器的输入量。

速度环中通常还需要考虑电机运行速度的问题。参考伺服电机运行原理，当电机运行在额定转速之下时，通常采用 d 轴电流为零，q 轴电流正比于力矩的控制指令。当超过额定转速时，就需要弱磁以进一步提高转速，这时就需要对电流矢量进行分配计算。电流矢量中需要向 d 轴负方向偏移以提供弱磁用的电流。

对于速度环存在式（3-28）所描述的关系：

$$T = J\frac{d\omega}{dt} \tag{3-28}$$

式中：T——驱动转矩（N·m）；J——转动惯量（kg·m^2）；ω——转动速度（rad/s）。

该方程描述了回转结构受到外部驱动转矩后转动方向上的动态响应，通过对等式进行拉氏变换可得速度环传递函数为

$$G_v(s) = \frac{1}{Js} \tag{3-29}$$

之前对于电流环的描述可得受控的闭环电流环其效果等效于一个一阶系统。又由于电机输出电流和转矩通常成正比关系，因此采用在电流环上叠加描述扭矩与电流关系的转矩增益 K_t 即可得到电机的扭矩响应为

$$G_e(s) = \frac{K_t}{T_{ei}s + 1} \tag{3-30}$$

式中：T_{ei} 和 K_t——常数，可在调整好电流环后通过测量计算获得。

通过给速度环叠加一个 PI 控制器实现速度的全闭环控制，则速度环结构框图可表示为图 3.20 所示的形式。

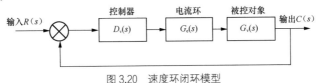

图 3.20　速度环闭环模型

根据图 3.20 所示速度环的开环传递函数为

$$D_v(s)G_e(s)G_v(s) = \frac{K_t K_p (T_i s + 1)}{T_i J s^2 (T_{ei} s + 1)} \tag{3-31}$$

令 $K_n = \dfrac{K_t K_p}{T_i J}$，则速度环开环传递函数转换为

$$D_v(s)G_e(s)G_v(s) = \frac{K_n (T_i s + 1)}{s^2 (T_{ei} s + 1)} \tag{3-32}$$

根据得到的速度环传递函数可以看出，速度环开环传递函数为三阶系统，包含系统增益 K_n。两个纯积分环节的幅频特性初始斜率为 -40dB，初始相位角为 $-180°$。包含两个折转频率，分别为 $1/T_{ei}$ 和 $1/T_i$。

为了通过示例分析系统性能，设开环增益为 1，T_{ei} 为 0.000 1，T_i 为 0.01，得到幅频特性曲线如图 3.21 所示。

对于图 3.21 所示的三阶系统，折转频率 1 左边为低频带，折转频率 1 与折转频率 2 之间为中频带，折转频率 2 右边为高频带。在自动控制里面中频带决定了系统的响应速度，截止频率的相位裕度决定了系统的稳定性。因此中频带宽和截止频率的相位裕度就是速度环的设计指标。

首先设计中频带宽可由下式计算得到：

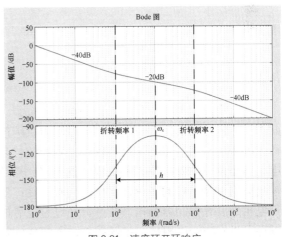

图 3.21　速度环开环响应

$$h = \lg \frac{1}{T_{ei}} - \lg \frac{1}{T_i} \tag{3-33}$$

则控制器积分时间常数为

$$T_i = 10^h T_{ei} \qquad (3-34)$$

设计相位裕度，计算开环增益。由图 3.21 可以看出，相频曲线最高点即相位裕度最大点，且该点也是两个折转频率的中点。因此折转频率可通过下式计算：

$$\lg \omega_c = \lg \frac{1}{T_{ei}} - \frac{h}{2} \qquad (3-35)$$

$$\omega_c = \frac{1}{10^{\frac{h}{2}} T_{ei}} \qquad (3-36)$$

为了计算增益，由幅频特性曲线可知，当平移 ω_c 到零幅值点时，满足

$$20\lg K_n - 40\lg \frac{1}{T_i} - 20\left(\lg \omega_c - \lg \frac{1}{T_i}\right) = 0 \qquad (3-37)$$

$$\lg K_n - \lg \frac{1}{T_i} = \lg \omega_c \qquad (3-38)$$

$$\omega_c = K_n T_i \qquad (3-39)$$

$$K_p = \frac{J}{10^h T_{ei} K_t} \qquad (3-40)$$

开启闭环控制器后的速度环响应如图 3.22 及图 3.23 所示。

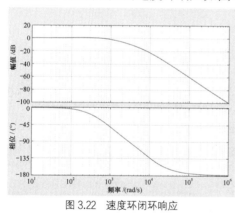

图 3.22 速度环闭环响应

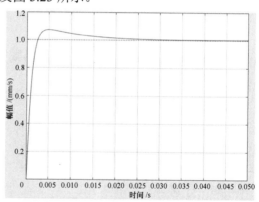

图 3.23 速度闭环阶跃响应

③ 位置环

对于电机速度的积分可以得到电机的位置，因此对于电机转角的定位问题可以通过对电机速度进行控制得到。在位置闭环控制器中，系统的输入是电机转角位移的实际位置和期望位置之差，系统的输出控制量是电机的转速设定量，同时该物理量也是电机速度环控制器的输入变量。经过整定后的速度环可以看作一个整体，中低频体现零幅值的幅频增益特性，高频体现速度环开环传递函数的特性。位置环开环传递函数相当于在速度环闭环传递函数之前乘以一个积分环节，进一步可以得到位置环开环传递函数的 Bode 图特性，如图 3.24 所示。

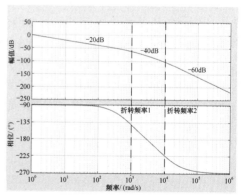

图 3.24 位置环开环响应

从图 3.24 中可以看出，位置环开环传递函数存在两个折转频率，折转频率 1 为速度闭环的折转频率，折转频率 2 为速度闭环传递函数的高频特性。幅频特性前部的–20dB 曲线为积分环节引起。为了保证位置闭环系统的稳定，需要选取合适的相位裕度。之后根据相位裕度确定对应频率以及频率所对应的幅频图上的 dB 值，根据式（3-41）计算出位置环增益参数为

$$K_p = \frac{1}{10^{\frac{Mag}{20}}} \tag{3-41}$$

式中：Mag——幅频特性（dB）。本例中以–50dB 进行计算得到的比例增益为 316，进而得到位置环闭环响应为图 3.25 及图 3.26 所示形式。

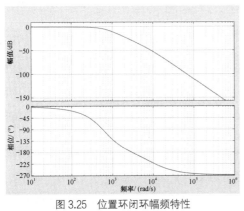

图 3.25　位置环闭环幅频特性

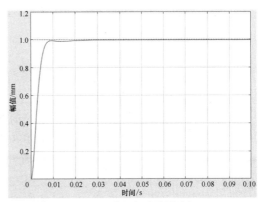

图 3.26　位置闭环阶跃响应

由上述三个闭环控制的结构可知，伺服电机可以对其位置、速度和扭矩进行闭环控制，因此通过给伺服电机发送连续的控制指令就可以实现对伺服电机位置、速度、扭矩中任意一个物理量的连续变化控制，即单轴的可伺服特性。

需要注意的是，无论采用扭矩、速度、位置之中的哪一个量作为控制指令，最终施加在电机绕组之上的都是由 PWM 方式产生的电压脉冲信号。使用速度指令时，控制指令必然先经过速度环再经过电流环。使用位置指令时，计算过程必然经过位置环、速度环、电流环。因此，伺服电机对于外部控制指令的响应速度上也是电流环>速度环>位置环。闭环控制系统一般有一个固定控制周期，每一个控制周期内都要进行一次数据采样、计算以及输出。当工程师给闭环系统的期望变化规律随时间变化时，那么伺服系统也会对这个变化的期望量进行跟随。显然在跟随期望运动的过程中，误差越小越好。

伺服电机速度环和位置环对于外部控制指令的响应伴随着机械装置的运动。机械装置的速度和位移运动状态不可能发生瞬间改变，运动过程必然存在加减速过程。因此伺服电机驱动结构在面对变化的运动指令时也必然存在一个运动状态改变快慢的特性，可以称之为伺服驱动系统的动态响应特性。伺服驱动结构的响应与许多因素有关，如电机的输出特性、带动负载的惯量等，因此在机械设备中不同驱动结构往往产生不同的动态特性。典型的伺服驱动系统动态响应特性可以通过控制工程理论中的响应特性进行评价。例如图 3.27 所示的典型控制系统阶跃响应。

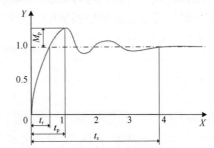

t_r—上升时间；t_p—峰值时间；M_p—最大超调量；t_s—调整时间。

图 3.27　一种典型的控制系统阶跃响应

（3）系统建模与运动控制

对于某些机械运动装置，其系统特性包含一定的非线性因素，通过传统的传递函数这样一种线性定常单输入单输出模型很难准确建立合适的控制方法。因此这一小节将通过动力学模型建立的过程推导控制率。

对于被控对象要进行控制，首先要了解被控对象的动态特性。以电机通过丝杠推动滑台运动为例，忽略丝杠和电机转动惯量并假设丝杠传动效率为1，则滑台的受力情况可以描述为

$$\frac{2\tau\pi}{d} = mx \tag{3-42}$$

式中：τ——电机驱动力矩（N·m）；d——丝杠导程（m）；m——滑台质量（kg）；x——滑台位移（m）。

如果滑台的运动方向并非水平放置，则考虑重力，滑台的受力状态补充为

$$\frac{2\tau\pi}{d} = mx + mg\sin\alpha \tag{3-43}$$

式中：α——滑台轨道与水平面夹角（rad）。

摩擦力具有复杂的非线性，对系统的动态有着显著的影响，因此在动力学建模过程中也需要对其进行表述。常见的摩擦力模型如 Stribeck 模型：

$$g(x) = f_c + (f_s - f_c)\exp(-|x|/v_s) \tag{3-44}$$

式中：f_c——库伦摩擦力（N）；v_s——Stribeck 速度（m/s）；f_s——静摩擦力（N）。

该模型表达了物体在低速运动时的摩擦力特性。为了使得摩擦力方程连续，我们可以参考 Karnopp 模型增加一个线性摩擦力区域，模型如下所示。

$$f_f(x) = \begin{cases} g(x)\mathrm{sgn}(x) + f_v x, & |x| > v_\varepsilon \\ \dfrac{f_s}{v_\varepsilon}x, & |x| \leqslant v_\varepsilon \end{cases} \tag{3-45}$$

式中：f_v——黏滞摩擦力（N）；v_ε——零速度阈值（m/s）。

上述模型反映了低速状态下摩擦力较大幅度变化的特性，对于系统低速运动时的特性有明显的帮助。因此系统的动力学模型扩充为

$$\frac{2\tau\pi}{d} = mx + mg\sin\alpha + f_f(x) \tag{3-46}$$

滑台在工作时通常还会受到外部负载力，用 F 表示这个负载力，系统模型进一步扩充为

$$\frac{2\tau\pi}{d} = mx + mg\sin\alpha + f_f(x) + F \tag{3-47}$$

上式表达了运动滑台的受力平衡状态，同时包含了系统静力以及动力的特性，通过对其整理可得两输入两输出系统的状态方程形式动力学模型：

$$\begin{cases} x_1 = g\sin\alpha + \dfrac{f_f(x_1)}{m} - \dfrac{2u_1\pi}{dm} + \dfrac{u_2}{m} \\ x_2 = x_1 \\ y_1 = x_1 \\ y_2 = x_2 \end{cases} \tag{3-48}$$

式中：x_1——状态变量 1（滑台速度）；x_2——状态变量 2（滑台位移）；u_1——输入变量 1（电机转矩）；u_2——输入变量 2（外部负载力）；y_1——系统输出 1（滑台速度）；y_2——系统输出 2（滑台位移）。

对于式（3-48）这种形式的状态方程，可以采用工具软件直接编程并通过数值求解计算该系统的动态响应特性，同时也可以将其作为控制系统仿真中的被控对象模型。

通过对等式（3-47）整理可得电机驱动力矩的理论输出为

$$\tau = \frac{d(mx + mg\sin\alpha + f_f(x) + F)}{2\pi} \tag{3-49}$$

通过上式，已知系统每一时刻的理论加速度、理论速度、位置以及外部负载等信息就可以求得满足运动控制的电机的控制量，但是理论运动学模型终究还是对现实的简化，必然存在一定量的未建模因素，因此就需要通过测量误差变化对控制量进行修正，例如引入如下所示的 PID 控制器。

$$\tau = K_p e + K_i \int e + K_d e \tag{3-50}$$

式中：τ——控制量；K_p——比例增益；K_i——积分增益；K_d——微分增益；e——误差。

将误差补偿项与系统动力学模型结合得到电机的控制率为

$$\tau = \frac{d(mx + mg\sin\alpha + f_f(x) + F)}{2\pi} + K_p e + K_i \int e + K_d e \tag{3-51}$$

综上所述，如果能在控制之前将系统的准确动力学模型建立，则对于控制精度的提升有着显著的作用。这个过程相当于在机械运动实物和电气驱动系统之间建立一个等式，在电气端通过增加一个误差补偿项使得电气和机械达到平衡。由于运动过程输出力矩通过动力学模型都可以进行建立，因此单轴运动过程的力矩变化也可以进行控制，此过程也可以用来提高单轴运动的动态精度。相较于使用传递函数推导控制率，该过程的物理意义明确。对于其性能的分析也可以借助辅助软件进行数值求解。

（4）单轴伺服的特性及相关运动状态

机械传动的细节是非常复杂的。一般的简化分析将机械传动结构当作一个单自由度系统，在低加速度且忽略传动结构形变的条件下是可行的。但是由材料力学相关知识可以得到，一根轴或梁在受到外力之后会产生弹性变形，特别是高加速度的工况下，惯性力的作用也会特别突出。因此，对于伺服驱动传动的机电一体化设备，机械的复杂性也会带给整个系统性能上的影响。为此，针对单轴伺服驱动结构运动状态就需要分情况具体讨论。

单轴控制的伺服驱动系统在实际系统中的工况可以由静止及正反向运动所包含的九种运动状态进行分析，图 3.28 所示分别是静止状态下的位置保持、正向加速、正向匀速、正向减速、正向到逆向换向、逆向加速、逆向匀速、逆向减速及逆向到正向换向。

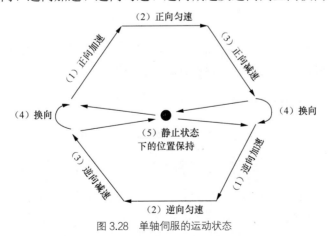

图 3.28 单轴伺服的运动状态

这九种状态可以归为以下五类。

① 正向加速和逆向加速过程中，速度方向和加速度方向同向。在这一过程中力和速度的方向没有变化，机械传动结构受柔性影响，末端输出位移相对电机输入位移存在偏差。当结构从零速度开始运动有可能受到非线性摩擦力的扰动。

② 正向匀速和逆向匀速过程加速度为零，速度不变。此过程中传动结构工作在一个相对稳定的过程中，电机持续输出扭矩以克服运动过程中的各种负载。此过程中机械系统固有频率等特性有可能导致微量的速度波动。

③ 正向减速或逆向减速过程中，速度和加速度方向相反。这一过程中当加速度比较大时，需要电机输出反向力矩以提供足够的制动力，此时传动结构处于拉伸状态。当减速过程比较慢时，结构所受外部负载产生的阻力有可能大于结构本身减速所需的制动力矩，则电机还需要补偿一定的正向力矩以维持期望的减速度，此时传动结构处于压缩状态。

④ 换向过程是一个加速度方向不变、速度方向反向的过程。此部分通常是上述①和③工况的过渡阶段，除了以上描述的这两种传动特性外，还受到非线性摩擦力的显著影响而产生力矩的波动以及速度和位移的非均匀变化。

⑤ 静止状态下的位置保持则是依靠电机的输出力与机械外部力保持平衡并维持机械系统静止的状态。此时虽然机械结构上近似静止，但是实际电机仍然输出一定量的扭矩以实现电机力矩、静摩擦力矩、外部负载、内部弹性力的平衡。在控制系统中这是一个期望速度为零的闭环控制。当外部负载扰动施加在运动轴上有可能会引起轴速度和位移上的微量波动。

当伺服轴的运动受到诸如重力等有明显方向性外力的因素时，伺服轴的正反转就有明显的差异，需要分开进行分析。

以上这几种状态在伺服轴的工作过程中会进行多次切换，除了状态本身的误差特性外，状态改变时的结构变化也会对运动精度产生影响。例如加速度方向的剧烈变化就会导致传动结构的拉压状态发生改变，从而引起电机和传动末端位移误差而产生动态变化。因此，为了更高精度的运动控制就需要对这些过程进行更加详细的分析、建模，用以在控制系统中进行补偿。除此之外还有一些其他工艺手段用来避免轴状态变化引起的加工偏差。例如零件出现大角度拐角时，可设计刀具运动到工件外部完成换向再进行加工，这样换向的影响就不会出现在零件表面上。

3.3.3 联动运动实现及控制

1. 多轴联动的必要性

数控机床上联动轴数的多少，使得机床设计或联动运动控制的难度也不同。从设计的角度上讲，联动的轴数越少，难度越低。但是对于复杂曲面的加工需要更加复杂的刀路运动轨迹，因此需要多轴联动才能实现，如图 3.29 所示。

数控机床多轴联动的概念

两轴联动的车床可以车削出复杂纵向轮廓的回转面，两轴联动的铣床在侧铣时可以加工出任意复杂轮廓的柱面，如压缩机中的涡旋盘等。

对任意复杂的三维型面，通过一个点（刀尖点）的三轴联动在理论上就可以实现。然而，为了完成切削，需要用一定形状的切削刃如直线刃、圆弧刃等，加工中需要避免刀具与工件产生干涉。为了保证切削的速度，这就需要额外的运动，通常两个摆动，加起来就是五轴联动。在切削过程中，必须保证残留高度满足轮廓度要求，还要避免过切、欠切、干涉等。

（a）两轴联动车削加工

（b）三轴联动铣削加工

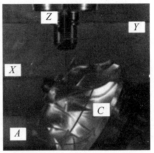

（c）三轴联动铣削加工

图 3.29　机床联动与加工

传统非数控机床的联动本质上讲与数控机床的联动是不同的。传统非数控机床主要依靠图 3.30 所示的齿轮传动分动结构实现机械上的多轴联动。这种联动结构可以实现一个动力源按照设定好的固定速比同时进行多轴的运动输出，运动轴间的速度和位置比例依靠机械结构实现完全的同步，如传统车床车削螺纹传动链、齿轮加工机床的差速传动链和展成传动链就是实现两个轴或多个轴联动的传动系统。

机械联动的方式可以实现多轴的联动。由于各轴间靠机械硬连接，因此同步精度完全依靠机械传动的精度。但是这种传动只能实现简单的定比传动，要改变传动比时就需要切断电机动力再进行传动系统的改变，与数控机床所实现的复杂路径轨迹的多轴联动完全不同。

在可精确控制的电机应用到工业场景之后，每个运动轴配备独立运行的驱动电机，通过对多个轴的电机进行实时的同步控制实现多轴联动的功能。

数控机床进行多轴联动运动控制，就是为了能加工出复杂的曲线或曲面。因此，联动运动控制的目标

图 3.30　滚齿机中的联动传动挂轮

就需要多轴运动合成理想路径的同时速度协调。数控机床的典型硬件结构如图 3.31 所示。设备整体上是通过数控系统的指挥将多个轴线的伺服驱动器连接起来，通过数控系统的统一调度实现硬件上的多轴联动。因此本质上来讲，各轴的伺服电机实际都是在各自的驱动器控制之下执行数控系统发送的指令，各轴的驱动是一个相对独立的小系统。

2．联动轨迹的获取

对于任意复杂的三维型面，在给定切削刃形状后，如何能分解出五个轴的运动是相当复杂的。为便于理解，本书中仅以两轴的联动为例，介绍相关的基础知识和理论。两轴的联动

可以实现平面上的任意曲线运动，典型的数控车床就是采用了平面上的两轴联动。刀尖在平面上可以实现任意轨迹的运动，加上工件的回转主运动，可车削出任意纵向轮廓的回转体。

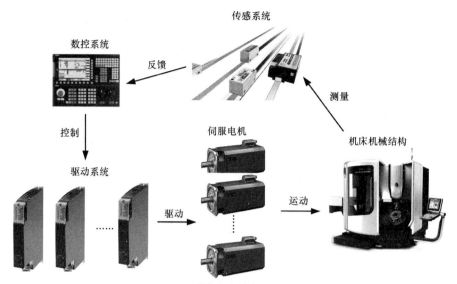

图 3.31 数控机床基本硬件结构

　　图 3.32 所示的涡旋盘轮廓面采用传统机床无法加工，而采用数控机床可以通过两轴联动铣削出来。两轴的联动实际是两轴各自的伺服驱动器在数控系统的统一指挥下进行协调的运动，驱动两个正交的直线轴同时运动，通过各个轴线上速度的变化最终在平面上合成一个螺旋线的运动路径轨迹。

　　实际上，从理论层面通过两个正交直线轴的联动是无法铣削出光滑的曲线轮廓面的，两个正交直线运动轴的合成轨迹也是一个线段，在铣削曲线轨迹时只能通过线段逼近的方式近似地铣削出曲线的轨迹。因此需要使用数控系统对两个直线轴的运动进行位移、速度的协同控制以实现合成运动。

图 3.32 联动加工的涡旋盘

　　具体实施的过程是：首先需要对理想的运动轨迹线进行离散，将一个曲线轨迹离散成多边形，即小线段所构成的集合，而两个直线运动轴联动是可以走出直线段的，因此也就可以完成小线段集合的运动轨迹。将曲线离散成小线段（或多边形）后分解到 X 轴和 Y 轴的位移量，再通过两个轴即 X 轴和 Y 轴的同步联动走出多边形轨迹，至此两轴联动的机床就可以近似地铣出圆弧曲面。当离散的点数足够密集时，联动走出的多边形非常逼近光滑的曲线，但这个原理也使得数控联动加工出来的曲线和曲面存在着原理性误差。

　　下面以圆弧为例，具体分析两轴联动的过程：如图 3.33 所示，加工出一段圆弧 AB，通过正交布置的两个直线轴是无法直接实现的，只能先将圆弧线段离散成多个直线段，折线 AA_1A_2B 近似 AB 圆弧，进而在 X 轴上运动控制点可以分解到 x_A、x_{A_1}、x_{A_2}、x_B，在 Y 轴方向上可以分解到 y_A、y_{A_1}、y_{A_2}、y_B。显然，按照这样的坐标点合成运动的轨迹就是逼近圆弧的折线。为了提高逼近的精度，增加离散的数量可以达到一定的精度，即所谓减小弓高误差。选的弓高误差越小，逼近的精度越高，意味着离散的点数越多。

　　由于机床中进给运动大多数是直线运动，那么从理论上讲，多个直线运动是无法实现圆弧轨迹的运动的，因此实际中采用小线段逼近的方法实现圆弧轨迹，通过对运动轨迹曲线离散密化的方式进行代码化的表述就是数控加工程序的一部分。离散和密化的原理是将连续平滑的运动曲线分解成一个又一个的微小线段，通过微小线段拟合复杂曲线。

运动轨迹离散取点过程中，直线段通常只需要少量点就可以确定其轨迹路线，曲线段根据其曲率采用不同的密化密度。由于离散点所形成的轨迹实际为一条条的短线段，因此每条短线段和原始期望运动轨迹曲线之间会有一个最大的误差，称之为弓高误差，如图 3.34 所示。

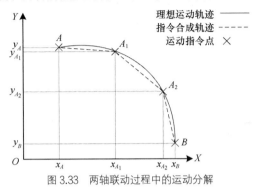

图 3.33　两轴联动过程中的运动分解

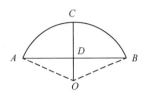

图 3.34　弓高误差示意

假设曲线离散后的每一个小曲线段为曲率半径为 r 的圆弧，则弓高误差可表示为图 3.34 所示的线段 CD 长度，其值等于

$$h = r - \frac{\sqrt{4r^2 - AB^2}}{2} \tag{3-52}$$

式中：r——曲率半径；AB——离散轨迹点间的距离。

因此可以得出，对于同一曲率的曲线段，离散点越密，AB 间曲线的曲率越小，则弓高误差越小。但是过密的点也会导致数据量过大，影响加工运动的规划计算速度，因此实际中可以通过给定弓高误差约束条件，由程序根据运动轨迹曲率自适应地进行轨迹离散点的采样。

对于同样运动速度下的同样密度离散点采样，当曲率半径越大时，则弓高误差也越大。对于之前所示的涡旋盘零件，其曲率随着涡旋盘半径方向的增加而减小，因此有可能会造成涡旋盘靠中心部位的螺旋结构理论精度降低。实际为了减少这个问题带来的影响，可以在大曲率处降低进给速度，提高离散点数量。

3．联动的运动学分解原理（速度的协调控制）

假设一运动平台由 X、Y 两个正交直线运动轴构成。在该结构下，有图 3.35 所示的三种路径，这三种路径对应到机床可以实现三种轮廓的加工。

在路径中的每一点虽然只有 X、Y 的坐标值，也就是位置信息，但是由于这些相邻点位之间的间距所对应的运动时间间隔是固定的，因此这些点位实际是隐含了运动过程的速度和加速度信息的。

对于平面两个正交直线轴的联动，其联动需要通过将运动分解到两个坐标轴上实现，具体的运动位移可以按照点位的坐标值

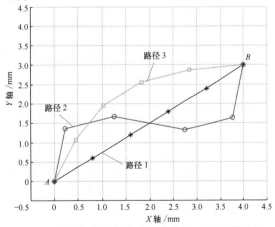

图 3.35　两轴合成运动同一位移条件下的三种路径举例

进行分解。合成运动速度 v_t 可以按如下公式进行两个轴线上的分解。

$$\begin{cases} v_x = v_t \cos\theta \\ v_y = v_t \sin\theta \end{cases} \tag{3-53}$$

式中：θ——该线段速度矢量方向与 X 轴的夹角（rad）。

设定图 3.35 中的三种路径的运动过程时间都是 5s，运动在 A 指向 B 的方向上匀速进行，忽略加速度，对合成运动分别在 X 轴和 Y 轴方向上的位移和速度分解，得到图 3.36 所示的两轴分解运动过程。

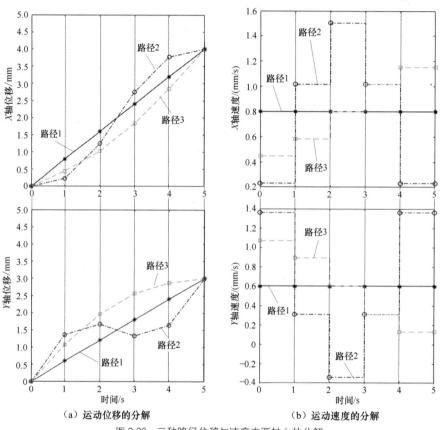

（a）运动位移的分解　　　　　　（b）运动速度的分解

图 3.36　三种路径位移与速度在两轴上的分解

路径 1 对应直线运动过程，在这个过程中合成运动在两个坐标轴上都有运动分量。两个运动轴线要想合成一个匀速直线运动，则两个轴线的分解运动都是匀速直线运动。路径 2 的运动过程是在 AB 点连线方向上一个周期的正弦轨迹，路径 3 运动过程是在 AB 点连线方向上半个周期的正弦轨迹。这两个运动过程类似，运动过程中都伴随着合成运动速度方向的变化。为了实现运动方向的变化，就需要两个运动轴的运行速度大小进行配合，运动方向与 X 轴正方向夹角的正切值就等于 Y 轴速度与 X 轴速度之比。因此合成运动是一条方向不断变化的曲线，分解到两个运动轴上则可以看到两个运动轴的运动速度都是随时间不断变化的。

由以上分析可知，实现任意合成轨迹运动的关键就是运动轴在同一运动时间间隔下的位移、速度协调控制。为了完成这一任务，每个轴的控制就必须建立在单轴伺服控制的基础之上。数控系统的工作也就是对合成的运动轨迹进行运动过程的规划并根据机床运动轴的布置状态进行运动分解，且在运动过程中协调各轴，实现合成运动的精确稳定。

由于速度分解后得到基于离散位置点的速度可以看作是连续线段的组合，这样的运动就会使得在运动时速度拐点出现不可导的变化，进而有可能造成加工表面质量下降。为此，实际数控系统在进行速度分解之后，还需要对运动指令数据进行进一步处理以实现运动过程速度的平滑，也就是加速度的连续，甚至是加加速度也控制在设定范围之内，最终都是为了保证运动的平滑，并保证加工零件表面的质量。

4. 联动运动的动力学合成

运动学的分解是根据理想的几何特性将合成运动分解为各个轴线的运动，但是各个轴线在执行给定运动指令的过程中，存在静态的定位精度以及动态的跟随误差问题。由此使得各个轴线在实际运动过程中的合成轨迹是各轴线动力学响应的合成问题。动力学合成轨迹精度主要有以下影响因素。

（1）单轴的定位误差

单轴定位误差一般包含两个过程中的误差：一个是从运动到静止过程中的停止精度问题；另一个是单轴保持自己静止状态下位置的能力。无论哪种情况，单轴的定位误差都是一个连续动态的过程。

由运动到静止的过程伴随着运动减速到零的过程，这一过程受到运动结构惯量、驱动负载力控制策略以及运动规划等多种因素的影响。由于在定位的动态过程中存在驱动力矩的频繁换向，因此运动的加速度也同步保持变化。力换向过程中传动结构受到拉压后状态发生改变，误差的变化又会带来控制系统修正的扰动。正是因为定位过程实际的不稳定性，所以实际的机床定位过程是一个动态过程，是在一个时间段内稳定在期望误差区间内的运动过程，如图 3.37 所示。

在实际系统中，当运动部件惯量较大，接近定位时的加速度也比较大时，速度到零的瞬间单轴系统可能会产生较大的初始定位误差，因此还需要小段时间修正误差。通常在这个"定位误差时间"内进一步将结构的运动位置"拉"到设定的合理范围内。如图 3.37 所示，机械的位移进入定位控制区间内到定位满足误差要求需要一定运动时间，也就是定位时间。

机床的刀具和工件的相对位移最终被分解为各个轴的运动，因此在某些情况下，为保证合成运动的顺利完成，某个轴在一段时间内可能会保持不动。在这一过程中，其速度为零，但是由于电机使用电磁力抵抗外部负载以进行位置稳定，其始终处于一种动态平衡的状态，当其运动方向受外力扰动时，其静止状态可能产生一定偏移，导致定位偏差的产生，最终影响联动运动轨迹误差。

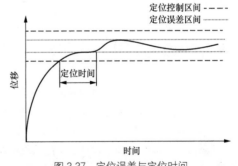

图 3.37　定位误差与定位时间

（2）单轴的跟随误差

各个伺服轴在接收到指令并进行运动后，其运动状态在单轴伺服的特性及相关的五类运动状态下进行切换，每种状态对应不同的误差表现特性。又由于多轴之间存在联动耦合关系，在不同轨迹的运动过程中，两轴动态特性的变化也会导致联动存在不同的合成误差。因此数控系统就需要在多轴的联动工作中面对各个轴不同的运动状态，调整各轴的运动，以实现合成运动误差的最小化。

通常在机床中不同的运动轴有不同的传动结构、运动惯量、驱动力矩以及动静结合部性能，因此每个轴线上所能产生的最大加速度、速度等运动特性存在显著差异。这样也就导致同样的运动轨迹指令发送给不同运动轴时，实际运动结构对运动指令的跟随存在区别。为了描述单个运动轴对于运动指令的跟随性能，通常使用 Bode 图。Bode 图的幅频和相频曲线分别描述了输入的正弦运动指令随频率增大条件下的运动跟随信号幅值以及相位上的偏差情况。

通常随着运动指令频率的加大，幅频特性的 dB 值会在某个频率下发生折转，且会越来越小，相位的偏差也会越来越大。直接的原因就是系统无法跟上比折转频率更高的输入信号。对于不同惯量的运动轴线，其应当是存在明显的区别。

伺服驱动的机械结构是典型的机电耦合系统，电系统通过闭环控制产生扭矩。机械系统受到扭矩的驱动后产生相应的运动，运动的过程再通过传感器反馈给电系统计算下一时刻产生的扭矩。这样一个系统的性能显然同时受到机械和电两方面系统的影响。

对于闭环控制系统，其性能在 Bode 图上可以从幅频图上零幅值线的长度以及相频图上零角度线的长度得到。闭环系统的性能越好，跟随误差越小，则靠近零幅值和零相位线的长度越长越好。但是实际系统受到机械结构和伺服系统的综合作用，制约着系统的性能上限。例如图 3.38 是一种伺服系统中转动惯量对机电系统动态响应特性。当机械结构的惯量减小时，则系统在控制参数不变的情况下，其加速性能有着显著提升，其对于高频信号也有更好的跟随特性。如图 3.38 所示，随着转动惯量的减小，系统的幅频特性越靠近零幅值线，因此对于高频信号有更好的响应。在幅频信号中的尖点是系统的共振点，其由机械结构和伺服共同影响。当转动惯量由大变小时，对应的共振频率点也由低变高；伴随着频率的升高，其衰减也越明显，对于系统的影响也越小。

从图 3.39 中可以看出，机械传动的结构刚度对于传动系统性能的提升有着明显的作用。因此对于机械传动系统，刚度越高，传动的跟随精度也越高。高的传动刚度会导致结构固有频率的提升，且从图 3.39 中可以看出，随着刚度的提升，共振频率的范围越来越收窄，但是其幅频特性上依然有比较高的增益。针对这种情况，通常在伺服驱动器中设置共振频率上的带阻滤波器，过滤掉电机输出中可能引起共振的成分，在保证系统响应性能不变的基础上避免引发系统的振动。

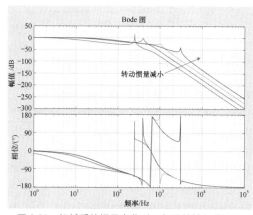

图 3.38 机械系统惯量变化对于伺服轴性能的影响

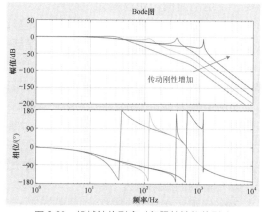

图 3.39 机械结构刚度对伺服轴性能的影响

伺服增益是电机控制系统的重要参数，其对于伺服轴性能也有着显著的影响。如图 3.40 所示，随着伺服增益的增加，系统的跟随性能提升。由于电机的输出能力始终是有限的，当不断提升增益超过某一值后，增益对于系统性能的影响将趋于平缓。但是增益的提升对于共振频率的抑制是有害的。从图 3.40 中可以看出，共振频率点的幅频增益超过零幅值，意味着这个频率点的输出会大于输入信号，引起系统振动幅度增加，对系统的稳定运行是非常不利的。因此实际系统中需要通过调试找到合适的增益以匹配相应的机电结构。

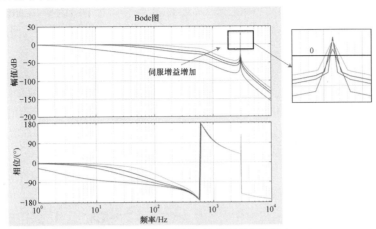

图 3.40　伺服控制增益对伺服轴性能的影响

综上所述，对于伺服轴的性能特性，其受到电机控制系统和机械系统的综合影响。又由于同一台机床中的不同驱动轴，其惯量、刚性等参数往往相差很大，因此每个轴线的跟随性能有较大差距，这些都是机床结构和控制系统本身特性所决定的。类似于图 3.41 中，不同体型、不同身体状态的人具有不同的运动能力，使得其动态特性有较大差距。

通过伺服控制系统的调试，可以最优化单个轴的响应，但无法达到每个轴的动态响应性能相同。因此当需要不同响应特性的多个轴协调运动时，就需要进行联动的控制。在实际的联动运动控制过程中，各轴承受不同的负载以及阻尼情况，类似于汽车行驶在图 3.42 中的不同路况，导致各轴的启停、加减速等响应性能不同，从而给联动运动的控制带来更大的难度。

图 3.41　不同体型运动的人　　　　　　　　图 3.42　不同的路况

（3）各轴的动态响应

各轴的动态响应是基于各个轴的伺服输出性能以及机械传动特性的综合作用。电机的扭矩作用在传动结构的输入端，负载作用在输出端。两者之间通过机械进行力或力矩的传递。传动的扭转弹性变形会导致力矩传递的滞后，进而引起结构振动等问题。

加工运动是一个连续的过程，单纯由几何计算得到的各个轴线运动轨迹只是满足几何上的运动需求。而实际中机床各个驱动轴的运动惯量、输出扭矩、摩擦阻尼等特性往往差距较大，因此各个轴线的加减速能力差异巨大，各轴不可能达到同样的动态响应特性。当数控系统只是简单将各轴的运动按几何分解而不考虑各轴的动态性能差异时，势必引起多轴联动时产生附加误差。具体可以通过测试得到不同轴线的最大加速度，将这个单轴最大加速度限制交给数控系统，在运动规划时就针对各轴的加速度限制做好规划，确保机床能执行相应的运动，避免过大的误差。

（4）合成运动与各轴的运动状态

机床的运动是各轴的运动合成，下面将以下述代码所描述的运动过程进行分析。

```
N10 G90G00 X50 Y50;%快速定位到坐标(50,50)
N20 G91G01 X250 Y0 F450;%相对坐标模式直线运动到(50,0)进给速度450mm/min
N30 G02 X=250+250*SIN(30) Y=250*COS(30) I=250 J=0;%以(I,J)为圆心、(X,Y)为终点
顺时针走圆弧
N40 G01 X=250*COS(30) Y=250*SIN(30);%以图3.43所示的30°方向运动50mm
N50 M17;%程序结束
```

以上数控程序描述的轨迹如图3.43所示。在描述这些点位的同时得到合成运动的速度和加速度约束信息。

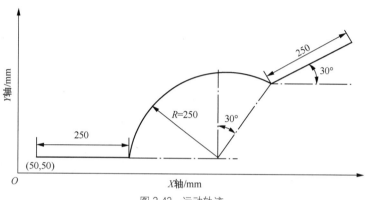

图3.43　运动轨迹

根据前文，单轴的运动可以总结为六边形九种状态、五种类型。单轴的运动在这五种类型之间进行转换，在不同的状态下存在不同的跟随特性。在状态发生切换时，会伴随着更加复杂的动态特性变化。

① 状态1：加速过程中，速度方向和加速度方向同向。在这一过程中力和速度的方向没有变化，机械传动结构受柔性影响产生少量变形，电机输入到结构末端输出位移之间存在偏差。当结构从零开始运动有可能受到非线性摩擦力的扰动。

② 状态2：正向匀速和逆向匀速过程中，加速度为零，速度不变。此过程中传动结构工作在一个相对稳定的过程中，电机持续输出扭矩以克服运动过程中的各种负载。

③ 状态3：减速运动过程中，速度和加速度方向相反。这一过程中当加速度比较大时，需要电机输出反向力矩以提供足够的制动力，此时传动结构处于拉伸状态。当减速过程比较慢时，结构所受外部负载产生的阻力有可能大于结构本身减速所需的制动力矩，则电机还需要补偿一定的正向力矩以维持期望的减速度，此时结构处于压缩状态。

④ 状态4：换向过程是一个加速度方向不变、速度方向反向的过程。此部分通常是上述状态1和状态3工况的过渡阶段。除了以上描述的这两种传动特性外，还受到非线性摩擦力的显著影响而产生力矩的波动。

⑤ 状态5：静止状态下的位置保持则是依靠电机的输出力与机械外部力保持平衡并维持机械系统静止的状态。此时虽然机械结构上近似静止，但是实际电机仍然输出一定量的扭矩以实现电机力矩、静摩擦力矩、外部负载、内部弹性力的平衡。在控制系统中，这是一个期望速度为零的闭环控制。

运动过程中的两轴运动状态变化如图3.44所示，其中圈内数字为上述状态的编号。

整体合成运动过程分为三段：第一段为直线运动段；第二段为圆弧运动段；第三段为直线运动段。由于经过运动平滑的规划，每个运动段之间插入过渡轨迹，以实现曲线间的平滑转换。

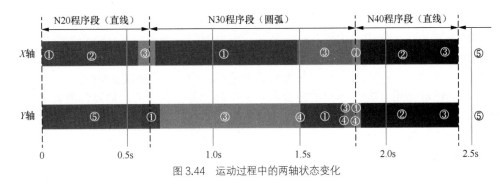

图 3.44 运动过程中的两轴状态变化

第一段运动是沿 X 轴的平移运动。此时 Y 轴没有参与运动，也就是 Y 轴的运动指令始终为零。合成的运动完全由 X 轴的运动产生。由第一段 X 轴运动轨迹可以看出，X 轴开始进行匀加速，达到设定速度后匀速运动。由运动规划的过程可知，在转到下一段运动之前有一个过渡阶段，运动结构需要减速以保证在过渡阶段转弯时的加速度处在可以接受的范围内。因此在快接近过渡点时 X 轴进入减速阶段。与此同时，Y 轴在进入过渡运动时开始加速运动。在经历短暂的过渡阶段后，开始进入合成圆弧轨迹。

进入合成圆弧轨迹的运动过程后，因为圆弧运动轨迹特征，X 轴的运动由慢变快，Y 轴的运动由初始的快减慢。理论上，这个过程中 X 和 Y 的合成运动是沿着圆弧的匀速运动。但是在实际运动过程中包含两个方面的运动路径误差：一个是由圆弧轨迹离散成小线段所造成的弓高误差；另一个是时间尺度上更微小的轴运动指令点所形成的线段与理想轨迹的控制误差。这里两个运动轴的运动状态有着不同的变化。X 轴一直在正向运动同时伴随着速度的变化，因此运动过程较为连续稳定。Y 轴在圆弧的开始段需要克服静摩擦力的影响，之后开始加速达到圆弧切向运动速度，当运动到圆弧上顶点时，Y 轴的运动方向出现变化，由此产生因非线性摩擦力导致的外力波动，进而导致 Y 轴在运动过程中的速度可能出现小幅波动。又由于此过程中 X 轴并没有处在相同运动状态，两轴的同步性就会在圆弧顶点处出现微小差异，从而影响联动精度。

在圆弧运动接近结束时，合成运动开始减速以减小转换到下一段运动时的加速度变化。转向之后两个轴线开始沿着斜向直线加速运动。Y 轴从上一步运动转换到直线运动时又进行了一次换向，X 轴始终同向运动。除此之外，由于两轴机械特性控制参数造成的误差也会导致两轴启动、匀速以及最终减速阶段和合成运动与期望运动之间存在一个误差。

由以上运动过程的分析可以看出，在整个运动过程中，合成的运动轨迹虽然只包含简单的三个过程（即直线、圆弧、直线），但是分解到 X、Y 两个运动轴上后，各轴的实际运动状态有很大区别。特别是在同一时刻时，两个轴处在不同的运动状态中。有时在其中一个轴运动状态不变时，另一个轴也会产生多次的状态变换。根据前述内容的介绍可以知道，伺服轴在不同运动状态间切换时会带来各种误差。因此，在图 3.44 这种复杂的运动变化过程中，寻求同时控制两个轴以达到最小的合成运动轨迹误差就成为数控系统控制的主要问题。

此外，在数控加工中，存在很多刀具非加工运动。一般为了节约运动消耗的时间，常采用快进运动（G00）以机床设置的最大速度运动到设定位置，这一运动过程中最重要的是实现最后终止点的定位准确。保证刀具在进行加工的初始状态是一个精确的位置，为后续运动的精确执行提供基础。

5. 多轴联动轨迹精度控制措施

根据前述内容对单轴运动控制分析，每个轴的定位精度、跟随误差受到各轴传动特性差异的影响有一定区别，特别是多个轴联动时，每个轴的动态响应经常是不同的，因此，当高速、高加速度联动时，联动的过程实际上是动力学合成的过程，这就对数控系统的性能以及机床的设计提出了更高的要求。

根据之前的论述，数控机床是一种复杂的机电耦合设备。其性能同时受到电气驱动系统和机械结构的综合作用。电气驱动系统提供了工作时的各种驱动力，通过传感器采集机床的运动状态，经过数控系统程序的控制算法给电机控制器相应的控制指令，电机根据指令控制电机绕组电流产生扭矩。这个扭矩作用在机械系统之上使机械系统产生了加速度、速度和位移。运动信息通过传感器再返回数控系统，实现一个机电耦合系统的闭环结构。

为了实现多轴的协调问题，通常希望多轴具有近似的动态特性，也就是在设计时各轴尽可能使用相同的驱动结构以及电机。不过实际工程中受机床原理、体积等约束，各轴在电机容量、结构刚度、惯量等参数上很难做到统一，因此在实际设计过程中可以通过调整轴的电气参数或在机械结构上设计一些有助于改变动态特性的辅助结构，以使得轴综合动态特性达到协调。

由于机床各个运动轴的电气和机械特性方面存在差异，因此各轴的动态响应也很难相同。由动力学合成运动分析可以看出，在合成不同轨迹时，每个轴在同一时刻的运动状态经常处在不统一的情形。又由于机床加工零件依赖于各轴运动时在动力学上的协调合成，因此联动过程中的多轴协调就是机床设计以及数控系统的关键问题。为此可以从机床的设计、运动规划、在线协调三个方面去解决多轴运动协调问题（见图3.45）。

图3.45　联动过程中的多轴协调

（1）联动轴定位精度差异时同步问题

定位精度会直接影响联动时一段轨迹的起点与终点，虽然起点和终点位置相对静止，但是其一直处于伺服闭环的工作之中。因此轴的定位状态实际是一个连续动态过程。定位控制这一动态连续过程的实现实际应当是包含两个部分：一个是轴由运动状态到定位状态的定位问题；另一个是轴一直处于相对静止状态下的定位控制。

面对轴由运动到静止的情况，可以在运动规划时预先设计好启停时的加减速曲线，期望在停止与运动状态转换过程之间通过低一些的加速度设计，实现运动系统具有与低加速运动过程中一样的定位稳定性，避免定位时过于剧烈的加减速引起的定位误差。

此外实际数控系统中可以设定定位误差阈值和定位控制范围。针对实际系统表现出的不同定位误差数值可以进行相应控制参数的自调节。例如当快要进行定位而误差较大时，可以适当增加控制器比例与积分增益，减小微分增益，从而尽快减小定位误差。当误差缩小到一个范围后，激活定位控制，适当增加微分增益，提升静止状态下的稳定性。

在起点、终点处的振动通常由机械系统固有频率特性引起，因此还可以通过对伺服控制指令进行滤波等方法减小激励系统固有频率的可能。

（2）联动轴跟随误差差异时的同步问题

由于各个运动轴线在传动结构和驱动功率上的天生差异会导致各轴在受到各自驱动电机作用时的跟随性能不同，且一般的运动学轨迹规划无法体现出轴跟随性能差异，因此就需要数控系统在将运动指令发送给执行轴之前执行一定的协调匹配工作。

例如在运动规划中的多轴协调中，运动规划的目的是根据加工运动路径设计合理的位移、速度、加速度过程并分配给各运动轴。在数控系统中可以提前测试每个轴在运动状态变化时的跟随特性，并在规划中根据每个轴运动的状态变化对其原始运动学轨迹指令进行补偿，实现各轴运动的跟随误差最小。

在某些工况下，为了实现高精度的联动轨迹，可以在运动规划中针对个别轴运动状态变化时，通过其他运动轴的协同减速、协同指令偏移等手段，减小个别轴运动状态变化对于联动运动轨迹精度的影响。总之，在数控系统中，各轴的运动指令都是可以在原始运动学指令的基础之上，考虑各轴的动力学特性，进行重新规划。各轴联动运动控制的最终目的是要保证合成运动的精度，这也是数控系统联动运动控制的本质任务。

（3）联动轴动态响应差异时的同步问题

联动运动过程中，各轴都表现为动力学的特性，但由于各轴受到不同方向和大小的负载影响，体现出的动力学响应是不同的。由于结构的不同，有的振动可以很快衰弱，而有的轴的振动可能会影响到运动的稳定。各个轴受负载扰动后的动力学响应综合，就是实际的联动轨迹，也就会产生联动轨迹误差，如常值的、随机的、稳态的或者瞬态的。

为了减小这一动力学作用下的联动轨迹误差，可以从两方面入手：一方面，从单轴伺服特性角度优化伺服轴，提升伺服系统伺服刚度，减小受负载扰动所产生的位置偏差，每个联动轴都能保证其规划的位移、速度以及加速度，其合成的轨迹也能保证原规划的精度；另一方面，可以在运动过程中根据某一运动轴误差特征，重新规划各联动轴的位移、速度和加速度等，从而保证联动后的轨迹精度。

除此之外，还可以从机床结构入手，改变运动结构质量、传动刚度或阻尼等方法，改变系统固有频率分布避开共振的产生，或者合理确定加工参数避开结构固有频率，从而保证多轴联动运动处于稳定的工作区间。

总而言之，机床多轴联动的运动控制，就是通过各种手段实现动力学意义上的合成运动，满足规划的运动学合成轨迹，以实现复杂曲面的高精度加工。

3.4　机床的主轴精度

3.4.1　机床主轴的功能及分类

1. 机床主轴的功能及性能需求

主轴部件是机床的核心功能部件之一，其作用是带动刀具或工件回转形成机床切削运动的主运动。例如，车床是带动工件回转形成主运动，铣床、镗床、钻床等是带动刀具形成主运动。

主轴不仅完成切削过程中的主运动，需要对其回转运动进行控制，有时需要准确停止（自动换刀时），还要承受切削力等载荷，同时要配合机床进给轴运动完成零件表面的加工。这样就要求机床主轴部件具有高的回转运动精度以及精度保持性、高刚性、好的动态性能、高速回转的动平衡、密封、长时间运行的可靠性等。

机床主轴的技术参数主要有主轴的转速、转矩、功率、dn 值等，而其性能参数主要有主轴的回转精度、静/动刚度、临界转速、残余动不平衡值及验收振动速度值、电主轴噪声值、电主轴系统的温升值、拉紧刀具的拉力值和松开刀具所需液（气）压力的最小和最大值、使用寿命值等。

2. 机床主轴的分类

（1）按传动形式分

主轴按照传动形式分为机械主轴和电主轴。机械主轴主要是在电机与旋转轴之间有变速机构，目的是改变主轴转速或增大扭矩，因此其主轴部件包括主轴转轴（转子）、轴承和传动部件等，如图 3.46 所示。通过传动装置，如皮带、减速器、齿轮箱等，由电机带动主轴旋转进行工作，其输出扭矩/功率大，但是其平稳性受到传动机构的影响相对较差。由于机械主轴变速主要是靠变速箱来实现变速、改变功率等，因此机械主轴的体积相对较大。故机械主轴常被应用于扭矩要求大的机床主轴上，如车床主轴、钛合金加工机床铣削主轴等。

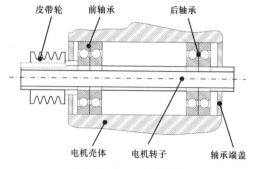

然而，当电机发展到伺服电机后，电机的转速、换向、改变功率等都可由电机的伺服技术来实现，这样就产生了电主轴技术，即直接把电机的转轴作为主轴输出，或者说把电机的动子和定子直接做到主轴上，而中间不再需要任何的传动机构，即所谓的"零传动"。

图 3.46 车床主轴剖面图

电主轴将电机置于主轴部件内部，通过伺服控制系统，使主轴获得所需的工作速度和扭矩等，因而被称为内装式电主轴。它省去了皮带、齿轮或联轴器的传动环节，实现了机床主轴系统的"零传动"。它克服了传统机械主轴的大部分缺点，具有结构紧凑、质量轻、运动平稳、噪声低、响应快等特点，而且转速、功率均可通过伺服电机实现无级控制，因此，电主轴常常被应用于精度或速度要求较高的数控机床上。

电主轴部件主要由壳体、前后轴承、电机定/转子、转轴（转子）、锁紧螺母、主轴前端盖以及润滑、冷却模块等部分组成，典型铣床用电主轴结构示意图如图 3.47 所示。可以看出，电机的动子直接安装在主轴部件的转轴上，而定子安装在电主轴的壳体上。但是这类结构由于电机的发热会引起主轴及壳体的热变形，因此必须考虑电机的冷却，往往在主轴的壳体上设计有冷却水道。

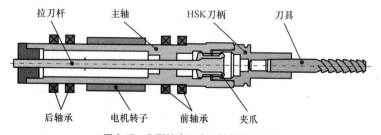

图 3.47 典型铣床用电主轴结构示意图

（2）按运动方式分

主轴按照运动方式分为车床用主轴和其他类主轴，其他类主轴如铣床用主轴、镗床用主轴、磨削用主轴、雕铣用主轴、钻削用主轴等。车床用主轴是夹持被加工零件进行回转运动的，所以要求具备高转速、高精度、高刚度、低速大扭矩特性。主轴前端能安装相应的动力卡盘以便定位夹紧工件，而主轴末端需安装旋转油缸，并实现自动松开与拉紧工件功能，具备定速性能以适应螺纹车削。

车床用主轴为了获得大扭矩，多在伺服电机和主轴系统之间增加一级传动，往往采用皮带或齿轮（见图 3.46），也有电机与主轴部件直连的形式（见图 3.48）。车床用主轴的转子一般是中空结构，是为了加工时棒料从转子中心穿过去。

其他类主轴主要是指其端部带动刀具来完成机床的主运动，其转速相对车床要求更高，如铣削、雕铣等转速可达每分钟几万转甚至每分钟十几万转。

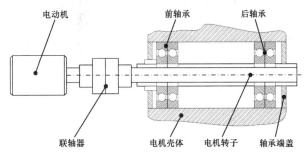

图 3.48　车床用主轴直连传动示意图

这类主轴因端部要安装刀具，所以其端部结构不同，通常要安装刀具夹头。在加工中心应用时，还有快速更换刀具的功能。安装有标准的刀柄，这就要求用标准的、与刀柄相配的主轴端部结构，如与 HSK 刀柄相配的主轴端部结构示意图如图 3.49 所示，与 BT 刀柄相配的主轴端部结构示意图如图 3.50 所示。两种刀柄的不同之处在于 BT 刀柄的锥度为 7∶24，常用的普通转速切削，当转速为 10 000r/min 时，刀具-主轴系统明显变形。当主轴转速由 10 000r/min 上升至 40 000r/min 时，由于离心力的作用，主轴系统的末端将发生较大变形，刀柄与主轴锥孔之间会有明显的间隙，严重影响刀具的切削特性，因此 BT 刀柄一般不能用于高速切削。而 HSK 刀柄的锥度为 1∶10，它是一种新型的高速锥形刀柄，且采用锥面与端面双重定位的方式。在足够大的拉紧力作用下，刀具锥柄与主轴锥孔之间在整个锥面和支承平面上产生摩擦，提供封闭结构的径向定位，因此 HSK 刀柄适用于高速切削。与 HSK 刀柄、BT 刀柄等相匹配的这类主轴部件的转子中间都要安装有拉刀机构。

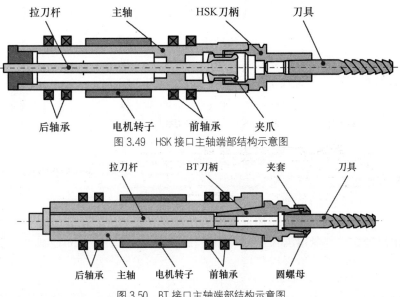

图 3.49　HSK 接口主轴端部结构示意图

图 3.50　BT 接口主轴端部结构示意图

（3）按主轴的安装方式分

根据主轴轴线在机床上是水平还是竖直的，主轴又可分为立式主轴、卧式主轴和立卧转换主轴三大类，如图 3.51 所示。

（a）立式主轴

（b）卧式主轴

（c）立卧转换主轴

图 3.51　按安装方式分的主轴分类

立式主轴一般应用于三轴加工中心和转摆台式五轴加工中心上，如图 3.51（a）所示；卧式主轴一般应用于镗床上，主要是可加工箱体类零件的面（铣削）与孔（镗削），它一般是四轴机床，能实现一次装夹四个面（六面体中的四个面，除上下两个面外）的加工，如图 3.51（b）所示；立卧转换主轴一般应用于大型龙门加工中心或者大型车铣加工中心上，能实现一次装夹五个面的加工（除了底面），如图 3.51（c）所示。

立式主轴和卧式主轴由于工作的状态不同，根据应用场合对其转速、刚性、旋转精度和切削承载能力等方面的要求，其轴承配置、密封等都有所不同。一般情况下，主轴轴承的配置主要采用前端定位、后端定位、两端定位三种方式。前端定位多用于高精密机床的主轴部件，后端定位多用于普通精度机床的主轴部件，两端定位一般用于较短或能自动预紧的主轴部件。

由于立式加工中心上的主轴是竖直安装的（立式主轴），一般来说，立式主轴直径比卧式主轴直径小，其受重力作用影响相对较小，主轴性能较为稳定，适合进行精细加工，因此立式加工中心通常被应用于加工轻型零件、模具、小型工件和大型零件的浅层加工等。其主轴前端轴承配置一般采用角接触球轴承，后端采用一组带球轴套的单列圆柱轴承（见图 3.52）。这种轴承配置通常采用脂润滑及油气润滑。图 3.53 给出了典型的立式主轴密封结构设计示意图，采用的是一种非接触式径向密封。为了提升主轴的密封性能，我们可以在外圆柱面 1 和内圆柱面 2 之间设计气幕密封结构。主轴工作时开启气幕密封的压缩空气，使气体沿着图 3.53 所示箭头方向吹出，有效阻止主轴外部异物进入主轴内部。

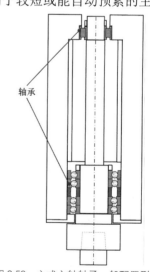

图 3.52　立式主轴轴承一般配置形式

由于卧式加工中心上的主轴是水平安装的（卧式主轴），通常用来加工大型、重型工件，而加工大型工件需要具备更大的承载能力和刚性，因此其直径比立式主轴直径大，其受重力作用影响相对较大，一般需要特殊的控制手段来保证加工精度。其主轴前端轴承配置一般采用角接触球轴承，后端采用一组带球轴套的单列或双列圆柱轴承（见图 3.54）。这种轴承配置通常采用脂润滑及油气润滑。图 3.55 给出了典型的卧式主轴密封结构示意图，也常常采用一种非接触式径向密封。其与立式主轴密封结构的特点基本相同，区别在于卧式主轴在外环压盖的正下方设计排泄孔，且排泄孔应尽量大，便于切削液、冷凝水及时排出。

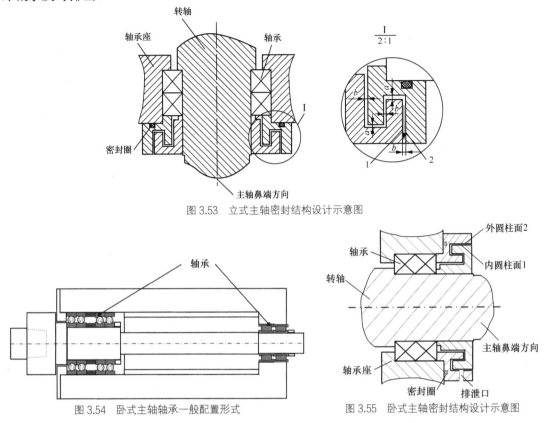

图 3.53　立式主轴密封结构设计示意图

图 3.54　卧式主轴轴承一般配置形式

图 3.55　卧式主轴密封结构设计示意图

3.4.2　主轴的主要性能指标及其保证方法

机床主轴性能指标主要有主轴的回转精度。除此之外，其静/动刚度、固有频率、高速主轴的动不平衡值及振动幅值、磨削机床主轴的密封等也都是主轴性能的重要指标。

1. 主轴回转精度

（1）回转精度的定义

主轴回转精度是指主轴回转中心线位置应保持稳定不变的性能。但实际运行中，由于轴承、轴颈、装配等制造误差以及主轴所受到的载荷作用都会导致主轴回转的每一瞬时回转中心线的位置在变化。这种变化在主轴实际切削时都会产生各种各样的工件加工误差，因此在设计制造主轴时应尽可能减小或消除这种误差，如图 3.56 所示。

假如主轴转子是刚性的，其轴线在空间坐标系下应该有六个自由度，但描述该轴线在空间的变化时，仅用四个参数即可表达完整，沿两个方向的平动用径向跳动反映，沿两个轴的转动用角度摆动来表示。它们分别

图 3.56　主轴回转理想中心线和实际中心线

为径向跳动（有两个方向，X 向与 Y 向）、轴向窜动（Z 向）、角度摆动（有两个方向，绕 X 向

与绕 Y 向），再加一个在回转方向的角度控制。主轴回转误差形式示意图如图 3.57 所示，其中虚线箭头分为理论位置和实际位置。

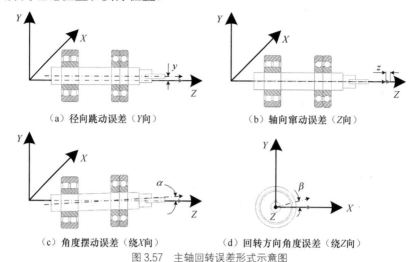

（a）径向跳动误差（Y向）　　　（b）轴向窜动误差（Z向）

（c）角度摆动误差（绕X向）　　　（d）回转方向角度误差（绕Z向）

图 3.57　主轴回转误差形式示意图

（2）回转精度的影响因素分析及保证措施

由主轴精度参数定义可看出，其中的三个精度参数均由结构决定。回转角度的精度控制不仅与结构有关系，更重要的是它由电机及其伺服技术和检测元件（编码盘）决定的。

主轴回转精度主要是由主轴轴承的精度和轴承与主轴之间的装配关系共同决定的。主轴回转误差是主轴回转轴线回转时表现出来的误差形式，是由主轴转子前后支承的精度以及转子自身的尺寸和形位精度、前后轴承孔及轴径的圆度、轴承孔及轴径的同轴度、轴承内外圈的同心度、轴承滚珠或滚柱的均匀度等共同决定的。

可看出，前后轴径圆度、轴承孔圆度、前后轴径的不同轴度、轴承孔的不同轴度综合导致了径向跳动、角度摆动，而轴向窜动是由于轴向定位端面的不平面度、轴向调动等导致了主轴的轴向窜动误差，因此在设计制造主轴时应尽可能减小或消除这些误差。

图 3.58 表示出了前后轴承偏心对主轴端部跳动的影响。值得注意的是，前后轴承偏心的相位会影响到主轴端部的实际误差。如果后端轴承偏心大于前端轴承偏心，并且在同一面内时，主轴端部的跳动量会减小。因此一般选择轴承时，前端轴承的精度高于后端轴承的精度，装配时调整好偏心的相位，可减小主轴端部的跳动误差。

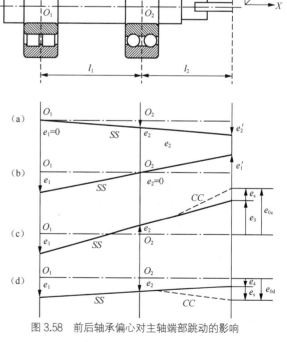

图 3.58　前后轴承偏心对主轴端部跳动的影响

2. 主轴系统刚度

机床主轴性能除了回转精度外，另一重要的指标是主轴的刚度。因为在实际的加工中，不论是车床主轴还是铣削类机床主轴，都要承受径向力和轴向力的作用，从而会引起主轴端部的位移而导致加工时产生各类误差，包括主轴的动刚度等，也会影响切削过程的稳定性，所以设计制造主轴时应尽可能提高其径向、轴向刚度。

根据切削负载大小、形式和转速等，电主轴轴承常采用图 3.59 所示的配置形式，一般是一端轴向固定、一端轴向游动的形式。一般情况下，主轴系统前端支承采用的轴承较多，一般采用 2～4 组轴承，后端支承一般采用 1～2 组轴承。配置形式组合常有前 1 后 1、前 2 后 1、前 2 后 2、前 4 后 2 等。图 3.59 （a）配置形式仅适用于负载较小的磨削用电主轴，图 3.59 中其余配置形式适用于各类型电主轴。

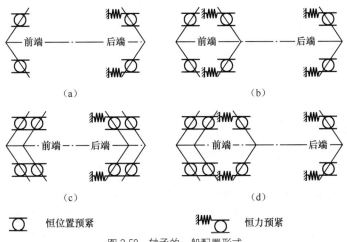

图 3.59　轴承的一般配置形式

由主轴系统的常用配置形式可看出，主轴轴系的刚度是由转子本身的刚度和轴承的刚度共同决定的。一般情况下，由于主轴转子"短而粗"，因此可认为主轴转子是刚性的，此时主轴轴系刚度主要是由轴承的刚度所决定的。在计算轴端静刚度时，由于末端是悬空状态，如果还将转子看作刚性体，将影响轴端静刚度的准确性。因此，为了提高轴端静刚度的准确性，不仅需要考虑轴承的刚度，还需要将转子看作柔性体进行分析、计算，设计主轴时应尽可能缩短悬伸长度。

针对常用的角接触球轴承，其配置形式和预紧载荷决定了电主轴的刚度、电主轴系统的承载能力及其精度，并对其使用寿命有很大影响。预紧载荷不仅能消除轴承的轴向间隙，还能提高轴承刚度、主轴的旋转精度，抑制振动和滚珠自转时的打滑现象等。因此，不同转速、不同负载下电主轴轴承的最优预紧载荷是电主轴制造厂家需要掌握的关键技术。一般情况下，预紧载荷越大，提高刚度和旋转精度的效果就越好，但是预紧载荷越大，温升就越高，可能造成烧伤，从而降低使用寿命，甚至不能正常工作。

轴承的预紧方式通常有恒位置预紧、恒力预紧和变力预紧三种，其中变力预紧方式需要借助于可调整预加载荷的装置来实现，常常应用于对使用性能和使用寿命要求更高的电主轴上。对转速不太高且变化范围比较小的电主轴一般采用恒位置预紧，但当轴系零件发热而使长度尺寸变化时，预紧载荷的大小也会相应发生变化。当转速较高和转速变化范围较大时，为了使预紧载荷的大小少受温度或转速的影响，应采用恒力预紧，即用适当的弹簧构成的预紧力补偿装置来预紧载荷。

3. 主轴精度、刚度在冷热状态下的差异

前面谈到的主轴回转精度和刚度都存在一个问题，即主轴回转精度和刚度都是在静止状态或装配的状态下考虑的。实际上，不论是主轴的回转精度还是刚度，真正需要的是在主轴处于实际工作状态下的回转精度和刚度。实际的工作状态和静止状态的最大差别是主轴和轴承都工作在有一定温度的环境下，而这一温度总是要比装配时的温度高（因为轴承和电机的发热）。换句话说，在静态下或者说装配时保证的精度没有实际意义，而是要保证有温升时的（高于装配环境温度的某一温度热平衡）精度和刚度。

温度升高后，轴承的内外圈、轴径以及轴承室孔径都会膨胀，改变了静态下装配的配合及预紧力，从而会改变轴承的过盈或间隙及预紧力，也就改变了轴承的轴向和径向刚度。

因此，轴承和主轴的设计难点在于要精确计算出有温升后的变形量，从而在静态装配时把因温升导致的膨胀量预留出来，这样可能会使装配时的精度和刚度并不理想或满足要求，而是在实际工作状态或达到新的热平衡状态时，精度和刚度才达到设计值，同时轴承的寿命才能保证；否则，在静态装配时达到了设计指标，而实际工作时可能预紧力过大，导致轴承磨损严重甚至会出现卡死现象，这恰恰是主轴和轴承设计时亟须解决的问题，也是轴承或主轴设计制造的核心。

下面对温度的影响做一个简单的定性和定量分析，详细的计算可查阅有关文献。

（1）考虑温度影响的轴承配合公差设计

主轴回转精度保证最大的难点是在冷态下装配，而使用时是在热态或者说热稳态下，带来的问题是冷态下的精度并不代表热态或者热稳态下的精度。因此就需要合理设计装配之间的公差、预紧力等，意味着冷态下的精度可能不高，但热稳态下达到需要的精度。

如图 3.60 所示的电主轴，由于轴承的发热和电主轴电机的发热，轴承在冷态下的装配状态随着局部温度的变化总是要变化的，包括主轴转子本身受热后也要伸长，致使装配时的预紧力、刚度等都要变化。如果设计不合理，在高速旋转时常常出现轴承卡死导致烧坏的情况。

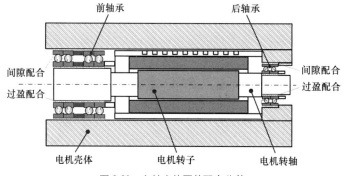

图 3.60 主轴内外圈的配合公差

图 3.60 所示角接触球轴承的一般装配结构，轴径的配合、外圈与轴承室孔的配合、轴向预紧力大小都会受到热的影响而变化。该图定性地给出了主轴内外圈的配合公差。因此此时需要分析主轴稳态下内外圈变形量的大小，实现静态下装配公差的主动设计，从而满足稳态下主轴系统的回转精度。

一般情况下，轴承外圈与轴承室的孔径为间隙配合，而内圈孔径与轴颈是过盈配合。

假如轴承在实际工作状态时相对于装配状态的温升为 ΔT（℃），轴承材料的线性膨胀系数为 α_{be}（1/℃），轴承室材料的线性膨胀系数为 α_{bh}（1/℃），轴承转子的线性膨胀系数为 α_{ro}

（1/℃），不考虑轴承室、外圈、内圈以及转轴之间存在温度梯度，均为均匀膨胀，则装配时的间隙、过盈量会变为

$$\Delta g_{ap} = \Delta l_{bh\_t} - \Delta r_{beo\_t} = \alpha_{bh} l_{bh\_t} \Delta T - \alpha_{be} r_{beo\_t} \Delta T \tag{3-54}$$

$$\Delta m_{interf} = \Delta r_{bei\_t} - \Delta l_{ro\_t} = \alpha_{be} r_{bei\_t} \Delta T - \alpha_{ro} l_{ro\_t} \Delta T \tag{3-55}$$

式中：Δg_{ap}、Δm_{interf}——轴承外圈与轴承室的装配间隙、轴承外圈与转子的装配过盈量（mm）；l_{ro_t}、r_{bei_t}、r_{beo_t}、l_{bh_t}——转子的等效长度、轴承内/外圈的等效半径和轴承室的等效长度（mm）；Δl_{ro_t}、Δr_{bei_t}、Δr_{beo_t}、Δl_{bh_t}——在 ΔT 温升下转子的膨胀量、轴承内圈的膨胀量、轴承外圈的膨胀量和轴承室的膨胀量（mm）。

（2）温度影响的轴承及主轴刚度

① 温度导致轴承刚度的变化

由 3.4.1 小节可知，主轴在 ΔT 温升的情况下，电主轴转子、轴承内外圈以及轴承室均会产生一定量的热变形，该热变形直接导致轴承滚珠的预紧力数值发生变化，即与初始完成装配状态下轴承滚珠的预紧力不同，因此，轴承的径向刚度和轴向刚度均会发生变化。在 ΔT 温升的情况下，假设轴承滚珠的实际预紧力数值为 $Q_{\Delta T}$，实际接触角为 $\alpha_{\Delta T}$，采用五自由度的 Jones-Harris 轴承拟静力学模型，第 j 个滚球的法向载荷和法向接触变形关系式（3-56）所示。

$$\begin{cases} Q_{\Delta T\text{-}ij} = K_{ij}\delta_{\Delta T\text{-}ij}^{\frac{3}{2}} \\ Q_{\Delta T\text{-}oj} = K_{oj}\delta_{\Delta T\text{-}oj}^{\frac{3}{2}} \end{cases} \tag{3-56}$$

式中：$Q_{\Delta T\text{-}ij}$、$Q_{\Delta T\text{-}oj}$——滚球 j 与内圈和外圈的接触力；K_{ij}、K_{oj}——滚球 j 与内圈和外圈接触载荷-位移系数；$\delta_{\Delta T\text{-}ij}$、$\delta_{\Delta T\text{-}oj}$——滚球 j 与内圈和外圈法向接触变形。

在轴承内圈承受外力载荷 $\boldsymbol{F}_{\Delta Tb}$，并考虑所有滚球对内圈的作用载荷，进而构建轴承内圈的力和力矩平衡方程，再结合球轴承内圈的位移量与滚球滚道法向弹性趋近量之间的变形几何相容条件，采用非线性最小二乘算法可求解外力矢量 $\boldsymbol{F}_{\Delta Tb}$ 作用下的内圈位移响应 $\boldsymbol{\Delta}_{\Delta Tb}$。依据刚度的定义公式，忽略交叉刚度，得到角接触球轴承径向（X 和 Y 方向）和轴向（Z 方向）上的支承刚度为

$$k_{\Delta Tbx} = k_{\Delta Tby} = \frac{\partial \boldsymbol{F}_{\Delta Tbx}}{\partial \boldsymbol{\Delta}_{\Delta Tbx}} \tag{3-57}$$

$$k_{\Delta Tbz} = \frac{\partial \boldsymbol{F}_{\Delta Tbz}}{\partial \boldsymbol{\Delta}_{\Delta Tbz}} \tag{3-58}$$

② 温度导致主轴系统刚度的变化

电主轴前后轴承支承多采用同型号的双联组配方式，因此，根据轴承支承刚度的串并联关系，双联组配轴承的等效支承刚度为

$$k_{q\Delta Tbx} = k_{q\Delta Tby} = 2\frac{\partial \boldsymbol{F}_{\Delta Tbx}}{\partial \boldsymbol{\Delta}_{\Delta Tbx}} \tag{3-59}$$

$$k_{q\Delta Tbz} = 2\frac{\partial \boldsymbol{F}_{\Delta Tbz}}{\partial \boldsymbol{\Delta}_{\Delta Tbz}} \tag{3-60}$$

将主轴转子等效为空间梁单元，并设每个梁单元具有两节点六自由度，即每个节点具有

X、Y、Z 方向自由度，其梁单元的刚度矩阵为

$$k_{\text{beam}} = \begin{bmatrix} \boldsymbol{k}_{11} & \boldsymbol{k}_{12} \\ \boldsymbol{k}_{21} & \boldsymbol{k}_{22} \end{bmatrix} = \begin{bmatrix} \dfrac{12EI_z}{l^3} & 0 & 0 & -\dfrac{12EI_z}{l^3} & 0 & 0 \\ 0 & \dfrac{12EI_y}{l^3} & 0 & 0 & -\dfrac{12EI_y}{l^3} & 0 \\ 0 & 0 & \dfrac{EA}{l} & 0 & 0 & -\dfrac{EA}{l} \\ -\dfrac{12EI_z}{l^3} & 0 & 0 & \dfrac{12EI_z}{l^3} & 0 & 0 \\ 0 & -\dfrac{12EI_y}{l^3} & 0 & 0 & \dfrac{12EI_y}{l^3} & 0 \\ 0 & 0 & -\dfrac{EA}{l} & 0 & 0 & \dfrac{EA}{l} \end{bmatrix} \tag{3-61}$$

考虑支承轴承位置，将主轴系统等效为三节点九自由度单元，如图 3.61 所示。

不考虑 ΔT 温升对主轴转子本体刚度的影响，结合主轴前后轴承在 ΔT 温升情况下的径向刚度和轴向刚度，根据有限元方法，该主轴系统的刚度矩阵可表示为

图 3.61　主轴系统模型

$$k_{\text{sy}} = \begin{bmatrix} \boldsymbol{k}_{11} + \boldsymbol{k}_{b1} & \boldsymbol{k}_{12} & 0 \\ \boldsymbol{k}_{21} & \boldsymbol{k}_{22} + \boldsymbol{k}_{b2} & \boldsymbol{k}_{23} \\ 0 & \boldsymbol{k}_{32} & \boldsymbol{k}_{33} \end{bmatrix} \tag{3-62}$$

式中：$\boldsymbol{k}_{b1}$、$\boldsymbol{k}_{b2}$——随温度 ΔT 变化而变化，其表达式为

$$\begin{cases} \boldsymbol{k}_{b1} = n_1 \begin{bmatrix} \dfrac{\partial \boldsymbol{F}_{\Delta Tb1x}}{\partial \varDelta_{\Delta Tb1x}} & 0 & 0 \\ 0 & \dfrac{\partial \boldsymbol{F}_{\Delta Tb1x}}{\partial \varDelta_{\Delta Tb1x}} & 0 \\ 0 & 0 & \dfrac{\partial \boldsymbol{F}_{\Delta Tb1z}}{\partial \varDelta_{\Delta Tb1z}} \end{bmatrix} \\[30pt] \boldsymbol{k}_{b2} = n_2 \begin{bmatrix} \dfrac{\partial \boldsymbol{F}_{\Delta Tb1x}}{\partial \varDelta_{\Delta Tb1x}} & 0 & 0 \\ 0 & \dfrac{\partial \boldsymbol{F}_{\Delta Tb1x}}{\partial \varDelta_{\Delta Tb1x}} & 0 \\ 0 & 0 & \dfrac{\partial \boldsymbol{F}_{\Delta Tb1z}}{\partial \varDelta_{\Delta Tb1z}} \end{bmatrix} \end{cases} \tag{3-63}$$

式中：n_1、n_2——节点 1、2 处支承轴承组配的个数。

4. 主轴其他性能要求及其保证措施

服役态下除了温升热膨胀带来的变形会影响主轴精度之外，主轴动平衡也会直接影响主轴的回转精度。主轴的冷却会降低服役态下温升带来的影响，而轴承的润滑以及主轴的密封均会减少主轴轴承的磨损，延长其使用寿命。

（1）主轴动平衡

主轴在生产制造过程中，由于制造工艺、装配质量、单件质量和零件形状不对称等原因，主轴旋转时产生重心偏离主轴中心而旋转的现象，这种现象称为主轴动不平衡，它具有与轴旋转相同的周期。这种主轴的不平衡现象常常会带来主轴的强迫振动、噪声、发热等现象，并与动不平衡质量成正比。同时由于旋转运动时产生的惯性力会加剧运动副中的动压力，进而加大运动副中的摩擦力和构件的内应力，使其磨损加剧，效率和寿命均会降低。图 3.62 给出了通用的转子动平衡的测试方法示意图。

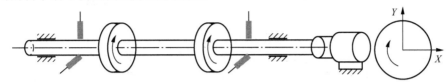

图 3.62　转子动平衡测试方法示意图

根据应用场合要求，主轴的动平衡有等级之分。按照 ISO-21940-11：2016(E)标准可将转子平衡等级分为 11 个级别，每个级别间以 2.5 倍为增量，从要求最高的 G0.4 到要求最低的 G4000。转子的动不平衡数值可由式（3-64）计算获取：

$$G = e\omega = e \cdot \frac{2\pi n}{60} \tag{3-64}$$

式中：e——相对不平衡质量的偏心距（mm）；ω、n——实际运行的最高角速度（rad/s）、最高转速（r/min）。

常用的动平衡措施主要有在线动平衡和通用动平衡两大类。

① 在线动平衡方法一般分为直接在线动平衡、间接在线动平衡和混合在线动平衡。其中直接在线动平衡方法又有喷涂式、喷液式和去重式。

● 喷涂式在线动平衡方法将高黏度物质喷射到转子上，改变转子重心位置实现动平衡。高速旋转下对转子喷射高黏度物质附着在转子上产生很大动量，对转子在短时间内产生巨大的冲击，从而产生了新的不平衡量。

● 喷液式在线动平衡装置通过改变平衡头重心位置实现在线动平衡。喷液式装置已经应用于磨床，但在使用过程中也存在因容腔容量有限导致平衡能力受限制的问题，且容腔中液体的挥发也会影响平衡精度。

● 去重式在线动平衡装置采取激光法，这种方法平衡精度高、易于控制，但是激光束会使转子表面产生伤痕，降低疲劳极限、影响表面质量、缩短使用寿命。由于激光是在短时间内将微量金属升华，因此平衡能力受限。

间接在线动平衡方法是通过作动器或轴承等方法间接调整主轴动平衡的方法。这种装置是在平衡头或者平衡盘上加与不平衡力大小相等、方向相反的力来消除不平衡量，从而达到转子系统动平衡。

② 通用动平衡又分为挠性转子动平衡和刚性转子动平衡。挠性转子动平衡方法适合高速、中速、低速运行的挠性转子。对于刚性转子动平衡常常采用双面平衡法和两平面平衡法。

（2）主轴润滑与冷却

数控机床主轴，尤其是电主轴，在工作时会产生很多热量，以致主轴温度升高，容易受损。数控机床主轴部件的润滑、冷却与密封是机床使用和维护过程中值得重视的几个问题。

良好的润滑效果可以降低轴承的工作温度和延长使用寿命。主轴轴承的润滑方式一般是根据主轴的常用工作转速进行设计、选择：低速时，采用油脂、油液循环润滑方式；高速时，采用油雾、油气润滑方式。在采用油脂润滑时，切忌随意填满，因为油脂过多会加剧主轴发热，根据经验主轴轴承的润滑油脂注入量为轴承空间容积的 10%时，效果最佳。在采用油液循环润滑时，使用中要做到每天检查主轴润滑恒温油箱，看油量是否充足，如果油量不够，则应及时添加润滑油；同时要注意检查润滑油温度范围是否合适。

为了保证主轴有良好的润滑、减少摩擦发热，同时又能把主轴组件的热量带走，通常采用循环式润滑系统，用液压泵强力供油润滑，使用油温控制器控制油箱油液温度。润滑冷却方式不仅要减少轴承升温，还要减少轴承内外圈的温差，以保证主轴热变形小。

高速主轴常见润滑方式有两种，油气润滑方式近似于油雾润滑方式，但油雾润滑方式是连续供给油雾，油气润滑则是定时、定量地把油雾送进轴承空隙中，这样既实现了油雾润滑，又避免了油雾太多而污染周围空气。喷注润滑方式是用较大流量的恒温油（每个轴承 3～4L/min）喷注到主轴轴承，以达到润滑、冷却的目的。较大流量喷注的油必须靠排油泵强制排油，而不是自然回流。同时，还要采用专用的大容量高精度恒温油箱。

在主轴轴承合适的润滑方式之外，还往往采用冷却系统对主轴进行强制冷却，带走主轴及其轴承旋转产生的热量，降低主轴及其轴承部件的升温。对数控机床用的高速电主轴而言，目前一般采取强制循环油冷却的方式对电主轴的定子及主轴轴承进行冷却，即将经过油冷却装置的冷却油强制性地在主轴定子外和主轴轴承外循环，带走主轴高速旋转产生的热量。

（3）主轴密封

机床主轴密封结构的密封性能在很大程度上影响着主轴的精度和寿命，对于启动频繁，冷却液较多的工作类主轴影响更大。在恶劣的工作环境中，机床主轴部件的密封则不仅要防止灰尘、屑末、切削液和其他污染物进入主轴部件，还要防止润滑油的泄漏。

轴承的密封可分为自带密封和外加密封两类。轴承自带密封就是把轴承自身制作成具有密封功能的设备，如轴承带防尘盖、密封圈等，这种密封占用空间很小。轴承外加密封就是在设备端盖等内部制作成具有各种功能的密封设备，主轴部件的外加密封有接触式、非接触式和混合式三种，有时也会根据实际情况进行细化分类。

（4）接触式密封

接触式密封就是密封件与其相对运动的轴承零件相接触的密封形式。该密封形式由于密封件与配合件直接接触，在转动中产生摩擦发热，很容易出现润滑的问题，接触面容易磨损，从而造成轴承的密封效果下降，轴承的质量达不到应有的要求。因此，接触式密封轴承只适用于中、低速的工作环境之下，同时要求与密封件接触处的轴表面硬度大于 40HRC，表面粗糙度 $Ra<0.8\mu m$。典型的接触式密封方式有毡圈密封、皮碗密封、密封圈密封、骨架密封、密封环密封等。

（5）非接触式密封

非接触式密封就是密封件与相对运动的轴承零件不接触，有适当间隙的密封形式。这种密封形式在轴承转动中几乎不产生摩擦热，密封盖没有磨损，这种形式适用于高速和高温工作环境。非接触式密封的间隙越小越好。对于非接触式密封，为了防止泄漏，重要的是保证回油能够尽快排掉，要保证回油孔的通畅。常用的非接触式密封有间隙密封、甩油环密封、迷宫式密封三种方式。

3.4.3 主轴性能的测量

1. 主轴回转精度测量方法

主轴回转精度测量方法一般分为两种：一种是相对传统的测量方法，即静态测量方法；

另一种是服役态下非接触式的测量方法，即动态测量方法。

主轴回转精度的传统测量方法也是一种准静态的测量方法，将一根精密心棒插入主轴孔，在其周围表面的两处及端部打表（百/千分表，一般采用精度较为灵敏的千分表），主轴慢速或极慢速回转，如图 3.63 所示。在主轴前端沿径向布置千分表，测量前端径向跳动；在主轴端面沿轴向布置千分表，测量轴向窜动；在主轴后端沿径向布置千分表，测量后端径向跳动，结合前端径向跳动，测量角度摆动。由于不能在主轴实际转速下测量，而且测量误差包含检棒的安装误差，故静态误差测量不能真实反映出真正的主轴回转精度。

服役态下主轴回转精度的非接触式测量方法一般采用非接触式位移传感器和温度传感器装在主轴指定位置，以便在稳态工作速度旋转的情况下进行数据采样，然后进行分析、处理，得出主轴的各项误差。

动态测量方法相比传统的静态测量方法，更能真实反映在不同转速下主轴的性能和精度。测量主轴全部动态回转精度需要用五个非接触式传感器，测试示意图如图 3.64 所示。

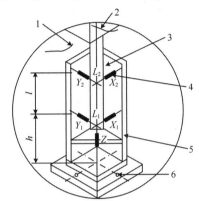

1—环境温度传感器；2—主轴轴承温度传感器；3—检棒；
4—X_1、X_2、Y_1、Y_2 为非接触式位移传感器；
5—支架；6—固定螺栓。

图 3.64　非接触式测试示意图

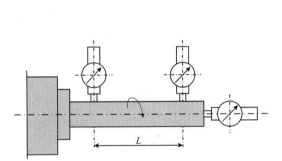

图 3.63　主轴回转精度的传统（准静态）测量方法

在实际应用中，并不是每个方向的精度都影响加工精度，只有在加工敏感方向上才会对加工精度产生影响，所以可以减少非敏感方向的传感器。市场上也有成熟的主轴回转精度非接触式测试系统，主要由高精度电容位移传感器、标准球杆、数据采集系统和回转精度测试软件组成，其测量精度取决于选择的电容位移传感器。该测试系统检测方法如下。

（1）将标准检棒安装在主轴上，五个非接触高精度电容位移传感器按照 X_1、Y_1、X_2、Y_2、Z 安装在测头固定支架上。

（2）主轴先以手动转动方式进行测量前的调整，以保证所有通道保持在测量范围。

（3）静止测量因机床自身和环境引起的主轴与工件之间的相对运动，排除非主轴因素对评价结果的干扰。

（4）进入正式测量，主轴从低速到高速，阶梯式递增旋转速度或根据需要的转速，注意不要超过检棒的最大转速。

（5）通过获取的测量数据，经处理与分析最终完成径向误差、轴向误差、倾斜误差的测量。

在使用主轴回转误差测试系统测试前，需要配套软件 SEA 对 X_1、Y_1、X_2、Y_2、Z 传感器的位置进行调整，使各个位移传感器均处于较好的测量位置，保证测量精度并避免仪器损坏，调整后的各传感器通道指示灯均应处于中间位置。测试时，为了避免热对其性能的影响，尽可能减少不同阶梯运行速度下的时间，同时采用配套的软件 SEA 对不同阶梯运行速度下的数据进行记录。

通过步骤（1）中 X_1 传感器获取的数据可得到不同阶梯速度下标准检棒靠近端部的径向误差（X 方向），通过 X_1 和 X_2 传感器获取的数据可得到标准检棒在 XZ 平面内沿 X 方向的倾角，即不同阶梯速度下标准检棒的倾斜误差（也叫径向倾斜），一般用 TIRX 表示，且 TIR X 为正。同理，通过步骤（1）中 Y_1、Y_2 传感器的数据可得到不同阶梯速度下标准检棒靠近端部的径向误差（Y 方向）及标准检棒在 YZ 平面内沿 Y 方向的倾斜误差（也叫径向倾斜），一般用 TIRY 表示，且 TIRY 为正。通过步骤（1）中 Z 传感器获取的数据可得到不同阶梯速度下标准检棒端部的轴向误差。

主轴回转误差测试系统不仅能测试径向误差、轴向误差、倾斜误差，还能测试同步误差和异步误差。同步误差是指在旋转频率整数倍时产生的总体误差的分量，误差随着轴的旋转重复该误差分量；异步误差是指在非旋转频率整数倍时产生的总体误差分量，该误差分量并不随着轴的旋转而重复。任何仪器的关键指标都是重复性，只要仪器的测量是可重复的，就能提供给我们有用的数据。图 3.65 是通过主轴回转误差测试系统中的 X、Y 两个通道测量的机床数据（径向旋转敏感误差）。

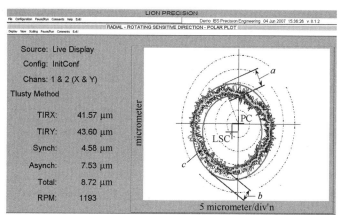

PC—绘图中心；LSC—最小二乘圆中心；a—异步误差数值；b—同步误差数值；c—同步误差绘图。

图 3.65　机床主轴径向旋转敏感误差的测试结果

从图 3.65 中可知，异步误差（Asynch）为 7.53μm，同步误差（Synch）为 4.58μm，总误差（Total）为 8.72μm，这表示机床主轴的异步误差对机床主轴性能的影响是主要问题；TIRX 表示 X 方向上径向倾斜，数值为 41.57μm；TIRY 表示 Y 方向上径向倾斜，数值为 43.60μm；RPM 表示主轴的转速，数值是 1 193。

2. 主轴静刚度的测量

主轴除了需对回转精度测量外，往往还需对其轴向和径向刚度进行测量。静态下的容易测量，测量仪器或工具也比较简单，而回转下的刚度测量，不论是加载还是变形，相对都比较复杂。

检测主轴单元静刚度时，主轴为不带刀状态。主轴静动刚度分别从径向和轴向进行测量。对于固定敏感方向的主轴部件，只需要在固定敏感方向上进行测量即可；对于旋转敏感方向的主轴部件，应在圆周若干位置进行检测，以确认其各向刚度是否一致并找到主轴刚度最低的位置。按 GB/T 13574 规定，加载力的最大值约为主轴许用最大径向或轴向力的 2/3。其中测量径向刚度时仅考虑径向负荷，测量轴向刚度时仅考虑轴向负荷。测量径向刚度的施力点规定为靠近主轴深处端（安装刀具端）的极限位置，径向位移测点位于加力点所在的垂直于轴心线的平面上且对称于加力点。测量轴向刚度时应使轴向力的作用点尽量接近轴心线，轴向位移测点位于加力点所在的平面上。加载装置的分辨率不大于 10N，位移测量装置应精确到 0.001m。测量静刚度时应至少进行三次测量，每次测量前手动转动下主轴一个角度，取三次测量结果的平均值作为最终测量结果。

3.5　机床几何精度

3.5.1　机床几何精度与几何误差

1.　机床几何精度的内涵

前述中提到过，数控机床是用来实现切削运动的。除主运动外，需要通过多个进给轴的联动来完成复杂曲面加工。进给轴的运动包含直线运动和回转运动，进给轴的运动在其位移、速度、加速度、功率及运动方向都需要精确的控制，这样在联动时才能保证所需的轨迹。因此可推断出进给轴应具有理想的直线运动和回转运动，同时各运动轴线之间在空间内必须始终保持确定的位姿关系；多数机床都是正交关系，如三轴立加的三个直线轴、车床的两个直线轴即径向进给轴与轴向进给轴之间均为正交关系（90°），个别情况下各轴之间在空间中有一定角度关系（非 90°）。只有在加工过程中和机床寿命内始终保持这样的位姿关系，才能保证零件加工的某些精度，主要表现为零件的位置精度和形状精度等。

为此，把那些理想的直线或回转运动以及它们之间的理想位姿精度称为机床的几何精度。实际上，由于机械结构在设计制造以及使用阶段各种因素的作用下，不可能做到理想的直线、回转以及轴线之间的空间角度，因此把其不理想情况下的偏差称为机床的几何误差。

2.　运动轴的几何误差项

一个刚体在三维空间中具有六个自由度，即沿空间坐标轴 X、Y、Z 直线方向的移动自由度和绕这三个坐标轴的转动自由度。因此对于机床的每个直线运动轴来说，如果把移动部件（工作台）看作刚体，也应有六个自由度，在每一个自由度方向的精度称为几何精度，相应的也就有六项误差。

六项精度中，沿运动方向的移动或者沿回转轴线的转动，恰恰是需要的进给运动，对这项精度的定义称为定位精度/重复定位精度（回转精度用角度作为单位）。影响这项精度的因素不仅与机械结构有关，还与电机、伺服性能、检测、控制方法等有关；其余的五项精度完全是由机械结构决定的。本节重点讨论直线轴的五项和回转轴的三项及其运动方向和轴线之间的位姿精度。

（1）直线轴的五项几何误差

机床的直线轴有六个自由度，对应的有六项几何精度或几何误差要求。现以工作台和沿 X 轴运动的直线轴为例进行说明，除沿 X 向运动的精度外（前面单轴运动控制已详细分析），该直线轴还有其他五项偏差（见表 3.13），即沿 Y 方向和 Z 方向的直线度误差 δ_{yx} 和 δ_{zx}（其中第一个下标 y、x 代表 Y、X 方向，第二个下标 z、x 代表 Z、X 轴），绕 X、Y 和 Z 方向的转动角度误差 ε_{xx}（滚转误差）、ε_{yx}（偏摆误差）和 ε_{zx}（扭摆俯仰误差）。很显然，这五项几何误差都是由机械结构决定的，在机械结构设计时，需要充分考虑装配后的精度要求，再合理提出相关的零件加工精度要求。

表 3.13　　　　　　　　　　　　　　机床 X 轴五项几何误差示意图

名称	误差符号及名称		示意图
X 轴	δ_{yx}	X 直线轴沿 Y 方向的直线度误差	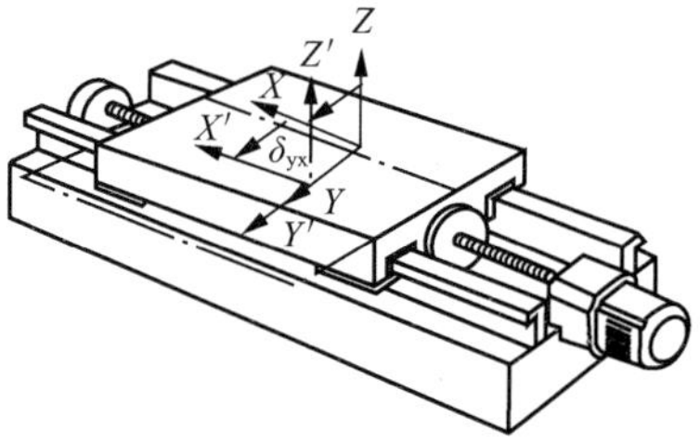
	δ_{zx}	X 直线轴沿 Z 方向的直线度误差	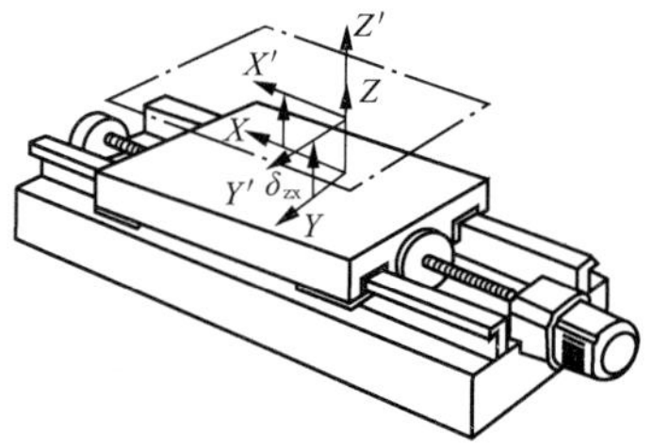
	ε_{xx}	X 直线轴绕 X 轴的转角误差	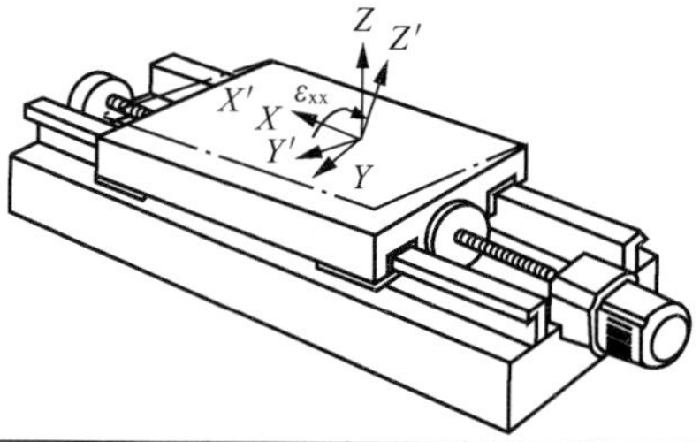
	ε_{yx}	X 直线轴绕 Y 轴的转角误差	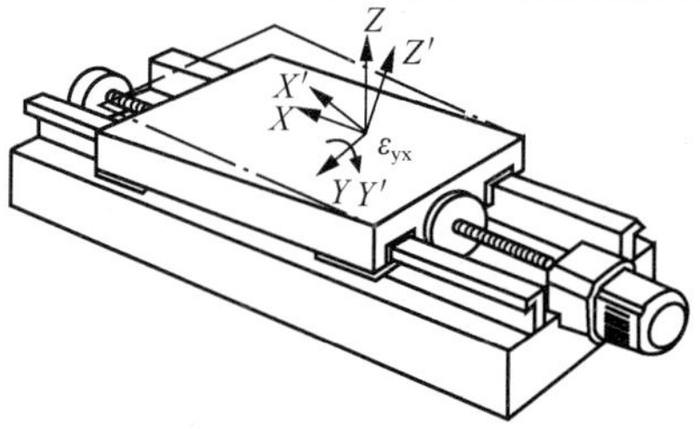
	ε_{zx}	X 直线轴绕 Z 轴的转角误差	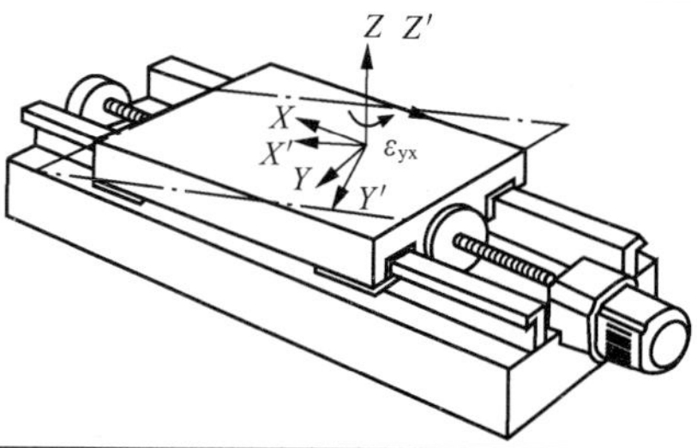

　　对于图示中的导轨滑块结构，工作台运动的五项几何误差与导轨滑块的精度有关，更与安装导轨的基面有关。对于这样的双导轨型式，设计时总要确定一副导轨为基准。由此可分析出，作为基准的主导轨在两个面内的不直度和另一个导轨副的不直度组合起来必然形成工作台的二项平动误差和三项扭动、摆动、俯仰误差。如图 3.66 所示，由于工作台的重力导致导轨在 Z 方向产生"下凹"的变形，而导轨的不直度引起了 X 直线轴沿 Z 方向的直线度误差 δ_{zx}。

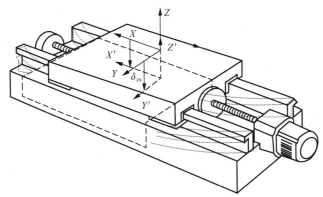

图 3.66 重力变形导致的 X 直线轴沿 Z 方向的直线度误差 δ_{zx}

这五项误差也与床身或立柱的导轨安装基面的加工精度密切相关。如图 3.67 所示，由于导轨安装面与地面平行度较差，假设安装过程中导轨无变形，则安装后导轨左侧高、右侧低，造成 X 直线轴绕 Y 轴的转角误差 ε_{yx}。

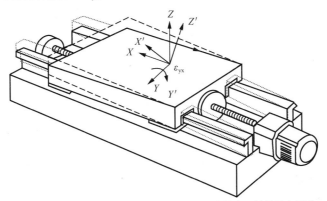

图 3.67 导轨安装基面的加工精度导致的 X 直线轴绕 Y 轴的转角误差 ε_{yx}

另外，从精度的稳定性和保持性角度，如果导轨的安装基准面受热或是内应力引起的变形，会导致五项几何误差的变化，当温度恢复后，精度也会恢复到原来的状态；但是导轨之间如果平行度误差变大，会引起各滑块的磨损不均匀，而导致这几项几何精度下降很快，使得精度保持时间缩短，从这一点上也可以得出，几何精度的保持性问题是结构设计的问题。

（2）回转轴的三项几何误差

对于回转或摆动轴，除了回转/摆动角度的控制（角位移的控制），其余还有三项误差，即径向跳动、轴向窜动和角度摆动。这三项误差完全由机械结构（即轴承、轴及轴系）装配工艺决定，或者说由轴承的精度决定，特别是对于直驱结构，常常仅使用一个复合轴承，这时该轴的径向跳动、轴向窜动以及角度摆动均由该轴承的精度所决定。

以转动轴 C 轴为例，其三项几何误差为轴向窜动 δ_{zC}（其中下标第一个 z 代表轴向 Z 方向，第二个 C 代表 C 轴）、径向跳动 δ_{rC}（其中下标第一个 r 代表径向方向，第二个 C 代表 C 轴）和角度摆动 ε_C（其中下标代表 C 轴），这三项几何误差如表 3.14 所示。

因此，机床常见的 X、Y、Z 轴各自包含的五项几何误差和 A、B、C 轴包含的三项几何误差可归纳为表 3.15 所示。

表 3.14   **转动轴轴向窜动、径向跳动和角度摆动**

名称	示意图
轴向窜动/端面跳动 δ_z	
径向跳动 δ_r	
角度摆动 ε （转台一转的总分度误差）	

表 3.15   **机床各轴误差**

名称	误差
X 轴	δ_{yx}、δ_{zx}、ε_{xx}、ε_{yx}、ε_{zx}
Y 轴	δ_{xy}、δ_{zy}、ε_{xy}、ε_{yy}、ε_{zy}
Z 轴	δ_{xz}、δ_{yz}、ε_{xz}、ε_{yz}、ε_{zz}
A 轴	δ_{xA}、δ_{rA}、ε_A
B 轴	δ_{yB}、δ_{rB}、ε_B
C 轴	δ_{zC}、δ_{rC}、ε_C

（3）各轴线的空间位姿误差

由前述可知，各运动轴线在空间中必须保证位姿精度，对于正交的运动轴线要求两个运动轴线的垂直度，而对于非正交的要求在空间中有一定的角度关系。既然是两个轴线的垂直度，设计时还要首先确定出基准的轴线，这样便于在装配时确定装配的顺序、调整以及检验，如十字滑台的两个轴线需要做到相互垂直，而基准往往选择下面的一个直线运动轴，再比如垂直轴和水平轴的相互垂直，基准往往选择水平轴，而水平轴的基准又可能是机床床身的装配基面，如图 3.68 所示。

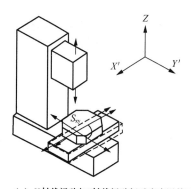
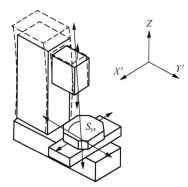

（a）X 轴线运动与 Y 轴线运动间垂直度误差 S_{xy} （b）Z 轴线运动与 Y 轴线运动间垂直度误差 S_{zy}

图 3.68   三轴立加空间位姿示意图

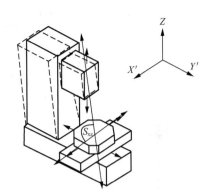

（c）*Z*轴线运动与*X*轴线运动间垂直度误差*S*_{xz}

图 3.68 三轴立加空间位姿示意图（续）

3. 典型机床的几何精度与几何误差

（1）斜床身数控车床

普通斜床身卧式车床结构如图 3.69 所示。它含有 *X*、*Z* 两个直线轴，根据单轴几何误差项的内容可知，*X* 轴有五项几何误差，*Z* 轴有五项几何误差，加上 *X* 轴和 *Z* 轴两者之间的空间位姿误差（垂直度），普通斜床身卧式车床应包含 2×5+1=11 项几何误差。

图 3.69 普通斜床身卧式车床结构

当考虑与主轴轴线的位姿时，该车床的几何误差需多加两项位姿精度，即 *Z* 轴运动方向在 *XOZ* 平面和 *YOZ* 平面内与主轴轴线的平行度误差 λ_{sx} 和 λ_{sy}，如图 3.70 所示。*X* 轴也需要与主轴轴线垂直，这相当于保证 *X* 轴与 *Z* 轴垂直后，*Z* 轴又与主轴主线平行，也就间接保证了 *X* 轴与主轴轴线垂直度的要求。不难理解，两个直线进给轴轴线的基准都应为主轴轴线，而主轴轴线的基准应为床身导轨的安装基面。

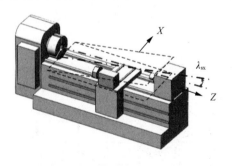

（a）*XOZ*平面

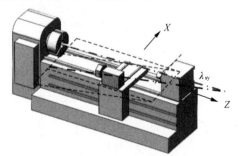

（b）*YOZ*平面

图 3.70 主轴轴线与 *Z* 轴平行度

综上所述，普通斜床身卧式车床有 2×5+1+2=13 项几何误差，相应表达符号如表 3.16 所示。

（2）三轴立加的 18 项几何误差

三个单轴每个 5 项：3×5=15（项）。

三个轴线的位姿：两两垂直度误差 3 项。

表 3.16 普通斜床身卧式车床几何误差

	名称	表达符号		名称	表达符号		名称	表达符号
X 轴	Y 方向直线度误差	δ_{yx}	Z 轴	X 方向直线度误差	δ_{xz}	位姿	X 轴与 Z 轴间垂直度误差	η_{xz}
	Z 方向直线度误差	δ_{zx}		Y 方向直线度误差	δ_{yz}		Z 轴与主轴在 XOZ 平面内平行度误差	λ_{sx}
	滚转误差	ε_{xx}		滚转误差	ε_{zz}		Z 轴与主轴在 YOZ 平面内平行度误差	λ_{sy}
	偏摆误差	ε_{yx}		偏摆误差	ε_{xz}			
	俯仰误差	ε_{zx}		俯仰误差	ε_{yz}			

对于三轴数控铣床来说，其几何精度包括各轴线线性运动的直线度，如 Y 轴线在 YZ 垂直平面内和在 XY 平面内运动的直线度，还包括各轴线线性运动的角度偏差，如 Y 轴在平行移动方向的 YZ 垂直平面内产生一定程度的俯仰、在 XY 水平面内偏摆、在垂直于移动方向的 XZ 垂直平面内倾斜，以及不同轴线间的位姿精度（线性运动间的垂直度）。三个轴含有 3×5=15 项线性运动误差，再加上 3 项位姿误差，则共有 18 项几何误差，如图 3.71 和表 3.17 所示。

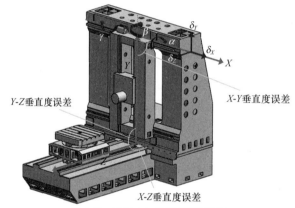

图 3.71 三轴立加几何精度示意图

表 3.17 三轴数控机床的 18 项几何误差

序号	分类	误差名称	表达符号
1	X 直线轴五项误差	Y 方向直线度误差	Δy_x
2		Z 方向直线度误差	Δz_x
3		滚转误差	$\Delta \alpha_x$
4		俯仰误差	$\Delta \beta_x$
5		偏摆误差	$\Delta \gamma_x$
6	Y 直线轴五项误差	X 方向直线度误差	Δx_y
7		Z 方向直线度误差	Δz_y
8		滚转误差	$\Delta \alpha_y$
9		俯仰误差	$\Delta \beta_y$
10		偏摆误差	$\Delta \gamma_y$

序号	分类	误差名称	表达符号
11		X 方向直线度误差	Δx_z
12		Y 方向直线度误差	Δy_z
13	Z 直线轴 五项误差	滚转误差	$\Delta \alpha_z$
14		俯仰误差	$\Delta \beta_z$
15		偏摆误差	$\Delta \gamma_z$
16		X-Y 轴垂直度误差	$\Delta \gamma_{xy}$
17	运动轴间共三项垂直 度误差	X-Z 轴垂直度误差	$\Delta \beta_{xz}$
18		Y-Z 轴垂直度误差	$\Delta \alpha_{yz}$

3.5.2 重力与温度对位姿误差的影响

重力与温度对位姿
误差的影响

上述针对机床的各类几何精度进行了介绍，但对机床的设计和制造及使用阶段，都忽略了一个重要问题，就是这些精度指标应该在什么条件下保证？是在装配时保证还是应该在什么条件下保证？尽管国家标准规定了检测这些精度指标的环境温度为 20℃，但是机床在实际使用时未必均能保证在 20℃，这就带来一个问题，这些精度指标是在 20℃保证、在装配时保证还是在实际使用时保证？如果在实际使用时保证，那么在装配时或者 20℃检测时又应该是多少？

为什么需要考虑上述问题？关键在于设计的结果在图纸上是否考虑了重力、温度变化对这些精度指标的影响。在地球上重力的作用是无法避免的，而热胀冷缩又是物质本身所具有的属性，这两者对机床的几何精度的影响就不可忽略，特别是对位姿几何精度的影响在某些结构的机床上已限制精度的提高。

以图 3.71 所示三轴立加为例（十字滑台结构），其中的三项位姿精度包括 Z 轴与 X 轴的垂直度、Z 轴与 Y 轴的垂直度、X 轴与 Y 轴的垂直度，如果把主轴轴线考虑进来，主轴轴线应在两个方向平行于 Z 轴运动方向，也就间接保证了主轴轴线垂直于 X 轴和 Y 轴。但是仔细分析后会发现，主轴轴线与 Z 轴的不平行度，Z 轴与 X、Y 的不垂直度误差导致的零件加工误差是不同的，现对重力与温度对其位姿误差的影响进行分析。

1. 重力影响分析

机床无时无刻不受到重力作用的影响，在重力作用下，机床会产生变形，如龙门结构机床的横梁下弯变形，立式机床立柱受主轴箱的重力向前倾覆，从而导致机床的几何精度，如直线度、平行度，特别是垂直度等位姿精度会发生显著变化。以十字滑台式三轴立加为例（见图 3.72），立柱在前端运动部件如主轴系统的重力作用下产生前倾变形。

由实际的结构很明显可以看出，主轴箱为了保证一定的加工范围，主轴轴线相对 Z 轴（立柱）导轨面总有一定的悬伸距离。由于主轴的重力和主轴箱的重力，会导致两种

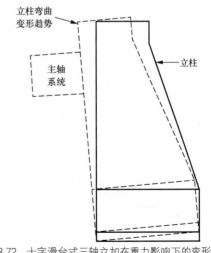

图 3.72 十字滑台式三轴立加在重力影响下的变形情况

变形：一种是立柱的前倾引起 Z 轴运动方向与 XY 轴位姿精度的变化；另一种是主轴箱和滑块自身刚度不足引起变形而导致的主轴轴线与 Z 轴运动方向在 YOZ 平面内的不平行误差。

实际上，如果精确计算两者的变形量，就可以合理设计立柱的装配基面或者 Z 轴导轨的装配基面而在装配后达到设计指标，这正是所谓的主动设计或者正向设计。对于精度指标高的机床设计，必须通过计算来保证，不能凭经验在装配时修配保证，那样会导致装配效率降低和产品的一致性变差。

现以某型号三轴高速立式加工中心 Z 轴线运动和 Y 轴线运动间的垂直度为例，对该项几何精度的主动设计流程进行介绍。通常在立柱制造完成且精度检测合格后，将主轴箱安装在立柱上，这样主轴系统的重力和倾覆力矩会造成立柱变形。以各轴重力变形数据为基础，再根据国标中几何误差的定义和测试方法，进行 Z 轴线运动与 Y 轴线运动间垂直度的计算。当计算得到的垂直度小于公差要求时则认为符合要求，但传统设计未考虑机床实际使用时的重力变形的影响，因此在服役态下 Z 轴线的运动直线度会超差。工程上可通过反复刮研立柱装配基面来保证此项几何精度，但这种措施的效率低下，往往需要多次试凑才能保证。因此，需对立柱装配基面平面度以及导轨面与立柱安装基面间垂直度进行主动设计。当立柱导轨面与地面水平方向垂直，则设计得到的导轨面与立柱安装基面间应相对地面水平方向向上倾斜，导轨面与立柱安装基面间成锐角，以抵消重力引起的变形，保证滑板运动的几何精度。

2. 温度影响分析

温度（热）的影响要比重力的影响复杂得多，一方面热是场的概念，另一方面热的变化总需要一个过程，特别是热惯性大的受热物体，这个时间会以小时计量。实际上热的影响有两种情况：一是使用时的环境温度与装配时的环境温度差别引起位姿精度的变化；二是使用时由于局部发热，机床整体要达到新的热平衡状态与装配时位姿精度的变化。当然，由于局部发热达到新的热平衡状态的过程更加复杂，为此，这里仅就热平衡状态下的位姿精度变化进行较为详细的分析。至于精确的计算，需要详细的结构和精确的温度边界才能做到。

图 3.71 所示的三轴立加机床，由于 Z 轴运动、导轨局部发热和立柱前面靠近加工区，立柱的前面相对背面存在温度梯度，必然导致立柱后仰变形，同样导致 Z 轴与 XY 轴的位姿误差以及主轴轴线与 Z 轴在 YOZ 平面内的不平行度误差。

（1）环境温度的影响

对于三轴高速立式加工中心来说，其外热源主要为环境温度。根据 ISO 230 中的规定，环境温度的重要参数包括空气的流动速度、环境温度波动的频率和幅值、平均环境温度以及环境温度的水平梯度和垂直梯度（见图 3.73）。环境温度会直接造成机床变形，影响加工精度，这也正说明了为什么进口机床在环境温度不达到一定温度时不允许开机。

（2）局部发热的影响

机床在实际使用时（服役态下），假设环境温度为恒定 25℃，由于局部发热，如进给系统在反复快速移动、主轴轴承在高速旋转时的摩擦发热，导致其与常温状态或者冷态相比，在到达热平衡后和到达热平衡过程中，产生了一定的热变形，如立柱的后仰（见图 3.74），从而导致机床几何精度，尤其是三项位姿精度（垂直度）下

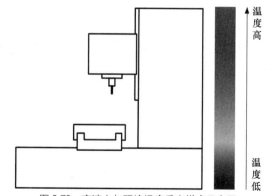

图 3.73　高速立加环境温度垂直梯度示意图

降；由图 3.75 可看出，装配时如果导轨的直线度满足指标，而在 25℃环境下使用达到新的平衡状态时，Z 轴线运动与 Y 轴线运动间的垂直度为 0.035mm。如果设计时没有考虑立柱受热的作用，直接标注出位姿精度要求，那么在装配时即使达到了要求，在实际使用时机床由于受热变形也会超差或者会使其原始误差变大。这类问题在横梁结构、单立柱结构的机床中均比较突出。

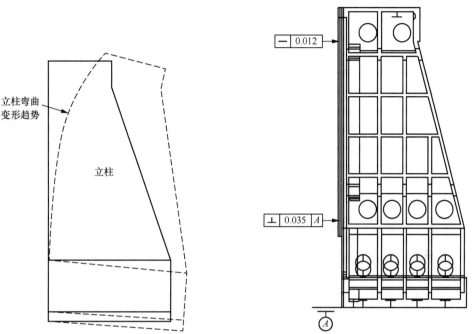

图 3.74　服役下三轴立加立柱变形示意图（热平衡态）　　图 3.75　热平衡态下 Z 轴线运动与 Y 轴线运动间的垂直度

同时需要指出，机床在实际装配检测时的热状态与机床在工作时的热状态仍然是不同的。一般情况下，机床在装配环境下各大部件及整机应该也达到一种热平衡状态。在实际使用时，随着使用时间的延长，机床由于局部发热、切削热、冷却液带来的热、电气热以及环境热等作用会达到另外一种热平衡状态（实验测试从开机连续运行到热稳态基本上需要 2h 以上），因此在实际工程中，为避免热的影响，都要先热机后再进行加工。这也说明了为什么在进行要求高的加工时，工人师傅都有热机的经验，待热机达到热平衡状态时再开始加工，这样零件的精度能得到保证。

由上述分析可以得出，这些直线轴两两的垂直度应该是在机床工作时达到热稳态时保证的；至于在装配准静态状态下检测时的值应该是多少，恰恰是在设计时通过准确地建模、计算得到，这才是理想的设计思路。具体来说，机床在装配检验时，各轴之间的位姿精度应该偏差大一些，待实际使用达到热平衡时这个偏差最小，满足要求。换句话说，装配时检测即使超差了也没关系，因为机床不在这种状态下使用，而在使用时达到热平衡后，这个位姿误差满足要求就行。

目前，国产数控机床在设计时常依据经验或借鉴国内外已有机型进行结构、尺寸等设计，再进行零部件的制造和整机装配，最终根据国标（如 GB/T 18400.2—2010）进行几何精度的检测。机床装配、检测时，通常是在静态或准静态且在室温（20℃）下进行，如果在此时检测公差小于或等于国标要求，则视作检测合格，认为机床精度达到要求。然而，在实际运行且达到热平衡态后，机床的情况已经完全改变。因此，在主动设计机床几何精度时，必须考虑机床在实际使用时热对零部件精度的影响。

机床几何精度主动设计的关键是准确计算机床在受到重力与热综合作用下其变形量。现以三轴立加 Z 轴线运动与 Y 轴线运动间垂直度为例（见图 3.76）进行说明。

该三轴立加主要部件，如主轴系统、立柱、工作台、床身，其等效重力分别为 G_1、G_2、G_3、G_4。同时，三轴立加内部存在局部热源，如主轴轴承、主轴电机、螺母与丝杠摩擦等，热量不同，热源发热量计算如下。

① 轴承摩擦热

在三轴立式加工中心中，主轴、丝杠两端常采用球轴承进行支承。轴承在机床主轴高速运转或运动轴往复运动时，轴承中的滚动体与内外滚道之间由于摩擦会产生大量的热，这些热量有一部分传入主轴、丝杠内部，引起相应

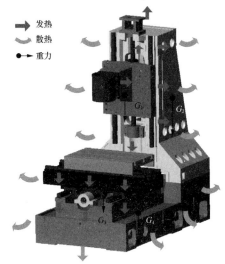

图 3.76 三轴立加受重力和热的影响

部件的温度升高，进而产生热变形。轴承摩擦发热量与主轴/丝杠转速（n）和摩擦力矩（M）成正比，计算公式为

$$Q_{\mathrm{g}} = 1.047 \times 10^{-4} nM \tag{3-65}$$

通常，轴承的总摩擦力矩 M 可用由载荷引起的摩擦力矩 M_1 与黏性摩擦力矩 M_2 之和来确定。

$$M = M_1 + M_2 \tag{3-66}$$

其中 M_1、M_2 可分别由式（3-67）与式（3-68）计算求得。

$$M_1 = f_1 \cdot F_{\beta} \cdot d_{\mathrm{m}} \tag{3-67}$$

$$M_2 = \begin{cases} 10^{-7} f_0 (vn)^{2/3} d_{\mathrm{m}}^3, & vn \geqslant 2\,000 \\ 160 \times 10^{-7} f_0 d_{\mathrm{m}}^3, & vn < 2\,000 \end{cases} \tag{3-68}$$

式中：F_{β}——轴承摩擦力矩计算负荷（N）；d_{m}——节圆直径（m）；f_0——与轴承类型和润滑条件有关的系数；v——润滑液的运动黏度（cSt，1 cSt = 1 mm²/s），对于脂润滑取基油的黏度；n——轴承转速（r/min）。

② 丝杠与螺母间的摩擦发热

丝杠螺母副的摩擦生热主要由滚珠与螺母沟槽等的摩擦引起，其生热原理与球轴承相似。螺母摩擦生热率的计算公式为

$$Q = 0.12\pi nM \tag{3-69}$$

$$M = M_{\mathrm{a}} + M_{\mathrm{b}} \tag{3-70}$$

$$M_{\mathrm{a}} = \frac{F_{\mathrm{a1}} \cdot P_{\mathrm{h}}}{2\pi\eta}(1 - \eta) \tag{3-71}$$

$$M_{\mathrm{b}} = \frac{F_{\mathrm{a0}} \cdot P_{\mathrm{h}}}{2\pi\eta}(1 - \eta^2) \tag{3-72}$$

式中：n——丝杠转速；M——总摩擦力矩；M_{a}——克服轴向力和切削力的力矩；M_{b}——阻力

扭矩之和；F_{a1}——螺母轴向力；F_{a0}——螺母预紧力；P_h——丝杠导程；η——传动效率（一般为 0.95～0.98）。

③ 电主轴内置电机发热

电主轴内置电机发热主要是电机各种损耗功率转换的热量，这些损耗主要有机械损耗、电损耗、电磁损耗和附加损耗。其中前三类损耗为主要损耗。假设电机功率损耗全部转换为热能发热，则其中 2/3 的热量由定子产生，1/3 的热量由转子产生。

机械损耗是主轴电机高速运转时，转子与定子周围空气之间摩擦引起的摩擦损耗。机械损耗功率 P_f 可按下式计算。

$$P_f = C_f \pi \rho \omega^3 R^4 L \tag{3-73}$$

式中：R——旋转体的外半径（m）；L——旋转体的长度（m）；ω——角速度（rad/s）；ρ——空气密度（kg/m³）；C_f——空气流阻系数。

电损耗主要是主轴通电后，由于定子和转子存在的电阻发热而消耗的电能。其中，电损耗功率 P_e 可用式（3-74）计算：

$$P_e = 3I_P^2 r = 3I_P^2 \rho l / S \tag{3-74}$$

式中：I_P——通过定子和转子的电流（A）；r——电机转子的单相绕组导线电阻（Ω）；ρ——转子线圈的电阻率（Ω·m），电阻率受温度变化影响；l——转子单相绕组的长度（m）；S——转子绕组线圈的截面面积（m²）。

电磁损耗是定子和转子铁芯内因磁滞和涡流所造成的损耗，其主要组成是磁滞损耗和涡流损耗。根据电磁损耗的物理意义，利用斯坦梅茨的损耗计算数学模型可计算出电主轴内置电机的电磁损耗。

$$P_m = P_h + P_c \tag{3-75}$$

式中：P_m——电磁损耗（W）；P_h——磁滞损耗（W）；P_c——涡流损耗（W）。

涡流损耗可按下式计算：

$$P_c = K_c (f \cdot B_m)^2 \tag{3-76}$$

式中：K_c——与材料相关的系数。

$$K_c = \frac{\pi^2 \delta^2}{6 \rho_c r_c} \tag{3-77}$$

式中：δ——硅钢片厚度（m）；ρ_c——铁芯的密度（kg/m³）；r_c——铁芯的电阻率（Ω·m）。

对于该机床而言，其局部热源产生的热量会以对流换热和热辐射的形式散发一部分。通常，在进行机床温度场与热变形分析时，认为机床各部件与周围流体间的对流换热是机床的主要散热方式，而忽略热辐射作用。对流换热可分为自然对流和强制对流两种形式，机床中静止的部件，如床身、立柱等与周围空气间的换热属于自然换热，而机床中移动、旋转部件及与其相接触的部件，如进给系统、主轴、导轨等与周围空气、冷却液等流体间的换热属于强制换热；强制对流又分为内部强制对流和外部强制对流。根据相关文献，可求得不同部件与周围流体间的对流换热系数 h。

$$h = (Nu \cdot \lambda) / l \tag{3-78}$$

式中：Nu——努塞特数；λ——流体导热系数（W/(m·K)）；l——特征长度（m）。

图 3.76 中机床立柱在自身重力和主轴系统的倾覆力矩作用下（G_2 和 G_1），会产生前倾趋势，而在热影响下立柱会产生后仰变形，二者综合作用，严重影响如 Z 轴线运动和 Y 轴线运

动间垂直度的几何精度。

将立柱简化为一维等截面细长杆，周围流体为恒温，对流换热系数为常数，则该情况下的导热微分方程可简化为

$$\frac{\partial^2 \theta}{\partial x^2} = \frac{1}{\alpha} \cdot \frac{\partial \theta}{\partial \tau} + N\theta \qquad (3-79)$$

式中：$\theta = T - T_f$；$N = \dfrac{hp}{\lambda}$。

稳态时，导热方程的通解为

$$\theta = T - T_f = C_1 e^{Nx} + C_2 e^{-Nx} \qquad (3-80)$$

式中：C_1、C_2——常数，可根据边界条件确定，从而获得符合要求的特解。

假设立柱在长、宽、高方向均可自由膨胀，受热后产生一定的热伸长，可得到热变形表达式为

$$u = \int \alpha_t T \mathrm{d}x + C \qquad (3-81)$$

将温度场分析中推导得到的温度分布表达式代入上式，即可求得该物体的变形量。为了简便，工程上常用"1 米 1 度 1 丝"来估算热变形量，即长度为 1m 的零件当其温度上升 1℃ 时，近似认为其热变形为 10μm。

对于结构简单的部件，如导轨、丝杠、立柱，可利用上述方法获得相应的解析解，但高速立式加工中心结构复杂，热源和散热情况多变，很难获得准确的解析解，可以借助有限元分析方法完成机床温度场和热变形的计算。近几年，随着计算机技术的发展，以及诸如 ANSYS、ABAQUS 等商业有限元仿真分析软件的不断涌现，有限元仿真技术被越来越广泛地应用于温度场和热变形分析中。与传统的解析计算不同，这些软件在有限元模型的基础上，利用数值方法对温度场及热变形二者间的关系进行仿真分析。这样不仅克服了传统导热模型求解烦琐、很难求得准确解析解的困难，而且可以在机床建造之前的设计阶段对其热特性进行仿真，通过云图将仿真结果呈现给学者和工程师，为改进机床设计、调整相关配合方式及尺寸、建立机床热误差模型、提出热变形主动抑制措施提供了依据。图 3.77 展示了利用商业软件对机床进行有限元建模并对其温度场和热变形进行仿真分析的具体流程。

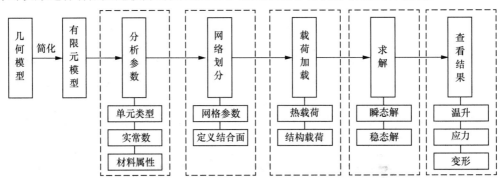

图 3.77　数控机床温度场及热变形有限元仿真分析流程示意图

根据图 3.77 可知，机床的热变形仿真分析主要分为以下步骤。

① 对机床原始几何模型进行合理简化。主要简化内容包括：删除不相关部件；删除螺钉、螺钉孔、油管、注油孔等细小特征；删除倒角和倒圆角；利用简单结构的实体模型代替复杂结构的部件，如用简单圆环代替轴承和冷却套，用阶梯轴代替主轴等；为保证网格划分质量，

删除小于 10mm 的凸台或凹槽特征；在保证整体结构不变的情况下，修改调整各模型尺寸，保证各零部件的准确装配。

② 在有限元分析软件中对简化后的模型进行相关参数设置和网格划分。

③ 设置初始条件，计算热源发热量及散热量并加载到有限元模型上。

④ 对稳态或瞬态下温度场进行仿真分析。

⑤ 将温度场仿真分析结果作为新载荷施加到有限元模型上，对其热变形进行仿真计算。

⑥ 查看、提取、处理计算结果。

以某车间使用的三轴小型立加为例，某工况下（见表 3.18），到达热稳态后机床最高温升为 20.4℃，刀尖点 Z 向最大变形量为 55.2μm。

表 3.18　　　　　　　　　　　　某三轴小型立加运行工况

工况	参数
主轴转速	5 000r/min
Y 轴进给速度	2 000mm/min
Y 轴运动行程	400mm
Z 轴进给速度	4 000mm/min
Z 轴运动行程	400mm
室温	298.15K（25℃）
冷却液温度	293.15K（20℃）

3.5.3　机床几何精度测试

传统的几何精度测试都是根据国标进行，常用的机床精度检测国标和行业标准如表 3.19 所示。

表 3.19　　　　　　　　　常用的机床精度检测国标和行业标准

标号	国标名称
GB/T 19362.1—2003	龙门铣床检验条件 精度检验 第 1 部分：固定式龙门铣床
GB/T 25658.1—2010	数控仿形定梁龙门镗铣床 第 1 部分：精度检验
GB/T 18400.1—2010	加工中心检验条件 第 1 部分：卧式和带附加主轴头机床几何精度检验（水平 Z 轴）
GB/T 20957.1—2007	精密加工中心检验条件 第 1 部分：卧式和带附加主轴头机床几何精度检验（水平 Z 轴）
GB/T 16462.1—2007	数控车床和车削中心检验条件 第 1 部分 卧式机床几何精度检验
JB/T 10792.1—2007	五轴联动立式加工中心 第 1 部分：精度检验

根据国标如 GB/T 18400.2—2010 中规定的机床检验条件和方法，以三轴立式加工中心 Z 轴线运动与 Y 轴线运动间的垂直度为例，对该项几何精度的检验进行介绍，其示意图如图 3.78 所示。

检测工具有平尺或平板、角尺和指示器，检测分为两个步骤：（1）平尺或平板置于工作台上，调整量块，保证平尺或平板是平行 Y 轴线放置的；（2）如果主轴能锁紧，将指示器安装在主轴上，否则将指示器安装在机床主轴箱上，指示器测头触及直立在平尺或平板上的角尺垂直工作面，移动 Z 轴轴线检验。误差以测量范围内指示器最大读数差值计算，根据国标要求，该项性能指标在 500mm 测量长度上误差应小于 0.02mm。

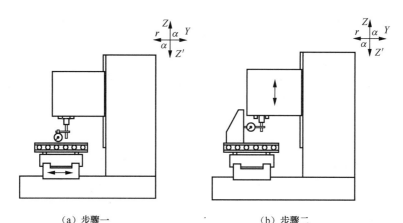

（a）步骤一　　　　　　　　　　　　　（b）步骤二

图 3.78　GB/T 18400.2—2010 中 Z 轴线运动与 Y 轴线运动间垂直度检验示意图

球杆仪作为高精度可伸缩的位移传感器，可应用于多轴机床回转轴几何精度的检测。球杆仪由磁力底座、可伸缩杆和接触球组成，其基本结构如图 3.79 所示。

检测时，球杆仪的一个接触球 O_s 固定在机床主轴端，另一个接触球 O_t 固定在转台上。

当球杆仪不受回转轴几何误差影响时，球 O_s 的球心坐标在机床坐标系中可表示为 (x_{os}, y_{os}, z_{os})，球 O_t 的球心坐标可表示为 (x_{ot}, y_{ot}, z_{ot})，故球杆仪的杆长 L 可以表示为

$$L = \sqrt{(x_{os} - x_{ot})^2 + (y_{os} - y_{ot})^2 + (z_{os} - z_{ot})^2} \tag{3-82}$$

由于机床回转轴几何误差的影响，球 O_s 的实际球心坐标变为 $(x_{os}^*, y_{os}^*, z_{os}^*)$，球 O_t 的实际球心坐标变为 $(x_{ot}^*, y_{ot}^*, z_{ot}^*)$，因此球杆仪的杆长变化量 ΔL 可以表示为

$$\Delta L = \sqrt{(x_{os}^* - x_{ot}^*)^2 + (y_{os}^* - y_{ot}^*)^2 + (z_{os}^* - z_{ot}^*)^2} - L \tag{3-83}$$

因此通过测量球杆仪在不同安装模式下实际杆长相对参考杆长的变化量，可分析机床回转轴的几何精度。利用该方法测量时，需对球杆仪的圆弧轨迹进行设计，并建立几何误差模型对相应几何精度进行辨识和分离，要求相应人员具有一定的操作能力和分析能力。

图 3.80 为多光束激光干涉仪测量示意图。与传统激光测量技术相比，利用该技术只需一次设定即可在任意方向测量线性轴全部的六个自由度，简化了原仪器的测量、调整步骤，节省了测量时间。

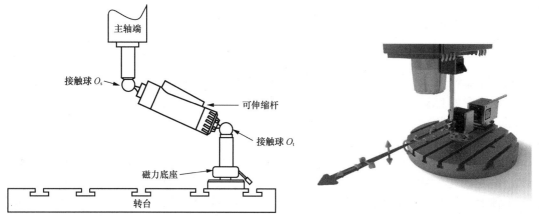

图 3.79　利用球杆仪进行几何精度检测示意图　　　　　图 3.80　多光束激光干涉仪测量示意图

3.6 机床动态性能

3.6.1 动态性能是机床性能的关键指标

机床在实际运行时（即实际加工零件时），除了承受重力等静态载荷的作用，还受到由切削力、回转件离心力、移动部件惯性力以及电机伺服力等构成的动态载荷的作用（见图 3.81）。动态载荷的大小、方向和频率成分在加工过程中还会不断变化，而这种不断变化的动态载荷作用到由机床、刀具、夹具、工件组成的加工工艺系统上，无疑使得机床处在强迫振动的状态下。如果动态载荷的激励处于机床整机或部件的某些固有频率附近时就会发生共振，严重影响加工质量，甚至可能损坏机床和刀具（见图 3.82）。

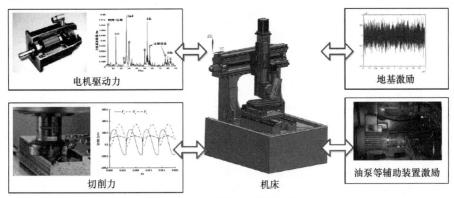

图 3.81 机床的动态激励载荷

同时，如果运动部件的振动信号被光栅或者编码器检测到并传入控制系统后，还会影响进给系统稳定性，限制运动部件的速度和加速度。由以上可以理解，数控机床不论是在设计、制造阶段还是在使用阶段，弄清机床的动态性能都是非常有必要的：一方面在设计时如何保证和提升机床的动态性能，合理地设计机床结构、零部件加工和装配工艺等；另一方面在

（a）结构强迫振动　　　　　　　（b）颤振切削

图 3.82 动态性能对零件表面质量的影响

使用时指导工艺人员如何避免机床在共振区工作，从而最大限度地发挥机床的性能，又能保证零件的加工质量。

机床动态性能好坏的指标应为刀尖点或切削点的动态响应（位移/速度/加速度），由动态激励载荷谱和整机的固有频率、模态振型、阻尼比、动刚度等动态性能参数共同决定（见图 3.83）。机床的动态性能参数由结构件与结合部的质量、刚度、阻尼特性共同决定。结构件的质量、刚度和阻尼特性由其结构型式和材料种类决定，而结合部的刚度、阻尼特性由其结构型式、结合面加工精度、装配工艺和预载荷决定。除此之外，机床的动态性能还与其运行状态密切相关，进给轴处于不同的位置、速度、加速度时，都会改变整机的质量、刚度和阻尼分布，同时因为改变结合部的受力状态也会导致整机结合部的刚度和阻尼变化，从而使得整机动态特性与机床运行状态密切相关。

因此，如何设计出好的机床动态性能是设计水平的重要体现，这就需要设计技术的支撑，而这些设计技术又属于机床设计的核心技术，都属于绝对保密。我国在这方面与发达国家还有很大差距，如何能自主地掌握机床动态性能设计技术，需要弄清影响机床动态性能的各种因素及其影响规律。在把这些算法研究透彻、可靠、可用的基础上，再开发出相应的工具软件，才能为机床设计提供相应的可靠的设计工具，从而才能保证设计的机床具有好的动态性能。

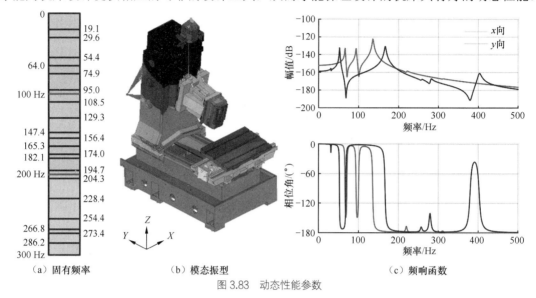

（a）固有频率　　　　　　　（b）模态振型　　　　　　　（c）频响函数

图 3.83　动态性能参数

毫无疑问，机床运行过程中的激励载荷、机床的结构型式、材料、固定结合部/动结合部的结构形式、制造精度以及装配工艺等，都对机床在实际使用时所表现出来的动态性能有影响，设计人员需要很深的机械动力学理论知识。但是在这里，仅介绍相关的基本概念和基础理论知识。

1. 机床运行过程的激励源（载荷谱）

不论哪一种机床，在实际运行时或者说在加工时，总存在着各种各样的动态激励，一般有以下几个。

（1）主轴高速回转件的离心力

主轴系统高速回转件的离心力主要源于制造、装配导致的偏心和支承轴承系统的刚度。偏心质量造成的激励力频率与主轴转频一致，其大小与偏心质量大小和偏心距有关。

（2）移动部件换向冲击导致的惯性力

工作台、主轴箱、刀库等移动部件的运动状态在加工过程中不断变化，频繁换向过程中的加速度变化会产生惯性力作用于机床。惯性力的频率和大小与移动部件质量、加减速方式、轴间耦合相关，而其方向和作用点由移动部件的位置决定。

（3）伺服电机非线性因素导致的谐波力

伺服电机是机床移动部件驱动力/力矩的来源，其实际推力/力矩并非理想的恒值，而是夹杂有众多的干扰谐波成分，力/力矩的大小和频率成分受到伺服驱动电路死区、调制以及反电动势等电路非线性因素、电感不对称、电流环的控制作用以及电机结构造成的非正弦磁场、齿槽效应、端部效应等磁场非线性因素的影响。除此之外，电机推力/力矩还与其工作状态（位移、速度、加速度）和负载密切相关。

（4）多齿刀具断续切削导致的切削力

切削力是加工过程中作用于机床的重要振源，来自多齿刀具刀刃切削状态的变化，其大小和频率成分不仅与工件材料、刀具种类和切削参数密切相关，还受到刀具和工件安装精度、主轴跳动、机床动特性、刀具磨损和崩刃等的影响。切削力一般包含三个方向的力和力矩，同时作用于刀尖点和工件切削点。

（5）机床附件的动态激励载荷

机床附件的动态激励载荷主要来自液压系统、冷却系统和配电柜等装置中的回转部件，如液压泵、循环泵和风扇等。激励载荷的频率主要由回转部件的转速和结构参数决定。

2. 机床动态性能的指标要求

尽管机床的动态性能是影响机床性能的关键性能指标，但多年来对机床的动态性能指标没有较为系统的规范或标准。根据机床的功能和其在加工过程中的作用，其动态性能指标应该包括以下几个方面。

（1）固有频率

固有频率指的是机床系统产生自由振动时的频率，其在数学上对应于动力学特征方程特征值的算术平方根，通常机床有多个固有频率。固有频率由系统本身的参数决定，与外界激励载荷、初始条件等均无关。

（2）振型

振型指的是机床以某阶固有频率自由振动时机床各处的振动形态，其在数学上对应于动力学特征方程的非零特征向量。

（3）频响函数

频响函数指的是在一定激励载荷作用下机床的动态响应与激励载荷的比值。由于频响函数具有柔度的性质，也称为动柔度。

（4）动刚度

动刚度指的是在一定激励载荷作用下激励载荷与机床的动态响应的比值。从定义可以看到，动刚度与频响函数互为倒数。

（5）振幅

振幅指的是在一定激励载荷作用下机床振动响应的波动范围。

3.6.2 机床动态性能分析的基础理论

数控机床的动态性能无疑是复杂的，不仅与机械的结构有关，还与驱动伺服特性以及数控系统和控制性能密切相关。这里只学习一些最基本的概念与原理。

1. 动力学基本概念

以机床整机沿竖直方向的振动问题为例，分析时可将整机看作一个单质量动力学系统。单质量动力学系统的结构和等效动力学模型如图 3.84 所示，m_1、c_1、k_1 分别为单质量动力学系统的等效质量、阻尼和刚度。

m_1 为整机的质量，由所有结构件的几何尺寸和密度决定。c_1 由地脚支承系统中耗能元件的特性决定，一般假设其为与速度成正比的黏性阻尼，其数值等于使阻尼元件产生单位速度所需要施加的力。k_1 由地脚支承系统中的弹簧等弹性储能元件的特性决定，线性范围内其数值一般等于使弹性元件产生

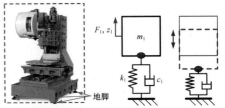

图 3.84 单质量动力学系统示意图

单位位移所需要的力大小。利用牛顿定律得到单质量动力学系统的等效动力学方程为

$$m_1\ddot{z}_1 + c_1\dot{z}_1 + k_1z_1 = F_1 \tag{3-84}$$

固有频率为 $\omega = \sqrt{k_1/m_1}$ ，阻尼比为 $\zeta = c_1/(2m_1\omega)$ ，频响函数为 $H_1(\omega) = \dfrac{1}{-m_1\omega^2 + c_1\omega j + k_1}$ ，

动刚度为 $z_1(\omega) = -m_1\omega^2 + c_1\omega j + k_1$ 。

从上述式子可以看到，单质量动力学系统的固有频率、阻尼比、频响函数等动态性能参数由其质量、刚度和阻尼共同决定。质量一定时，频响函数随刚度和阻尼比的变化规律如图 3.85 所示。频响函数的峰值频率位置随着刚度的增加而变大，对应着系统的固有频率增加。频响函数在频率为零的位置对应着静态下的柔度，该值随着刚度的增加而减小。阻尼比的增加对固有频率的影响很小，但是对频响函数在固有频率处的幅值影响显著。

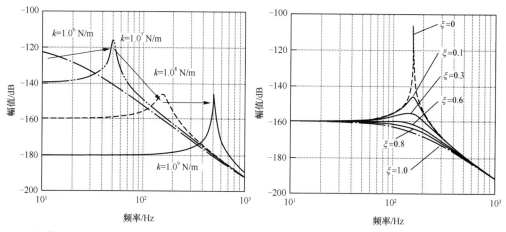

图 3.85　单质量动力学系统频响函数随刚度和阻尼比的变化规律（m_1=100kg，k_1=1.0^{8}N/m，c_1=2 000.0N·s/m，ζ=0.1）

上述简单的动力学概念告知我们，一个动力学系统在外界激励下总是工作在强迫振动状态下，如果外界激励频率与系统固有频率接近时就会产生共振。这对于机电系统来说，在工作状态时是绝对不允许出现的。为此，一般的结论是通过增大动力学系统的阻尼能减小强迫振动的影响。除此之外，绝对不能让系统工作在固有频率附近。因此应同时知道系统的动态激励载荷谱和系统的固有频率，在使用时务必避免两者接近，这正是机床的动态性能主动设计内容。

2．机床动态性能分析方法

实际机床要比上述单质量单自由度系统复杂得多，但其动态性能分析不乏一样的道理。实际机床是由多个结构件和结合部组成，基础结构件与基础结构件之间是通过固定结合部装配而成，而各移动部件之间以及与基础结构件之间是通过动结合部装配而成。如果把每个部件简化成一个质量块，则机床是典型的多质量、多自由度系统。

（1）机床的动力学建模简化

如图 3.86（a）所示三轴立式加工中心的实际结构，其主要的结构件包括床身、滑座、工作台、立柱、主轴箱等。加工过程中，主轴带动刀具旋转完成材料去除，进给系统运动让刀具移动到工件上的不同位置，完成工件表面形貌的加工，如图 3.86（b）所示。在加工过程中切削力等激励载荷的作用下，刀具和工件产生六个方向（三个移动和三个转动）的动态位移，刀具相对于工件的轴向位移和表面法向位移直接影响工件的加工精度，相对位移大小由激励载荷和整机动态性能决定。

不考虑工件—夹具—工作台系统的柔性时，整机的动态性能主要受主轴—主轴箱—立柱—床身系统动态性能的影响，由主轴箱、立柱、床身等结构件及其相互间的结合部决定。假设

动力学系统主要的刚度和阻尼来自结构件间的结合部，那么可以利用刚体动力学方法建立整机的等效动力学模型，如图3.87（a）所示。

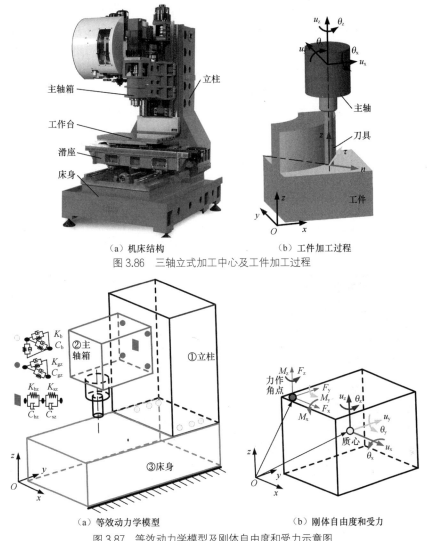

（a）机床结构　　　　　　　　　（b）工件加工过程

图 3.86　三轴立式加工中心及工件加工过程

（a）等效动力学模型　　　　　　（b）刚体自由度和受力

图 3.87　等效动力学模型及刚体自由度和受力示意图

　　该动力学模型包含①立柱、②主轴箱和③床身三个刚性质量块，一对移动结合部和一对固定结合部。立柱的等效刚性质量块有六个自由度，如图 3.87（b）所示，记为 $\boldsymbol{q}_1 = \{u_{1x}, u_{1y}, u_{1z}, \theta_{1x}, \theta_{1y}, \theta_{1z}\}^{\mathrm{T}}$，其六个方向的动态性能主要与螺钉固定结合部的刚度 $\boldsymbol{K}_b$ 和阻尼 $\boldsymbol{C}_b$ 有关，由固定结合部的表面加工质量、螺钉数量、预紧力等决定。立柱上作用的外载荷为 $\boldsymbol{F}_1 = \{F_{1x}, F_{1y}, F_{1z}, M_{1x}, M_{1y}, M_{1z}\}^{\mathrm{T}}$。同样地，主轴箱的等效刚性质量块有六个自由度，记为 $\boldsymbol{q}_2 = \{u_{2x}, u_{2y}, u_{2z}, \theta_{2x}, \theta_{2y}, \theta_{2z}\}^{\mathrm{T}}$，其中进给方向的动态性能主要由滚珠丝杠副和支承轴承的刚度 $\boldsymbol{K}_{bs}$、$\boldsymbol{K}_{bb}$ 和阻尼 $\boldsymbol{C}_{bs}$、$\boldsymbol{C}_{bb}$ 决定，而其余五个方向的动态性能与导轨滑块结合部的刚度 $\boldsymbol{K}_{gz}$ 和阻尼 $\boldsymbol{C}_{gz}$ 有关，由其类型、精度和装配工艺决定。主轴箱作用的外载荷为 $\boldsymbol{F}_2 = \{F_{2x}, F_{2y}, F_{2z}, M_{2x}, M_{2y}, M_{2z}\}^{\mathrm{T}}$。不考虑地脚支承的影响，床身等效刚性质量块底部固定，在后续动态性能分析时忽略其质量、刚度和阻尼的影响。综上所述，整机等效动力学模型包

含两个刚性质量块，共有 12 个自由度，对应的外载荷也有 12 项。

（2）主轴箱和立柱等效质量矩阵计算

主轴箱和立柱等效刚体的质量 m_i 和惯量 J_i 由其外形尺寸和材料密度决定。但立柱结构复杂，内部包含空腔、肋板等结构，很难直接计算其质量和转动惯量，一般利用其三维模型和密度在 CAD 软件中计算其质量和转动惯量。在 CAD 软件中立柱的质量和惯量信息如图 3.88 所示。那么，立柱和主轴箱两个等效刚性质量块的总质量矩阵 M_1 和 M_2 可表示为

$$M_i = \begin{bmatrix} m_i & 0 & 0 & 0 & 0 & 0 \\ 0 & m_i & 0 & 0 & 0 & 0 \\ 0 & 0 & m_i & 0 & 0 & 0 \\ 0 & 0 & 0 & J_{ixx} & J_{ixy} & J_{ixz} \\ 0 & 0 & 0 & J_{iyx} & J_{iyy} & J_{iyz} \\ 0 & 0 & 0 & J_{izx} & J_{izy} & J_{izz} \end{bmatrix} (i = 1, 2) \tag{3-85}$$

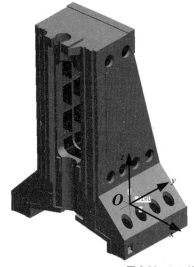

体积 = 9.6064186e-02 M^3
曲面面积 = 9.7904578e+00 M^2
密度 = 7.0306400e+03 公斤 /M^3
质量 =6.7539271e+02 公斤

根据 LIZHU 坐标边框确定重心：
X Y Z 4.2345873e-04 -3.2076428e-01 5.8338595e-01 M

相对于 LIZHU 坐标系边框之惯性。（公斤 * M^2）
惯性张量：
Ixx Ixy Ixz 4.2604300e+02 1.4960164e-01 -2.3928198e-01
Iyx Iyy Iyz 1.4960164e-01 3.7431836e+02 1.3852263e+02
Izx Izy Izz -2.3928198e-01 1.3852263e+02 1.2380172e+02

重心的惯性（相对 LIZHU 坐标系边框）（公斤 * M^2）
惯性张量：
Ixx Ixy Ixz 1.2668944e+02 5.7862749e-02 -7.2433045e-02
Iyx Iyy Iyz 5.7862749e-02 1.4445565e+02 1.2136818e+01
Izx Izy Izz -7.2433045e-02 1.2136818e+01 5.4310628e+01

主惯性矩：（公斤 *M^2）
I1 I2 I3 5.2705076e+01 1.2668941e+02 1.4606124e+02

图 3.88　CAD 软件中立柱的质量和惯量信息

（3）主轴箱等效刚度矩阵计算

主轴箱进给系统的结构如图 3.89（a）所示，包含主轴箱、直线导轨副、滚珠丝杠副、支承轴承等部分，其等效动力学模型如图 3.89（b）所示。主轴箱的六个自由度由四个导轨-滑块副和 z 向滚珠丝杠进给系统共同约束，其进给方向的刚度由 z 轴滚珠丝杠进给系统的轴向刚度决定，而其他五个方向的刚度由导轨结合部的法向刚度和切向刚度决定。两组导轨跨距为 L_{d2}，单根导轨上两个滑块间距为 L_{d1}，四个滑块与主轴箱的结合面在同一平面内。主轴箱的质心位于 $r_{c2}(x_{c2}, y_{c2}, z_{c2})$ 处，假设质心位于四个导轨滑块平面的中心，且质心在 y 向位于四个导轨滑块接触面上方 L_{dy} 处。那么，在主轴箱质心坐标系中四个导轨滑块结合部的位置 $(x_{gk}^{c2}, y_{gk}^{c2}, z_{gk}^{c2})$ 分别位于 $(-L_{d2}/2, L_{dy}, L_{d1}/2)$、$(-L_{d2}/2, L_{dy}, -L_{d1}/2)$、$(L_{d2}/2, L_{dy}, -L_{d1}/2)$ 和 $(L_{d2}/2, L_{dy}, L_{d1}/2)$。

① 重力作用下单个导轨-滑块副刚度计算

在装配过程中，四个导轨-滑块副主要受到主轴箱重力的作用，特别是水平装配和竖直使用两种状态下主轴箱重力对导轨-滑块副的作用力存在显著差异，如图 3.90 所示。

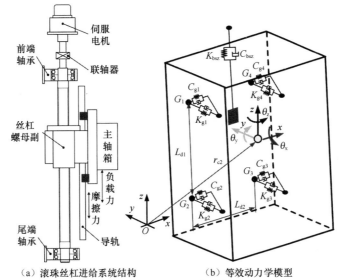

（a）滚珠丝杠进给系统结构　　（b）等效动力学模型

图 3.89　主轴箱进给系统及其等效动力学模型

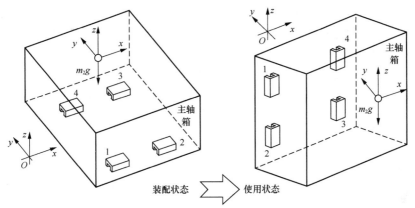

装配状态　　使用状态

图 3.90　装配和使用状态下主轴箱受力状态变化

　　竖直使用时，主轴箱在自身重力作用下的受力状态如图 3.91 所示。当主轴箱沿 z 向移动距离 $z_s(t)$ 时，各滑块的位置可分别表示为 $\boldsymbol{r}_{g1}(-L_{d2}/2, L_{dy}, L_{d1}/2+z_s)$、$\boldsymbol{r}_{g2}(-L_{d2}/2, L_{dy}, -L_{d1}/2+z_s)$、$\boldsymbol{r}_{g3}(L_{d2}/2, L_{dy}, -L_{d1}/2+z_s)$ 和 $\boldsymbol{r}_{g4}(L_{d2}/2, L_{dy}, L_{d1}/2+z_s)$。由于滑块尺寸远小于主轴箱，可以假设导轨-滑块副 k 只受到法向载荷 F_{gvk} 和切向载荷 F_{gtk} 的作用。根据导轨结构对称性假设，滑块 1、滑块 4 和滑块 2、滑块 3 上的载荷分别近似相等。那么，主轴箱系统的静力平衡方程为

$$\begin{cases} L_{d1}(F_{gv1}+F_{gv4}) + m_2 g L_{dy} = 0 \\ -L_{d1}(F_{gv2}+F_{gv3}) + m_2 g L_{dy} = 0 \\ F_{gv1} = F_{gv4},\ F_{gv2} = F_{gv3} \end{cases} \tag{3-86}$$

　　求解上述平衡方程可得各个滑块上的法向和切向载荷分别为 $(-m_2 g L_{dy}/2L_{d1}, 0)$、$(-m_2 g L_{dy}/(2L_{d1}), 0)$、$(m_2 g L_{dy}/(2L_{d1}), 0)$ 和 $(m_2 g L_{dy}/(2L_{d1}), 0)$。导轨生产厂商一般会提供单个导轨-滑块副的法向、切向的载荷-变形曲线 $\mathrm{FDV}(F_{gvk})$ 和 $\mathrm{FDT}(F_{gtk})$，根据计算得到的法向力 F_{gvk} 和切向力 F_{gtk} 可以计算滑块 k 的变形量 δ_{gk}。那么，z 轴导轨-滑块副 k 的法向和切向刚度分别为 $k_{gzvk} = \partial \mathrm{FDV}(F_{gvk}) / \partial \delta_{gvk}$ 和 $k_{gztk} = \partial \mathrm{FDT}(F_{gtk}) / \partial \delta_{gtk}$。

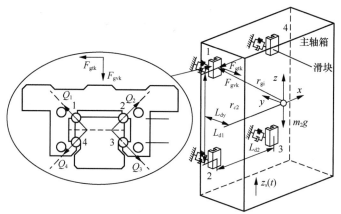

图3.91　主轴箱多导轨结合部结构及受力分析图（z轴）

② 重力作用下滚珠丝杠进给系统轴向刚度计算

滚珠丝杠进给系统的轴向刚度主要由滚珠丝杠轴系的轴承、丝杠螺母副和丝杠轴三部分的轴向刚度通过串联和并联组合得到。滚珠丝杠轴系常用的支承方式包含一端固定/一端自由、一端固定/一端支承和两端固定三种，如图 3.92（a）所示。丝杠固定端通过对不同类型的配对轴承组施加预紧实现，轴承组中多个轴承的配置方式包含面对面、背对背等，如图 3.92（b）所示。z 轴滚珠丝杠系统的主要外载荷为主轴箱的重力，其会影响轴承、丝杠螺母副的实际载荷。

z 轴滚珠丝杠轴系轴向等效刚度计算模型如图 3.93 所示，主要由左边支承轴承刚度 k_{bbliz}、右边支承轴承刚度 k_{bbriz}、丝杠螺母与左端轴承间轴段的轴向刚度 k_{bssal}、丝杠螺母与右端轴承间轴段的轴向刚度 k_{bssar} 和丝杠螺母副轴向刚度 k_{bsa} 共同决定。左端轴承数量 N_{bbl} 和右端轴承数量 N_{bbr} 由丝杠的支承方式决定。

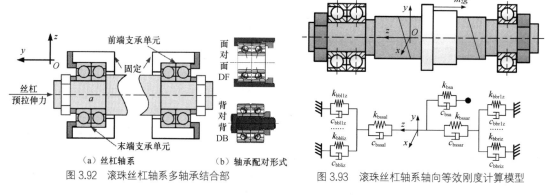

（a）丝杠轴系　　　　　　　（b）轴承配对形式
图3.92　滚珠丝杠轴系多轴承结合部　　　　　图3.93　滚珠丝杠轴系轴向等效刚度计算模型

那么，z 轴滚珠丝杠轴系的轴向刚度为

$$k_{bsz} = \cfrac{1}{1 \Big/ \left(\left(1 \Big/ \sum_{i=1}^{N_{bbl}} k_{bbiz} + 1/k_{bssal} \right)^{-1} + \left(1 \Big/ \sum_{i=1}^{N_{bbr}} k_{bbiz} + 1/k_{bssar} \right)^{-1} \right) + 1/k_{bsa}} \qquad (3\text{-}87)$$

支承轴承的刚度由其类型、外形尺寸、配对形式、预紧力和外载荷决定，厂家一般会提供不同预紧力下的轴承刚度值，但是不同外载荷情况下的轴承刚度还需要通过计算得到。计算时，假设轴承 i 的外圈固定，以单个滚球或滚柱的接触变形—载荷关系为基础，根据内圈外载荷 $\boldsymbol{F}_{bbi} = \{F_{bbix}, F_{bbiy}, F_{bbiz}, M_{bbix}, M_{bbiy}, M_{bbiz}\}^T$ 及其作用下产生的位移 $\boldsymbol{\delta}_{bbi} = \{\delta_{bbix}, \delta_{bbiy}, \delta_{bbiz}, \theta_{bbix}, \theta_{bbiy}, \theta_{bbiz}\}^T$

建立整个轴承的受力平衡方程，如图 3.94 所示。一般通过 Newmark-β 等方法迭代求解轴承的受力平衡方程得到轴承的内圈位移量 δ_{bbi} ，则轴承 i 的刚度为 $\boldsymbol{K}_{\text{bbi}} = \partial \boldsymbol{F}_{\text{bbi}} / \partial \boldsymbol{\delta}_{\text{bbi}}$ 。

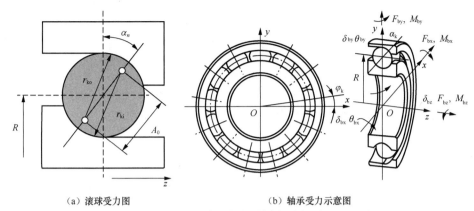

（a）滚球受力图 　　　　　　　　（b）轴承受力示意图

图 3.94　单个滚球轴承结合部受力分析

滚珠丝杠副包含丝杠轴、螺母和多个滚球（见图 3.95），其刚度主要来自滚球与丝杠轴和螺母间的结合部。滚珠丝杠副通过预紧来提高自身的刚度，常用的预紧方式有定位预紧和定压预紧两种。

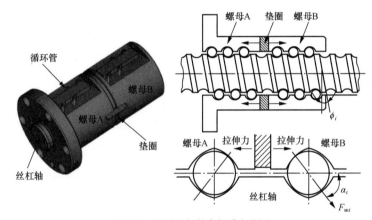

图 3.95　滚珠丝杠结合部受力分析

假设滚珠丝杠副在工作过程中只承受轴向载荷，内部滚球受力均等且其接触角保持不变。采用弹性赫兹接触理论求解各个滚球的接触状态，其中单个滚球 i 的轴向分力为

$$F_{\text{sa}i} = F_{\text{sn}i} \cos \phi_i \sin \alpha_i \tag{3-88}$$

式中：ϕ_i——导程角；α_i——法向接触角；$F_{\text{sn}i}$——法向接触力。

$$F_{\text{sn}i} = \left(\frac{4}{3} E R_{\text{s}i}^{1/2} \right) \delta_{\text{sn}i}^{3/2} \tag{3-89}$$

在初始预紧力 F_{spre} 的作用下有

$$F_{\text{spre}} = \sum_{i=1}^{N} F_{\text{sa}i} \tag{3-90}$$

联合上述各式求解可得各个滚球的法向接触力和轴向分力，那么丝杠螺母副的轴向刚度为

$$k_{\text{bsa}} = \sum_{i=1}^{N} \partial F_{\text{sa}i} / \partial \delta_{\text{sa}i} \tag{3-91}$$

丝杠轴承受轴向拉压作用时，由材料力学知识可知，其拉压刚度可采用圆柱杆的拉压刚度计算公式得到，其表达式为

$$k_{\text{bssa}} = \frac{\pi d_{\text{bss}}^2 E_{\text{bss}}}{4\,000 l_{\text{bss}}} \tag{3-92}$$

式中：d_{bss}——丝杠轴直径（mm）；l_{bss}——丝杠轴有效部分长度（mm）；E_{bss}——丝杠材料弹性模量（Pa）。

滚珠丝杠进给系统轴向刚度由轴承、丝杠螺母副和丝杠轴三部分的轴向刚度通过串联和并联组合得到，不同型式滚珠丝杠轴系的轴向刚度如表 3.20 所示。

表 3.20 不同型式滚珠丝杠轴系的轴向刚度

类型	结构示意图	轴向刚度表达式
左端固定、右端自由		$k_{\text{bsz}} = \dfrac{1}{1 / \sum\limits_{i=1}^{N_{\text{bbl}}} k_{\text{bbiz}} + 1/k_{\text{bssal}} + 1/k_{\text{bsa}}}$
左端固定、右端支承		$k_{\text{bsz}} = \dfrac{1}{1 / \sum\limits_{i=1}^{N_{\text{bbl}}} k_{\text{bbiz}} + 1/k_{\text{bssal}} + 1/k_{\text{bsa}}}$
左端固定、右端固定		$k_{\text{bs1}} = \left(1 / \sum\limits_{i=1}^{N_{\text{bbl}}} k_{\text{bbiz}} + 1/k_{\text{bssal}} \right)^{-1}$ $k_{\text{bs2}} = \left(1 / \sum\limits_{i=1}^{N_{\text{bbr}}} k_{\text{bbiz}} + 1/k_{\text{bssar}} \right)^{-1}$ $k_{\text{bsz}} = \dfrac{1}{1/(k_{\text{bs1}}+k_{\text{bs2}}) + 1/k_{\text{bsa}}}$

③ 主轴箱的等效刚度矩阵计算

单个导轨滑块结合部 k 的法向刚度和切向刚度分别记作 k_{gzvk} 和 k_{gztk}，那么导轨滑块结合部 k 对主轴箱沿 x、y 方向等效刚度分别等于导轨的切向和法向刚度，而绕 x、y、z 方向等效刚度可以通过"虚拟位移"方法得到。以绕 x 轴转动为例，假设主轴箱绕 x 轴转动很小的角度 $\text{d}\theta_x$，导轨滑块结合部 k 处的作用力为 $K_{\text{gzvk}} z_{\text{gk}}^2 \text{d}\theta_x$，相应的作用力矩为 $K_{\text{gzvk}} z_{\text{gk}}^{22} \text{d}\theta_x$，那么导轨滑块结合部 k 处绕 x 轴等效转动刚度为 $k_{\text{gzk}\_\theta_x} = K_{\text{gzvk}} z_{\text{gk}}^{c22} \text{d}\theta_x / \text{d}\theta_x = K_{\text{gzvk}} z_{\text{gk}}^{c22}$。其他方向的转动刚度可以参照上述方法计算。那么，导轨滑块结合部 k 对主轴箱的等效刚度可表示为

$$\boldsymbol{K}_{\text{gzk}}^2 = \begin{bmatrix} K_{\text{gztk}} & 0 & 0 & 0 & 0 & 0 \\ 0 & K_{\text{gzvk}} & 0 & 0 & 0 & 0 \\ 0 & 0 & 0 & 0 & 0 & 0 \\ 0 & 0 & 0 & K_{\text{gzvk}} z_{\text{gk}}^{c22} & 0 & 0 \\ 0 & 0 & 0 & 0 & K_{\text{gztk}} z_{\text{gk}}^{c22} & 0 \\ 0 & 0 & 0 & 0 & 0 & K_{\text{gztk}} y_{\text{gk}}^{c22} + K_{\text{gzvk}} x_{\text{gk}}^{c22} \end{bmatrix} \tag{3-93}$$

主轴箱的 z 向刚度由 z 轴滚珠丝杠进给系统的轴向刚度 k_{bsz} 决定，那么主轴箱结合部的等效刚度矩阵为

$$
\boldsymbol{K}_2 = \begin{bmatrix}
\sum_{k=1}^{N_{gz}} K_{gztk} & 0 & 0 & 0 & 0 & 0 \\
0 & \sum_{k=1}^{N_{gz}} K_{gzvk} & 0 & 0 & 0 & 0 \\
0 & 0 & k_{bsz} & 0 & 0 & 0 \\
0 & 0 & 0 & \sum_{k=1}^{N_{gz}} K_{gzvk} z_{gk}^{c22} & 0 & 0 \\
0 & 0 & 0 & 0 & \sum_{k=1}^{N_{gz}} K_{gztk} z_{gk}^{c22} & 0 \\
0 & 0 & 0 & 0 & 0 & \sum_{k=1}^{N_{gz}} (K_{gztk} y_{gk}^{c22} + K_{gzvk} x_{gk}^{c22})
\end{bmatrix} \tag{3-94}
$$

式中：N_{gz}——导轨副个数，此时为 4。

（4）立柱等效刚度矩阵计算

立柱全部六个方向的自由度由六个螺钉共同作用约束（见图 3.96），此时固定结合部的刚度不仅与单个螺钉结合部的刚度有关，还受到螺钉数量、分布方式和结合面大小等因素的影响。除此之外，主轴箱通过导轨结合部对立柱产生影响。因此，立柱的等效刚度矩阵由螺钉结合部和 z 轴导轨结合部的等效刚度共同决定。

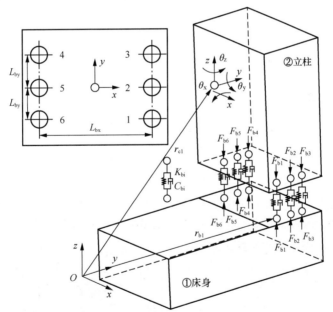

图 3.96 立柱螺钉结合部结构及等效刚度示意图

① 单个螺钉固定结合部刚度计算

螺钉结合部（见图 3.97（a））的刚度大小和分布直接影响刚体结构件六个模态的固有频率大小。单个螺钉约束被连接件和基座间三个方向的自由度（见图 3.97（c）），其三个方向的等效刚度与螺钉类型、被连接件厚度、螺孔深度和预紧力大小密切相关。单个螺钉结

合部的结构及受力分析示意图如图 3.97（b）所示，螺钉与基座的螺孔旋合 l_1 长度后，将厚度为 h 的被连接件与基座连接。在预紧力 F_{bi} 的作用下，螺钉头部向被连接件表面施加分布力 P_1，螺纹副在螺孔内壁旋合长度范围内施加分布力 P_2，使得在基座与被连接件的接触面产生分布的压力。

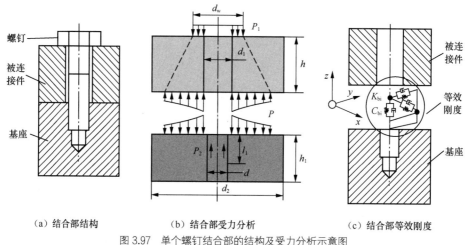

（a）结合部结构　　　　（b）结合部受力分析　　　　（c）结合部等效刚度

图 3.97　单个螺钉结合部的结构及受力分析示意图

　　由于螺钉结合部结构复杂，常采用有限元方法对接触面的压力分布进行数值求解。根据结合面压强分布的特点，常采用高斯型曲线对单个螺钉连接结合面的压强径向分布曲线进行拟合表征。

$$P(r) = a \cdot F_{bi} \cdot e^{-\frac{(r-b)^2}{c^2}} \tag{3-95}$$

式中：P——接触压强分布（MPa）；a、b、c——拟合系数，与螺钉直径 d、通孔直径 d_1、螺钉头直径 d_w、基座的螺孔旋合长度 l_1、被连接件厚度 h 等有关。

　　螺钉结合面的等效接触刚度模型如图 3.98 所示，将结合面离散为边长为 a_e 的正方形单元，每个单元 j 上的刚度与结合面材料、加工方式和平均接触压强 P_{ej} 有关，那么，螺钉结合面上的法向总接触刚度为

$$K_n = \sum_j 1.0 \times 10^6 \cdot \alpha \cdot P_{ej}^\beta \cdot S_{ej} \tag{3-96}$$

式中：P_{ej}——单元接触面上的平均接触压强（MPa）；α、β——与结合面材料和加工方式有关的常数；S_{ej}——单元的名义接触面积（mm²）；K_n——法向总接触刚度（N/m）。

　　螺钉结合部的切向刚度可以采用同样的方法计算，在实践中一般假设其值为法向的 1/3。

　　② 螺钉结合部等效刚度计算

　　六个螺钉间的布局参数如图 3.96 所示，x 和 y 向间距分别为 L_{bx} 和 L_{by}，螺钉结合面均在同一平面内。立柱的质心位于 $\boldsymbol{r}_{c1}(x_{c1}, y_{c1}, z_{c1})$ 处，假设质心位于六

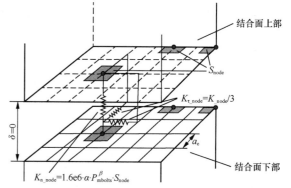

图 3.98　基于实际压强分布的螺钉结合面等效接触刚度模型

个螺钉接触平面的中心，且质心在 z 向位于螺钉接触面上方 L_{bz} 处。那么，在立柱质心坐标系中六个螺钉接触区域中心位置 $(x_{bi}^{c1}, y_{bi}^{c1}, z_{bi}^{c1})$ 分别位于 $(L_{bx}/2, -L_{by}, -L_{bz})$、$(L_{bx}/2, 0, -L_{bz})$、$(L_{bx}/2, L_{by}, -L_{bz})$、$(-L_{bx}/2, L_{by}, -L_{bz})$、$(-L_{bx}/2, 0, -L_{bz})$ 和 $(-L_{bx}/2, -L_{by}, -L_{bz})$。单个螺钉 i 结合部的三个方向刚度分别为 k_{bix}、k_{biy} 和 k_{biz}，那么单个螺钉 i 结合部对立柱的等效刚度可表示为

$$
\boldsymbol{K}_{bi}^{1} = \begin{bmatrix} K_{bix} & 0 & 0 & 0 & 0 & 0 \\ 0 & K_{biy} & 0 & 0 & 0 & 0 \\ 0 & 0 & K_{biz} & 0 & 0 & 0 \\ 0 & 0 & 0 & z_{bi}^{c12}K_{biy} + y_{bi}^{c12}K_{biz} & 0 & 0 \\ 0 & 0 & 0 & 0 & z_{bi}^{c12}K_{bix} + x_{bi}^{c12}K_{biz} & 0 \\ 0 & 0 & 0 & 0 & 0 & y_{bi}^{c12}K_{bix} + x_{bi}^{c12}K_{biy} \end{bmatrix} \quad (3\text{-}97)
$$

式中：绕 x、y、z 方向等效刚度可以通过"虚拟位移"方法得到。以绕 x 轴转动为例，假设立柱绕 x 轴转动很小的角度 $d\theta_x$，那么螺钉 i 结合部处的作用力为 $K_{biy}z_{bi}^{c1}d\theta_x + K_{biz}y_{bi}^{c1}d\theta_x$，相应的作用力矩为 $K_{biy}z_{bi}^{c12}d\theta_x + K_{biz}y_{bi}^{c12}d\theta_x$，那么螺钉 i 的结合部处绕 x 轴的等效转动刚度表达式可写为 $k_{bi\_\theta_x} = (K_{biy}z_{bi}^{c12} + K_{biz}y_{bi}^{c12})d\theta_x / d\theta_x = K_{biy}z_{bi}^{c12} + K_{biz}y_{bi}^{c12}$。其他方向的转动刚度可以参照上述方法计算。

那么，立柱的整个螺钉结合部的等效刚度为

$$
\boldsymbol{K}_{b1} = \sum_{i=1}^{N_b} \boldsymbol{K}_{bi}^{1} = \begin{bmatrix} \sum_{i=1}^{N_b}K_{bix} & 0 & 0 & 0 & 0 & 0 \\ 0 & \sum_{i=1}^{N_b}K_{biy} & 0 & 0 & 0 & 0 \\ 0 & 0 & \sum_{i=1}^{N_b}K_{biz} & 0 & 0 & 0 \\ 0 & 0 & 0 & K_{b144} & 0 & 0 \\ 0 & 0 & 0 & 0 & K_{b155} & 0 \\ 0 & 0 & 0 & 0 & 0 & K_{b166} \end{bmatrix} \quad (3\text{-}98)
$$

式中：各参数表达式为 $K_{b144} = \sum_{i=1}^{N_b}(z_{bi}^{c12}K_{biy} + y_{bi}^{c12}K_{biz})$，$K_{b155} = \sum_{i=1}^{N_b}(z_{bi}^{c12}K_{bix} + x_{bi}^{c12}K_{biz})$，$K_{b166} = \sum_{i=1}^{N_b}(y_{bi}^{c12}K_{bix} + x_{bi}^{c12}K_{biy})$，$N_b$ 为螺钉个数，此时为 6。

综上所述，立柱螺钉结合部等效刚度的计算过程为通过螺钉预紧力分析得到的单个螺钉周围接触面的接触压力分布，然后根据其单位面积上的刚度—压力关系计算得到单个螺钉结合部的接触刚度，最后利用螺钉位置与立柱质心之间的相对位置得到各个螺钉对立柱六个方向的约束刚度，进而将所有螺钉的约束刚度相加得到螺钉结合部的整体刚度矩阵。

③ 导轨结合部等效刚度计算

主轴箱与立柱间的导轨结合部刚度也会对立柱产生影响。假设立柱质心位于四个导轨滑块平面的中心，且质心在 y 向位于四个导轨滑块接触面后方 L_{dcx} 处。那么，在立柱质心坐标系中四个导轨滑块结合部的位置 $(x_{gi}^{c1}, y_{gi}^{c1}, z_{gi}^{c1})$ 分别位于 $(L_{dcx}, -L_{d2}/2, L_{d1}/2)$、$(L_{dcx}, -L_{d2}/2, -L_{d1}/2)$、

$(L_{dcx}, L_{d2}/2, -L_{d1}/2)$ 和 $(L_{dcx}, L_{d2}/2, L_{d1}/2)$。导轨滑块结合部 k 对立柱的约束刚度 $\boldsymbol{K}_{gzk}^1$ 为

$$\boldsymbol{K}_{gzk}^1 = \begin{bmatrix} K_{gztk} & 0 & 0 & 0 & 0 & 0 \\ 0 & K_{gzvk} & 0 & 0 & 0 & 0 \\ 0 & 0 & 0 & 0 & 0 & 0 \\ 0 & 0 & 0 & K_{gzvk}z_{gk}^{c12} & 0 & 0 \\ 0 & 0 & 0 & 0 & K_{gztk}z_{gk}^{c12} & 0 \\ 0 & 0 & 0 & 0 & 0 & K_{gztk}y_{gk}^{c12}+K_{gzvk}x_{gk}^{c12} \end{bmatrix} \quad (3\text{-}99)$$

那么，立柱的导轨滑块结合部共同的等效刚度为

$$\boldsymbol{K}_{g1} = \begin{bmatrix} \sum\limits_{k=1}^{N_{gz}}K_{gztk} & 0 & 0 & 0 & 0 & 0 \\ 0 & \sum\limits_{k=1}^{N_{gz}}K_{gzvk} & 0 & 0 & 0 & 0 \\ 0 & 0 & 0 & 0 & 0 & 0 \\ 0 & 0 & 0 & \sum\limits_{k=1}^{N_{gz}}K_{gzvk}z_{gk}^{c12} & 0 & 0 \\ 0 & 0 & 0 & 0 & \sum\limits_{k=1}^{N_{gz}}K_{gztk}z_{gk}^{c12} & 0 \\ 0 & 0 & 0 & 0 & 0 & \sum\limits_{k=1}^{N_{gz}}(K_{gztk}y_{gk}^{c12}+K_{gzvk}x_{gk}^{c12}) \end{bmatrix} \quad (3\text{-}100)$$

④ 立柱的等效刚度矩阵计算

立柱相对于主轴箱的等效刚度矩阵 $\boldsymbol{K}_1$ 由螺钉结合部和导轨滑块结合部的等效刚度共同决定，那么有

$$\boldsymbol{K}_1 = \boldsymbol{K}_{b1} + \boldsymbol{K}_{g1}$$

$$= \begin{bmatrix} \sum\limits_{i=1}^{N_b}K_{bix}+\sum\limits_{k=1}^{N_{gz}}K_{gztk} & 0 & 0 & 0 & 0 & 0 \\ 0 & \sum\limits_{i=1}^{N_b}K_{biy}+\sum\limits_{k=1}^{N_{gz}}K_{gzvk} & 0 & 0 & 0 & 0 \\ 0 & 0 & \sum\limits_{i=1}^{N_b}K_{biz} & 0 & 0 & 0 \\ 0 & 0 & 0 & K_{1\theta_x\theta_x} & 0 & 0 \\ 0 & 0 & 0 & 0 & K_{1\theta_y\theta_y} & 0 \\ 0 & 0 & 0 & 0 & 0 & K_{1\theta_z\theta_z} \end{bmatrix} \quad (3\text{-}101)$$

式中，$K_{1\theta_x\theta_x} = \sum\limits_{i=1}^{N_b}(z_{bi}^{c12}K_{biy}+y_{bi}^{c12}K_{biz})+\sum\limits_{k=1}^{N_{gz}}K_{gzvk}z_{gk}^{c12}$ ；

$K_{1\theta_y\theta_y} = \sum\limits_{i=1}^{N_b}(z_{bi}^{c12}K_{bix}+x_{bi}^{c12}K_{biz})+\sum\limits_{k=1}^{N_{gz}}K_{gztk}z_{gk}^{c12}$ ；

$$K_{1\theta_z\theta_z} = \sum_{i=1}^{N_b}(y_{bi}^{c12}K_{bix} + x_{bi}^{c12}K_{biy}) + \sum_{k=1}^{N_{gz}}(K_{gztk}y_{gk}^{c12} + K_{gzvk}x_{gk}^{c12})。$$

（5）主轴箱和立柱等效阻尼矩阵计算

阻尼指的是结构件和结合部在振动过程中耗散能量的能力。根据阻尼形成的机理，常用的阻尼包含材料阻尼、黏性阻尼和摩擦阻尼。材料阻尼与材料内位错运动、塑性滑移有关，对应金属材料应力应变迟滞回线的面积（见图 3.99（a）），常用材料的损耗因子 $\eta = E_{耗散}/E_{机械能}$，如表 3.21 所示。黏性阻尼与物体的运动速度相关，如流体中运动物体的黏滞阻力 F_d（见图 3.99（b）），常用阻尼系数 c 表示。摩擦阻尼（见图 3.99（c））与库伦摩擦力相关，其方向与运动速度方向相反，用摩擦系数和正压力表示，摩擦阻尼力 $F_\mu = -\mathrm{sng}(v)\mu F_n$。

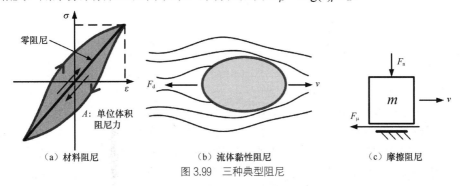

（a）材料阻尼　　　　（b）流体黏性阻尼　　　　（c）摩擦阻尼

图 3.99　三种典型阻尼

表 3.21　　　　　　　　　　常用材料的损耗因子

材料名称	阻尼损耗因子	材料名称	阻尼损耗因子
钢、铁	0.000 1～0.000 6	混凝土	0.015～0.05
铝	0.000 5～0.002 0	大理石	0.001
铜	0.002	树脂基矿物复合材料	0.2
玻璃	0.000 6～0.002 0	黏弹材料	0.2～5.0
塑料	0.005	阻尼橡胶	0.1～5.0

由于系统阻尼的数值较难确定，计算时常将阻尼矩阵采用比例阻尼进行等效简化，可表示为

$$\boldsymbol{C} = \alpha\boldsymbol{M} + \beta\boldsymbol{K} \tag{3-102}$$

式中：$\boldsymbol{M}$、$\boldsymbol{K}$、$\boldsymbol{C}$——动力学系统的质量、刚度和阻尼矩阵；α、β——比例阻尼系数，其计算公式如式（3-103）。

$$\begin{cases} \alpha = \dfrac{2(\zeta_i\omega_j - \zeta_j\omega_i)}{(\omega_j + \omega_i)(\omega_j - \omega_i)}\omega_j\omega_i \\[4mm] \beta = \dfrac{2(\zeta_j\omega_j - \zeta_i\omega_i)}{(\omega_j + \omega_i)(\omega_j - \omega_i)} \end{cases} \tag{3-103}$$

式中：ω_i、ω_j——任意两阶固有频率；ζ_i、ζ_j——任意两阶模态的阻尼比。

（6）整机动力学方程建立

在图 3.87（a）中的整机等效动力学模型中，立柱和主轴箱两个结构件的自由度为 $\boldsymbol{q}_i = \{u_{ix}, u_{iy}, u_{iz}, \theta_{ix}, \theta_{iy}, \theta_{iz}\}^T (i = 1,2)$，作用的外载荷为 $\boldsymbol{F}_i = \{F_{ix}, F_{iy}, F_{iz}, M_{ix}, M_{iy}, M_{iz}\}^T$。床身与立柱间的刚度和阻尼参数由螺钉结合部决定，立柱与主轴箱间的刚度和阻尼参数由导轨、

丝杠、轴承等动结合部决定。考虑上述固定和动结合部的影响，采用比例阻尼时立柱和主轴箱系统的动力学方程为

$$Mq + Cq + Kq = F \tag{3-104}$$

式中：$q = \{q_1, q_2\}^{\mathrm{T}}$，$M = \begin{bmatrix} M_1 & 0 \\ 0 & M_2 \end{bmatrix}$，$K = \begin{bmatrix} K_1 & 0 \\ 0 & K_2 \end{bmatrix}$，$C = \alpha M + \beta K$，$F = \{F_1, F_2\}^{\mathrm{T}}$。

（7）动态性能参数求解

通过整机的动力学方程，可得无阻尼固有频率 ω_i 和振型 q_i 满足

$$(K - \omega_i^2 M) q_i = 0 \tag{3-105}$$

求解上述方程可得系统的固有频率和振型。整机的动刚度 $Z(\omega)$ 和频响函数 $H(\omega)$ 分别为

$Z(\omega) = -M\omega^2 + C\omega \mathrm{j} + K$ 和 $H(\omega) = Z(\omega)^{-1}$。

以图 3.86（a）的三轴立式加工中心为例，其主轴箱质量为 504.55kg，绕 X、Y、Z 轴的转动惯量依次为 15.67kg·m²、12.20kg·m² 和 14.06kg·m²，立柱质量为 1 959.90kg，绕 X、Y、Z 轴的转动惯量依次为 381.15kg·m²、365.00kg·m² 和 58.48kg·m²，立柱和床身间四个螺钉结合部的法向和切向刚度分别为 $4.0×10^9$N/m 和 $2.0×10^9$N/m，Z 轴导轨的法向和切向刚度分别为 $8.0×10^8$N/m 和 $4.0×10^8$N/m。利用上述方法计算得到的三轴立式加工中心的 12 阶模态振型如图 3.100 所示，刀尖点三个方向的原点频响函数如图 3.101 所示。

（a）模态①　（b）模态②　（c）模态③　（d）模态④

（e）模态⑤　（f）模态⑥　（g）模态⑦　（h）模态⑧

（i）模态⑨　（j）模态⑩　（k）模态⑪　（l）模态⑫

图 3.100　三轴立式加工中心的 12 阶模态振型

可以看到,刀尖点频响函数中的主要幅值点对应的模态为 1~3 阶和 6~8 阶,图 3.100 中的这些模态振型的主要变形发生在立柱和主轴箱上,因此对刀尖点各个方向的频响函数影响最显著。

3. 机床动态性能主动设计的意义

由前文分析可知,机床刀尖点和切削点的动态响应由动态激励载荷和整机的动态性能参数共同决定。研究机床动态性能的目的是预测整机结构共振雷区

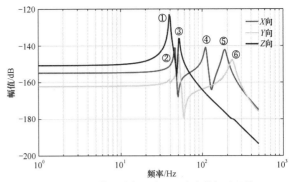

图 3.101 三轴立式加工中心刀尖点的频响函数

和动态载荷,避免产生共振或动态响应超差,进而通过动态性能主动设计,在设计和使用阶段合理优化动态载荷和动态性能参数来提高机床的加工效率和零件表面质量。

(1)设计阶段机床结构布局主动设计调整响应敏感方向

机床的结构布局指的是各组成结构件的外形尺寸、空间位置及其相对约束关系。不同的结构布局体现为结构件外形尺寸、结构件的相对位置、结合部的空间布置方式、各运动轴的耦合关系等重要参数的区别,进而决定了整机的质量、刚度和阻尼分布,最终影响机床整机的静态和动态性能。结构布局的主动设计即根据零件的工艺特点和精度需求,设计机床的运动参数、进给轴关系、结构件初始形态和结合部预设参数,以整机静态和动态性能需求为目标确定优化的结构件外形、空间位置和结合部布置方式。三轴立式加工中心的典型构型如图 3.102 所示,不同构型机床的前四阶固有频率和振型存在很大差别,进而使得刀尖点不同方向的频响函数存在很大不同(见图 3.103)。从图 3.103 中可以看到,当加工中存在 200.0~300.0Hz 范围内的载荷时,固定工作台式机床不容易产生共振,能够更好地满足加工需求。

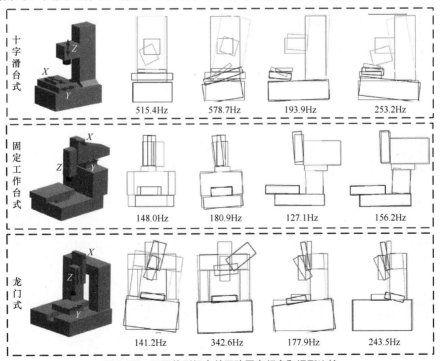

图 3.102 不同构型机床前四阶固有频率和振型比较

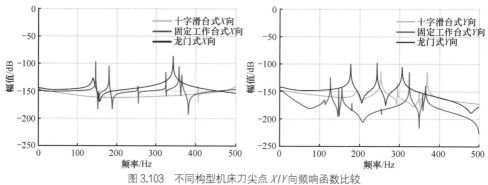

图 3.103　不同构型机床刀尖点 *X*/*Y* 向频响函数比较

（2）设计阶段预测和调整雷区以避免共振

功能部件和整机的固有频率主要由结构件的质量和刚度与结合部的刚度决定。床身、立

柱、工作台等结构件的刚度和质量由其材料力学属性、内部筋板布置和外形尺寸等参数决定。结构件内部筋板的典型结构如图 3.104 所示，结构件的质量一定时，通过采用不同类型的筋板能够提高结构件的刚度，进而影响固有频率的大小。结合部的刚度由其类型、加工精度和装配工艺等参数决定。以直线轴的滑动导轨为例（见图 3.105），滚球式导轨、滚柱式导轨和静压导轨的支承刚度依次增加，

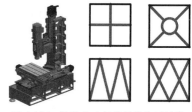

图 3.104　结构件内部筋板的典型结构

通过改变导轨的类型提升其支承刚度，可以显著改善工作台的频响函数（见图 3.106）。

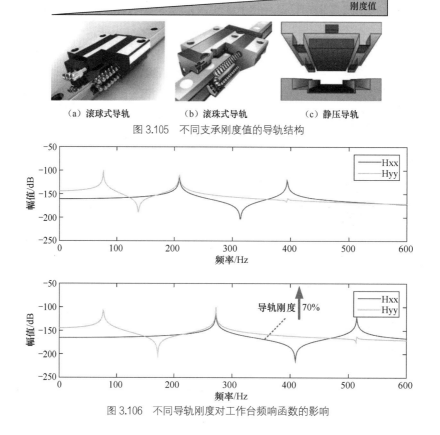

（a）滚球式导轨　　　（b）滚珠式导轨　　　（c）静压导轨

图 3.105　不同支承刚度值的导轨结构

图 3.106　不同导轨刚度对工作台频响函数的影响

（3）设计阶段增加阻尼减小响应幅值

在载荷作用下刀尖点和工件切削点的振动响应幅值还受到结构件和结合部的阻尼参数影响。床身、立柱、工作台等结构件的阻尼主要由材料的阻尼特性决定，通过采用铸石（见图 3.107（a））、混凝土、泡沫铝（见图 3.107（b））、碳纤维等高阻尼材料能够显著提升结构件的阻尼特性。同样地，结合部的阻尼由其类型、加工精度、装配工艺等决定。以直线导轨为例，通过增加油膜（见图 3.108（a））或树脂涂层（见图 3.108（b））来增强导轨连接部件相对振动过程中的能量耗散，能够显著增大导轨的阻尼参数。

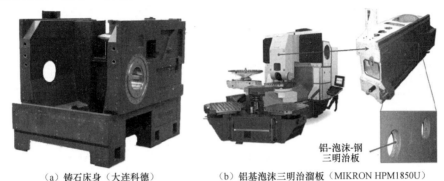

（a）铸石床身（大连科德）　　　　（b）铝基泡沫三明治溜板（MIKRON HPM1850U）

图 3.107　采用高阻尼系数材料的床身和溜板

（4）使用阶段在确定工艺参数时应避开共振区

动态激励载荷的作用效果由其大小、频率、方向和作用点决定。在加工过程中，主要的激励载荷为切削力，其大小由切削工艺参数决定。为了减小动态载荷对刀尖点和工件切削点相对位移的影响，我们需要相应地改变载荷的大小、频率、方向和作用点。

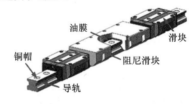

（a）油膜阻尼导轨　　　　（b）树脂涂层滑块

图 3.108　直线导轨的典型阻尼结构

以滚珠丝杠传动直线轴为例（见图 3.109），工作台不同位置和方向的频响函数存在很大的不同，也就是说改变切削力的作用方向能够显著减小工作台的振动位移。

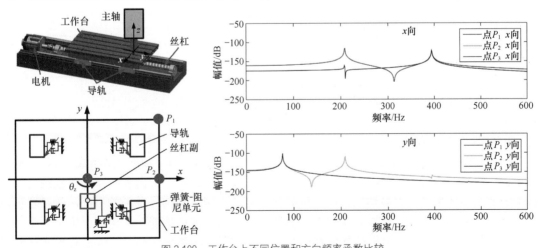

图 3.109　工作台上不同位置和方向频率函数比较

3.6.3 机床动态性能的测试

1. 测试目的

在动力学理论分析过程中，对结构件和结合部的质量、刚度和阻尼计算过程进行了各种假设和等效，使得理论分析结果与实际机床的动态性能存在一定误差，而实际机床的动态性能参数只能通过试验测试获得。机床的动态性能测试即利用实验的方法，通过采集机械系统的激励载荷和振动信号识别出机床的模态质量、刚度、阻尼比等模态参数，为动态性指标参数辨识、动力学理论模型验证、结构动力特性的优化设计、工作状态评估和故障诊断等提供依据。

2. 测试原理

动态性能参数获取的方法主要有频域法和时域法，其中利用频响函数矩阵的频域法是使用最广泛的方法。实际机床的频响函数是通过对激励载荷和响应的信号进行频域变换后计算得到的。实测的信号为连续信号，先进行离散化，通过离散傅里叶变换获取其频域信号为

$$G(\pmb{x}(t)) = \pmb{X}(n\Delta f) = \sum_{k=0}^{N} \pmb{x}(k\Delta t)e^{-\frac{j2\pi nk}{N}} \tag{3-106}$$

式中：n——频率采样点号；k——时域采样点号；N——采样点点数；Δt——采样的时间间隔；Δf——频率分辨率。

那么结构的实测频响函数为

$$\pmb{H}(\omega) = \frac{G(\pmb{x}(t))}{G(\pmb{F}(t))} \tag{3-107}$$

通过频响函数获取动态性能参数的测试原理以单自由度系统为例说明。单自由度系统的频响函数（见图 3.110）为

$$H(\omega) = \frac{k - m\omega^2}{(k - m\omega^2)^2 + \omega^2 c^2} - i\frac{\omega c}{(k - m\omega^2)^2 + \omega^2 c^2} = H_R(\omega) + iH_I(\omega) \tag{3-108}$$

令实部 $H_R(\omega) = 0$ 可得固有频率为 $\omega_n = \sqrt{k/m}$，频响函数的实部存在两个极值点，通过 $H_R'(\omega) = 0$ 可得 $\omega_{2,3} = \omega_n(1 \quad \zeta_n)$，那么，模态阻尼比为

$$\zeta_q = (\omega_3 - \omega_2)/(2\omega_n) \tag{3-109}$$

假设频响函数虚部的幅值 $H_I(\omega)$ 为 A，那么模态刚度为 $k = -A/(2\zeta_q)$，进而可得模态质量和阻尼系数分别为 $m = k\omega_n^2$ 和 $c = 2\zeta_q\sqrt{mk}$。

机床的结构件、功能部件和整机一般为多自由系统，其动态性能参数测量和辨识可以采用与单自由度系统相似的原理进行。

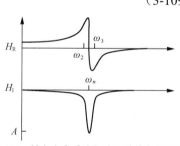

图 3.110　单自由度系统频响函数的实部和虚部

3. 测试仪器及组成

动态性能测试系统由激励装置、传感器、信号分析仪和数据处理系统四部分组成（见图 3.111）。激励装置主要指的是力锤和激振器，对被测对象施加不同大小、方向和频率的激励载荷。传感器用来采集被测对象的振动位移、速度和加速度，按照采集信号种类的不同，传感器可以分为位移传感器、速度传感器和加速度传感器。传感器主要的性能指标包括灵敏度、带宽、线性范围和质量等。信号分析仪接收激励装置的力信号和传感器的信号，并进行模数转换等基本的信号处理。数据处理系统根据采集的各类数据，利用信号处理和模态分析相关的理论

获得被测对象的固有频率、振型、频响函数等动态性能参数。

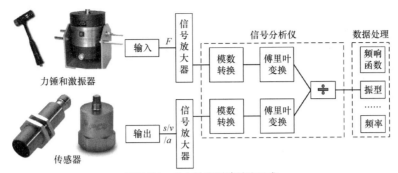

图 3.111 动态性能测试系统组成

以某型龙门加工中心的滚珠丝杠直线进给系统为例，对其动态性能进行测试时的测试系统组成如图 3.112 所示。激励装置为 PCB 086D20 力锤，利用 PCB 356A66 型加速度传感器获取工作台的振动数据。力和加速度信号通过 LMS SCADAS Mobile 振动噪声采集仪采集，采集到的数据存入计算机。然后利用 LMS Test Lab 数据处理软件对实验信号进行处理，计算得到直线进给系统的固有频率、振型、频响函数等动态性能参数。

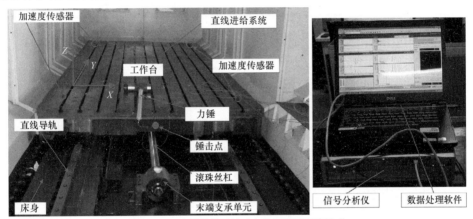

图 3.112 直线进给系统动态性能测试系统组成

4. 测试方法

按照测试时是否需要激励力输入，动特性测试方法可以分为试验模态分析（experimental modal analysis，EMA）和运行模态分析（operational modal analysis，OMA）。试验模态分析以力锤或者激振器作为激励源，包含单点激励单点拾振（single input & single output，SISO）、单点激励多点拾振（single input & multiple output，SIMO）和多点激励多点拾振（multiple input & multiple output，MIMO）三类。运行模态分析适用于运行中的机械系统在环境激励下的动态性能测试，通过测量系统的响应数据来获取结构的模态参数，测试结果反映了系统在真实工作环境下的性能。目前，在工业现场测试机床动态性能参数时，常常采用以力锤作为激励源的单点激励多点拾振测试方法。

5. 测试数据处理与分析

测试数据处理与分析的目的是获得固有频率、振型、频响函数等动态性能参数，其基本原理如前面测试原理部分所述。以某立式加工中心（见图 3.113（a））的整机模态测试为例，采用以力锤作为激励源的单点激励多点拾振测试方法，测点分布如图 3.113（b）所示，力锤激励点在主轴箱附近。测试时采用的仪器系统如图 3.112 所示。

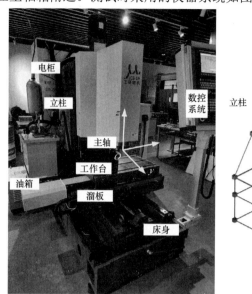

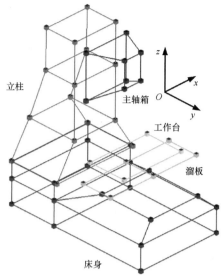

（a）立式加工中心结构示意图　　　　（b）整机模态测试测点分布

图 3.113　立式加工中心结构和模态测试测点分布示意图

测试后得到的整机前 12 阶固有频率如表 3.22 所示，对应的模态振型如图 3.114 所示。可以看到，前 6 阶模态集中在 0～200Hz 范围内，在主轴最高转速对应频率处存在 513.1Hz 的模态。

表 3.22　　　　　　　　　　　　整机前 12 阶固有频率及模态阻尼比

阶次	固有频率/Hz	阻尼比/%	阶次	固有频率/Hz	阻尼比/%
1	28.7	6.9	7	218.5	5.4
2	87.4	4.9	8	274.8	1.0
3	107.5	2.8	9	306.4	1.6
4	124.6	4.9	10	325.3	1.5
5	158.0	2.8	11	479.3	2.0
6	172.2	0.5	12	513.1	2.3

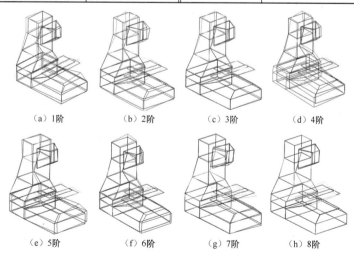

（a）1阶　　　　（b）2阶　　　　（c）3阶　　　　（d）4阶

（e）5阶　　　　（f）6阶　　　　（g）7阶　　　　（h）8阶

图 3.114　立式加工中心整机前 12 阶模态振型

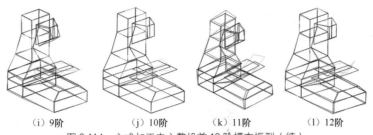

| (i) 9阶 | (j) 10阶 | (k) 11阶 | (l) 12阶 |

图 3.114　立式加工中心整机前 12 阶模态振型（续）

主轴动刚度是影响刀尖点动刚度的重要因素，同时也体现了整机的各阶模态对主轴端部动态性能的影响程度。这里采用锤击法来获得主轴端部的频响函数，主轴端部不同方向的加速度频响函数如图 3.115 所示。可以看到，不同方向加速度频响函数的主导模态频率存在很大差别，这与整机的各阶模态振型（见图 3.114）的特点密切相关。通过主轴端部的加速度频响函数可以进一步得到主轴端部的位移、速度频响函数。

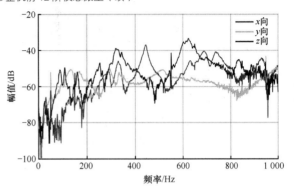

图 3.115　主轴端部不同方向的加速度频响函数

3.7　机床的可靠性

3.7.1　机床可靠性的内容

数控机床在使用过程中，常常伴有一些功能和性能的变化，这些变化既与设计、制造有关也与使用有关。通常在比对国产数控机床与进口数控机床时，大家普遍认为国产数控机床的精度已经接近甚至超过国际水平，但在精度保持性、可靠性方面还存在较大差距。为此，国家还通过各种渠道立项，经过多年的研究，总体上有些改进，但在制造企业现场，似乎还缺少有效的手段。为此，我们有必要先弄清楚以下几个概念。

1. 精度与精度稳定性

数控机床的精度范围很广，从主轴精度到几何精度，从定位精度、重复定位精度到联动精度，也有的分为静态精度和动态精度。不管怎么分类，都不能把静态精度与机床在实际使用时的精度混为一谈，机床真正要保证的精度应该是在使用时的精度，而不是在装配时检验的精度。这是因为在实际使用时机床由于局部发热和环境热会达到新的热平衡状态，加之在实际使用时切削力的作用，机床表现出来的是机床的动态性能，而不是静态所表现的性能。这也正是进口的高档机床在温度不满足要求时不允许加工的原因所在。当然，装配检验时的精度是使用时精度的基础。

现场常发现机床在一种环境温度下检测时的精度与另外温度时或者在加工时检测的精度是不一样的，特别是机床的几何精度中各轴线之间的位姿精度，表现最为明显。而当恢复到检测温度时，各项精度指标又基本回到原来的数值，这种变化称为"精度的稳定性"。针对这种精度的变化，应该是通过合理地设计，保证机床各类精度在使用时达到标准，而在非使用状态即静态或准静态检测时，应该允许偏差存在。设计的关键技术就是允许偏差量的精确计算。

2. 精度保持性

机床精度的保持性无疑是很重要的性能指标，不同品牌的数控机床精度保持性会表现出很大差别，如有一些机床可保持 3～5 年，有一些机床仅 1～2 年就需更换主要部件。

机床的精度保持性往往体现的是整机不如部件的，部件不如单元的，如主轴的精度保持性总是低于轴承的精度保持性，甚至即使采用进口的轴承也难以制造出精度保持性好的主轴。正确地理解国产机床精度保持性低的思路应该为：由于不合理的设计、制造和使用，导致动结合部产生非正常磨损，从而引起的精度衰退过快和寿命显著降低。为此，提升国产数控机床的精度保持性还是应该针对具体动结合部，在充分考虑实际使用时的受载状态下，合理地设计出结构型式、配合公差以及装配工艺等，这样才能使得部件以及整机的精度保持性接近于单元部件如轴承、导轨滑块的精度保持性或寿命等。

可见，解决国产数控机床精度保持性的问题还是应该聚焦在设计阶段，即在弄清各类动结合部在实际工况下的受力、磨损机理的基础上，设计出最优的结构以及装配工艺。在使用阶段，要严格按照部件、整机的使用及维修保养等要求，保证各工作部件都在正常载荷作用下，得到正常的维护、保养，以便其运行性能可保持最长时间。

3. 可靠性

机床的可靠性是指产品在规定的条件下和规定的时间内，完成规定功能/性能的能力。相反，机床不能执行规定功能/性能的状态，通常指的是数控机床的功能性故障。机床一般也会有一些非功能性故障，如漏油、异响、轻微振动、安全门、开关费力等。

规定的条件有环境条件（气候环境、机械环境、电磁环境、生物和化学环境等）、动力条件（电源和流体源）、负载条件（负载大小）及使用和维护条件（是否按照规定使用、是否定期维护等）。规定的条件具体是指机床在设计时确定的产品使用环境和工作条件，一般包括加工尺寸、切削用量、切削功率、使用环境条件、加工材料等。

规定的时间是指产品执行任务的时间，一般情况下随着数控机床运行时间的增加，机床可靠性会逐渐降低。规定的时间具体是指机床设计确定的运行寿命，也可以是机床大修前的年限，还可以是可靠性考核时确定的任何年限。

3.7.2　可靠性的分类及指标

1. 可靠性分类

数控机床由硬件和软件两部分组成，硬件包括机械的硬件和电气的硬件，软件就是在机床运行过程中的控制、检测、显示等完成各种功能/性能的软件，因此，数控机床的可靠性可分别用硬件可靠性、软件可靠性来描述或表征，主要内容如图 3.116 所示。

机床的机械硬件可靠性主要是指滚珠丝杠副、滚动直线导轨副、机械主轴单元、电主轴、数控转台、数控摆头、数控转摆台、数控转摆头、刀库和刀具自动交换装置、数控转台刀塔、排屑装置、防护装置等硬件出现摩擦磨损等物理故障。正常的磨损是难免的，但由于设计不合理，导致的非正常磨损会大幅度降低可靠性，如某些高速运转的轴承因间隙或预紧力不合理，在高温平衡态运转时会出现"卡死"现象，导致轴承寿命显著降低；另外由于密封解决得不好，在磨床上使用时常常出现脏污进入轴承滚道，也会导致轴承出现故障。机床电气硬件的可靠性主要表现为电气元件的老化、防电磁干扰、抗过载冲击、电压波动等导致的功能失效或性能下降，因此在这方面提高可靠性还是要在设计阶段根据未来产品的应用工况选择相应的电气元件。

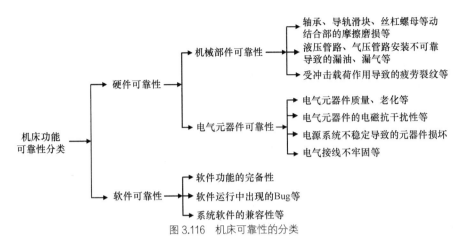

图 3.116　机床可靠性的分类

软件可靠性一般表现为数控机床运行时，系统中软件出现的各种 Bug、数控系统不能正常启动/急停/复位和回零（回参考点）故障、伺服电机抱闸失效和手摇轮故障等。

从数控机床的功能、性能角度，数控机床的可靠性还可以分为功能可靠性和性能可靠性。数控机床的功能一般是指由用户提出的指标和要求，具体是指数控机床设计时确定的功能，比如加工中心可以完成钻、铣、镗、铰、攻等。数控机床的性能一般是指数控机床精度的高低以及动态性能等，可用机床精度保持性和精度稳定性来表征。

2. 可靠性指标

可靠性指标是表示和衡量产品可靠性的各种数量指标的统称，主要如下。

（1）平均无故障间隔时间

平均无故障间隔时间（mean time between failures，MTBF）是评估机床可靠性的一个重要质量指标，具体是指产品从一次故障到下一次故障的平均时间，单位一般为"小时"。或者说，它是指可修复产品在相邻两次故障之间工作时间的数学期望值，即在每两次相邻故障之间的工作时间的平均值，其相当于产品的工作时间与这段时间内产品故障数之比。它是无故障工作时间 T 的数学期望 $E(t)$，可用式（3-110）表示。

$$\text{MTBF} = \bar{t} = E(T) = \int_0^\infty f(t)\mathrm{d}t \tag{3-110}$$

（2）平均修复时间

平均修复时间（mean time to repair，MTTR）又称平均事后维修时间，是从发现故障到机床恢复规定性能所需修复时间的平均值，它是维修领域常见的关键绩效指标（KPI）。它是修复时间 T_0 的数学期望 $E(T_0)$，一般记为

$$\text{MTTR} = \bar{\tau} = E(T_0) = \int_0^\infty \tau m(\tau)\mathrm{d}\tau \tag{3-111}$$

式中：$m(\tau)$ ——维修密度函数。

平均修复时间包括确认失效发生所必需的时间、维修所需要的时间、获得配件的时间、维修团队的响应时间、记录所有任务的时间以及将设备重新投入使用的时间。平均修复时间不仅与产品本身的设计相关，而且与使用方法、维修水平、备件策略等密切相关。

（3）精度保持时间

精度保持时间（kT）是数控机床在两班工作制和遵守使用规则的条件下，其精度保持性

在机床精度标准规定的范围内的时间。

3.7.3　提升机床可靠性的基本途径

根据机床可靠性的内涵分析，制造商和用户可以通过机床的技术层面、管理层面去保证数控机床的可靠性，即需要通过机床可靠性设计、可靠性制造/装配、可靠性试验、可靠性管理与可靠性运行等环节去保障机床的可靠性。

技术层面主要是指机床的可靠性设计，是考虑机床设备的使用工况，分析服役态下各部件及元器件所受的力、热、电、磁载荷，结合器件失效机理，反向设计静态下的结构尺寸、装配公差以及性能要求等主要参数，实现机床部件或整机面向性能或可靠性的主动设计。

管理层面主要是指机床厂商在机床的制造、装配及调试过程中要符合规范标准。用户对机床设备的操作、使用要符合操作、使用规范，对设备要定期进行维护、保养。如果出现故障要及时、快速修复，以保证机床的性能满足正常使用。

1.　可靠性设计

通过机床可靠性的内涵分析，产品可靠性首先是设计出来的，其次才是制造出来的。因此，机床的设计过程在提升可靠性方面具有重大作用。因此，制造商首先要从技术的角度去保证数控机床的可靠性，即通过数控机床的主动设计来保证机床的可靠性。制造商在综合考虑机床设备产品的性能、可靠性、费用和设计等因素的基础上，采用相应的可靠性设计技术，使产品在全寿命周期内符合所规定的可靠性要求，即考虑服役态影响下的机床主动设计，使机床设备产品在全寿命周期内符合所规定的可靠性要求。机床可靠性设计的一般流程如图 3.117 所示。

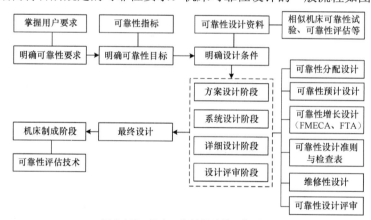

图 3.117　机床可靠性设计的一般流程

数控机床的可靠性水平主要由数控机床的主动设计所决定，还需要通过数控机床的制造和装配过程予以保证和实现。为了实现可靠性提升，必须采取可靠性设计措施来保证，如制定和贯彻可靠性设计准则（可靠性指标的预计与分配等），包括功能模块化（组件化、标准化）设计、元器件最少化设计、冗余设计、抗干扰设计、灵敏度设计、缩小化设计、热设计、耐环境设计等。

以功能模块化设计中的数控系统为例，根据系统各部分的功能，将数控系统分成不同的模块，如 CPU 模块、PLC 模块、位置控制模块、存储器模块、接口模块、电源模块以及图形显示模块等。根据不同机床的数控功能要求，可选择不同的模块进行组合。在优化、通用化、标准化的原则下，进行功能模块的设计与制造，能大大提高数控系统的可靠性。

以元器件最少化设计为例，一般通过减少元器件的数量以降低故障发生的概率。设计时要尽量以软件代替硬件来实现所需要的功能。软件的成本相对较低，而可靠性相对较高。在运行速度要求不是很高时，应充分发挥软件的功能，以较少元器件的数量，提高系统的可靠性。

以冗余设计为例，一般从硬件冗余、软件冗余和时间冗余去保证冗余设计。硬件冗余一般包含增加元器件、自检电路、备份部件等；软件冗余一般包含诊断及管理软件、不同方法的冗余编程等；时间冗余一般包含重复执行指令或程序段等。

2. 可靠性制造/装配

一款品牌良好的产品由于生产质量差，也会导致使用过程中性能不可靠。数控机床的可靠性设计值一般要通过数控机床的制造/装配过程予以保证和实现。所谓的制造过程，是指把体现在纸面上的设计转变为具体产品的过程。其一般是指从原材料投入到成品产出的全过程，通常包括工艺过程、检验过程、运输过程、等待停歇过程和自然过程。工艺过程是生产过程的最基本部分，机械制造工艺过程一般可划分为毛坯制造、零件加工和产品装配三个阶段。总之，可靠性制造/装配是可靠性的重要环节，它与设计过程共同形成产品的固有可靠性。可靠性制造/装配的内容包括以下几个方面。

（1）外购件的质量与可靠性控制

除了滚珠丝杠、直线导轨、轴承外，大多数机床外购件往往属于小批量生产，供应商的质量保证能力不强，产品质量与可靠性问题频出。为了提高零部件的质量和可靠性，必须从供应商质量管理能力提升和产品质量入厂把关入手，才能最终提高零部件质量和可靠性。此外，在已有元器件可靠性的基础上，合理分配可靠度，保证系统可靠性不降低的前提下，降低系统可靠性对元器件可靠度的要求。

（2）加工一致性控制

零部件的加工精度对产品性能稳定性和可靠性具有很大影响。为了提高机床的性能和可靠性，必须对其零部件的加工精度进行控制，提高零部件加工质量的一致性（选配、装配、互换）。提高加工一致性的手段主要是提高过程能力指数。

（3）可靠性驱动装配

据调查，装配环节造成的机床故障会占到总故障数的40%以上，因此，对装配过程进行可靠性控制是非常重要的，包括可靠性装配工艺、清洁装配和无应力装配。如何能做到这一点，还是要追溯到设计阶段，根据功能和性能要求，充分考虑在服役态下的受力受热、磨损摩擦等情况下的装配工艺要求。

3. 可靠性试验

试验是保证和提高产品可靠性的重要技术手段。可以说，没有试验就没有可靠性。可靠性试验是对机床设备产品的可靠性进行调查、分析和评价的一种手段，试验结果为故障分析、研究采取的纠正措施、判断产品是否达到指标要求提供依据，其目的是发现机床设备产品在原材料、设计、元器件、零部件、制造/装配工艺方面的各种缺陷，为改善机床设备产品的性能，提高可靠性水平，减少维修人力费用及保障费用等提供试验依据，并确认是否符合可靠性的定量要求。

数控机床的可靠性试验从功能来说包括功能部件可靠性试验和整机可靠性试验，从试验所处的阶段来说包括研发阶段的可靠性增长试验、产品验收试验和早期故障消除试验，从试验场地来说包括实验室试验、制造现场试验和运行现场试验，从试验手段来说包括空运转试验、加工试验和加速加载试验。

4. 可靠性管理

国产数控机床可靠性差的原因除了设计与制造技术水平之外，很大原因也在于管理技术落后，包括人员素质差、工作随意性强、缺乏成熟可靠性管理标准（包括设计标准、试验标准、管理标准等）和系统可靠性管理体系。

因此，为了从本质上提高国产数控机床的可靠性，需要在企业建立系统的可靠性管理体系，并持续在企业实施。可靠性管理体系一般包括以下内容：可靠性组织机构和职责、可靠性数据管理规范、可靠性评审管理、可靠性检核表系统、可靠性评价管理、油品管理办法、可靠性推进中的激励制度、产品研发阶段可靠性文件及规范、加工阶段可靠性控制文件及规范、装配阶段可靠性控制文件及规范、安装调试及用户可靠性管理规范、可靠性实验文件及规范、采购可靠性控制文件及规范等。

5．可靠性运行

机床的可靠性运行包括机床的安装调试、维护、保养、维修、运行环境控制、加工条件控制、按照管制规定使用数控机床以及数控机床的运行实时监控等。根据以往的统计数据，表明机床由于运行因素引起的故障会占到总故障数的20%左右，因此，必须重视机床运行过程中的可靠性问题。一般可以从以下两个方面保障数控机床可靠性运行。

（1）针对用户，开发机床开机强制维护、保养系统，可以强制用户在机床运行前对机床进行必要的保养。

（2）针对用户，开发数控机床运行过程中的工作参数实时监控系统，可以实现对工作环境（温度、湿度、振动、灰尘、油液清洁度等）、极限加工条件进行预警，及时发现机床运行中的故障苗头，为机床的可靠性运行提供保障。

思考与练习题

3-1　试分析零件的形状特征与机床构型、运动的关系，并举例说明。

3-2　卧式车床和立式车床分别适合加工具有什么形状特征的零件？三轴铣床和五轴铣床分别适合加工具有什么形状特征的零件？

3-3　列举机床上直线运动和回转运动常用的传动机构。

3-4　机床的基础件常用什么材料？各有什么优缺点？

3-5　设计一种铣床主运动、直线进给运动和旋转进给运动的实现方案。

3-6　试分析机床动力源的发展变化对机床机械传动结构的影响。

3-7　伺服电机、直驱电机、力矩电机各有什么特点？

3-8　伺服电机的发展给机床带来哪些变化？

3-9　机床单轴运动控制都有哪些性能指标？

3-10　机械、电机、伺服驱动器、位置检测等部件的性能是如何影响机床单轴运动控制性能的？需要用什么方法进行定量的分析与研究？

3-11　数控机床与传统机床相比，本质的差别是什么？

3-12　如何理解数控机床的多轴联动？为什么要联动？

3-13　数控机床的多轴联动与普通机床上的联动有什么不同？分别从功能和性能层面进行阐述。

3-14　在一台三轴立式数控铣床上进行侧刃铣削圆柱面，能否铣出真正的圆柱面？为什么？如果要铣出真正的圆柱面，机床应该是什么样的结构和运动？

3-15　切削加工一个零件，运动分解与动力学合成是什么意思？

3-16　数控机床加工一个零件的过程，其本质就是机床运动动力学合成过程，这样的说法有什么意义？

3-17 数控系统、伺服电机与驱动系统在数控机床中的作用有什么不同？

3-18 如何理解机床单轴运动控制的定位精度和重复定位精度？国标的定义中其物理意义是什么？

3-19 数控机床的主轴都有哪些性能要求？机床主轴的设计制造中如何保证这些要求？

3-20 立式机床、卧式机床的主轴在结构上有哪些不同？

3-21 电主轴和机械主轴分别用在哪些场合？两类主轴在性能上有哪些不同？

3-22 对于三轴数控机床，一共有多少项几何误差？分别是什么？为什么要规定机床制造时这些误差不能太大或者说必须保证这些精度？

3-23 影响机床几何精度的关键因素有哪些？机床的几何精度是在装配时保证还是在实际使用时保证？如何能做到在机床使用时保证其各项几何精度指标？

3-24 机床的几何误差补偿是什么含义？如何补偿？

3-25 为了精确计算重力、热对机床几何精度的影响，有哪些商用软件可用？这些软件能否完全解决机床的几何精度设计问题？如不能还有哪些问题需进一步研究？

3-26 学习理解机床的动态性能有什么意义？对机床的设计、制造和使用有什么价值？

3-27 机床运行过程中动态激励载荷主要有哪几类？

3-28 影响机床部件和整机固有频率大小及分布的因素有哪些？提高固有频率的措施有哪些？

3-29 机床可靠性的内涵有哪些？为什么说国产机床的可靠性与进口机床的可靠性有差距？如何缩小这些差距？

3-30 机床精度保持性是什么意思？如何提升国产机床的精度保持性？

实践训练题

3-1 以实验室现有的某机床为对象，用激光干涉仪测量其直线轴的定位精度和重复定位精度，分析影响精度的因素，提出提高或改进的措施。

3-2 以某三轴立式铣床为对象，对其进行部件或整机有限元建模，分析其动态特性，包括固有频率、关键点的频响等，并用动态特性测试仪进行测试，对比两者结果并进行分析，找出两者存在差别的原因。

3-3 以实验室具备的数控车床或铣床为对象，分别测量机床在冷态下即没有进行任何运转和在机床运转达到热稳态后的关键几何精度，如平行度、垂直度等的具体结果，并分析、比较，说明两者存在差别的原因。

第 4 章　机床夹具原理与设计

　　机床夹具作为机床完成切削工件时的必备附件，其功能是将工件装夹在机床上，不仅使其在机床上相对于刀具占有正确的位置，还必须使得其在切削过程中能够克服重力、切削力等力的作用而安全、可靠地完成切削。因此，机床夹具的功能包含定位和夹紧。

　　本章在介绍夹具定位、夹紧的基本知识基础上，重点介绍了夹具定位和夹紧设计、制造的关键核心技术问题。针对机床自身功能和性能的发展，夹具在装夹工件时的要求以及夹具在机床上安装的要求也不完全等同于传统机床夹具，且其工作原理也有所不同，因此介绍了数控机床用夹具的特点及工作原理，进而介绍了自动加工单元或自动线上用的夹具，特别是托盘、零点定位器等，最后给出了自动夹具的工程案例。

4.1　机床夹具的基本概念

4.1.1　工件装夹的必要性

　　由第 2 章、第 3 章我们已经知道，零件的加工是指工件相对于刀具具有并保持准确的相对运动，即切削运动。换言之，工件与刀具之间必须具有并保持准确的位置关系。那么，如何保证这一准确的相互位置关系呢？如图 4.1 所示，刀具安装在机床的主轴（或刀架）上，刀具在机床上具有了准确的位置关系，这时，如果保证工件相对于机床也具有准确的位置关系，那么工件相对于刀具就具有准确的位置关系。使工件能在机床中获得并保持准确位置关系的辅助装置即称为机床夹具。不难看出，为了在加工过程中始终能保持这种位置关系，为了克服切削力、离心力、惯性力等的作用，还必须可靠地把工件固定在夹具上。

　　在机床上进行加工时，首先必须将工件安装在夹具上，并将其可靠固定，其次必须将夹具安装在机床中的正确位置上，并将其可靠固定，以确保工件在加工过程中相对于机床不发生位置变化，才能保证加工出的表面达到规定

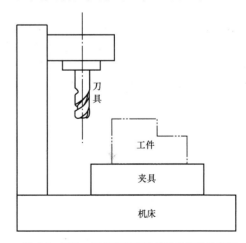

图 4.1　工件、刀具在机床中的位置关系示意图

的加工要求（尺寸、形状和位置精度），这个过程称为装夹。简言之，确定工件在夹具上的位置或夹具在机床中的位置叫定位；在工件定位后用外力将其在夹具中固定以及夹具在机床中（一般是工作台，车床是在主轴上）固定，使其在加工过程中均保持定位位置不变的操作叫夹紧。装夹就是定位和夹紧过程的总和。

因此，机床夹具的主要功能就是实现工件在夹具中的定位和夹紧，以及夹具在机床中的定位和夹紧。工件在夹具中的装夹将直接影响工件的加工精度。

无论是传统的加工还是现代数控加工，夹具都是机床中必不可少的配件之一，在机械加工中起着重要作用。归纳起来，其作用主要表现在以下几个方面：

(1) 保证稳定、可靠地达到各项加工精度要求；
(2) 缩短加工工时，提高劳动生产率；
(3) 降低生产成本；
(4) 降低工人劳动强度；
(5) 可由较低技术等级的工人进行加工；
(6) 能扩大机床工艺范围。

一般情况下，无论是对现有产品的改进还是进行新产品的开发，夹具设计和制造所用的时间在整个工件加工周期中均占有很大的比例，因此，机床夹具设计与制造是机械加工工艺准备中的一项重要工作。

4.1.2 工件装夹的方式

工件的装夹有以下两种方式。

1. 找正法装夹工件

找正法装夹是指将工件直接放于机床工作台或卡盘、机用虎钳等机床附件中，根据工件的一个（或几个）表面用划针或指示表找正工件准确位置后再进行夹紧。此外，也可先按加工要求进行加工面位置的划线工序，再按划出的线痕进行找正以实现装夹。找正法装夹的劳动强度大，对工人的技术等级要求高，装夹误差分散性较大。划线找正法由于增加了划线工序，故效率较低，成本增加。但由于只需要通用性很好的机床附件和工具，能适用于加工各种工件的不同表面，因此该方法适用于单件、小批量生产。

2. 用夹具装夹工件

用夹具装夹是指将工件在夹具中通过定位元件进行定位，然后夹紧，再通过机械式对刀或导向装置，获得刀具与工件之间的准确位置关系。对于一批工件，只需调整一次，即可成批加工，因此适合于大批量生产。但夹具的制造误差、定位的准确与否、夹紧的适当与否将直接影响工件的位置精度。

4.1.3 夹具的工作原理

夹具的作用就是通过工件在夹具上的定位以及夹具自身在机床工作台或主轴上（车床）的定位，进而再通过对刀导引装置，从而保证刀具相对工件具有正确的位置。夹紧是为了克服重力、切削力以及惯性力，以保证在整个加工过程刀具和工件的正确位置。

随着数控机床在机械加工中的应用越来越广泛和深入，数控机床用夹具技术也得到迅速发展。数控机床按编制的程序（G 代码）完成工件的加工，通过自动控制法获得工件的加工精度，因此，数控加工中夹具的工作原理完全不同于传统机床用夹具的工作原理。

图 4.2 所示方形零件上面的铣槽工序，采用夹具装夹工件的方式。

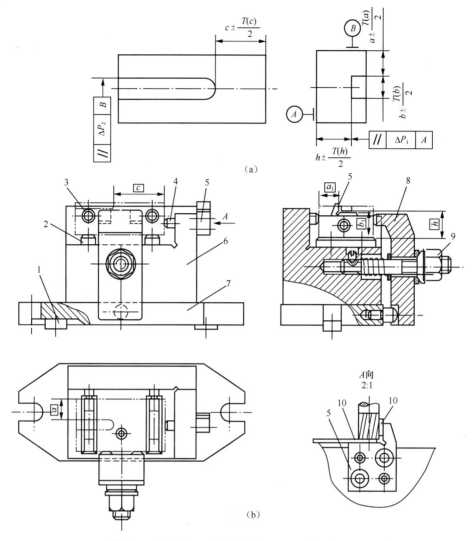

1—定位键；2—支承板；3—齿纹顶支承钉；4—平头支承钉；5—侧装对刀块；
6—夹具底座；7—夹具底板；8—螺旋压板；9—夹紧螺母；10—对刀塞尺。

图 4.2　铣槽工序用的铣槽夹具

1. 传统铣床夹具的工作原理

在传统铣床进行铣削工序时，须保证该道工序四个尺寸 a、b、c 和 h 的精度，以及两个位置精度，即槽底面对基准 A 面的平行度以及槽侧面对基准 B 面的平行度。通过图 4.2（b）的夹具，先实现工件在夹具上定位、夹紧，夹具必须依靠其上的两个连接元件，即件号为 1 的定位键，准确地放入铣床工作台上的 T 形槽内，如图 4.3（a）所示。铣床铣削时首先保证了铣槽的进给方向平行于 T 形槽方向，工件在定位时又保证了基准面 B 紧贴其定位元件 3（见图 4.2(b)）的工作表面，而定位元件 3 的工作表面在夹具制造时保证平行于定位键 1 的侧面，其又垂直于铣床的工作台，进而平行于铣刀铣削槽的进给方向，于是间接保证了铣槽的侧面平行于工件的基准面 B。至于槽底面对工件底面（基准面 A）的平行度，定位时，首先使工件基准面 A 紧贴在定位元件 2（支承板）上，支承板平面严格平行于夹具底板 7 的下平面，即夹具的安装基面，而夹具的安装基面在工作台上安装时紧贴工作台的台面，铣削时保证刀具进给运动平行于工作台,也就间接平行于槽的底面,从而就能保证槽底面平行于其基面 A。由此可见,使用传统铣床铣槽时,其位置精度是通过定位元件的工作面与夹具的安装基面之间的位置关系(平行或垂直),以及夹具安装基面与机床工作台和刀具的进给运动间的位置关系(平行或垂直)来获得的,即通过工件在夹具中、夹具在机床上的位置的"横平竖直"来获得其位置精度。在图 4.3(b)中,工件虽已在夹具中获得正确的定位,但夹具的安装基准面在水平面内存在一定角度(X 向或 Y 向),亦即夹具在机床上的位置关系不满足"横平竖直",就使得工件相对于铣床工作台的 T 形槽方向(即铣刀的进给运动方向)形成一个角度,所铣的槽的侧面就不平行于槽的侧面。

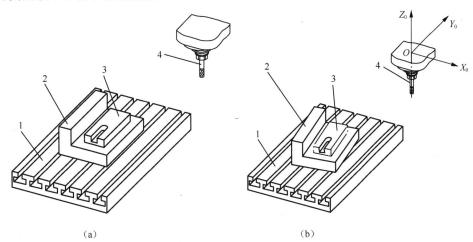

（a）　　　　　　　　　　　　　（b）

1—铣床工作台;2—铣槽夹具;3—工件;4—立铣刀。

图 4.3　铣槽夹具在立式铣床工作台上的不同位置示意图

至于四个尺寸精度,根据调整法保证尺寸精度的原理,一次调整后(通过对刀块和对刀塞尺)就能分别保证 a、c 和 h,而槽宽尺寸 b 则由铣刀直径直接保证,不再赘述。

2. 数控铣削加工夹具的工作原理

在数控铣床铣削该槽工序时,夹具的工作原理就有所不同了。首先需要明确的是数控加工时,保证尺寸精度的方法均为自动控制法,即根据机床控制其进给轴的坐标位置来保证尺寸精度的。

同样以该零件为例,在数控铣床上,刀具相对工件的位置完全是靠机床的坐标来控制和实现的,如图 4.3(b)所示。因此,工件、夹具、刀具都必须统一在机床的坐标系中有确定的坐标值。下面先介绍相应的机床坐标系概念,再介绍数控铣削时夹具的工作原理。

（1）机床原点、参考点与机床坐标系

① 机床原点

数控机床一般都有一个固定的基准位置,称为机床原点。它是机床生产商在机床装配、调试时就已确定并设置在机床上的一个物理位置,其主要作用是建立机床运动部件坐标的初始点。机床原点在机床中的具体位置一般根据数控机床的类型而定,例如,数控车床的机床原点一般取为卡盘后端面与主轴轴线的交点;数控铣床的机床原点取为 X、Y、Z 轴正方向的极限位置。

② 机床的参考点

机床的参考点是机床生产商在机床上用行程开关设定的一个固定的物理位置,是用于对机床运动部件的位置进行检测、控制和定位的基准点。机床生产商在装配机床时,在各个进给轴上设置限位开关，通过对限位开关位置的精确调整，将主轴（Z 向）和工作台（X、Y 向）移动到极限位置，将此位置 R 和 W 作为参考点，如图 4.4 所示。其相对于机床原点的位置即成为已知量。

一般地，机床的参考点不同于机床原点，但可与机床原点重合。例如，数控车床的参考点是车刀离车床原点最远的极限点；加工中心的参考点为机床的自动换刀位置。但是，对于数控铣床，其参考点通常与机床原点重合。

③ 机床坐标系

以机床原点为坐标原点建立的坐标系，即机床坐标系，其坐标轴及方向按有关标准确定。如图 4.4 所示，以机床原点 O 为坐标原点，即可建立机床坐标系 $X_0 Y_0 Z_0$。机床坐标系一经建立，则机床上各参考点的坐标值即可确定，存入数控系统，从而可以对工作台和主轴以及刀具的运动位置进行精确检测、控制和定位。

（2）工件原点与工件坐标系

用于确定工件上各几何要素的位置而建立的坐标系，称为工件坐标系。工件坐标系的原点称为工件原点或加工原点。工件原点可设在工件上，在夹具制造精度较高的情况下，也可以设在夹具上的某个位置（每次更换工件，坐标不需要改变）。如图 4.5 所示，工件顶面上的几何中心点 O_1 为工件原点，$X_1 Y_1 Z_1$ 即工件坐标系。工件原点是工件在夹具中装夹完毕，通过所谓"对刀"得以确定的，所以工件原点也称为"对刀点"。

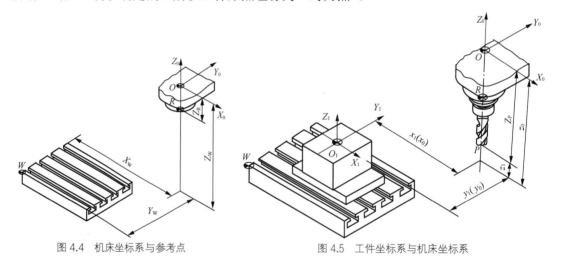

图 4.4　机床坐标系与参考点　　　　　　　　图 4.5　工件坐标系与机床坐标系

（3）刀位点、对刀与对刀点

① 刀位点

刀具上用来确定刀具坐标位置的定位基准点称为刀位点，即用刀具上该点的坐标值表示刀具的坐标位置。图 4.6 给出了几种常用刀具的刀位点。其中，立铣刀和端面铣刀的刀位点均为刀具的旋转轴线与刀具底面的交点；钻头的刀位点是钻尖；球头铣刀的刀位点是球头的球心；车刀的刀位点是刀尖；切槽刀有左、右两个刀位点。

（a）立铣刀　　　（b）端面铣刀　　　（c）钻头　　（d）球头铣刀　　（e）车刀　（f）切槽刀

图 4.6　几种常用刀具的刀位点

② 对刀与对刀点

开始数控加工之前，操作工人需要确定刀具与工件之间的相对位置关系，这个操作过程称为对刀。对刀可以采用试切和测量等方法完成。确定刀具相对位置所设定的基准点称为对刀基准点，简称对刀点。对刀点就是工件坐标系的原点，即工件原点。

如图 4.5 所示，点 O_1 为对刀点，通过对刀操作，可以获得刀位点 P 在工件坐标系 $X_1Y_1Z_1$ 中的坐标尺寸 x_1、y_1、z_1。同时，对刀也获得了工件原点 O_1 在机床坐标系 $X_0Y_0Z_0$ 中的坐标值 x_0、y_0、z_0，该坐标值即称为工件坐标系 $X_1Y_1Z_1$ 相对于机床坐标系 $X_0Y_0Z_0$ 的偏置值。

建立工件坐标系的目的就是将偏置坐标值存入数控系统，称为坐标偏置或工件原点偏置。获得坐标偏置值有间接法和直接法两种。间接获得时，通过对刀，先测得刀位点 P 在工件坐标系 $X_1Y_1Z_1$ 中的坐标尺寸 x_1、y_1、z_1，将其存入数控系统。由于刀位点 P 的位置不断变化，故坐标尺寸 x_1、y_1、z_1 也随之变化，数控系统需要再运行内存进行计算，获得偏置坐标值 x_0、y_0、z_0。但是，若数控系统关机或重启，这些偏置值所确定的工件坐标系也将随之丢失。因此，这种间接方法只适用于单件或试切加工。直接获得时，通过对刀操作，可以直接获得工件原点 O_1 的偏置坐标值 x_0、y_0、z_0。这些偏置坐标值直接输入数控系统的锁存寄存器中，不会受刀具位置变化及数控系统关机或重启的影响，也不随工件是否装夹而改变。因此，这种直接方法主要适用于批量加工。

数控程序的编制一般是按工件的加工面轮廓进行的，加工面轮廓是由刀具上的一系列切削点形成的，这些切削点与刀位点并不重合。数控程序控制的是刀位点的运动，如果刀位点按照编程轨迹移动，就会导致刀具多切入工件材料一个刀具半径值，造成过切，如图 4.7 所示。如果按照走刀轨迹编程，则可以解决过切问题，即只需将工件加工面轮廓向外（内）偏移一个刀具半径值，并计算该轨迹的基点和节点坐标尺寸。这对于简单的工件来说问题不大，但对于外形复杂的工件来讲，数学处理的工作量极大。另外，在工件的不同加工阶段，工件的外形、尺寸都将发生变化，因而走刀轨迹也需要重新计算，工作量会大大增加。

为此，数控系统引入刀具半径补偿的概念，只需将补偿值（刀具半径）事先存入刀具半径补偿寄存器中，加工时刀位点的运动轨迹（走刀轨迹）会相对于编程轨迹自动偏移此补偿值。这种由数控系统控制刀位点相对于编程轨迹沿刀具径向自动偏移一个补偿值的方法就称为刀具半径补偿。

刀具半径补偿就是刀具走刀轨迹由数控系统控制并实现，编程时不需要考虑刀具半径，直接根据零件的轮廓形状进行编程；工件加工时数控系统根据工

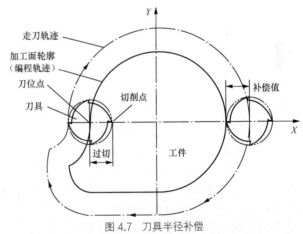

图 4.7 刀具半径补偿

件程序和设定的补偿值自动计算出走刀轨迹，完成对工件的加工。当刀具半径发生变化时，不需修改工件程序，只需修改存放在寄存器中的补偿值或选用另一个寄存器中的补偿值进行补偿即可。刀具半径补偿是通过 G 代码的 G41（刀具半径左补偿）或 G42（刀具半径右补偿）指令实现的，G40 指令则用于取消刀具半径补偿。

加工工件时，经常采用长度不同的多把刀具，其在更换或加工中刀具的磨损都将造成刀具长度尺寸的变化，使其刀位点发生变化，产生加工误差，甚至损坏刀具或工件。此时，只

需在数控系统中修正刀具长度补偿量，即可正确加工，而不必调整程序或刀具，此即刀具长度补偿。刀具长度补偿是通过执行 G43（G44）和 H 指令来实现的，同时需要给出一个程序（段）指定点的 Z 坐标值，这样刀具在补偿后移动到距工件表面距离为 Z 坐标处。指令 G49 或 H00 用于取消刀具长度补偿。

如图 4.8 所示，G43 为正补偿，即将 Z 坐标尺寸与 H 指令中长度补偿量相加，按其结果进行 Z 轴运动；G44 为负补偿，即将 Z 坐标尺寸与 H 指令中长度补偿量相减，按其结果进行 Z 轴运动。

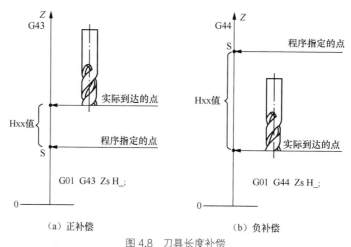

（a）正补偿　　　　　　　　（b）负补偿

图 4.8　刀具长度补偿

关于刀具长度补偿量的确定，较为常见的处理方法有以下两种。

① 使用多刀具加工时，将其中一把刀具作为标准刀具，其长度作为标准长度，标准刀具长度补偿设置为 0，其他刀具长度相对于标准刀具长度的差值作为刀具长度补偿值，存入相应的 Hxx 地址。

② 将每把刀具伸出长度值设置为长度补偿值。首先将刀具装入刀柄，然后在对刀仪上测出每个刀具前端到刀柄校准面（即刀具锥部的基准面）的距离，将此值作为刀具补偿值存入地址 Hxx 中。

需要注意的是，如前所述，由于工件原点不同于机床原点，因此工件坐标系与机床坐标系不重合，但两者间具有确定的相互位置关系。

（4）编程原点与编程坐标系

编程人员在编程时根据工件图样及加工工艺要求，以工件图样上的某一点为坐标原点所确定的坐标系称为编程坐标系，相应的坐标原点称为编程原点。编程原点应尽量选择在工件的设计基准或工艺基准上，编程坐标系中各轴的方向应该与机床坐标系相应的坐标轴方向一致，如图 4.9 所示，主要的设计尺寸 $65_{-0.05}^{0}$ 和 $155_{-0.02}^{0}$ 的设计基准均为左端

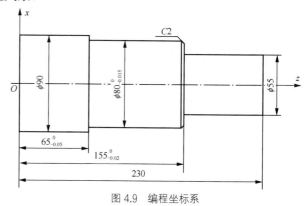

图 4.9　编程坐标系

面，故编程原点应选为 $\phi 90$ 外圆的中心点 O。

编程坐标系一般供编程使用，确定编程坐标系时无须考虑工件在机床上的实际装夹位置。

需要指出的是，对于简单工件，通常认为工件原点就是编程原点，而称编程坐标系就是工件坐标系。但是，对于形状复杂的工件，往往需要编制几个程序或子程序。为了编程方便和减少大量坐标值的计算，编程原点就不一定设在工件原点上，而设在便于程序编制的位置上。因此，编程坐标系与工件坐标系应是两个不同的概念。

（5）夹具原点与夹具坐标系

以机床上的某一个固定点为坐标原点，用于确定夹具在机床中的相对位置（同时也确定夹具各定位元件在夹具中的相对位置）而建立的坐标系，称为夹具坐标系或装夹坐标系。夹具坐标系原点也称为夹具原点或装夹原点。例如，在加工中心和带回转工作台的数控机床上，装夹原点一般取为回转工作台的回转中心。

仍然需要指出的是，由于工件是在夹具中定位的，因此，对于简单工件的加工，往往无须建立夹具坐标系，而将夹具与工件视为一体，共用一个工件坐标系。但对于复杂工件的加工，如汽轮机叶片的多轴数控加工，在设计夹具时，由于工件原点不便于对刀测量，就需要在夹具上设置几个辅助对刀测量点，然后通过对辅助对刀点的测量，即可获知辅助对刀点在夹具坐标系中的坐标，然后通过一定的坐标变换（平移或旋转）就能得知工件原点的坐标，实现工件原点的偏置。可见，在这种情形下，就需要建立独立的夹具坐标系了。

关于上述几种坐标系各轴、关键点的具体定义，对刀操作与刀具补偿的具体实现等，可参考有关的数控技术教材或相关的国家标准。

由以上可以看出，数控加工的夹具工作原理与普通机床不同，工序中的各个尺寸精度完全依靠机床的运动控制来获得，通过对刀点、工件坐标、夹具坐标以及程序坐标之间的换算，计算出需要保证的尺寸，然后通过各进给轴的坐标控制保证工序尺寸。当然对于图 4.2 中的槽宽尺寸 b，如有合适的刀具，也可用定尺寸刀具法来获得。

对于上述铣槽工序要保证的两个平行度，如图 4.3（b）所示，实际上夹具在机床上定位时，夹具无须在工作台上通过定位键安装，平行于机床进给轴方向，即可以存在一定角度，或者说夹具基准面相对于 X 向（或 Y 向）存在一定的偏置量，那么只要计算出夹具安装基准面相对于 X 向（或 Y 向）的偏置量，通过 G 代码的 G54 指令，靠机床两个进给轴的联动同样可以铣出槽来，并且保证槽的侧面平行于其基准面 B，这样带来的麻烦是编程变得复杂，需要靠两轴联动。至于槽底面与基准面 A 的平行度，仍然需要夹具底面紧贴工作台台面。

4.1.4　夹具的种类、适用场合及组成

1. 夹具的种类与适用场合

图 4.10 中所示为夹具的几种分类方法。按制造工艺性质的不同，夹具可分为机床夹具、检验夹具、装配夹具、焊接夹具等。本书主要讨论机床夹具。

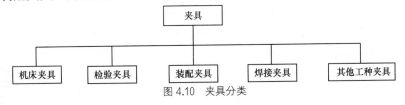

图 4.10　夹具分类

机床夹具的分类主要有以下三种。

一是按机床种类的不同，机床夹具可分为车床夹具、铣床夹具、钻床夹具、加工中心用夹具等。

二是按所采用的夹紧动力源不同，机床夹具可分为手动夹具、气动夹具、液压夹具等。

三是按夹具结构与零部件的通用性程度来分类，机床夹具可分为以下几种。

机床附件夹具：多爪卡盘（3-4-6 爪）、机用虎钳、电磁工作台这一类属于机床附件的夹具，其结构的通用化程度高，可适用于多种类型、不同尺寸工件的装夹，又能适应在各种机床上使用。

专用夹具：专为某个工件的某道工序设计的夹具，称为专用夹具。它的结构和零部件都没有通用性，需要专门设计、制造。

可调夹具：通用可调夹具和成组夹具统称可调夹具。它们的结构通用性很好，只要对可调夹具上的某些零部件进行更换和调整，便可适应多种相似零件的同种工序使用。

组合夹具：组合夹具的零部件具有高度的通用性，可用来组装成各种夹具，但一经组装成一个夹具，其结构就是专用的，只适用于某个工件的某道工序的加工。目前，组合夹具已开始出现向结构通用化方向发展的趋势。

随行夹具：自动或半自动生产线上使用的夹具，虽然它只适用于某一种工件，但毛坯装上随行夹具后，可从生产线开始一直到生产线终端在各位置上进行各种工序的加工。根据这一点，随行夹具的结构也具有适用于各种工序加工的通用性。为了解决在不同工序中夹具在机床上的定位，常常采用托盘型式，机床的工作台上预先装有零点定位器或定位系统（后面有详细的介绍）。

2. 夹具的组成

根据前面分析夹具的主要作用和工作原理，不难概括出夹具由以下几部分组成。仍参考图 4.2，工件通过夹具上设置的平面支承板 2，两个侧装的网纹支承钉 3 以及平头支承钉 4，获得在夹具中的确定位置，旋紧螺母 9，通过螺旋压板 8 将工件夹紧。夹具通过两个定位键 1 获得在铣床中的确定位置，然后通过 T 形槽专用螺栓，将夹具紧固在机床的工作台上。刀具相对工件的位置，可通过对刀元件（侧装对刀块 5 和对刀塞尺 10）来确定。

由此，可以归纳出夹具由以下几部分构成。

（1）定位元件：如图 4.2 中支承板和支承钉。

（2）连接元件：如图 4.2 中定位键，其与铣床工作台的 T 形槽相配合确定了夹具在铣床中的位置。

（3）夹紧装置：如图 4.2 中螺旋压板和夹紧螺母等构成的螺钉压板部件。

（4）夹具体：机床夹具的基础件，通过它将夹具的所有元件连接成一个整体，并通过它将整个夹具安装到机床上。

需要注意的是，传统的专用夹具中还有对刀导引元件（如钻床夹具中的钻模套）以及对刀元件（机械对刀块与对刀塞尺）。通过对刀导引元件就可获得刀具相对于工件的正确位置。在数控机床中，不需要对刀元件，工件在夹具上的位置、夹具在机床上的位置以及刀具在机床上的位置均是通过机床的坐标系建立起来的；通过机床上的测量头或者手动控制机床移动对夹具在机床坐标系中的位置进行确定，一旦确定，后序的零件通过控制机床的坐标就能准确获得夹具以及工件的坐标，然后根据工件原点、刀具原点以及刀具的补偿功能就可以对工件进行加工了，并且这种加工可保证很高的零件精度一致性，其取决于机床坐标轴的定位精度和重复定位精度。

4.2 工件在夹具中的定位及夹具在机床上的定位

定位的目的是使工件在夹具中占有正确位置，进而再通过夹具在机床上占有正确位置。保证工件在夹具上的正确定位，取决于夹具设计时定位方案

工件在夹具中的
定位及夹具在
机床中的定位

的设计。如果定位方案设计不合理，工件的加工精度就无法保证，并且会带来夹具设计的一系列问题，所以工件定位方案的设计是夹具设计中首先要解决的问题之一，其次是夹紧方案的设计。

为了讲清楚定位方案的设计，首先需要学习一下基准的概念。基准的概念是加工、测量、装配以及制造各环节中普遍应用的一个基本概念，读者有必要把这个概念搞清楚。

4.2.1 基准的概念

定位方案的分析、确定以及设计，必须按照工件的加工要求，合理地选择工件的定位基准。

零件是由若干表面组成的，这些表面之间必然有尺寸和位置的要求，这样就引出了基准的概念。所谓基准，就是零件上用来确定点、线、面位置时，作为参考的其他的点、线、面。

根据功用不同，基准可分为设计基准和工艺基准两大类。

（1）设计基准是在零件图上，确定点、线、面位置的基准。设计基准是由该零件在产品结构中的功用所决定的。例如，图 4.11 中的主轴箱箱体，顶面 B 的设计基准是底面 D；孔 IV 的设计基准在垂直方向是底面 D，在水平方向是导向面 E；

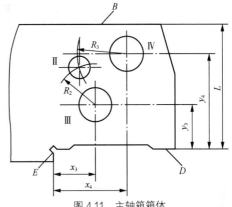

图 4.11 主轴箱箱体

孔 II 的设计基准是孔 III 和孔 IV 的轴线（在图样上应标注 R_2 及 R_3 两个尺寸）。

（2）工艺基准是在加工和装配中使用的基准，按照用途不同又可分为以下几种。

① 定位基准：加工时使工件在机床夹具上占有正确位置所采用的基准。例如，在镗床上镗削图 4.11 所示的主轴箱箱体孔时，若以底面 D 和导向面 E 定位，此时，底面 D 和导向面 E 就是加工时的定位基准。

② 测量基准：在检验时所使用的基准。例如，在检验车床主轴时，用支承轴颈表面作为测量基准。

③ 装配基准：装配时用来确定零件或部件在机器中位置所采用的基准。例如，主轴箱箱体的底面 D 和导向面 E、活塞的活塞销孔、车床主轴的支承轴颈都是它们的装配基准。

在确定基准时，需注意以下几点。

① 作为基准的点、线、面在工件上不一定具体存在（如孔的中心、轴线、对称面等），而常由某些具体的表面来体现，这些表面就可称为基面。例如，在车床上用自定心卡盘夹持一根短圆轴，实际定位表面（基面）是外圆柱面，而它所体现的定位基准是这根圆轴的轴线，因此选择定位基准的问题就是选择恰当的定位基面的问题。

② 作为基准的可以是没有面积的点和线或很小的面，但是代表这种基准的点和线在工件上所体现的具体基面总是有一定面积的。例如，代表轴线的中心孔锥面；用 V 形块使支承轴颈定位，理论上是两条线，但实际上由于弹性变形的关系也还是有一定的接触面积。

③ 上面所分析的都是尺寸关系的基准问题，表面位置精度（平行度、垂直度等）的关系也是一样，例如，图 4.11 中顶面 B 对底面 D 的平行度，孔 IV 轴线对底面 D 和导向面 E 的平行度，也同样具有基准关系。

4.2.2 六点定位原理

如图 4.12（a）所示，任一刚体在空间都有六个自由度，即 x、y、z 三个坐标轴的移动自

由度 $\vec{x}$、$\vec{y}$、$\vec{z}$，以及绕此三个坐标轴的转动自由度 $\widehat{x}$、$\widehat{y}$、$\widehat{z}$。假设工件也是一个刚体，要使它在机床上（或夹具中）完全定位，就必须限制它在空间的六个自由度。如图 4.12（b）所示，用六个定位支承点与工件接触，并保证支承点合理分布，每个定位支承点限制工件的一个自由度，便可将工件六个自由度完全限制，工件在空间的位置也就被唯一地确定。由此可见，要使工件完全定位，就必须限制工件在空间的六个自由度,此即工件的"六点定位原理"。

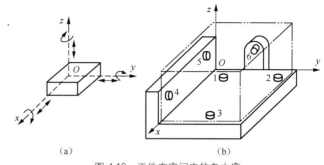

图 4.12　工件在空间中的自由度

在应用工件"六点定位原理"进行定位问题分析时，应注意如下几点。

（1）定位就是限制自由度，通常用合理布置定位支承点的方法来限制工件的自由度。

（2）定位支承点限制工件自由度的作用，应理解为定位支承点与工件定位基准面始终保持紧贴接触。若二者脱离，则意味着失去定位作用。

（3）一个定位支承点仅限制一个自由度，一个工件仅有六个自由度，所设置的定位支承点数量，原则上不应超过六个。

（4）分析定位支承点的定位作用时，不考虑力的影响。工件的某一自由度被限制是指工件在这一方向上有确定的位置，并非指工件在受到使其脱离定位支承点的外力时不能运动；欲使其在外力作用下不能运动，是夹紧的任务。反之，工件在外力作用下不能运动，即被夹紧，也并非说工件的所有自由度都被限制了。所以定位和夹紧是两个概念，不能混淆。

（5）定位支承点是由定位元件抽象而来的。在夹具中，定位支承点总是通过具体的定位元件体现。至于具体的定位元件应转换为几个定位支承点，需结合其结构特点进行分析。表 4.1 所示为常见的典型定位方式及定位元件转换的支承点数量和限制的自由度数。需注意的是，一种定位元件转换成的支承点数量是一定的，但具体限制的自由度与支承点的布置有关。

表 4.1　　　　　　　　常见典型定位方式及定位元件所限制的自由度

工件定位基准面	定位元件	定位方式及所限制的自由度	工件定位基准面	定位元件	定位方式及所限制的自由度
平面	支承钉	$\vec{x}\cdot\widehat{z}$　$\vec{y}$　$\vec{z}\cdot\widehat{x}\cdot\widehat{y}$	圆孔	定位销（心轴）	$\vec{x}\cdot\vec{y}$
	支承板	$\vec{x}\cdot\widehat{z}$　$\vec{z}\cdot\widehat{x}\cdot\widehat{y}$			$\vec{x}\cdot\vec{y}$　$\widehat{x}\cdot\widehat{y}$
	固定支承与自位支承	$\vec{x}\cdot\widehat{z}$　$\vec{z}\cdot\widehat{x}\cdot\widehat{y}$		锥销	$\vec{x}\cdot\vec{y}\cdot\vec{z}$

工件定位基准面	定位元件	定位方式及所限制的自由度	工件定位基准面	定位元件	定位方式及所限制的自由度
平面	固定支承与辅助支承		圆孔	锥销	
外圆柱面	V形块		锥孔	顶尖	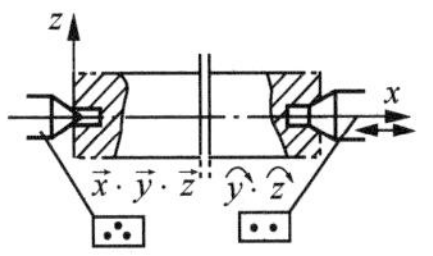
				锥心轴	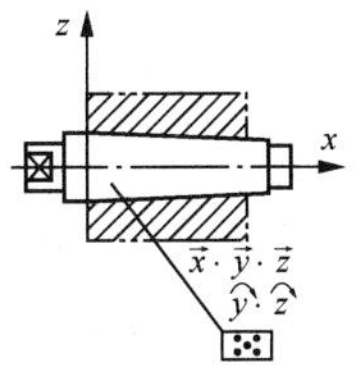
	定位套		外圆柱面	锥套	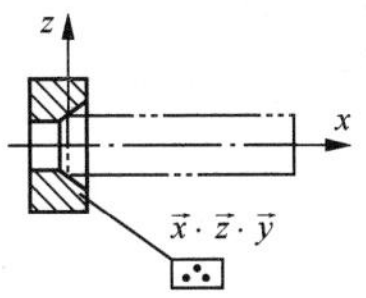

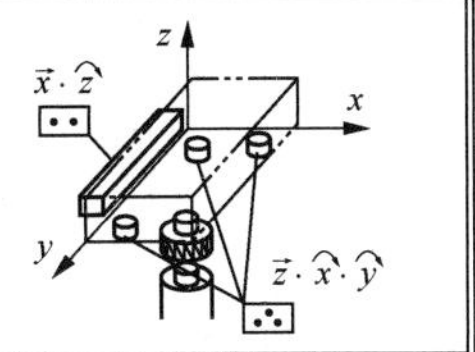

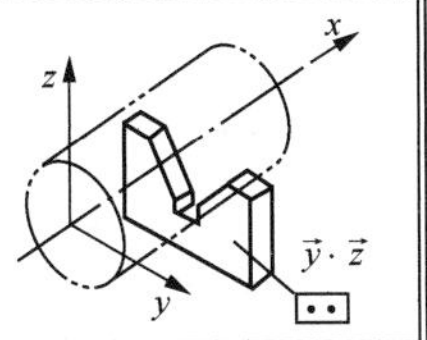

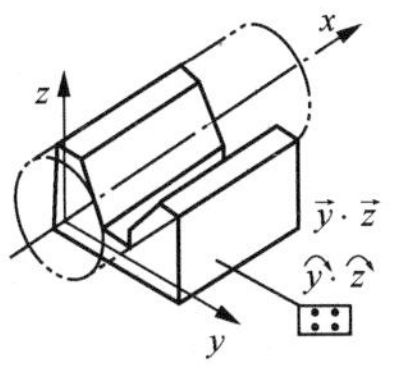

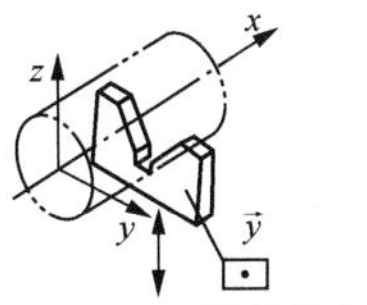

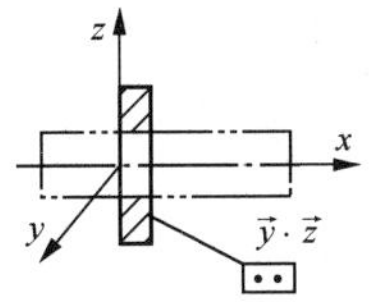

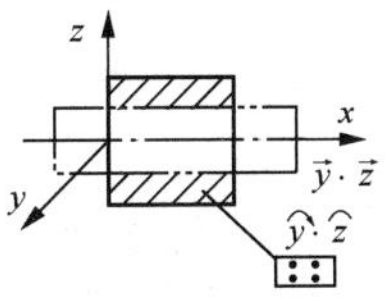

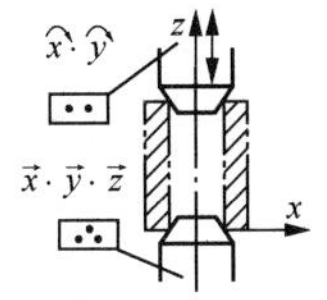

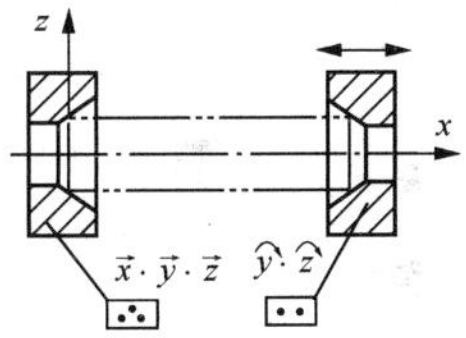

注：□内的点数表示相当于支承点的数量；□外的标注表示定位元件所限制工件的自由度。

在常见的典型定位方式及定位元件中，还涉及自位支承和辅助支承的概念，简介如下。

1. 自位支承

自位支承是指支承本身的位置在定位过程中，能自动适应工件定位基准面位置变化的一类支承。自位支承能增加与工件定位面的接触点数量，使单位面积压力减小，故多用于刚度不足的毛坯表面或不连续平面的定位。此时，虽增加了接触点的数量，但未发生过定位。图 4.13 为几种自位支承的结构形式，其中图 4.13（a）和图 4.13（b）为双接触点，图 4.13（c）为三接触点。无论哪一种，都只相当于一个定位支承点，限制工件的一个自由度。

2. 辅助支承

在生产中，有时为了提高工件的刚度和定位稳定性，常采用辅助支承。如图 4.14 所示的阶梯零件，当用平面 1 定位铣平面 2 时，于工件右部底面增设辅助支承 3，可避免加工过程中工件的变形。

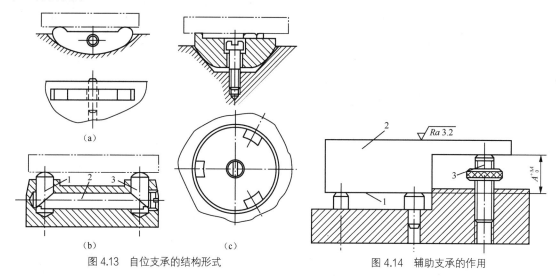

图 4.13　自位支承的结构形式　　　　　　　　图 4.14　辅助支承的作用

辅助支承的结构形式很多，如图 4.15 所示。无论采用哪一种，都应注意辅助支承不起定位作用，即不应限制工件的自由度，同时更不能破坏基本支承对工件的定位，因此，辅助支承的结构都是可调并能锁紧的。

在夹具设计和定位分析中，还经常会遇到以下几个问题。

（1）完全定位和不完全定位

对于图 4.12（b）中的长方体工件，xOy 平面上的定位支承点限制了工件的三个自由度 $\vec{x}$、$\vec{y}$、$\vec{z}$，xOz 平面上的两个定位支承点限制了工件的两个自由度 $\vec{y}$、$\widehat{z}$，yOz 平面上的一个定位支承点限制了工件沿 x 轴移动的自由度 $\vec{x}$。因此，这样分布的六个定位支承点限制了工件全部六个自由度，称为工件的"完全定位"。然而，工件在夹具中并非都需要完全定位，究竟应限制哪几个自由度，需根据具体加工要求来确定。如图 4.16（a）所示，在工件上铣键槽，在沿三个轴的移动和转动方向上都有尺寸及位置

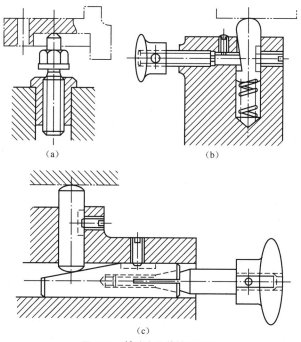

图 4.15　辅助支承的结构形式

要求，所以加工时必须限制全部六个自由度，即要"完全定位"。图 4.16（b）中，在工件上铣台阶面，在 y 方向无尺寸要求，故只需限制五个自由度，即不限制工件沿 y 轴的移动自由度 $\vec{y}$，对工件的加工精度无影响，工件在这一方向上的位置不确定只影响加工时的进给行程而已。这种允许少于六点的定位称为"不完全定位"或"部分定位"。图 4.16（c）中铣削工件上平面，只需保证 z 方向的高度尺寸及上平面与工件底面的位置要求，因此只要在底平面

上限制三个自由度 $\vec{x}$、$\vec{y}$、$\vec{z}$ 就已足够,亦为"不完全定位"。显然,在此情况下,不完全定位是合理的定位方式。

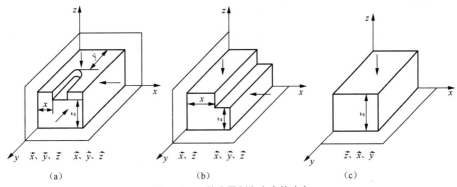

图 4.16 工件应限制自由度的确定

（2）过定位和欠定位

在加工中,如果工件的定位支承点数少于应限制的自由度数,必然导致达不到所要求的加工精度。这种工件定位点不足的情况,称为"欠定位"。例如图 4.16（a）中,若在 *ZOX* 平面内不设置定位支承点,则在定程切削中就难以保证 *y* 方向尺寸要求。显然,在实际加工中,欠定位是绝对不允许的。

反之,若工件的某一个自由度同时被一个以上的定位支承点重复限制,则对这个自由度的限制会产生矛盾,这种情况被称为"过定位"或"重复定位"。

如图 4.17（a）所示,加工连杆大孔的定位方案中,长圆柱销 1 限制 $\vec{x}$、$\vec{y}$、$\widehat{x}$、$\widehat{y}$ 四个自由度,支承板 2 限制 $\widehat{x}$、$\widehat{y}$、$\vec{z}$ 三个自由度。其中,$\widehat{x}$、$\widehat{y}$ 被两个定位元件重复限制,产生过定位。若工件孔与端面垂直度误差较大,且孔与销间隙又很小,则定位情况如图 4.17（b）所示,定位后工件歪斜,端面只有一点接触。若长圆柱销刚度好,压紧后连杆将变形;若刚度不足,压紧后长圆柱销将歪斜,工件也可能变形（见图 4.17（c））,二者都会引起加工大孔的位置误差,使连杆两孔的轴线不平行。

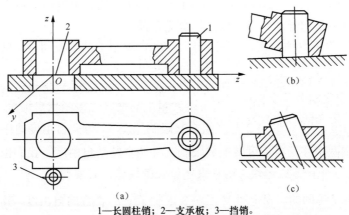

1—长圆柱销；2—支承板；3—挡销。
图 4.17 连杆的过定位

消除过定位及其干涉有以下三种途径。

其一是改变定位元件的结构,以减少转换支承点的数量,消除被重复限制的自由度。如生产中常用的一面两销定位方案，其中一销为削边销，其限制的自由度数量由原来的两个减少为一个。

其二是提高工件定位基面之间及夹具定位元件工作表面之间的位置精度，以消除过定位引起的干涉。如上例中保证销与基面、孔与连杆端面的垂直度。再如以一个精确平面代替三个支承点来支承已加工过的平面，可提高定位稳定性和工艺系统刚度，对保证加工精度是有利的，这种表面上的过定位在生产实际中仍然应用。因此，过定位不是绝对不允许，要由具体情况决定。

其三是采用浮动支承，即哪个自由度被重复限制时，可使得该定位元件在被重复限制的方向进行浮动，工程中典型的案例就是车床的尾顶尖，其在主轴轴线方向是可伸缩的，从而解决了用两顶尖装夹工件时产生过定位导致的无法安装问题。

4.2.3 组合定位分析

实际生产中工件的形状千变万化各不相同，往往不能用单一定位元件定位单个表面就可解决定位问题，而是要用几个定位元件组合起来同时定位工件的几个定位面。复杂的机器零件都是由一些典型的几何表面（如平面、圆柱面、圆锥面等）组合而形成的，因此一个工件在夹具中的定位，实质上就是把前面介绍的各种定位元件作不同组合来定位工件相应的几个定位面，以达到工件在夹具中的定位要求。

组合定位分析的要点如下。

（1）几个定位元件组合起来定位一个工件相应的几个定位面，该组合定位元件能限制工件的自由度总数等于各个定位元件单独定位各自相应定位面时所能限制自由度的数量之和，不会因组合后而发生数量上的变化，但限制了哪些方向的自由度会随不同组合情况而改变。

（2）组合定位中，定位元件在单独定位某定位面时原起限制工件移动自由度的作用可能会转换成起限制工件转动自由度的作用。一旦转换，该定位元件就不再起原来限制工件移动自由度的作用了。

（3）单个表面的定位是组合定位分析的基本单元。

例如，图 4.18 所示的三个支承钉定位一平面时，就以平面定位作为定位分析的基本单元，限制 $\vec{z}$、$\widehat{x}$、$\widehat{y}$ 三个方向自由度，而不再进一步去探讨这三个方向的自由度分别由哪个支承钉来限制，否则易引起混乱，对定位分析毫无帮助。

【例 4.1】 分析图 4.19 所示定位方案。各定位元件限制了几个方向自由度？按图示坐标系限制了哪几个方向的自由度？有无重复定位现象？

解： 一个固定短 V 形块能限制工件两个自由度，三个固定短 V 形块组合起来共限制工件六个（2+2+2）自由度，不会因组合而发生数量上的增减。按图示坐标系，短 V 形块 1 限制 $\vec{x}$、$\vec{z}$ 方向自由度，短 V 形块 2 与之组合起限制 $\widehat{x}$、$\widehat{z}$ 方向自由度的作用，即 V 形块 2 由单独定位时限制两个移动自由度转换成限制工件两个转动自由度。我们也可以把两个短 V 形块 1、2 组合成为一个长 V 形块，用它来定位长圆柱体，共限制 $\vec{x}$、$\vec{z}$、$\widehat{x}$、$\widehat{z}$ 四个方向自由度。两种分析是等同的。固定短 V 形块 3 限制了 $\vec{y}$、$\widehat{y}$ 方向自由度，其中单独定位时限制 $\vec{z}$ 方向自由度的作用在组合定位时转换成限制 $\widehat{y}$ 方向自由度的作用。这是一个完全定位，没有重复定位现象。

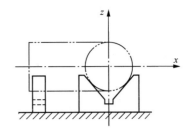

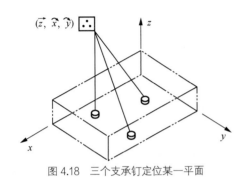

图 4.18 三个支承钉定位某一平面

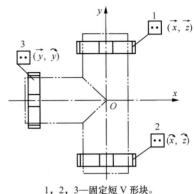

1，2，3—固定短 V 形块。

图 4.19 组合定位分析实例

下面对工程中常用的轴类和箱体类工件的组合定位进行分析。

1. 卡盘-顶尖定位及其过定位的处理方法

如图 4.20 所示，在加工较长轴类工件的外圆时，一般先以自定心卡盘 1 定位工件左端，然后以活动顶尖 2 定位工件右端顶尖孔。在图示坐标系下，当卡盘的夹持长度 a 较小时，卡盘的定位相当于短轴套定位（参考表 4.1），限制工件的 $\vec{x}$、$\vec{z}$ 自由度，活动顶尖单独定位时也限制工件的 $\vec{x}$、$\vec{z}$ 自由度，卡盘和顶尖共限制四个（2+2）自由度。但此时，活动顶尖 2 所限制的自由度却发生了转换（从整个工件的定位效果来分析），即由两个方向的 $\vec{x}$、$\vec{z}$ 转换为 $\widehat{x}$、$\widehat{z}$（转换后，活动顶尖就不再起限制 $\vec{x}$、$\vec{z}$ 方向自由度的作用了）。卡盘和顶尖组合起来限制了工件四个方向自由度（即 $\vec{y}$、$\widehat{y}$ 自由度没有限制），属于不完全定位，这是允许

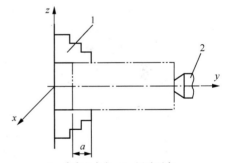

1—自定心卡盘；2—活动顶尖。

图 4.20 卡盘-顶尖组合定位

的，但对定位的稳定性不利。当卡盘的夹持长度 a 较大时，其定位即相当于长轴套定位，限制了工件的 $\vec{x}$、$\vec{z}$、$\widehat{x}$、$\widehat{z}$ 四个自由度，而活动顶尖仍然限制工件的 $\widehat{x}$、$\widehat{z}$ 两个自由度。可见，在这种组合定位下，$\widehat{x}$、$\widehat{z}$ 两个自由度被重复限制了两次，属于过定位，这对于加工精度要求较高的轴类工件来说，是不允许的。这种情况下，减小或消除过定位的方法一般有两种：一是尾座的顶紧力需要适当；二是适当增加尾座顶尖与工件顶尖孔的配合间隙。

2. 双顶尖定位及其过定位的处理方法

在轴类工件（特别是长轴工件）的加工中，另一种常见的定位是采用前-后顶尖的组合定位方式，如图 4.21 所示。按图示坐标系，固定前顶尖 1 限制了工件 $\vec{x}$、$\vec{y}$、$\vec{z}$ 方向三个移动

自由度，固定后顶尖 2 单独定位顶尖孔也限制工件 $\vec{x}$、$\vec{y}$、$\vec{z}$ 三个方向移动自由度。这样，固定前、后顶尖组合起来共限制六个（3+3）自由度。但此时，固定后顶尖 2 所限制的自由度却发生了转换（从整个工件的定位效果来分析），即由三个方向的 $\vec{x}$、$\vec{y}$、$\vec{z}$ 转换为 $\widehat{x}$、$\vec{y}$、$\widehat{z}$（转换后，后顶尖就不再起限制 $\vec{x}$、$\vec{z}$ 方向自由度的作用了）。它们组合起来只能限制工件五个方向自由度（即 $\widehat{y}$ 自由度无法限制），因此有重复定位现象，即固定前、后顶尖均限制了工件 $\vec{y}$ 自

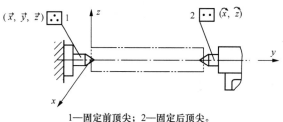

1—固定前顶尖；2—固定后顶尖。
图 4.21 用车床前、后顶尖定位的分析

由度，故 y 方向的移动自由度 $\vec{y}$ 被重复定位。因为一批工件轴长度不同，或者工件太短无法与固定前、后顶尖同时接触，或者是工件太长根本无法装入固定前、后顶尖之间，导致重复定位，这种重复定位现象是不允许的，所以车床的后顶尖做成沿 y 轴可移动的。它能随工件长度不同而与工件后顶尖孔接触，因而就可以消除 y 方向移动自由度的重复定位现象。

3. 一面两销定位及其过定位的处理方法

如图 4.22 所示，在箱体、连杆、盖板等类零件加工中，经常采用零件上的一个平面和两个与其垂直的孔进行组合定位，俗称"一面二孔"定位。一面二孔定位中，平面的定位采用支承板，二孔的定位采用短定位销，故又称"一面两销"定位。在图示坐标系下，支承板限制了工件的 $\widehat{x}$、$\vec{y}$、$\vec{z}$ 三个自由度，左边的短销限制工件的 $\vec{x}$、$\vec{y}$ 两个自由度，右边的短销单独定位时也限制了 $\vec{x}$、$\vec{y}$ 两个自由度，但在组合定位后，其所限制的自由度发生转变，实际限制了 $\vec{y}$、$\widehat{z}$ 两个自由度。可见，两短圆柱销重复限制了沿 y 方向的移动自由度，属于过定位。在这种情况下，就可以把短圆柱销改为图 4.23 所示的削边圆柱定位销，以消除工件上两孔中心距误差和夹具上两销中心距误差在定位时造成的相互干涉现象，从而实现工件的六点完全定位。关于削边销的结构尺寸，可参阅夹具设计手册和相关资料。

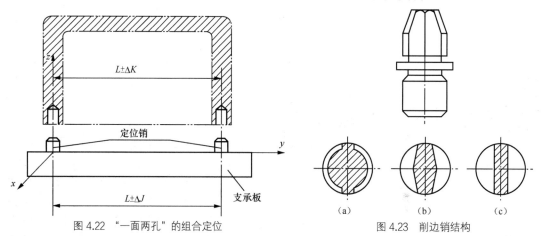

图 4.22 "一面两孔"的组合定位

图 4.23 削边销结构

4.2.4 夹具在机床上的定位

工件在夹具上定位、夹紧完成后，夹具将带着工件一起在机床上定位。车床类机床是在

主轴上定位、夹紧，常用的有卡盘或者花盘。其他类机床是需要在工作台上定位、夹紧，定位方法常利用夹具上的定位键与工作台上的 T 形槽配合完成定位或者利用近些年出现的"零点定位器"来实现。

夹具在机床上的定位、夹紧，并不是每次更换工件时都需要重复操作。在加工首件工件时，需要把夹具定位和夹紧在机床工作台上，以后每次只需装卸工件即可。

然而，对于自动线上复杂零件所用的夹具，即随行夹具，每次都需要在机床的工作台上定位、夹紧，这样就应运而生了"零点定位器"。

1. 零点定位器

如前所述，现代产品的市场特点是小批量、多品种、市场变化周期短，往往使得企业的换产频率很高，造成机床的停机等待时间大大增加，机床的设备利用率很低，导致企业制造能力负荷不断增加。在这样的加工环境下，如果维持现有设备资源基本不变，如何仍能保证零件加工的优质、高效、低成本呢？采用高精度快速夹具装夹技术是一个行之有效的方法，其中利用基于零点定位器的夹具快换技术已成为主流的选择。基于零点定位器技术的快换夹具可以在机外进行工件的装夹，使得加工和装夹能同时进行，减少机床停机等待的时间。另外，工件在多工序加工时，其坐标原点（零点）随工件的空间位置不断变化，在每个工序开始前，必须通过对刀重新确定工件零点，无疑会增加辅助时间。利用零点定位器可方便地实现夹具以及工件在机床上的定位，同时可以消除工件在多工序间传递、累积形成的装夹误差。

（1）零点定位器的工作原理

零点定位器是采用特殊的定位和夹紧结构，使得夹具相对于机床能实现快速同步地定位和夹紧以及夹具的快速更换，且具有高精度和高可靠性的一类定位、夹紧装置。零点定位器主要由零点定位接头（凸头，也称为零点定位销）和零点定位单元（凹头）组成。

目前，主流零点定位器的原理有钢球锁紧/钢球定位、卡舌锁紧/短锥定位、夹套锁紧/夹套定位、弹簧片锁紧/短锥定位等几种。下面以某公司所采用的钢球锁紧/钢球定位原理为例，进行简单的介绍。

如图 4.24（a）所示，零点定位器通过大直径、高刚度的滚珠夹紧零点定位销，当向零点定位器通入 60bar 的液压或者 6bar 的气压时，滚珠沿径向散开，零点定位销可以以很大的倾斜角度自由进出零点定位器；当切断压力时，滚珠在强力碟簧的作用下向中心聚拢并锁紧（常锁）定位销。

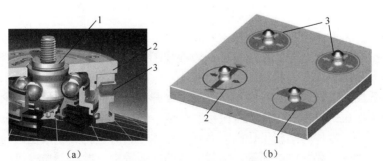

（a）1—零点定位销；2—零点定位器；3—气（液）压接口。　（b）1—零点定位销；2—单向定位销；3—紧固定位销。

图 4.24　零点定位器结构示意图

零点定位器采用一面两销的定位方式，图 4.24（b）所示为零点定位销与零点定位系统的其他定位销组合的一种形式。零点定位销 1 起到限制 X、Y 方向（见图 4.25）移动自由度的作用，成为参考点（与凹头的零点相配合）；单向定位销 2 只限制 Z 向（见图 4.25）的旋转自由度，而紧固定位销 3 只起到增加夹紧力的作用，再加上零点定位器的端面定位，即可实现完全定位。

使用时，将零点定位器（凹头）直接或通过专用托盘安装到机床工作台上，凹头在机床工作台上的位置标记为零点，根据实际加工需要可安装多个定位器凹头（至少两个）；而零点定位销（凸头）与夹具、托盘或者直接与工件通过定位台阶和螺栓紧固到一起（每个夹具或工件至少安装两个定位接头凸头）。

（2）零点定位器的应用

图 4.25 为使用四单元零点凹头的零点定位器装夹工件的分解全图。工件与夹具 1 可以离线装夹。它可以直接或通过托盘 2 与零点定位器的零点定位销 3 准确连接，定位销 3 再进入零点定位器 4，实现零点定位。由于零点定位器的坐标系 $O_2(X_2Y_2Z_2)$ 相对于机床坐标系 $O_0(X_0Y_0Z_0)$（图 4.25 中未标示出）具有确定的位置关系（偏置值），再通过零点定位销 3，即可确定托盘的准确位置，而夹具和托盘通过标准的接口连接定位，因此，工件（夹具）相对于机床的位置就被确定下来，也就是说，工件坐标系 $O_1(X_1Y_1Z_1)$ 是确定的。故工件采用零点定位器与机床关联，就无须进一步调整和找正了。若采用托盘，甚至可以设置多个相同或不同工件的零点定位。更进一步地，若在不同机床上采用统一规格的定位销钉，则在工件的整个加工工艺流程中，即可保持零点定位器坐标系不变。工件坐标系或者与之重合，或者通过偏置即可快速获得，从而实现工件从一台机床（工序）到另一台机床（工序）的装夹快速、准确更换。

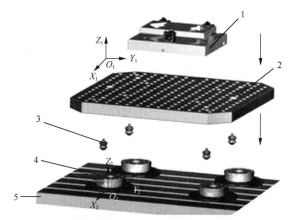

1—工件与夹具；2—托盘；3—零点定位销；
4—零点定位器；5—机床工作台。

图 4.25　应用零点定位器装夹工件的分解全图

总之，采用零点定位器不仅可以实现工件在不同机床或工位中的快速切换，还可以实现工件加工工序的优化。最后，在柔性制造系统中，零点定位器与机器人/机械手相结合，可实现上下料的装夹方式统一化和标准化，参见 4.5 节。

2. 多点柔性定位系统

（1）航空航天大型薄壁复杂零件加工对装夹的需求

随着现代航空航天制造业的高速发展，数控加工技术已经成为航空航天器制造的关键技术之一。

一方面，数控加工技术及装备的不断进步与提升使航空航天器的设计理念发生了转变，在零件设计中体现在：首先，零件大量采用高强度、低密度材料，如铝锂合金、钛合金以及复合材料等；其次，零件的结构设计向大型化、整体化、薄壁化、复杂化方向发展，如飞机的长桁件、整体壁板、翼面、舵面等，运载火箭的曲面壁板、舱体、端框等。

另一方面，这种转变同时也对数控机床夹具提出了新的要求。除了前面所述的通用化、精密化、高效化、柔性化之外，对工件的装夹提出如下进一步要求。

① 多点定位

航空航天零件的大型化、薄壁化，使得这类零件已经不是刚体了。理论上，其完全定位需要限制无穷多个自由度，因此，一般采用多点定位。

② 多点有序夹紧

大型薄壁化的零件本身刚度就低，在切削过程中零件刚性随大量毛坯材料的去除而不断变低。另外，零件形状的复杂化，使得其刚性在某些方向上差异很大，从而使整个零件在加工中具有复杂的变刚度特性；在夹紧力的作用下，产生动态的夹紧误差。如前所述，实施多点夹紧，并合理优化、确定夹紧力的施加顺序，可减小夹紧误差。

③ 夹紧力的实时监测与控制

工件在切削加工过程中，切削力是不断变化的，夹紧力也应进行动态调整。由②可知，为减小夹紧误差，客观上要求加工中应对夹紧力实时监测和控制，以适应零件整体刚度的变化。另外，航空航天中对大型复杂结构件的加工质量要求很高，其本身的价格也高，对夹紧力进行实时控制可以提高其装夹的可靠性和稳定性，从而减少或规避因装夹失效所造成的质量或经济风险。

因此，根据上述航空航天制造中大型薄壁复杂结构件对装夹的需求，开展多点定位、多点夹紧且具有夹紧力自动控制的多点柔性定位系统设计，通过合理优化定位点及夹紧点的数量和位置，确定夹紧力并对其监控，是这类零件数控加工工艺准备的一项重要工作。

（2）多点柔性定位系统的应用案例

多点柔性定位系统与其他自动化夹具相比，最显著的不同就是上面所述及的几点需求，这正是多点柔性定位系统设计的关键之处，也是难点。下面以图 4.26（a）所示的某型飞机长桁件的铣削加工为例，对其进行简略的原则性说明。

首先，应该根据工件的几何特征与数控加工工艺，确定其定位和夹紧方式。图 4.26（a）所示长桁为截面呈"工"字形的细长支架类工件，理论外形为复杂多曲面，轮廓为复杂波浪结构，截面尺寸变化很大，最大长度达 17m，壁厚最薄处仅为 1.2mm。根据分析，采用数控铣床工作台、液压夹钳（带定位铝块）（见图 4.26（b））以及端部限位块对长桁进行快速自动装夹。

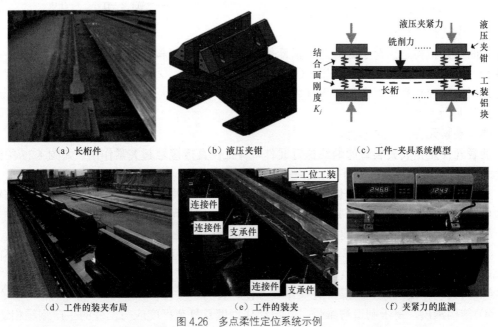

（a）长桁件   （b）液压夹钳   （c）工件-夹具系统模型

（d）工件的装夹布局   （e）工件的装夹   （f）夹紧力的监测

图 4.26　多点柔性定位系统示例

其次，确定长桁的定位和夹紧布局，即定位和夹紧点的数量及位置、夹紧力的大小和施力顺序等装夹要素。由于工件形状存在复杂性，因此我们要想确定这些装夹要素，就必须对整个加工工艺系统建立合理的有限元分析模型以及装夹要素的优化算法，分析在铣削力的作用下，既要保证零件的静态变形小，又要保证在切削力的激励下，系统的模态和动态响应小，进而在一定的优化目标下，确定最优的定位及夹紧方案。图 4.26（c）是在假设数控铣床刚性以及液压夹钳与工作台的结合部刚度很大的情形下，建立的工件受力模型，实际上也就是工件—夹具系统模型。图 4.26（d）和图 4.26（e）给出了优化后工件的装夹布局。最后，设置夹紧力的监测环节，对其进行控制，如图 4.26（f）所示。

4.3 工件在夹具中的夹紧

工件通过夹具上的定位元件定位后，还必须采用另外的装置将工件压紧、夹牢，使其在加工过程中不会因受切削力、惯性力或离心力等作用而发生位移或振动，从而保证加工质量和生产安全，这种装置称为夹紧装置。机械加工中所使用的夹具都必须有夹紧装置，在大型工件上钻小孔或进行其他加工时，靠工件自重就可克服切削力，因此可不单独设计夹紧装置。

4.3.1 夹紧的基本概念

1. 夹紧装置的组成与基本要求

图 4.27 为夹紧装置组成示意图。

它主要由以下三部分组成。

（1）力源装置

力源装置是指产生夹紧作用力的装置。所产生的力称为原始力，如气动力、液动力、电磁力、真空吸力等，图 4.27 中的力源装置是气缸 1。对于手动夹紧来说，力源来自人力。

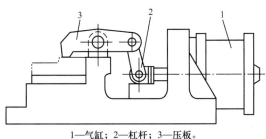

1—气缸；2—杠杆；3—压板。

图 4.27　夹紧装置组成示意图

（2）中间传力机构

中间传力机构是指介于力源与夹紧元件之间传递力的机构，如图 4.27 中的杠杆 2。在传递力的过程中，它能起到如下作用：①改变作用力的方向；②改变作用力的大小，通常是起增力作用；③使夹紧实现自锁，保证力源提供的原始力消失后，仍能可靠地夹紧工件，这对手动夹紧尤为重要。

（3）夹紧元件

夹紧元件是指夹紧装置的最终执行元件，与工件直接接触起夹紧作用，如图 4.27 中的压板 3。中间传力机构和夹紧元件组成夹紧机构。

必须指出，夹紧装置的具体组成并非一成不变，需根据工件的加工要求、安装方法和生产规模等条件来确定。但无论其具体组成如何，都必须满足如下基本要求：

① 夹紧时不能破坏工件定位后获得的正确位置；

② 夹紧力大小要合适，既要保证工件在加工过程中不移动、不转动、不振动，又不能使工件产生变形或损伤工件表面；

③ 夹紧动作要迅速、可靠，且操作要方便、省力、安全；

④ 结构紧凑，易于制造与维修。其自动化程度及复杂程度应与工件的生产纲领相适应。

2. 夹紧力的确定原则

设计夹紧机构，必须首先合理确定夹紧力的三要素：方向、作用点和大小。

（1）夹紧力方向的确定

确定夹紧力作用方向时，应与工件定位基准的设置及所受外力的作用方向等结合起来考虑，其确定原则如下。

① 夹紧力的作用方向应垂直于主要定位基准面。图 4.28 所示工件是以 A、B 面作为定位基准镗孔 C，要求保证孔 C 轴线垂直于 A 面。为此应选择 A 面为主要定位基准，夹紧力 F_Q 作用方向应垂直于 A 面。这样，无论 A 面与 B 面有多大的垂直度误差，都能保证孔 C 轴线与 A 面垂直；否则，夹紧力方向垂直于 B 面，则因 A、B 面间有垂直度误差，使镗出的孔 C 轴线不垂直于 A 面，产生垂直度误差。

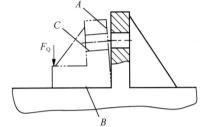

图 4.28 夹紧力作用方向不垂直于主要定位基面

② 夹紧力作用方向应使所需夹紧力最小。这样可使机构轻便、紧凑，工件变形小，对手动夹紧可降低工人劳动强度。图 4.29 表示了夹紧力 F_Q、切削力 F_P 与工件重力 W 之间三种方向的关系，其中图 4.29（a）所需夹紧力最小，较为理想；图 4.29（b）所需夹紧力 $F_Q \geqslant F_P + W$，要比图 4.29（a）所示情形大得多；图 4.29（c）完全靠摩擦力克服切削和重力，故所需夹紧力 $F_Q \geqslant \dfrac{F_P + W}{\mu}$（$\mu$ 为工件与定位元件间的摩擦因数），所需夹紧力最大。所以最理想的夹紧力作用方向是与重力、切削力方向一致。

③ 夹紧力作用方向应使工件变形尽可能小。由于工件不同方向上的刚度是不一致的，不同的受力面也会因其面积不同而变形各异，夹紧薄壁工件时，尤应注意这种情况。图 4.30 所示套筒夹紧方式中，用三爪自定心卡盘夹紧外圆（见图 4.30（a）），显然要比用特制螺母从轴向夹紧工件（见图 4.30（b））的变形大得多。

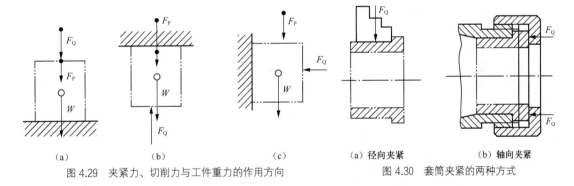

（a）　　　　　（b）　　　　　（c）　　　　　（a）径向夹紧　　　（b）轴向夹紧

图 4.29 夹紧力、切削力与工件重力的作用方向　　　图 4.30 套筒夹紧的两种方式

（2）夹紧力作用点的确定

它对工件的可靠定位、夹紧后的稳定和变形有显著影响，选择时应依据以下原则。

① 夹紧力的作用点应落在支承元件或几个支承元件形成的稳定受力区域内。图 4.31（a）中，夹紧作用点在支承面范围之外，工件发生倾斜，因而不合理，而图 4.31（b）则是合理的。

② 夹紧力作用点应落在工件刚性好的部位。如图 4.32 所示，将作用在壳体中部的单点夹紧（见图 4.32（a））改为在工件外缘处的两点夹紧（见图 4.32（b）），工件的变形大大改善，夹紧也更可靠。此项原则对刚性差的工件尤为重要。

③ 夹紧力作用点应尽可能靠近加工面。这样可减小切削力对夹紧点的力矩，从而减轻工件振动。图 4.33（a）中，若压板直径过小，则对滚齿时的防振不利。图 4.33（b）中工件形

状特殊，加工面距夹紧力 F_{Q1} 作用点较远，这时应增设辅助支承，并附加夹紧力 F_{Q2}，以提高工件夹紧后的刚度。

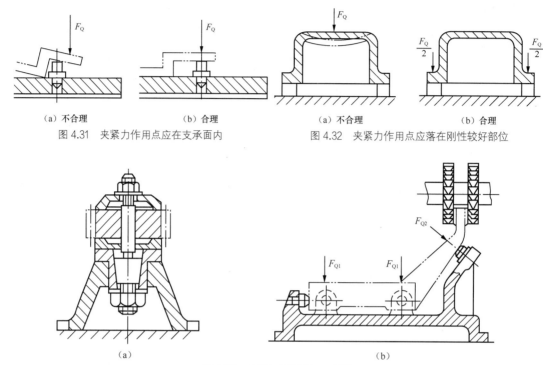

（a）不合理　　　　（b）合理
图 4.31　夹紧力作用点应在支承面内

（a）不合理　　　　（b）合理
图 4.32　夹紧力作用点应落在刚性较好部位

（a）　　　　　　　　　　　（b）
图 4.33　夹紧力应靠近加工表面

（3）夹紧力大小的确定

夹紧力的大小可根据切削力及工件重力的大小、方向和相互位置关系具体计算。为安全起见，计算出的夹紧力应乘以安全系数 K，故实际夹紧力一般比理论计算值大 2～3 倍。

进行夹紧力计算时，通常将夹具和工件看作一刚性系统，以简化计算。根据工件在切削力、夹紧力（重型工件要考虑重力，高速时要考虑惯性力）作用下处于静力平衡，列出静力平衡方程式，即可算出理论夹紧力。

一般来说，手动夹紧时不必算出夹紧力的确切值。只有机动夹紧时，才进行夹紧力计算，以便决定动力部件（如气缸、液压缸直径等）的尺寸。

4.3.2　夹紧的基本方式及其适用场合

夹紧机构是夹紧装置的重要组成部分，因为无论采用何种动力源装置，都必须通过夹紧机构将原始力转换为夹紧力。虽然各类机床夹具应用的夹紧机构多种多样，但大多以斜楔、螺旋以及偏心夹紧等基本的夹紧方式为基础，再结合一些中间传力机构组成。下面简单介绍这三种基本的夹紧方式，它们都是利用机械摩擦来实现的并可自锁的夹紧。

1. 斜楔夹紧

（1）斜楔夹紧的工作原理与特点

图 4.34 为斜楔夹紧的钻模，工件 2 以钻套 1 定位。斜楔 3 在原始力 F_P 的作用下，其斜面沿着斜导板 4 向左移动，斜面的作用使斜楔的直面向工件移动，直至将工件夹紧。当原始力 F_P 向右反向作用时，实现松夹操作。

斜楔夹紧具有以下特点。

① 有增力作用。即 $F_Q > F_P$，一般地，$F_Q = (2.6 \sim 3.2)F_P$，且斜楔斜角 α 越小，增力作用越大。

② 夹紧行程小。当斜楔水平移动距离为 s 时，则其垂直方向的位移（称为夹紧行程）$h = s \cdot \tan\alpha$，因 $\tan\alpha$ 1，故 h s，且 α 越小，其夹紧行程也越小。

③ 结构简单，但操作不方便。

④ 斜楔夹紧机构可自锁。

斜楔夹紧的自锁原理如下。

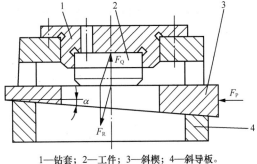

1—钻套；2—工件；3—斜楔；4—斜导板。

图 4.34 斜楔夹紧示意图

图 4.35 为斜楔夹紧的钻模，以原始作用力 F_P 将斜楔推入工件与夹具之间实现夹紧。

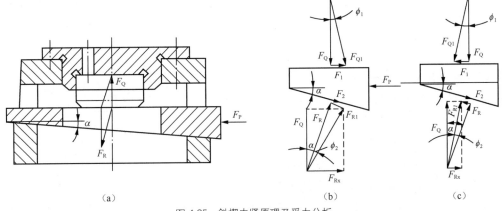

（a）　　　　　　　　（b）　　　　　　　　（c）

图 4.35 斜楔夹紧原理及受力分析

取斜楔为研究对象，其受力如图 4.35（b）所示。工件对它的反作用力为 F_Q（等于夹紧力，但方向相反），由 F_Q 引起的摩擦力为 F_1，它们的合力为 $F_{Q1} = F_Q + F_1$；夹具体对它的反作用力为 F_R，由 F_R 引起的摩擦力为 F_2，它们的合力为 $F_{R1} = F_R + F_2$。图 4.35 中 ϕ_1 和 ϕ_2 为摩擦角，分别是 F_{Q1} 与 F_Q 和 F_{R1} 与 F_R 的夹角。

夹紧时，F_P、F_Q、F_R 三力平衡，有

$$F_P = F_Q \tan\phi_1 + F_Q \tan(\alpha + \phi_2) \tag{4-1}$$

故夹紧力为

$$F_Q = \frac{F_P}{\tan\phi_1 + \tan(\alpha + \phi_2)} \tag{4-2}$$

工件夹紧后 F_P 消失，则斜楔应能自锁。如图 4.35（c）所示，这时斜楔受到合力 F_{Q1} 和 F_{R1} 作用，其中 F_{R1} 的水平分力 F_{Rx} 有使斜楔松开的趋势。欲阻止其松开而自锁，需使摩擦力 $F_1 \geqslant F_{Rx}$，亦即

$$F_Q \tan\phi_1 \geqslant F_Q \tan(\alpha - \phi_2) \tag{4-3}$$

因两处摩擦角很小，故有 $\tan\phi_1 \approx \phi_1$，$\tan(\alpha - \phi_2) \approx (\alpha - \phi_2)$，则由上式可得 $\phi_1 > \alpha - \phi_2$，亦即

$$\alpha < \phi_1 + \phi_2 \tag{4-4}$$

式（4-4）即斜楔自锁的条件。一般钢与铁的摩擦系数 $\mu=0.10\sim0.15$，则 $\phi_1 = \phi_2 = \phi = 5^\circ \sim 7^\circ$，故当 $\alpha \leqslant 10^\circ \sim 14^\circ$ 时，即可实现自锁。通常为安全起见，取 $\alpha = 5^\circ \sim 7^\circ$。

根据以上特点，斜楔夹紧很少用于手动操作的夹紧装置，而主要用作机动夹紧中的中间传力机构。

（2）斜楔夹紧的应用举例

图 4.36 为气动斜楔钩形压板夹紧装置示意图。压缩空气进入气缸 1 右腔推动活塞左移，与活塞杆相连的斜楔 3 亦随之左移，并压下滚子 2，使之向下移动，滚子装在套筒 6 中，因而带动套筒 6 向下移动。与套筒 6 连接的钩形压板 5 便向下夹紧工件 4。当压缩空气进入气缸左腔而右腔通大气，则活塞右移，所有动作反向，实现松夹。

2. 螺旋夹紧

（1）螺旋夹紧的工作原理与特点

图 4.37 为最简单的单螺旋夹紧示意图。夹具体上装有螺母 2，转动螺杆 1，通过压块 4 即可将工件夹紧。螺母为可换式，螺钉 3 防止其转动。压块 4 可避免螺杆头部与工件直接接触，并造成压痕。

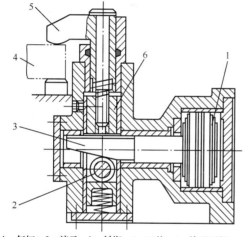

1—气缸；2—滚子；3—斜楔；4—工件；5—钩形压板；6—套筒。

图 4.36　气动斜楔钩形压板夹紧装置示意图

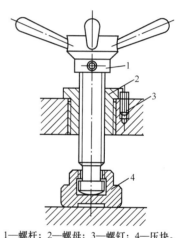

1—螺杆；2—螺母；3—螺钉；4—压块。

图 4.37　单螺旋夹紧示意图

螺旋夹紧具有以下特点。

① 螺旋夹紧具有很大的增力比，远比斜楔夹紧的增力比大。

② 螺旋相当于斜楔绕圆柱向上而形成的，故其夹紧行程不受限制，所以在手动夹紧中应用极广。

③ 由于螺旋升角小，因此比斜楔夹紧的自锁性能好。

④ 结构简单，夹紧可靠。

⑤ 螺旋夹紧动作慢，辅助时间长，因而效率较低。

因此，在实际应用中，较少使用单螺旋夹紧方式，而广泛采用快速螺旋-压板组合夹紧。

（2）螺旋夹紧的应用举例

图 4.38 为普通螺旋压板夹紧示意图。螺旋压板是利用螺旋施加夹紧力的杠杆机构。通过旋紧夹紧螺母 1，压板 3 夹紧工件。松夹时，由于压板上开有长圆孔，故压板可以快速后移，节省工时。

3. 偏心夹紧

偏心夹紧方式是由偏心件作为夹紧元件,直接夹紧或与其他元件组合实现对工件的夹紧,常用的偏心件有圆偏心和偏心轴偏心两种。

（1）偏心夹紧的工作原理与特点

以图 4.39 所示的圆偏心夹紧为例,说明其工作原理。图 4.39 中,C 为圆偏心轮的几何中心,其半径为 R,以 O 为回转中心,e 为偏心距,HH 为工件的被夹面。当圆偏心绕 O 按箭头方向回转时,其回转半径 r_x 即在最小值 $R_0=R-e$ 与最大值 $R+e$ 间不断变化。以 O 为圆心、R_0 为半径作一虚线圆,则此圆与偏心圆之间形成阴影部分所示的曲线楔。当圆偏心回转时,即相当于曲线楔在虚线圆与工件被夹面之间向前移动,直至楔紧工件。

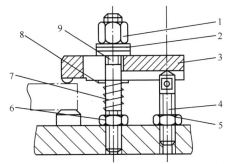

1—夹紧螺母；2—球面垫圈组；3—移动压板；4—调节支承；
5，6—六角扁螺母；7—弹簧；8—垫圈；9—双头螺柱。
图 4.38 普通螺旋压板夹紧示意图

图 4.39 圆偏心夹紧

偏心夹紧具有以下特点。

① 偏心夹紧时的夹紧力小,夹紧行程也小,故多用于切削力小、切削平稳,振动较小的场合。

② 相较于斜楔夹紧和螺旋夹紧,偏心夹紧的自锁性能较差。

③ 偏心夹紧方式的结构简单,且能实现快速夹紧。

（2）偏心夹紧的应用举例

在实际应用中,一般很少直接使用偏心夹紧,而是将它与其他夹紧元件配合使用。图 4.40 是一种常见的偏心轮-压板夹紧。当顺时针转动手柄 2 使偏心轮 3 绕销轴 4 转动时,偏心轮的圆柱面紧压在垫板 1 上,由于垫板的反作用力,偏心轮上移,同时抬起压板 5 右端,而左端下压夹紧工件。

上述三种基本夹紧方式的夹紧力、夹紧行程以及自锁条件的分析、计算,可参考夹具设计手册。

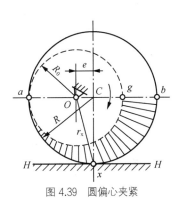

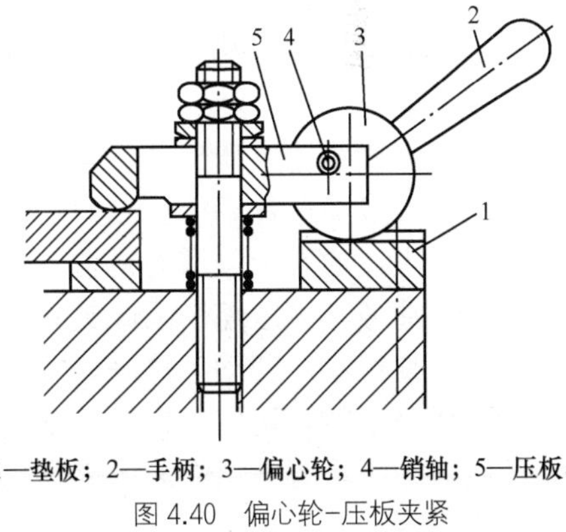

1—垫板；2—手柄；3—偏心轮；4—销轴；5—压板。
图 4.40 偏心轮-压板夹紧

4.3.3 自动夹紧装置

自动夹紧装置由于省去了人工操作,并且具备夹紧力稳定、夹紧辅助时间短、效率高等优势,因而在现代机床夹具以及自动化加工线上得到广泛应用。下面简要介绍常见的气动、液压、气-液组合、真空等夹紧方式构成的自动夹紧装置。

1. 气动夹紧

气动夹紧是靠高压气体提供动力的夹紧装置,典型的气动夹紧（气压传动）系统如图 4.41

所示。气源产生的压缩空气先经雾化器 1，使其中的润滑油雾化并与压缩空气混合，以对其中的运动部件进行充分润滑，再经减压阀 2，使压缩空气压力减至稳定的工作压力（一般为 0.4~0.6MPa），又经止回阀 3，以防止压缩空气回流，造成夹紧装置松开。换向阀 4 控制压缩空气进入气缸 7 的前腔或后腔，实现夹紧或松开。调速阀 5 可调节进入气缸的空气流量，以控制活塞的移动速度。

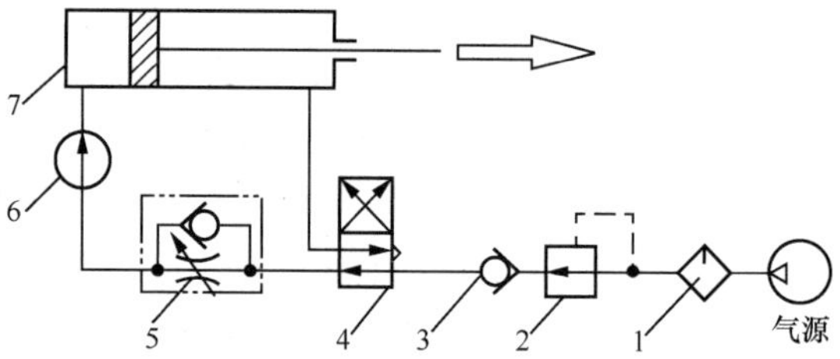

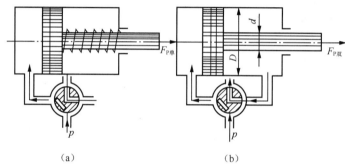

1—雾化器；2—减压阀；3—止回阀；4—换向阀；
5—调速阀；6—气压表；7—气缸。

图 4.41　典型的气动夹紧系统

气压传动系统中各组成元件均已标准化，设计时可参考有关资料。作为动力部件的气缸，其种类较多，按活塞的结构不同可分为活塞式和膜片式两大类；按安装方式不同可分为固定式、摆动式以及回转式；按进气方式不同可分为单作用气缸和双作用气缸，图 4.42 所示为活塞式气缸的两种形式。图 4.42（a）为单作用气缸，夹紧靠气压顶紧，松开由弹簧推回，用于夹紧行程较短的情况；图 4.42（b）为双作用气缸，活塞的双向移动均由压缩空气驱动，用于行程较大或往复均需动力推动的情况。

（a）　　　　　　　　　　（b）

图 4.42　活塞式气缸

2．液压夹紧

液压夹紧用高压油产生动力，其工作原理及结构与气动夹紧的相似。其共同优点是：操作简单，动作迅速，辅助时间短。

液压夹紧相比气动夹紧另有其本身的优点。

（1）工作压力高（可达 5.0~6.5MPa），比气压高出十余倍，故液压缸尺寸比气缸小得多。因传动力大，通常无须增力机构，使夹具结构简单、紧凑。

（2）油液不可压缩，因此夹紧刚性大，工作平稳，夹紧可靠。

（3）噪声小，劳动条件好。

液压夹紧特别适用于重力切削或加工大型工件时的多处夹紧。但如果机床本身没有液压系统时，则需设置专用的液压夹紧系统，导致夹具成本提高。

3．气-液组合夹紧

气-液组合夹紧的动力源仍为压缩空气，但要使用特殊的增压器，故结构复杂。然而，由于其综合了气动、液压夹紧的优点，又部分克服了它们的缺点，因此应用较广。

气-液组合夹紧的工作原理如图 4.43 所示，压缩空气进入气缸 1 的右腔，推动增压器活塞杆 3 左移，并将活塞杆 4 推入增压缸 2 内。因活塞杆 4 的作用面积小，故使增压缸 2 和工作缸 5 内的油压大大增加，并推动工作缸中的活塞 6 上抬，将工件夹紧。

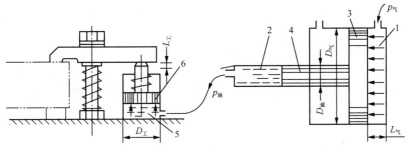

1—气缸；2—增压缸；3，4—活塞杆；5—工作缸；6—活塞。

图 4.43 气-液组合夹紧的工作原理

4. 真空夹紧

对于一些薄壁零件、大型薄板零件、形状特殊和刚性较差零件或非磁性材料的薄片类零件的加工，使用一般夹紧装置装夹很难控制其变形量，进而影响加工质量和效率。在这种情况下，通常采用真空（吸附）夹紧。

图 4.44 为真空夹紧的工作原理。图 4.44（a）是未夹紧时的状态，工件 1 在支承平面 3 上定位，由密封圈 4 围成空腔。当由接口通道 5 抽真空后，利用大气压力把工件紧压在定位支承面上，如图 4.44（b）所示。

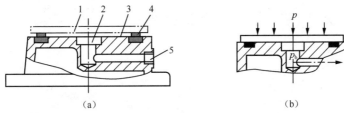

1—工件；2—真空腔；3—定位支承平面；4—密封圈；5—真空吸气接口。

图 4.44 真空夹紧的工作原理

图 4.45 为特殊形状表面定位（或成形面定位）的真空夹紧示意图。定位支承面 3 制成与工件定位面相配的形状，由多个密封圈 2 分别形成密封真空腔，以保证真空吸力足够且分布均匀。

真空（吸附）夹紧在航空航天的薄壁件加工中常常使用。

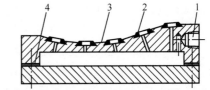

1—真空吸附接口；2—密封圈；3—定位支承面；4—密封垫。

图 4.45 特殊形状表面定位的真空夹紧示意图

5. 自动夹紧装置的工程应用

下面以在数控机床中广泛使用的自动卡盘，以及某企业在生产中实际应用的夹具夹紧方案为例，简单介绍自动夹紧装置的应用。

（1）自动卡盘

自动卡盘也称为动力卡盘，通过气动、液压或电动等（三种）驱动方式替代人工手动夹紧，结合卡盘的自定心功能，能同时快速、高效地进行定位与夹紧。它被广泛应用于高速数控车床、车削加工中心、数控磨床、车磨复合加工中心和车铣复合加工中心，已成为数控机床中必备的基本功能部件。现仅以气动卡盘为例，简单介绍其工作原理。图 4.46 为气动卡盘的旋转气缸与自定心卡盘的连接结构示意图。旋转气缸 2 固定在机床主轴箱后端，自定心卡盘的滑套 1 与活塞杆 4 由空心拉杆 3 连接。气缸在工作时通过进出气口的切换，实现活塞的轴向运动，再通过拉杆传递到卡盘上，最后通过卡盘内部的传动机构将轴向运动转换为卡爪 5

的径向运动，实现对工件的夹紧和松开。而驱动气缸运动的气动传动系统，仍如图 4.41 所示。

液压卡盘的工作原理与气动卡盘的工作原理是相似的，两者的特点见前文所述。

电动卡盘是由电机驱动的，通过开关控制电动机的正反转来实现卡盘的夹紧与松开，调节驱动电压可改变电机的输出转矩，进而实现卡盘夹紧力的调整。电动卡盘的特点是转速高，

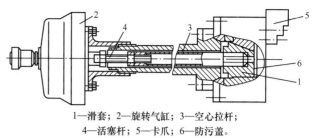

1—滑套；2—旋转气缸；3—空心拉杆；
4—活塞杆；5—卡爪；6—防污盖。

图 4.46　气动卡盘的连接结构示意图

精度高，寿命较长，但需要驱动电机和相应的控制系统，成本较高。

（2）液压自动夹紧的工程应用

下面以某型汽车转向助力泵壳体的数控加工用夹具为例，简单介绍液压自动夹紧在生产中的实际应用。

图 4.47（a）所示为转向助力泵壳体零件。在三轴立式加工中心上加工中心孔，采用壳体底面 1（见图 4.47（b））作为定位基面，顶面（平面 2）为夹紧工作面，如图 4.47（c）所示。

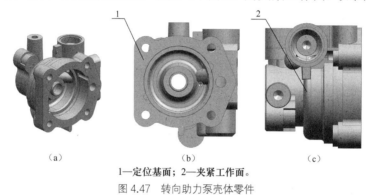

1—定位基面；2—夹紧工作面。

图 4.47　转向助力泵壳体零件

图 4.48（a）为转向助力泵壳体的数控加工用夹具整体图，一次可装夹两个壳体。图 4.48（b）为夹具的爆炸图，壳体工件的定位方案为以液压胀套 5（还具有自动定心作用）、小菱形销 6、定位工作面 7 进行定位，为完全定位，定位精度为 ±0.01mm。夹紧方案为每个壳体均采用内孔中心液压胀套下拉，采用三油缸的液压自动夹紧，通过夹紧执行元件压块，在顶面处（图 4.47（c）中的平面 2）夹紧工件，油缸供油压力为 3～7MPa。图 4.48（c）为装夹壳体零件后的夹具整体图（该图中只画出一个壳体）。图 4.48（d）为壳体工件和夹具的实物图。

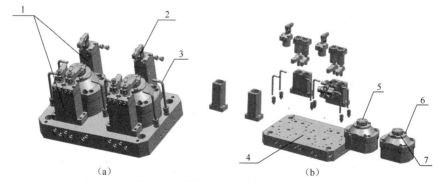

图 4.48　转向助力泵壳体用自动夹具

（c）　　　　　　　　　　　　　　　　（d）

1—液压油缸（3×2）；2—压板；3—油管及接头；4—托盘；5—液压胀套；6—小菱形销；7—定位工作面；8—壳体工件。

图 4.48　转向助力泵壳体用自动夹具（续）

4.4　工件装夹过程中的误差及其传递

工件在夹具中的定位和夹紧均是为了保证工件和刀具在加工过程中具有准确的位置，但是由于定位方案的设计、夹具的制造过程以及对刀方法的不同，在各个环节均会产生各类误差。这类误差如果传递到工序中，就会影响工序的加工精度。下面对各环节产生的误差原因和传递进行分析。

4.4.1　工件的定位误差以及夹具在机床上的定位误差

工件在夹具上定位时，是否会产生定位误差并传递到工序尺寸上与这道工序获得精度的方法有关。传统机床依靠夹具保证刀具和工件的相对位置来保证该工序的加工精度，包括尺寸精度、位置精度以及形状精度。

在用调整法保证尺寸精度和位置精度来加工一批工件时，如果定位方案设计得不好就会产生定位误差，并且这样的定位误差会附加到工序精度中，从而会降低工序的加工精度，因此传统机床加工时，依靠夹具定位保证精度的情况下应力求消除定位误差或尽可能减小定位误差。

产生这类定位误差的原因有两个，相应的也就有两类定位误差。一类是定位基准与设计基准不重合产生的基准不重合误差，因此由这类误差产生的原因可知，在设计工件的定位方案时应尽可能选择该道工序的设计基准作为定位基准，这类误差大小的计算就是定位基准相对于设计基准在工序尺寸方向上的变动量。另一类定位误差是由于定位元件制造不准确而引起的，如定位销与定位孔的配合间隙，亦会引起一批工件加工时定位基准相对设计基准的变动，从而也会产生定位误差并传递到工序尺寸中或者工序要保证的精度中，此类定位误差常称作定位副制造不准确误差。这两类定位误差的具体计算可参考相关的夹具设计教材。

然而，对于数控加工，保证工件加工精度的方法基本都依靠机床本身的精度，因而产生误差的原因和机理不同于传统机床加工时产生的误差，定位误差产生的前提已不复存在。首先，在数控加工中，不需要在夹具中设置调刀基准，而是通过对刀操作直接获得工件在机床坐标系中的位置（工件原点偏置），用自动控制法获得工件的加工精度。其次，对于基准不重合误差，编程人员在编制数控程序时，常通过工艺尺寸换算将其扣除，即基准不重合误差通过尺寸换算反映在所标注的工序尺寸上。因此，在数控夹具的设计分析中，就不存在定位误差，而只需考虑夹紧误差。

至于夹具在机床上的定位，依据前面叙述的数控机床夹具的工作原理，编程原点、零件原点、夹具原点之间都有具体的坐标值，而夹具在机床上的坐标位置，仍然是需要手工控制机床坐标对刀或者利用机床上的测头来确定夹具在机床坐标系下的位置的，这一过程也会产生误差。这一误差会影响刀具到达编程坐标原点的精度，导致工件的某一基准位置产生偏移，而工件其他点、线、面之间的相互精度不会受到这一误差影响，也就不存在定位误差了。

4.4.2　夹紧误差

工件在夹具中、夹具在机床上夹紧过程中都会产生夹紧误差。对于单个工件，因为定位、夹紧而产生的误差即这两方面误差的综合。

在加工过程中，一个工件可能需要多工位加工或多工序加工，可以是单机加工，也可以与随行夹具一起，在自动线上从一台机床到另外一台机床进行加工，那么，工件的定位、夹紧误差将不断产生、传递和累积。它是整个工件加工误差的一个重要组成部分，对工件的加工精度有着重要的影响。

从误差的表现形式来讲，工件的定位、夹紧误差可分为静态误差和动态误差。工件在加工前，夹具的制造误差及工件在夹具中、夹具在机床中的定位与夹紧引起变形的稳态部分都属于静态误差；在加工过程中，由于夹紧力的变化以及工件—夹具系统的刚度变化等影响，工件的定位、夹紧状态发生改变而产生的误差都属于动态误差。

从误差的性质来讲，定位、夹紧的静态误差属于常值系统性误差（此处指工件—夹具子系统），它只影响加工误差的均值，且对于数控加工，这类误差只影响工件坐标系（或夹具坐标系）相对于机床坐标系的相对位置，但其位置是可测量的，故理论上可通过数控系统的补偿和偏置功能予以消除，即工件坐标系（包括工件原点）相对于机床坐标系仍是确定的或固定不变的。定位、夹紧的动态误差比较复杂，若动态误差呈现有确定性规律，则仍属于系统性误差（变值性系统误差）；若动态误差呈现随机性，则属于随机性误差，它主要影响加工误差相对于其均值的离散程度，且在加工过程中，这类误差使得工件坐标系（包括其原点）或夹具坐标系（包括其原点）相对于机床坐标系的相对位置是随机变化的，这类误差不能完全消除，只能通过提高机床精度以及优化装夹工艺予以减小。例如，针对航空航天中常见的整体结构件、长桁件、大型薄板类零件的装夹而出现的多点夹紧，以及对夹紧力的实时监测等，正成为航空航天制造业中数控装夹工艺研究的热点。

下面主要讨论工件在夹具中定位、夹紧过程中产生的装夹误差。

在工件—夹具系统中，由于夹紧力的作用，工件的定位基准面相对于其理想位置产生的变形或空间位移，称为工件的夹紧误差。如图 4.49 所示，H 为工件的加工尺寸，当施加夹紧力 F 后，工件将产生变形，设实际的加工尺寸为 H_1，则工件的变形量 $y_1=H_1-H$ 就是夹紧误差。必须要注意的是，工件因为夹紧而产生的加工误差是夹紧误差在加工误差方向上的分量。若夹紧误差方向与加工误差方向互相垂直，则夹紧误差造成的加工误差始终为零。在加工过程中，若夹紧力 F 是变化的，夹紧力最小时引起的夹紧误差不妨仍设为 y_1，夹紧力最大时引起的夹紧误差为 y_2，则称 $T_c=y_2-y_1$ 为夹紧精度。

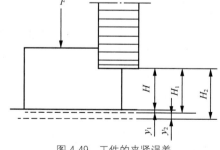

图 4.49　工件的夹紧误差

在以下的讨论中，省略各力学量的单位，仅进行形式上的说明。设工件—夹具系统的刚度为 K，工件的刚度为 K_w，夹具刚度为 K_c，工件的定位基准面与夹具定位元件的结合部刚度为 K_{j1}，夹具与机床连接部分的结合部刚度为 K_{j2}，则

$$\frac{1}{K} = \frac{1}{K_w} + \frac{1}{K_c} + \frac{1}{K_{j1}} + \frac{1}{K_{j2}} \tag{4-5}$$

若设夹紧力为 F，则工件的夹紧误差为 $y = \dfrac{F}{K}$。如前所述，若夹紧误差 y 是恒定的或有确定性变化规律的，则其属于系统性误差（常值的或变值的），否则夹紧误差属于随机性误差。现结合式（4-5），进行如下讨论。

1. 夹紧力 F 对夹紧误差的影响

在 4.3 节中，我们已经介绍了确定夹紧力三要素的一般性原则，并且了解了合理选取夹紧点（夹紧力的作用点）和施力方向，可以减少工件的变形。在此基础上，进行以下进一步的说明。

（1）夹紧力 F 的大小对夹紧误差的影响

首先，由 $y = F/K$ 知，夹紧力 F 越大，则工件的夹紧变形也越大，故夹紧力 F 的确定应符合前述的最小化原则。其次，考虑夹紧力 F 变化的情况，由于夹紧力的变化直接影响夹紧精度，从而影响工件的加工精度。在加工过程中，工件所受的切削力随刀具的空间位置变化及其磨损而不断变化，为保持装夹的稳定、可靠，就必须对夹紧力进行动态调整，以适应切削力的变化。当采用手动夹紧时，经常出现夹紧力的波动，且产生的夹紧误差是随机性的；当采用自动夹紧时，基本上可以保证夹紧力的稳定，其产生的夹紧误差是系统性误差。但是，对于高精度工件的加工，夹紧力的波动越小越好，因此，当采用诸如气动、液压或真空（吸附）等自动夹紧时，由于流体的泄漏、黏度的变化等原因，将造成夹紧力的变化，这时就需要对夹紧力进行监测和控制。

（2）夹紧点的数量对夹紧误差的影响

由材料力学可知，同一工件受相同大小的力作用，因力的分布形式不同，其产生的变形也不同，比如均布力产生的变形就比局部力产生的变形要小。因而，在工件的夹紧中，增加夹紧点的数量，即所谓的多点夹紧，可有效减小夹紧误差。对于薄壁件、大型结构件、板类等刚度较差的工件装夹来说，尤其如此。

仍以在车床卡盘上装夹薄壁套筒为例进行说明。在 4.3 节中，通过改进夹紧方案，设置与径向（夹紧误差的方向）正交的轴向夹紧，消除了夹紧误差。图 4.50 给出了另外两种夹紧工艺，图 4.50（a）增加了三爪的接触面积（宽卡爪），而图 4.50（b）在不改变卡爪结构的基础上，通过卡爪直接夹紧弹性开口垫圈，两者都增加了夹紧点的数量，且后者的数量远多于前者，有效地减小了夹紧误差。

（3）夹紧力的施加顺序对夹紧误差的影响

当夹紧点的数量较多时，夹紧力施加的顺序不同，带来的夹紧误差也就不同。对于形状复杂、刚性较差的工件，尤其如此。图 4.51 给出的是铣削工件上平面的示意图，图 4.51（a）中夹紧力的施加顺序为先施加 F_1 后施加 F_2，而图 4.51（b）中夹紧力的施加顺序刚好相反。为保证上平面的加工精度，工件的底面应为主要的定位基面，因此，F_1 应先于 F_2 施加；若先施加 F_2，由于工件底面和支承板存在的制造误差可能造成工件翘起，从而增加了夹紧误差。由夹紧力的施加顺序引起的夹紧误差属于系统性误差。

需要指出的是，夹紧点的数量取决于工件的夹紧位置。对于形状简单的工件，其夹紧位置的确定按 4.3 节介绍的原则选取即可。但对于结构复杂、形状特征多样的工件，其夹紧位置、夹紧力的施加顺序的选择，除了必须遵守夹紧点选取的一般性原则外，还必须从工件—夹具系统整体的观点出发，进行确定。

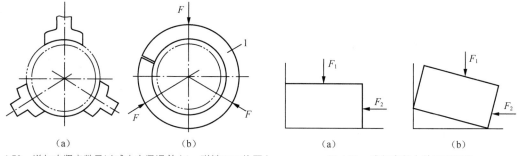

图 4.50　增加夹紧点数量以减小夹紧误差（1—弹性开口垫圈）　　图 4.51　施加夹紧力的不同顺序

2.　工件—夹具系统刚度 K 对夹紧误差的影响

显然，对于给定的夹紧力，工件—夹具系统的刚度越大，夹紧误差就越小。从式（4-5）可知，刚度 K 的大小取决于工件刚度、夹具刚度以及相关结合部的接触刚度。

首先，工件刚度 K_w 由工件的材料、几何尺寸与结构决定。对于形状简单的工件，如常见的方形、盘形或轴类工件，我们可以通过力学计算或查手册直接获得其刚度表达式，但对于结构形状复杂或复合材料的工件，就只能通过数值仿真和力学实验来获得刚度值。

在切削加工中，如果工件的总加工余量不大，可忽略其因几何尺寸的改变引起的刚度变化，否则，就必须考虑工件刚度的改变对工件—夹具系统刚度的影响。例如，在航空航天制造业中，工件的材料去除率可以达到90%以上，从而造成工件刚度的显著变化。这时就需要注意其对工件—夹具系统刚度的影响以及所产生的夹紧误差的变化，进而评估其对加工误差的影响。

其次，工件—夹具系统的结合部刚度，主要包括工件的定位基面与夹具定位元件的结合部刚度 K_{j1}，以及夹具与机床连接部分的结合部刚度 K_{j2}。结合部的刚度特性对整个工件—夹具系统的刚度影响很大，是不能忽略的。影响结合部的刚度特性的因素是多方面的，如结合面的加工精度（表面精度、加工方式）、结合部的结构形式（螺栓的分布、连接件结构）、结合部的装配工艺（预紧力矩、装配顺序）以及服役条件（受载变形、高频振动）等，通过理论分析、有限元数值仿真以及具体实验，对结合部进行建模，获得其刚度特性。

最后，夹具作为一个部件，是由很多定位元件、夹紧机构及连接元件组成的，其刚度的大小主要取决于各定位元件、连接元件以及夹紧机构的刚度，因此，夹具刚度也可以用式（4-5）进行表达和分析。

4.4.3　夹具的制造误差

任何夹具，其在制造过程中总会产生误差，主要包括夹具的定位元件加工误差和装配误差，以及夹具与机床连接元件的制造误差。为了保证工件的加工精度，一般情况下夹具的制造误差应小于工序保证公差的1/3。

4.5　自动化夹具及自动上下料系统

随着现代科学技术的高速发展和产品市场的多样化需求，数控机床在机械制造业中得到越来越广泛的应用，且其功能不断增强，正朝着高速/超高速、精密/超精密、高效率方向发展；而作为其加工对象的工件，在材料（单一材料、合金、复合材料）、尺寸规格（从常规尺寸到极小或极大尺寸）、几何形状特征（从简单到复杂）等方面也呈现出变化的多样性。

自动化夹具及
自动上下料系统

因此，作为连接工件和机床的一个重要辅助装置或配件，数控机床夹具的设计及其性能也必须适应这种变化，具体表现如下。

1. 标准化、通用化、系列化程度高

常见定位元件及夹紧元件的标准化、通用化、系列化程度提高，可以简化夹具的设计和制造流程，缩短生产准备周期，降低生产总成本。目前，我国已有夹具零部件以及各类通用夹具、组合夹具的国家标准。

2. 夹具的制造精度高

夹具的制造精度包括夹具的定位元件、夹紧元件/机构的加工和装配精度。例如，用于精密分度的多齿盘，分度精度可达±0.1"；用于高精度三爪自定心卡盘，定心精度为 5μm。

3. 高效化

夹具的高效化是指采用自动夹紧装置以及夹紧元件具有快速更换功能的自动化夹具、高速化夹具等。例如，在铣床上使用电动虎钳装夹工件，效率可提高 5 倍左右；在车床上使用高速三爪自定心卡盘，可保证卡爪在试验转速为 9 000r/min 的条件下仍能牢固地夹紧工件。

4. 柔性化

夹具的柔性化是指夹具经过调整、组合等方式，以适应工件不同生产规模、不同形状和尺寸以及不同加工工艺的能力。组合夹具、通用可调夹具、成组夹具、模块化夹具、数控夹具都具有柔性化，且柔性化程度在不断提高。

5. 智能化

夹具的智能化是指夹具的驱动从液、气朝向机电一体化发展，集成夹紧力控制和补偿、动态监测、实时反馈更多的数据给机床，以实现加工过程中的自适应调整。

自动化夹具是一种能实现工件自动装夹的夹具。它是通过气动、液压或电动等自动夹紧方式来控制夹具的夹紧和松开，在自动上下料系统的配合下，完成工件的自动化加工。

像数控车床中使用的各类动力卡盘（卡爪由动力驱动）、数控铣床中的各类液压、电动虎钳，以及数控磨床上的电磁工作台等，仍然属于机床附件类夹具，由专业厂家研发和生产，这里不再介绍。

下面仅对托盘夹具和自动上下料系统进行简单介绍。

4.5.1　托盘夹具

在自动化夹具中，首先要解决工件的输送问题。如果工件具有良好的定位和输送基面，如箱体类和回转体工件可以采用直接输送方式，由机器人或机械手直接送入机床夹具中，由夹具实现自动定位、夹紧；如果工件的结构形状复杂，没有合适的输送基面或虽有合适的输送基面，但属于易磨损的有色金属或合金工件，为避免表面划伤和磨损，或者工件在机床间（工序间）传输的距离较远，则采用托盘的间接输送方式。工件可以在托盘上直接手动装夹，也可以先在夹具中手动装夹，连同夹具一起安装在托盘上。无论哪一种情形，都称为托盘夹具（系统）。

托盘是自动化夹具中的一个重要配件。托盘的结构形式多样，基本的有正方形和矩形两种，其顶面的基本形式有螺孔系和 T 形槽系，其尺寸已系列化，也可以根据所装夹的工件或夹具结构进行专门设计。图 4.52（a）所示为一种底面带 T 形槽的托盘结构。托盘的底面 3 安装在机床上，也可以安装在自动线的输送装置上（以一面两销定位，而这时的托盘夹具实际上也成为随行夹具了）；托盘的顶面 1 有中央孔 2 和定位销孔 8，供工件或夹具定位使用；侧定位板 7 起辅助定位以及与上下料机构连接定位之用（如机械手的联轴器）。图 4.52（b）为托盘夹具示意图。托盘上的夹具既可以是专用夹具，也可以是通用夹具（如卡盘类、虎钳类和电磁夹具等）。夹具的形式既可以是多工位的夹具，也可以是同一托盘上放置不同夹具，实现机外的离线装夹。

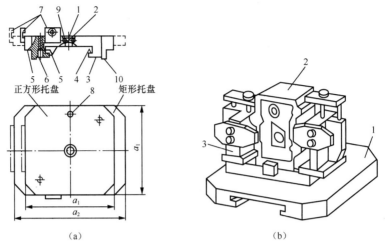

（a）1—顶面；2—中央孔；3—底面；4—托盘夹紧面；5—托盘导向面；6—托盘定位面；7—侧定位板；8—工件或夹具定位销孔；9—螺孔；10—托盘搁置面。（b）1—托盘；2—工件；3—夹具。

图 4.52　托盘结构及托盘夹具

托盘夹具与高精度快速装夹技术，如零点定位系统技术的高度结合，已成为目前自动化夹具技术应用的主流。

4.5.2　加工自动化与自动上下料系统

随着数控机床和自动化夹具的普及，不少制造企业虽然采用了数控机床及自动装夹工具，但工件的搬运及传输仍由人工进行，工人的劳动强度大，机床的利用率低。如果能在机床或工序间实现自动上下料及传输，则不仅可以改善工人的劳动条件、提高生产效率，而且可以进一步提升企业制造自动化水平。

但是，为了能实现工件在机床中的自动传输，对夹具也提出了不同的要求。如果工件是规则的，可由机器人或关节臂直接抓取工件进行传输，这种情况下，工件的夹具多数为自动夹紧，而机械臂或机械手的末端执行元件需适应零件的结构特征。如果工件的形状不规则，自动上下料就需要采用托盘夹具形式，这种情况下，工件在托盘夹具上的定位和夹紧往往是手动的，但是工件的传输形式较为灵活，如自动导航车（automated guided vehicle，AGV）、固定式机器人、桁架式机器人以及轨道式机器人等。

1. 自动上下料系统的组成

一般地，自动上下料系统由工件的传输装置、上下料机器人/机械手、控制系统等几部分组成，下面对其进行简单的介绍。

（1）工件传输装置

工件传输装置主要有地面固定传输线、AGV 小车、桁架机器人/机械手等形式。

① 地面固定传输线

地面固定传输线主要有滚轮式和链条式等传输形式，主要适用于具有良好输送基面的工件的传输，柔性较差。

② AGV 小车

AGV 小车是指装备有电磁或光学等自动导航装置，能够在车载控制系统的控制下，按设定的路线自动行驶，实现物料传输功能的运载工具。其因具备装卸自动化、充电快捷、使用方便、占地面积小等优点，广泛应用于仓储物流行业。根据导航方式的不同，AGV 小车可分为电磁感应导航式、激光导航式和视觉导航式等不同型式；按结构上的不同，AGV 小车可分为叉车式和托盘式等，如图 4.53 所示。

在自动上下料系统中应用 AGV 小车，应根据机床或自动线的布局、各仓储位置以及工件的加工工艺流程，规划确定 AGV 小车的数量及各自的行驶路径，在车载导航控制系统及上下料控制系统的协调控制下，实现从各仓储到各机床的供（下）料台或输送线间，或者各机床之间的工件传输。与刚性的地面固定传输线相比，应用 AGV 小车传输工件具有更大的柔性。

(a) 叉车式　　　　　　(b) 托盘式

图 4.53　AGV 小车

③ 桁架机器人/机械手

工件被机械手夹持，沿导轨移动，从而实现工件的工序间传输和存储。

（2）上下料机器人/机械手

由前述内容可知，所谓的上下料即工件在夹具中定位、夹紧的前后动作。因此，对上下料机构，除了有快速性要求之外，还必须具有定位准确（与夹具定位元件的接触或配合）、夹紧可靠的要求。由于工业机器人/机械手具有自动化程度高、定位/重复定位精度高（微米级）以及响应快速等优点，因此其在自动上下料系统中应用广泛，此设备即上下料机器人/机械手。

常见的上下料机器人/机械手，按安装形式的不同，分为（基座）固定式和移动式两类，如图 4.54 所示。固定式上下料机器人/机械手主要适用于从供（下）料台或输送线与单机之间的上下料（见图 4.54（a））；移动式上下料机器人/机械手的基座可沿导轨移动，导轨可以铺设在地梁上（见图 4.54（b）），也可以铺设在桁架的横梁上，常称其为桁架机器人/机械手。当然导轨既可以安装在横梁的上下面（正立或悬挂），也可以安装于侧面（见图 4.54（c））。另外，可以在地梁或桁架上布置多个机器人/机械手，以满足更多的工件上下料和传输需求。显然，移动式上下料机器人/机械手主要适用于自动线中各机床的上下料，以及各机床间（转换工序）、机床与仓储间的工件传输和存储。

(a) 固定式　　　　(b) 移动式1　　　　　　(c) 移动式2

图 4.54　上下料机器人/机械手（德国 KUKA 公司）

无论哪一类机器人/机械手，其抓取工件的方式有以下两种。

① 机器人/机械手夹持工件+自动定位、夹紧

这种夹持方式主要适合于形状比较规则的工件，机器人/机械手在控制系统的指令下夹持工件，快速、准确送入数控机床主轴（车床）或工作台上，由自动卡盘或电动（液压等）虎钳实施自动定位、夹紧，有序完成单机或加工单元的上（下）料动作。

② 机器人/机械手夹持托盘+夹具+工件

这种夹持方式适合于形状不规则的工件的上下料，或者在一个托盘中装夹几个相同的工件（在几副相同的夹具中）或几个不同的工件（在几副不同的夹具中）的上下料。此时，工件在夹具中的定位、夹紧可用手动在序外（离线）完成，然后已装夹工件的夹具在带有零点定位器（凸头）的托盘中进行定位和夹紧，最后由机器人/机械手夹持带夹具的托盘，送入机床主轴或工作台，与其上的零点定位器（凹头）对接，从而完成上（下）料动作，等待开始加工指令。

由于上下料机器人/机械手的组成、检测与控制系统以及驱动方式与一般的工业机器人/机械手相同，因此读者可参考相关的工业机器人设计手册或教材，此处不再介绍。

目前，上下料机器人/机械手大量采用模块化设计，其元部件的标准化和系列化程度不断提高，这样就给自动上下料系统的设计和实现带来极大方便。设计人员既可以根据实际要求，向制造商处选购或定制整套机器人/机械手，也可以部分选购，并与自行设计、制造部分（如可以根据具体工件的几何特征设计专用的手爪）进行组合，体现出很高的柔性。

（3）控制系统

自动上下料是典型的多输入多输出（multi-input multi-output，MIMO）系统，其控制系统主要由控制终端、可编程逻辑控制器（programmable logic controller，PLC）控制系统以及位置检测与控制系统组成。

① 控制终端

目前，主要采用触摸屏作为控制终端，通过人机交互界面对工件传输装置以及上下料机器人/机械手的运动状态进行检测和控制，与主控制器进行信号交换。

② PLC 控制系统

PLC 控制系统是整个自动上下料控制系统的核心，其主要功能是通过输入输出接口的配置，实现：a. 接收来自终端的控制信号、工件传输装置及上下料机器人/机械手的各种运行信号，包括传输装置的启停与移动信号、上下料机器人/机械手的移动或转动以及手爪的夹紧与松开信号等；b. 与数控机床进行交互，将 a 中的各种信号和机床数控系统 PLC 中机床的运行信号（夹具的夹紧/松开、加工开始/完成、防护门的闭/开）转换成可被两者相互识别的信号；c. 将这些动作时序信号经 PLC 编程及逻辑解算转换成执行信号，输出到执行部件，如伺服驱动的脉冲信号及电磁阀的控制信号等。

③ 位置检测与控制系统

位置检测与控制系统主要由接近开关和位置（速度）传感器组成，对上下料系统的运动部件（传输装置与机器人/机械手）的位置进行检测，检测信号通过输入输出接口与 PLC 控制系统进行交互，对整个上下料过程进行监控。

上下料控制系统既可以通过人机交互的终端控制，也可以利用数控系统的 M 功能实现全自动控制。

2. 自动上下料机械手应用示例

图 4.55 所示为采用 KUKA 公司固定式机器人实现工件自动上料的过程。机器人 1 固定在数控机床和供料台架 2 之间的某个位置（作业原点），工件 10 已离线安装在托盘夹具 6 中，可通过人工或 AGV 小车等从仓储位置搬运到供料台架上。机械手 5 在上下料系统的相关指令控制下，接近供料台架，零点定位手爪 4 采用 AMF 公司的零点定位器（凹头），与托盘夹具 6 端面上的零点定位销 3（凸头，主要起锁紧作用）一起构成零点定位系统，实现工件快速、可靠地抓取，并通过托盘底面布置的四单元零点定位销 7（凸头）与机床工作台上安装

的零点定位器 9（凹头）构成了另一个零点定位系统，当机床防护门打开，通过零点定位系统对工件进行定位、夹紧，然后防护门关闭，工件进入加工过程，机械手退回作业原点，从而完成工件的自动上料过程，等待下一个工作循环开始指令。下料过程的动作顺序基本与上料过程相反，一般由另外一个机器人/机械手完成（图 4.55 中未示出）。在上下料控制系统的控制下，便可以实现自动上下料循环。有时，由于机床操作空间的限制或是从成本方面考虑，上下料过程也可以由一个机器人/机械手完成，此时往往需要加装另一副手爪（增加一个旋转轴），由两副手爪分别进行上料和下料。

1—机器人；2—供料台架；3—零点定位销（凸头）；4—零点定位手爪（凹头）；5—机械手；6—托盘夹具；
7—零点定位销（凸头）；8—机床工作台（垫高）；9—零点定位器（凹头）；10—工件。

图 4.55 应用机器人/机械手实现自动上料图示

最后，再次需要注意的是，采用托盘夹具可以一次装夹多个相同的工件（本例中装夹了三个相同工件），也可以是不同的工件；托盘夹具和机械手的手爪均采用零点定位器，可以使自动上下料系统具有很高的柔性，因而在单机（数控机床、加工中心）以及自动线上应用越来越广泛。

思考与练习题

4-1 工件在机床上的装夹方法有哪些？其原理是什么？

4-2 传统机床夹具与数控机床夹具的工作原理有何异同？

4-3 机床坐标系、工件坐标系、夹具坐标系和编程坐标系有什么区别和联系？

4-4 何为基准？试分析下列零件的有关基准。

（1）图 4.56 所示齿轮的设计基准和装配基准，滚切齿形时的定位基准和测量基准。

（2）图 4.57 所示为小轴零件图及在车床顶尖间加工小端外圆和台肩面 2 的工序图，试分析台肩面 2 的设计基准、定位基准及测量基准。

4-5 什么是"六点定位原理"？

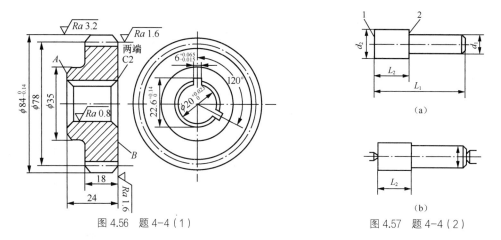

图 4.56 题 4-4（1） 图 4.57 题 4-4（2）

4-6 什么是完全定位、不完全定位、过定位以及欠定位？

4-7 组合定位分析的要点是什么？

4-8 根据六点定位原理，分析图 4.58 所示各定位方案中，各定位元件所限制的自由度。

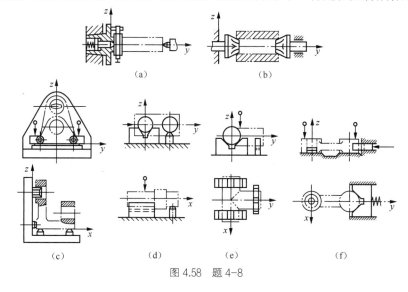

图 4.58 题 4-8

4-9 简述夹紧力的作用方向和作用点的确定原则。

4-10 夹紧的基本方式有哪几种？各适用于什么场合？

4-11 气动夹紧和液压夹紧各有哪些优缺点？

4-12 自动上下料系统一般由哪几部分组成？

实践训练题

4-1 以某型号飞机的长桁件为对象，设计其定位装夹方案，并分析其优劣。

4-2 调研市场上几种典型零点定位器，分析比较其定位夹紧原理的异同。选定其中一种，设计一套带此零点定位器的托盘。

4-3 以某型号汽车的变速器箱体零件为对象，设计适用于自动线上加工的定位和自动夹紧方案，并分析其优劣。

第 **5** 章 切削加工工艺过程设计

加工工艺是指零件从毛坯到成品的过程。这一过程合理与否直接决定着零件加工成形过程中的质量、效率和成本。特别是数控机床出现后，零件从毛坯到成品的工艺过程完全不同于传统机床的工艺过程。

本章除了介绍基本的工艺过程设计知识外，重点介绍了针对数控机床的加工工艺过程，充分体现出工艺牵引机床、机床决定工艺的特点，包括加工顺序的制定准则、加工路径的设计准则及加工参数的设计准则；在此基础上又介绍了当前加工工艺仿真技术的基本概况，包括自动编程、加工工艺过程仿真等；最后介绍了目前和未来不断发展的加工过程自动检测与监测功能，这也是加工过程自动化乃至智能化的基本功能，包括质量数据的处理功能等。

5.1 切削加工工艺过程设计内涵

本节主要介绍切削加工工艺过程涉及的概念和基本知识，以及切削加工工艺过程需要解决的主要问题和相关基本理论与方法。

5.1.1 生产过程、制造过程、加工过程、装配过程与工艺过程

机器的生产过程是指将原材料转变为成品的全过程，制造过程是指加工过程和装配过程的总和。在生产过程中，凡是改变生产对象的形状、尺寸、位置和性质等，使其成形为成品或半成品的过程都称为工艺过程。工艺又可分为铸造工艺、锻造工艺、冲压工艺、焊接工艺、加工工艺和机器装配工艺等。本章主要讲授加工工艺涉及的基本知识，装配工艺将在第 6 章讲授，而其他工艺过程（如铸造、锻造、冲压、焊接、热处理等）将在其他课程中讲授。

一台结构相同、要求相同的机器，或者具有相同要求的机器零件，均可以采用几种加工工艺过程完成，但其中总有一种加工工艺过程在某一特定条件下是最合理的。人们把合理的加工工艺写成文件形式，用于规范指导生产，这些工艺文件称为工艺规程。

经审定批准的工艺规程是指导生产的重要文件，生产人员必须严格遵守。当然，工艺规程也不是一成不变的。随着科学技术的发展，一定会有新的更为合理的工艺规程来代替旧的相对不合理的工艺规程。工艺规程的修订或更改，必须经过充分的工艺试验验证，并按照工厂的相关规定履行审批手续。

5.1.2 工序、工步和工作行程

1. 工序

工序是组成切削加工工艺过程的基本单元。针对零件上不同的几何特征，就要用不同的加工工具（刀具）进行加工。用同样的加工工具对几何特征的连续加工，称为一个工序。如果用传统的机床加工，可能还需要更换机床。用数控机床或加工中心加工时，显著的不同是在一台机床上通过更换不同的加工工具（刀具）就能完成不同几何特征的加工，其中包含着不同的工序。

设计切削加工工艺过程，就是要确定一个工件需要经过多少道工序以及这些工序进行的先后顺序；仅列出主要工序名称及其加工顺序的简略工艺过程，称为工艺路线。对于要求较高的工件加工工艺过程，在工艺路线的基础上，对每道工序所用的机床、刀具、切削用量及检测方式等都要进行详细的规定，即要制定出详细的加工工序卡。

值得注意的是，在数控机床上（特别是在加工中心上）加工零件，工序十分集中，许多零件仅需在一次装卡中就能完成全部工序。工序一般有以下几种划分方式。

（1）按零件装卡定位方式划分工序

由于每个零件结构形状不同，各加工表面的技术要求也有所不同，故加工时，其定位方式各有差异。一般加工外形时，以内形定位；加工内形时又以外形定位。因此，可根据定位方式的不同来划分工序。

（2）按粗、精加工划分工序

根据零件的加工精度、刚度和变形等因素来划分工序时，可按粗、精加工分开的原则来划分工序，即先粗加工再精加工。此时可用不同的机床或不同的刀具进行加工。通常在一次安装中，不允许将零件某一部分表面加工完后，再加工零件的其他表面。

（3）按所用刀具划分工序

为了减少换刀次数、压缩空程时间、减少不必要的定位误差，可按刀具集中工序的方法加工零件，即在一次装夹中，尽可能用同一把刀具加工出可能加工的所有部位，再换另一把刀加工其他部位。在专用数控机床和加工中心上常采用这种方法。

2. 工步和工作行程

工步是在加工表面不变、加工工具不变、切削用量不变的条件下连续完成的那部分工序。加工工具在加工表面上加工一次所完成的工步，称为工作行程（也叫走刀）。多次走刀意味着加工余量大；一次走刀无法完成，此时就需要多次走刀。

5.1.3 装夹与工位

为完成零件的加工，必须对工件进行装夹，它由定位和夹紧两个过程组成，这一功能由夹具完成。采用转位或移位夹具、回转工作台或在多轴机床上加工时，工件在机床上一次装夹后，要经过若干个位置依次进行加工。工件在机床上所占据的每一个位置所完成的那一部分工序就称为工位。

5.1.4 生产类型与加工工艺过程的特点

1. 生产类型

生产类型的划分依据是产品或零件的年生产纲领，产品的年生产纲领就是产品的年生产量，诸多企业也称为产能；零件的年生产纲领计算公式为

$$N = Qn(1+a)(1+b) \tag{5-1}$$

式中：N——零件的年生产纲领（件/年）；Q——产品的年生产量（台/年）；n——每台产品中该零件的数量（件/台）；a——备品率（%）；b——废品率（%）。

按年生产纲领划分生产类型，如表 5.1 所示。

表 5.1　　　　　　　　　　　　　年生产纲领与生产类型的关系

生产类型		零件年生产纲领/（件/年）		
		重型零件	中型零件	轻型零件
单件生产		<5	<10	<100
批量生产	小批生产	5～100	10～200	100～500
	中批生产	101～300	201～500	501～5 000
	大批生产	301～1 000	501～5 000	5 001～50 000
大批量生产		>1 000	>5 000	>50 000

（1）单件生产

单件生产是指单个生产不同结构和不同尺寸的产品，并且很少重复。例如，重型机器制造、专用设备制造和新产品试制等。

（2）批量生产

批量生产是指一年中分批制造相同的产品，制造过程有一定的重复性。例如，机床制造就是比较典型的批量生产。每批制造的相同产品的数量称为批量。根据生产数量的多少，批量生产又可分为小批生产、中批生产和大批生产。小批生产的工艺过程特点与单件生产的相似；大批生产的工艺过程特点与大批量生产相似；中批生产的工艺过程特点则介于小批生产与大批生产之间。

（3）大批量生产

大批量生产是指产品数量很大，大多数工作地点经常重复进行某一个零件的某一道工序的加工。例如，螺钉螺母、轴承等标准件的制造通常都是以大批量生产方式进行的。

出于生产效率、成本、质量等方面的考虑，单件、小批生产与大批量生产可能有不同的工艺过程。不仅如此，生产类型不同，工艺规程制定的要求也不同。对单件生产、小批生产，可能只要制定一个简单的工艺路线就行了；对于大批量生产，应该制定一个详细的工艺规程，对每个工序、工步和工作行程都要进行设计，详细地给出各种工艺参数。这样做主要是因为对于大批量生产来说，每个工序、工步节省 1s，就会带来可观的效益，应该经过计算和试验优化设计工艺规程，并详细规定下来，照章执行。同时，详细的工艺规程也是进行工装夹具设计、制造的依据。各种生产类型工艺过程的主要特点如表 5.2 所示。

表 5.2　　　　　　　　　　　　各种生产类型工艺过程的主要特点

工艺过程特点	生产类型		
	单件生产	批量生产	大批量生产
工件的互换性	一般是配对制造，没有互换性，广泛用钳工修配	大部分有互换性，少数用钳工修配	全部有互换性，某些精度较高的配合件用分组选择装配法
毛坯的制造方法及加工余量	铸件用木模手工造型，锻件用自由锻造。毛坯精度低，加工余量大	部分铸件用金属模铸造，部分锻件用模锻锻造。毛坯精度中等，加工余量中等	铸件广泛采用金属模机器造型，锻件广泛采用模锻锻造，以及其他高生产率的毛坯制造方法。毛坯精度高，加工余量小

续表

工艺过程特点	生产类型		
	单件生产	批量生产	大批量生产
机床设备	通用机床、数控机床或加工中心	数控机床、加工中心或柔性制造单元。设备条件不够时，也采用部分通用机床、部分专用机床	专用生产线、自动生产线、柔性制造生产线或数控机床
夹具	多用标准附件，极少采用夹具，靠划线及试切法达到精度要求	广泛采用夹具或组合夹具，部分靠加工中心一次安装	广泛采用高生产率夹具，靠夹具及调整法达到精度要求
刀具和量具	采用通用刀具和量具	可以采用专用刀具及专用量具或三坐标测量机	广泛采用高生产率刀具和量具或采用统计分析法保证质量
对工人的要求	需要技术熟练的工人	需要有一定熟练程度的工人和编程技术人员	对操作工人的技术要求较低，对生产线维护人员素质的要求较高

大批量生产往往是由自动生产线、专用生产线来完成的，单件、小批生产往往是由通用设备，靠工人的技术或技艺来完成的，但数控设备的出现也改变了这一状况，使单件、小批生产也接近大批量生产的效率及成本。单件、小批生产时，往往采用多工序集中在一起。大批量生产时，一个零件往往分成了许多工序，在流水线上协调完成加工任务。

2. 企业组织生产的三种模式

企业组织产品的生产可以有多种模式，但现代企业基本上可概括为以下三种模式。

（1）生产全部零部件、组装机器。这种模式的企业必须拥有加工所有零件、完成所有工序的设备，形成大而全的工厂。当市场发生变化时，适应性差，难以做到设备负载的平衡，而且固定资产利用率低，定岗人员也有忙闲不均情况，影响管理和全员的积极性。

（2）完全不生产零部件，只负责设计及销售。这种模式具有场地占用少、固定设备投入少、转产容易等优点，较适宜市场变化快的产品生产。但对于核心技术和工艺应该自己掌握或需要负责大批量生产中附加值比较大的零部件生产时，这一模式就有不足之处。许多高新科技企业"两头在内，中间在外"均是属于这种方式。这种组织方式中，更显示出知识在现代制造业的突出作用和地位。这种模式实际上是将制造业由资金密集型向知识密集型过渡的模式。

（3）生产一部分关键的零部件，其余的由其他企业供应。许多产品复杂的大型企业多采用这种模式，如汽车整车制造企业周围一般密布着数以千计的中小企业，承担汽车零配件、汽车生产所需的专用工模具、专用设备的生产供应，形成一个繁荣的产业链。美国、日本、德国汽车工业均是如此，汽车生产厂家只控制整车、车身、发动机的设计和生产。中国本土的汽车制造企业也大多采用这种生产模式。

对第2种模式及第3种模式来说，零部件供应的质量是非常重要的。保证质量的措施可以采取主机厂引入一套完善的质量检测手段，对供应零件进行全检或按数理统计方法进行抽检。为了保证及时供货及质量的另一个措施是可以向多个供应商订货，以便有选择和补救的余地，同时形成一定的竞争机制。

5.1.5 工艺过程的设计原则及原始资料

合理的工艺过程是需要设计的，通过相应的设计理论和技术支持以及实践检验，最后形成的具有约束效力的制度性文件即工艺规程。工艺过程设计需遵循以下原则。

（1）所设计的工艺过程应能保证机器零件的加工质量（或机器的装配质量），达到设计图样上规定的各项技术要求。

（2）应使工艺过程具有较高的生产率，使产品尽快投放市场。

（3）设法降低制造成本。

（4）注意降低工人的劳动强度，保证生产安全。

设计工艺过程必须具备以下原始资料。

（1）产品装配图、零件图。

（2）产品验收质量标准。

（3）产品的年生产纲领。

（4）毛坯材料与毛坯生产条件。

（5）制造厂的生产条件，包括机床设备和工艺装备的规格、性能和现在的技术状态、工人的技术水平、工厂自制工艺装备的能力以及工厂供电、供气的能力等有关资料。

（6）工艺过程设计、工艺装备设计所需要的设计手册和有关标准。

（7）国内外先进制造技术资料等。

5.2　设计工艺过程的步骤及需要解决的主要问题

5.2.1　设计工艺过程的步骤

1. 分析产品的装配图和零件图

该步骤要进行以下两方面的工作。

（1）熟悉产品的性能、用途、工作条件，明确各零件在机器中的功用和零件之间的相互装配位置，特别是零件的主要加工特征及其对功用的影响，研究各项技术条件制定的依据，分析其加工中的关键技术问题。

（2）零件图的工艺性审查。其主要审查内容有：图样上规定的各项技术条件是否合理、零件的结构工艺性是否好、技术要求是否合理。过高的精度要求、过低的表面粗糙度和其他技术条件会使工艺过程复杂，加工困难，甚至无法加工。此外，应尽可能减少加工工作量，以达到好造、好用、好修的目标。如果发现零件的结构或技术要求有问题，则应及时提出，并与有关设计人员共同讨论、研究，按照规定手续对零件的结构和技术要求进行修改与补充。

由表 5.3 可以看出，有些结构在加工工艺过程中是无法实现的，有的即使能实现，也很费时费事，造成效率的降低。因此，在进行机器及零件的设计时，必须同时考虑零件的加工工艺性。有关这方面知识的积累，读者需要在实际工作中多想多看。

表 5.3　零件切削加工结构工艺性的对比

序号	A 结构工艺性差	B 结构工艺性好	说明
1	Ra 0.8	Ra 0.8	B 结构留有退刀槽，方便进行加工，并能减少刀具和砂轮的磨损

续表

序号	A 结构工艺性差	B 结构工艺性好	说明
2			B 结构采用相同的槽宽，以减少刀具种类和换刀时间
3			由于 B 结构键槽的方位相同，因此就可在一次安装中进行加工，以提高生产率
4			A 结构不便引进刀具，难以实现孔的加工
5			B 结构可避免钻头钻入和钻出时因工件表面倾斜而引起引偏或断损
6			B 结构既可节省材料、减轻质量，还可避免深孔加工
7			B 结构可减少深孔的螺纹加工
8			B 结构可减少底面的加工劳动量且有利于减小平面误差，提高接触刚度
9			B 结构按孔的实际配合需要，改短了加工长度，并在两端改用凸台定位，从而降低了对孔及端面的加工成本
10			A 结构箱体内壁凸台过大，不便加工，改成 B 结构较好
11			箱体类零件的外表面比内表面容易加工，故应以外表面代替内表面作装配连接表面，如 B 结构
12			B 结构把环槽 a 改在件 1 的外圆上，就比在件 2 的内孔中便于加工和测量
13			B 结构改用装配形式，避免了 A 结构对内孔底部圆弧面进行精加工的困难

　　另外，基于增材原理的各类成形工艺方法的出现，给零件设计带来了很大变化。过去考虑加工工艺性，机器中某项功能可能需要多个零件通过装配来实现，增材成形工艺出现后，特别是具有内部结构时，可以设计一个零件直接成形出来，或者通过增减材复合工艺成形出来，既能保证外形，也能保证内部结构的形状及精度。图 5.1 所示的两种铣刀刀盘，其内部

的润滑流道可以同外部结构一次成形出来。此外，如滑动轴承，一般是由轴孔和轴衬套装配而成的，利用增材成形工艺从原理上可以一次成形出来。虽然增材成形因存在精度、效率及成本问题还没有完全普及，但其是未来的发展方向。

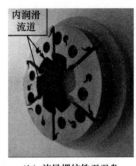

（a）齿轮铣刀刀盘　　　　　（b）旋风螺纹铣刀刀盘

图 5.1　利用增材制造技术制造的典型零件

2．确定毛坯

　　根据零件图样审查毛坯的材料选择及制造方法是否合适，从加工工艺的角度（如结构工艺性及加工余量是否合适等）对毛坯制造提出要求。必要时，应与毛坯供应商共同确定毛坯图。毛坯的种类和质量与切削加工的质量、材料的节约、劳动生产率的提高和成本的降低都有密切的关系。在确定毛坯时，设计人员总希望尽可能提高毛坯质量、减少切削加工工作量、提高材料利用率、降低切削加工成本，但是这样往往会使对毛坯的制造要求和成本提高。因此，两者是相互矛盾的，设计人员需要根据生产纲领和毛坯制造的具体工艺水平加以解决。考虑到技术的发展，在确定毛坯时就要充分注意到利用新工艺、新技术、新材料的可能性。在改进毛坯的制造工艺和提高毛坯质量后，往往可以大大减少切削加工工作量，这种措施比采取某些高生产率的切削加工工艺措施更为有效。

　　近些年少无切屑加工有很大的发展，如精密铸造、精密锻造、冷轧、冷温挤压、粉末冶金、增材制造等成形工艺都在迅速发展和推广，用这些方法制造的毛坯，只要经过少量的切削加工，甚至不需要加工。少无切屑加工是机械制造行业的发展方向之一。

　　毛坯制造的另一要求是尽可能减少内应力，否则在加工过程中过大的内应力释放会产生很大的变形，从而导致零件精度不满足要求，甚至报废。

3．确定加工工序及工艺路线

　　确定加工工序及工艺路线是设计工艺过程中的关键性内容。针对要切削加工的零件设计工艺过程，首先要根据零件的几何特征确定加工工序及其相应的加工设备，然后确定工序的顺序。另外，除主要的切削加工工序外，辅助的工序也要一起考虑，如去毛刺倒角工序、热处理工序、检验工序等。

4．确定各工序的技术要求

　　确定各工序的技术要求包括各主要工序的技术要求及检验方法，采用的刀、夹、量具和辅助工具等。如果需要设计专用的刀、夹、量具和辅助工具，则应提出具体的设计任务书。

5．确定切削用量

　　确定切削用量包括确定各工序的加工余量，计算工序尺寸和公差。目前很多工厂一般不规定切削用量，而由操作者结合具体生产情况来选取。但对流水线生产，尤其是自动化生产，则各工序、工步都需规定切削用量，以保证各工序生产节奏均衡。

6．确定工时定额

　　工时定额主要按经过生产实践验证而积累起来的统计资料来确定（参阅有关手册）。随着

工艺过程的不断改进，工时定额也需要相应修订。对于流水线尤其是自动化，由于有规定的切削用量，工时定额可以部分通过计算，部分应用统计资料得出；当前利用仿真加工软件也能比较精准地计算出来。

7. 填写工艺文件

工艺过程设计完成后，一般要填写工艺文件，即形成工艺规程，该文件是工厂或车间具有规章性的技术文件，相关人员必须严格遵守。工艺文件根据企业规模或产品的生产类型不同、详细程度不同，包括工艺路线卡、工序卡、关键工序质量控制卡、检验工序卡等，主要对影响质量、效率、成本的各类因素给出规范。

5.2.2 设计工艺过程需要解决的主要问题

设计工艺过程需要考虑的问题很多，涉及的面也很广。下面只列出设计工艺过程时要解决的主要问题条目，所涉及的较多基础理论知识问题在后续内容中会详细介绍。

1. 定位基准的选取

合理选择定位基准对保证加工精度和确定加工顺序都有决定性的影响，后道工序的基准必须在前面工序中加工出来，因此，它是设计工艺过程时要解决的首要问题。在第一道工序中，只能使用毛坯的表面作为定位基准，这种定位基面就称为粗基面（或毛基面）。在以后各工序的加工中，可以采用已经切削加工过的表面作为定位基面，这种定位基面就称为精基面（或光基面）。

经常遇到这样的情况：工件上没有能作为定位基面的恰当表面，这时就有必要在工件上专门加工出定位基面，这种基面称为辅助基面。辅助基面在零件的工作中没有用处，它是仅为加工的需要而设置的。如轴类零件加工用的中心孔、箱体类零件用于定位专门制作的两个定位销孔，这类辅助基面是在工件上的，而航空类零件往往是在最终工件的外边设置的，毛坯尺寸远大于最终的工件（工件数模），当零件加工完成后，再通过加工把辅助基面去掉。

在选择定位基面时有以下两个基本要求。

（1）保证各加工表面有足够的加工余量，至少不留下黑斑，使不加工表面的尺寸、位置符合图纸要求。对于一面要加工、一面不加工的壁来说，要有足够的厚度。

（2）定位基面应有足够大的接触面积和分布面积。接触面积大就能承受大的切削力；分布面积大可使定位稳定、可靠。在必要时，可在工件上增加工艺搭子或在夹具上增加辅助支承。

① 粗基面选择原则

选择粗基面的原则如下。

a. 如果必须首先保证工件某重要表面的余量均匀，就应该选择该表面作为粗基面。车床导轨面的加工就是一个例子，由于导轨面是车床床身的主要表面，因此对精度要求高，并且要求耐磨。在铸造床身毛坯时，导轨面需向下放置，以使其表面层的金属组织细致均匀，没有气孔、夹砂等缺陷，因此在加工时要求加工余量均匀，以便达到高的加工精度，同时切去的金属层应尽可能薄一些，以便留下一层组织紧密、耐磨的金属层。同时，导轨面又是床身工件上最长的表面，容易发生余量不均匀和不够的危险，若导轨表面上的加工余量不均匀，切去又太多，如图 5.2（b）所示，则不但影响加工精度，而且会把比较耐磨的金属层切去，露出较疏松的、不耐磨的金属组织，所以应该用图 5.2（a）

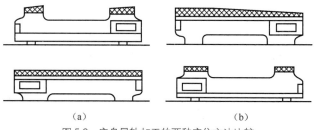

(a) (b)

图 5.2 床身导轨加工的两种定位方法比较

所示的定位方法（先以导轨面作粗基面加工床脚平面，再以床脚平面作精基面加工导轨面）进行加工，则导轨面的加工余量将比较均匀。至于床脚上的加工余量不均匀，则并不影响床身的加工质量。

b. 如果必须保证工件上加工表面与不加工表面之间的位置要求，则应以不加工表面作为粗基面；如果工件上有好几个无须加工的表面，则应以其中与加工表面的位置精度要求较高的表面为粗基面，以求壁厚均匀、外形对称等。图 5.3 所示的零件就是一个例子，若选不需要加工的外圆毛面作粗基面定位（见图 5.3（a）），此时虽然镗孔时切去的余量不均匀，但可获得与外圆具有较高同轴度的内孔，壁厚均匀、外形对称；若选用需要加工的内孔毛面定位（见图 5.3（b）），则结果相反，切去的余量比较均匀，但零件壁厚不均匀。若零件上每个表面都要加工，则应该以加工余量最小的表面作为粗基面，使这个表面在以后的加工中不会留下毛坯表面而出现废品。例如，加工铸造或锻造的轴套（见图 5.4），通常加工余量较小，并且总是孔的加工余量大，而外圈表面的加工余量较小，这时就应以外圆表面作为粗基面来加工孔。

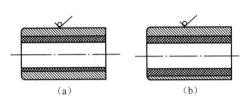

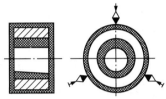

图 5.3 两种粗基面选择方案的对比　　　　图 5.4 铸造或锻造毛坯轴套的定位基准选择

c. 应该用毛坯平整、光洁的表面作为粗基面，使加工后各加工表面对各不加工表面的尺寸精度、位置精度更容易符合图样要求。对于铸件不应选择有浇冒口的表面、分型面以及有飞刺或夹砂的表面作粗基面。对于锻件不应选择有飞边的表面作粗基面。

注意：由于粗基面的定位精度很低，因此粗基面在同一尺寸方向上通常只允许使用一次，否则定位误差太大。故在以后的工序中，都应使用已切削过的表面作为精基面。

② 精基面选择原则

对精基面考虑的重点是如何减少误差，提高定位精度，因此选择精基面的原则如下。

a. 基准重合原则：应尽可能选用设计基准作为定位基准。特别是在最后精加工时，为保证精度，更应该注意这个原则。这样可以避免因基准不重合而引起的定位误差。

b. 统一基准原则：尽可能选用统一的定位基准加工各表面，以保证各表面间的位置精度。例如，车床主轴采用中心孔作为统一基准加工各外圆表面，不但能在一次安装中加工大多数表面，而且保证了各级外圆表面的同轴度要求以及端面与轴线的垂直度要求。

c. 互为基准、反复加工的原则：加工精密齿轮过程中，当齿面经高频淬火后磨削时，因其淬硬层较薄，应使磨削余量小而均匀，所以要先以齿面为基准磨内孔，再以内孔为基准磨齿面，以保证齿面余量均匀。又如，当车床主轴支承轴颈与主轴锥孔的同轴度要求很高时，也常常采用互为基准、反复加工的方法来达到。

d. 自为基准原则：有些精加工工序要求加工余量小而均匀，以保证加工质量和提高生产率，这时就以加工面本身作为精基面。例如，在磨削车床床身导轨面时，就用百分表找正床身的导轨面（导轨面与其他表面的位置精度则应由磨前的精刨工序保证）。在选择粗基面时，考虑的重点是如何保证各加工表面有足够的余量，使不加工表面与加工表面间的尺寸、位置符合图纸要求。

总之，定位基面的选择原则是从生产实践中总结出来的。在保证加工精度的前提下，应使定位简单、准确，夹紧可靠，加工方便，夹具结构简单。

2. 加工方法与机床的选择确定

在分析研究零件图各加工面及技术要求的基础上，需要对各加工表面选择相应的加工方法并确定机床。

（1）根据每个加工表面的技术要求，确定加工方法及分几次加工（各种加工方法及其组合后所能达到的经济精度和表面粗糙度，可参阅有关的机械加工手册）。这里的主要问题是，选择零件表面的加工方案必须能达到图纸要求，并在生产率和加工成本方面是经济、合理的。

（2）决定加工方法时要考虑被加工材料的性质。例如，淬火钢必须用磨削的方法加工；有色金属则磨削困难，一般采用金刚车或高速、精密车削的方法进行精加工。

（3）选择加工方法要考虑到生产类型，即要考虑生产率和经济性的问题。在大批量生产中可采用专用的高效率设备和专用工艺装备。例如，平面和孔可用拉削加工，轴类零件可采用半自动液压仿形车床加工，甚至在大批量生产中可以从根本上改变毛坯的制造工艺，大大减少切削加工的工作量。例如，用粉末冶金制造油泵的齿轮、用失蜡浇注制造柴油机上的小尺寸零件等。在单件小批生产中，就采用通用设备、通用工艺装备以及一般的加工方法。

（4）选择加工方法还要考虑本厂（或本车间）的现有设备情况及技术条件，应该充分利用现有设备，挖掘企业潜力，发挥工人的积极性和创造性。有时虽有该类设备，但因负荷的平衡问题，还得改用其他加工方法。此外，选择加工方法还应该考虑一些其他因素，如工件的形状和质量以及加工方法所能达到的表面物理力学性能等。

（5）机床的选择首先取决于现有的生产条件，应根据确定的加工方法选择正确的机床设备。机床设备选择得合理与否不但直接影响工件的加工质量，而且影响工件的加工效率和制造成本。在确定了机床设备类型后，选择的尺寸规格应与工件的尺寸相适应，精度等级应与本工序加工要求相适应，电机功率应与本工序加工所需功率相适应，机床设备的自动化程度和生产效率应与工件生产类型相适应。如需要增加新设备时，首先应立足于国内；必须进口时，必须经充分论证，多方对比，合理地分析其经济性，不能盲目引进。如果没有现成的设备可供选择，可以考虑采用自制专用机床。根据工序加工要求提出专用机床设计任务书，应附有与该工序加工有关的一切必要的数据资料，包括工序尺寸公差及技术条件，工件的装夹方式，工序加工所用切削用量、工时定额、切削力、切削功率以及机床的总体布置形式等。选择机床时还要考虑有足够的柔性，以适应产品改型及转产的需求。

3. 加工阶段的划分

零件的加工质量要求较高时，必须把整个加工工艺过程划分为几个阶段。

（1）粗加工阶段：在这一阶段要切除较大的加工余量，因此主要问题是如何获得高的生产率。

（2）半精加工阶段：在这一阶段应为主要表面的精加工做好准备（达到一定的加工精度，保证一定的精加工余量），并完成一些次要表面的加工（钻孔、攻螺纹、铣键槽等），一般在热处理之前进行。

（3）精加工阶段：保证各主要表面达到图样规定的质量要求。

（4）光整加工阶段：对于精度要求很高、表面粗糙度值要求很小（标准公差等级 IT6 级及 IT6 级以上，表面粗糙度 $Ra \leqslant 0.32\mu m$）的零件，还要有专门的光整加工阶段。光整加工阶段以提高零件的尺寸精度和降低表面粗糙度为主，一般不用于提高形状精度和位置精度。有时，由于毛坯余量特别大，表面特别粗糙，因此在粗加工前还要有去皮加工阶段。为了及时发现毛坯废品以及减少运输工作量，常把去皮加工放在毛坯准备车间进行。

划分加工阶段的原因如下。

（1）粗加工阶段中切除金属较多，产生的切削力和切削热都较大，所需的夹紧力也较大，因而使工件产生的内应力和由此引起的变形也大，不可能达到高的精度和低的表面粗糙度。这种情况下，需要先完成各表面的粗加工，再通过半精加工和精加工逐步减小切削用量、切削力和切削热，逐步修正工件的变形，提高加工精度和降低表面粗糙度，最后达到零件图的要求。同时各阶段之间的时间间隔相当于自然时效，有利于消除工件的内应力，使工件有变形的时间，以便在后一道工序中加以修正。

（2）划分加工阶段可合理使用机床设备。粗加工时可采用功率大、精度不高的高效率设备，精加工时可采用相应的高精度设备。这样不但发挥了机床设备各自的性能特点，而且有利于高精度机床在使用中保持高精度。

（3）为了在切削加工工序中插入必要的热处理工序，同时使热处理发挥充分的效果，于是自然而然地把切削加工工艺过程划分为几个阶段，并且每个阶段各有其特点及应该达到的目标。例如，在精密主轴加工中，在粗加工后进行去应力时效处理，在半精加工后进行淬火处理，在精加工后进行冰冷处理及低温回火，最后进行光整加工。

此外，由于划分了加工阶段，因此就带来了如下两个有利条件。

（1）粗加工各表面后可及早发现毛坯的缺陷，及时报废或修补，以免继续进行精加工而浪费工时和制造费用。

（2）精加工表面的工序安排在最后，可保护这些表面少受损伤或不受损伤。这里应当指出，上述阶段的划分并不是绝对的。当加工质量要求不高、工件的刚性足够、毛坯质量高、加工余量小时，则可以不划分加工阶段，例如在自动机上加工的零件。另外，有些重型零件，由于安装、运输费时又困难，常不划分加工阶段，在一次安装下完成全部粗加工和精加工；或在粗加工后松开夹紧，消除夹紧变形，然后用较小的夹紧力重新夹紧，进行精加工，这样也有利于保证重型零件的加工质量。但是对于精度要求高的重型零件，仍要划分加工阶段，并插入时效、去除内应力等处理，这些处理需要按照具体情况来决定。

数控加工工序的划分原则如下。

（1）保证精度的原则。数控加工要求工序尽可能集中，常常粗、精加工在一次装夹后完成。为了减小热变形和切削力引起的变形对工件形状精度、位置精度、尺寸精度和表面粗糙度的影响，应将粗、精加工分开进行。对于既有内表面（内腔）又有外表面需加工的零件，安排加工工序时，应先安排内、外表面的粗加工，再进行内、外表面的精加工，以保证零件表面加工质量要求；切不可将零件一个表面（内表面或外表面）加工完成之后，再加工其余表面（内表面或外表面）。同时，对于一些箱体零件，为保证孔的加工精度，应先加工表面，后加工孔。遵循保证精度的原则，实际上就是以零件的精度为依据来划分数控加工工序。

（2）提高生产效率的原则。在数控加工中，为了减少换刀次数，节省换刀时间，应将需要用同一把刀加工的部位加工完成之后，再换另一把刀具来加工其余部位，同时应尽量减少刀具的空行程。用同一把刀加工工件的多个部位时，应以最短的路线到达各加工部位。遵循提高生产效率的原则，实际上就是以加工效率为依据划分数控加工工序。实际中，数控加工工序要根据具体零件的结构特点、技术要求等情况综合考虑。

4. 工序的集中与分散

一个工件的加工是由许多工序组成的。使用传统机床加工，一个零件的加工不得不分配成很多工序，因为一台机床的加工面相对单一。使用数控机床或者加工中心加工，通过更换刀具，一台机床可进行铣、钻、镗等多工序加工，体现了工序高度集中的特点，具体特点如下。

（1）由于采用高生产率的机床和工艺设备，大大提高了生产率。

（2）减少了设备的数量，相应地也减少了操作工人和生产面积。

（3）减少了工序数量，缩短了工艺路线，简化了生产计划工作。

（4）缩短了加工时间，减少了运输工作量，因而缩短了生产周期。

（5）减少了工件的安装次数，不仅有利于提高生产率，而且在一次安装下加工多个表面也易于保证这些表面间的位置精度。

（6）由于采用的设备和工艺装备复杂，因此机床和工艺装备的调整、维修也很费时费事，生产准备工作量很大。

当然还存在另一个可能性，那就是每一道工序在一台机床上进行，这就是工序分散的极端情况。由于每一台机床只完成一个工序的加工，因此工序分散就具有以下特点。

（1）采用比较简单的机床和工艺装备，调整容易。

（2）对工人的技术要求低或只需经过较短时间的训练。

（3）生产准备工作量小。

（4）容易变换产品。

（5）设备数量多，工人数量多，生产面积大。

在一般情况下单件小批生产只能工序集中，而大批量生产则可以集中，也可以分散。但就当前情况及今后发展趋势来看，一般多采用工序集中的原则来组织生产。

当批量不大，又选用了加工中心进行加工时，工序集中原则体现得很充分。在每道工序中做完尽可能多的加工内容，大大减少零件加工工艺过程的工序总数，缩短工艺路线，简化生产计划，减少所用机床数量，提高了生产效率，减少了工序间搬运等辅助时间，所以在数控机床和加工中心上加工的工件一般体现为按工序集中原则。

5.3 加工顺序的制定准则

加工顺序的制定准则

5.3.1 制定加工顺序的基本原则

设计工艺过程的任务在确定了加工方法后，比较难的就是确定加工顺序，因为顺序的合理与否，不仅直接影响工件的加工质量，对整个加工效率以及成本都有影响。考虑加工顺序的基本思路应是根据待加工零件的几何特征和技术要求等。本小节先介绍一般的加工顺序准则，然后逐一介绍影响加工质量的关键准则。

1. 切削加工工序顺序的安排原则

在安排切削加工工序的顺序时，有以下几个原则是需要遵循的。

（1）先基面后其他原则。加工一开始，总是先把精基面加工出来。如在一般机器零件上，平面所占的轮廓尺寸比较大，用平面定位比较稳定、可靠，因此在考虑加工顺序时，总是先加工平面后加工孔，把加工过的平面作为基准再去加工孔。

（2）先面后孔原则。一个零件，如箱体类零件，其上有平面时，总是先进行平面加工再进行其他面的加工，这样主要也是为了基准的确定，采用平面定位总能保证定位稳定、可靠。对于轴类零件，因其没有重要的平面，根据先基准后其他原则，往往先加工出中心孔。

（3）先主后次原则。先安排主要表面的加工，后安排次要表面的加工。这里所谓主要表面是指装配基面、工作表面等；所谓次要表面是指非工作表面（如紧固用的光孔和螺孔等）。在安排加工顺序时要注意退刀槽、倒角等工作的安排。

（4）先粗后精原则。对于一个零件的加工，不论是一个表面的加工还是整体的加工，基本上先安排粗加工，各加工面的粗加工完成后再进入半精加工；不会待一个面加工完成后再进行另一个面的粗、半精加工，最后安排精加工和光整加工。

2. 热处理工序

对零件进行切削加工阶段，还要根据需要插入必要的热处理工序。热处理主要用来改善材料的切削性能以及消除内应力，一般可分为下述类别。

（1）预备热处理：安排在切削加工之前，以改善切削性能、消除毛坯制造时的内应力为主要目标。例如，对于碳质量分数超过 0.5% 的碳钢，一般采用退火，以降低硬度；对于碳质量分数不大于 0.5% 的碳钢，一般采用正火，以提高材料的硬度，使切削时切屑不粘刀，表面较光滑。由于调质（淬火后再进行 500～650℃ 的高温回火）能得到组织细密、均匀的回火索氏体，因此有时也用作预备热处理。

（2）最终热处理：安排在半精加工以后和磨削加工之前（但渗氮处理应安排在精磨之后），主要用于提高材料的强度及硬度，如淬火。由于淬火后材料的塑性和韧性很差，有很大的内应力，易于开裂，组织不稳定，材料的性能和尺寸要发生变化等，淬火后必须进行回火。调质处理能使钢材既有一定的强度、硬度，又有良好的冲击韧性等综合力学性能，常用于汽车、拖拉机和机床零件的热处理，如汽车连杆、曲轴、齿轮和机床主轴等。

（3）去除内应力处理：一般安排在粗加工之后、精加工之前，如人工时效、退火。但是为了避免过多的运输工作量，对于精度要求不太高的零件，一般把去除内应力的人工时效和退火放在毛坯进入切削加工车间之前进行。但是对于精度要求特别高的零件（如精密丝杠），在粗加工和半精加工中要经过多次去除内应力退火，在粗、精磨过程中还要经过多次人工时效。另外，对于机床的床身、立柱等铸件，常在粗加工前以及粗加工后进行自然时效（或人工时效），以便消除内应力，并使材料的组织稳定，不再继续变形。

所谓自然时效，就是把铸件在露天放置几个月，乃至几年。所谓人工时效，就是把铸件以 50～100℃/h 的速度加热 500～550℃，保温 3～5h 或更久，然后以 20～500℃/h 的速度随炉冷却。虽然目前机床铸件已多用人工时效来代替自然时效，但是对精密机床的铸件来说，仍以自然时效为好。对于精密零件（如精密丝杠、精密轴承、精密量具、油泵油嘴偶件），为了消除残余奥氏体，使尺寸稳定不变，还要采用冰冷处理（在-80℃ 环境中停留 1～2h）。冰冷处理一般安排在回火之后进行。

3. 辅助工序的安排

检验工序是主要的辅助工序，它是保证产品质量的重要措施。除了在每道工序的进行中，操作者都必须自行检验外，还必须在下列情况安排单独的检验工序。

（1）粗加工阶段结束之后。

（2）重要工序之后。

（3）零件从一个车间转到另一个车间时。

（4）特种性能（磁力探伤、密封性等）检验之前。

（5）零件全部加工结束之后。除检验工序外，还要在相应的工序后面考虑安排去毛刺、倒棱边、去磁、清洗、涂防锈油等辅助工序。

我们应该认识到，辅助工序仍是必要的工序。缺少了辅助工序或是对辅助工序要求不严，将为装配工作带来困难，甚至使机器不能使用。例如，未去净的毛刺和锐边，将使工件不能装配，且将危及工人的安全；润滑油道中未去净的铁屑将影响机器的运行，甚至使机器损坏。

5.3.2　考虑内应力释放的加工顺序安排原则

对于锻造或者铸造的毛坯，由于材料成形过程中具有受力/热影响不均匀的特点，因此会导致材料内部产生残余应力；尽管在加工前或加工中进行了去除内应力工序，但不能完全消除。在后续切削加工工艺过程中，随着材料的去除，残余应力也会逐渐释放。由毛坯初始残余应力的存在以及切削过程引起的残余应力重新分布，导致零件严重变形，甚至会导致报废。

1. **残余应力的形成原因与测量方法**

残余应力也称为残留应力或内应力，是在无外力和外力矩作用时，以平衡状态存在于物体内部的应力。残余应力属于弹性应力，是发生在材料中的不均匀弹性变形或不均匀弹塑性变形的结果，是材料的弹性各向异性和塑性各向异性的反映，与材料中局部区域的残余弹性应变有关，因此，凡是结构发生塑性变形不均匀的地方都会出现残余应力。结构内部残余应力的产生原因主要有以下三点。

（1）材料内部不均匀塑性变形产生的残余应力。工件在加工工艺过程中进行表面形变强化处理时，如喷丸、滚压等，材料表面或部分区域发生了塑性变形。当外力去除后，表面将形成残余应力与之平衡，在未发生塑性变形的部分将产生与表层相反的残余应力。

（2）材料内部的不均匀温度场分布产生的残余应力。工件在加热、冷却过程中，由于产热量、热量生成速度、热量传导方向性以及材料在冷却时各部分冷却速度不均，导致各部分的弹性模量、热膨胀系数等各不相同，从而在工件内部产生的塑性变形也是不均匀的，这时产生的应力称为热应力。

（3）材料内部金相组织变化产生的残余应力。金属材料在化学热处理、电镀、喷涂等工艺后，由于工件表面向内部扩展的化学成分或物理化学变化引起的密度变化也会产生残余应力。工件在加工和热处理过程中会将晶体缺陷带入，并时常伴随相变的发生，这都会引起晶粒之间的残余应力。

因此，各种工艺过程产生的残余应力往往是变形、热和相变引起的残余应力的综合结果。

目前残余应力的检测方法总体上分为有损检测法和无损检测法。有损检测法是采用破坏工件的形式进行检测，使材料内部的残余应力得以释放，以此得到材料的应变，最终经过计算求解出残余应力。常见的有损检测法包括盲孔法、裂纹柔度法、剥层法等。无损检测法则是利用声、电、磁、光等物理特性检测工件表面残余应力，常用的无损检测法有X射线衍射法、磁测法、超声法等。

2. **毛坯残余内应力分布特征**

毛坯内应力产生的机理十分复杂，其在工件体内的分布也十分复杂。但是，由定性的分析和实践中的经验得知，产生毛坯残余内应力的主要原因还是毛坯在制造过程中的冷却速度或者说温度的变化。对于金属材料而言，不论是在铸造过程中还是在锻造过程中，由于成形过程中的温度高于常温，冷却时冷却的速度不同，从而引起内应力产生。工件的内应力会随时间的变化而不断释放，进而导致工件材料的宏观变形，如图5.5所示。

一般情况下，冷却快的地方如外表面或质量少的区域先收缩完成，而工件内部或质量多的地方冷却慢，由于结构的约束，就会在工件内部产生残余内应力。在图5.6所示的零件中，3处相对于1、2处质量都大，在铸造时冷却慢，收缩要比1、2处完成的滞后，因此当全部冷却完成后，1、2处就要受到残余压应力，而3处由于结构的约束，就会受到残余拉应力。其原理不失一般性，冷却快的地方存有残余压应力，冷却慢的地方存有残余拉应力。

工件内部存有残余应力后，实际上是处于不稳定的状态。在加工时或者随着时间的推移，这种残余应力会逐渐释放。在图5.6所示的零件中，如果在2处加工出一个缺口，原来相对平衡的内应力就是重新分布，达到新的平衡，很显然会产生图5.6（b）所示的变形。

实践中还发现，内应力的分布也往往存在着中性面，如一个矩形的自由锻造毛坯，上、下两表面都有残余压应力，内部就有残余拉应力，基本上中性面就在零件的几何对称面上。

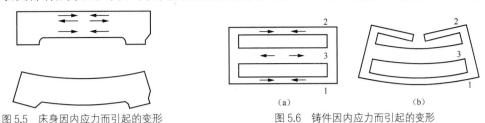

图 5.5　床身因内应力而引起的变形　　　　图 5.6　铸件因内应力而引起的变形

3. 通过优化加工顺序减小残余应力的影响

不同的加工顺序将导致工件内原有的残余应力释放的顺序不同，从而造成不同的加工变形。随着加工工艺过程的推进，材料逐渐被切除，工件越来越薄，刚度也越来越小，加之在切削力和切削热的作用下，原有的残余应力与加工残余应力的耦合顺序和效果不同，因此在这些复杂因素共同作用下，将会导致工件不同程度的变形。工程上一般采用等高逐层递减的模式均匀化去除材料，应力可以得到充分释放，减少最终变形。在此原则下，优化各个区域的加工顺序也能合理降低应力的影响程度。下面以航空结构件为例，说明加工顺序对残余应力分布的影响。

（1）单面多腔结构

航空结构件中如机翼整体肋，有大量的槽腔类零件，其余量绝大多数分布在同一面中，简化结构如图 5.7 所示。该类零件在内侧槽腔粗、精加工时，一般通过采用跳跃式加工来控制零件变形。

粗加工时，槽腔按从外向里跳跃的方式进行。如槽腔顺序号为①—

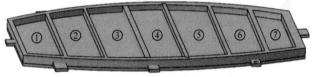

图 5.7　机翼整体肋简化结构

②—③—④—⑤—⑥—⑦，则加工顺序号为①—⑦—⑥—②—③—⑤—④。

精加工时，槽腔按从里向外跳跃的方式进行。如槽腔顺序号为①—②—③—④—⑤—⑥—⑦，则腹板加工顺序号为④—⑤—③—②—⑥—⑦—①。

（2）双面特征结构

航空结构件中也有很多双面需加工的零件，如图 5.8（a）所示的飞机主起接头零件，零件毛坯为模锻件。在实践中发现毛坯的残余内应力存有中性面，为了使内应力均匀释放，对于双面有特征的零件，一般采用双面对称加工。图 5.8（b）为该零件加工工序过程，可知粗铣完第一面后，再粗铣第二面，之后进行时效处理，有助于把粗加工带来的应力消去。在此基础上，进行第一面精铣、第二面精铣，保证精加工时的应力重新分布范围和幅值得以控制。通过双面对称铣削方法，可以极大减小应力释放导致的变形。

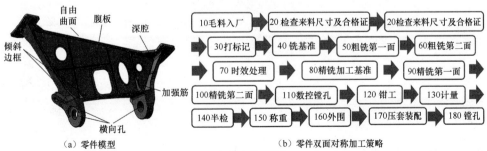

（a）零件模型　　　　　　　　（b）零件双面对称加工策略
图 5.8　主起接头零件的加工工序

（3）基于应力水平分区域加工

零件表面可能存在拉应力和压应力，同时应力也有大小之分。在进行加工顺序选择时，可以按先加工低应力、应力变化较小的区域，再加工高应力、应力变化剧烈区域的原则进行加工顺序选择。由于加工前零件任意区域应力平衡，因此采用以上原则可以避免先切削高应力区域导致的应力大范围重新分布，从而使得周围低应力区域应力突然增大，这一问题会造成这些区域变形增大，整个零件表面应力场变化剧烈。图 5.9（a）为通过盲孔法测得的主起接头零件毛坯表面应力分布情况，发现毛坯第一面表面总体的应力分布均呈现左侧压应力主导、右侧拉应力主导的趋势。区域①压应力较大，区域③拉应力较大，而区域②处于拉、压应力转换的区域，应力值较小。所以根据前述加工顺序选择原则，推荐加工顺序为②—③—①。以上加工顺序可在隔离高应力区域后，为高应力部分提供一定的应力释放时间，减少工件由于残余应力导致的变形。

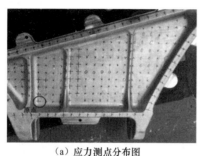

（a）应力测点分布图 （b）应力分布云图

图 5.9 零件毛坯第一面应力分布图

（4）预设应力释放槽

零件毛坯加工前经过各种时效处理后，内部残余应力处于平衡状态。为减少切削加工后零件的变形量，工程上会在毛坯的若干位置开设一些小槽，如图 5.10 所示。开槽后其内部残余应力的平衡状态被打破，整体构件的初始残余应力由于开槽而释放，宏观表现为翘曲变形。在后续的加工工序中可以在开槽毛坯背面进行加工，加工时背面残余应力释放，引起的变形将会抵消之前开槽引起的变形，降低整体构件内部的残余应力水平，最终减小构件的变形。

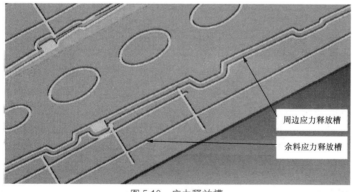

周边应力释放槽

余料应力释放槽

图 5.10 应力释放槽

加工路线的制定准则

5.4 加工路线的制定准则

数控加工中的加工路线是指刀位点相对于被加工零件的运动轨迹和方向，即确定加工路线就是确定刀具的运动轨迹和方向。加工路线的合理选择对数控加工工艺设计来讲是非常重要的。加工路线是刀具在整个加工工序中相对于工件的运动轨迹，不但包括工步的内容，而且反映出工步的顺序，即刀具定位、对刀、退刀和换刀等一系列过程的刀具运动路线。它与加工精度和表面质量都密切相关，也是编写数控程序的必要依据。本节将学习加工路线的制定准则。

5.4.1 走刀路线的确定原则

影响走刀路线的因素很多，有工艺方法、工件材料及状态、加工精度及表面粗糙度要求、工件刚度、加工余量、刀具的刚度及耐用度、机床类型和工件的轮廓形状等。在确定走刀路线时，主要应遵循以下原则。

（1）保证产品质量，应将保证工件的加工精度和表面粗糙度要求放在首位。

（2）在保证工件加工质量的前提下，应力求走刀路线最短，并尽量减少空行程时间，提高加工效率。

（3）在满足工件加工质量、生产效率等条件下，尽量简化数学处理的数值计算工作量，以简化编程工作。

此外，在确定走刀路线时，还要综合考虑工件、机床与刀具等多方面因素，确定一次走刀还是多次走刀，以及设计刀具的切入点与切出点，切入方向与切出方向。

5.4.2 加工路线的确定方法

1. 保证零件的加工精度和表面粗糙度

（1）合理的切入、切出点

铣削外轮廓加工刀具的切入和切出路线如图 5.11 所示。当铣削平面外轮廓时，刀具切入工件应避免沿轮廓法向切入，而应沿外轮廓曲线的延长线切线方向切入，以避免在切入处产生刀具的切痕而影响加工质量。同理，刀具退出时，也应沿外轮廓曲线延长线切线方向退出。铣削内轮廓时，若内轮廓曲线能延长，则应沿切线方向切入、切出；若内轮廓曲线不能延长，则刀具只能沿内轮廓曲线法向切入、切出。刀具切入、切出点应尽量选择内轮廓曲线两几何元素的交点处，如图 5.12 所示。

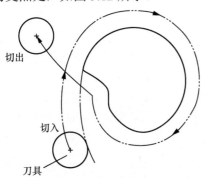

图 5.11 铣削外轮廓加工刀具的切入和切出路线

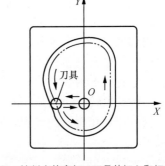

图 5.12 铣削内轮廓加工刀具的切入和切出路线

当内部几何元素相切无交点时，为防止刀补取消时在轮廓拐角处留下切口，刀具切入、切出点应远离拐角，如图 5.13 所示。

圆弧插补铣削内、外圆时切入和切出路线如图 5.14 所示。铣削时应该从切向切入，当整圆加工完后，刀具还应沿切向多运动一段距离，以免取消刀补点时刀具与工件表面接触。

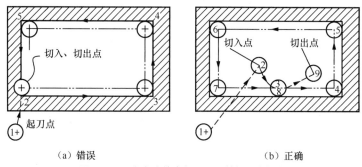

（a）错误　　　　　　　　　（b）正确

图 5.13　无交点内轮廓加工刀具的切入和切出

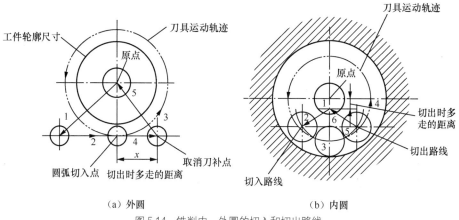

（a）外圆　　　　　　　　　（b）内圆

图 5.14　铣削内、外圆的切入和切出路线

（2）最终轮廓一次连续走刀完成

为保证工件轮廓表面加工后的表面粗糙度要求，最终轮廓应安排在最后一次走刀中连续加工出来。例如型腔的切削通常分两步完成，第一步粗加工切内腔，第二步精加工切轮廓。粗加工尽量采用大直径的刀具，以获得较高的加工效率。但对于形状复杂的二维型腔，若采用大直径的刀具将产生大量的欠切削区域，不便后续加工，而采用小直径的刀具又会降低加工效率。因此，是采用大直径刀具还是采用小直径刀具视具体情况而定。精加工的刀具则主要取决于内轮廓的最小曲率半径。图 5.15（a）所示为用行切法加工内腔的走刀路线，这种走刀能切除内腔中的全部余量，不留死角，不伤轮廓。但行切法将在两次走刀的起点和终点间留下残留高度，而达不到要求的表面粗糙度。图 5.15（b）所示为采用环切法加工，表面粗糙度较小，走刀路线也较行切法长。采用图 5.15（c）所示的走刀路线，先用行切法加工，再沿轮廓切削一周，可使轮廓表面光整。三种方案中，图 5.15（a）所示方案最差，图 5.15（c）所示方案最理想。

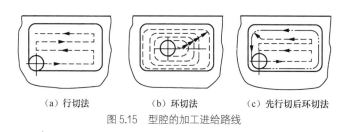

（a）行切法　　　　　（b）环切法　　　　（c）先行切后环切法

图 5.15　型腔的加工进给路线

对于带岛屿的槽形铣削，如图 5.16 所示，若封闭凹槽内还有形状凸起的岛屿，则以保证每次走刀路线与轮廓的交点数不超过两个为原则，按图 5.16（a）所示方式将岛屿两侧视为两个内槽分别进行切削，最后用环切法对整个槽形内外轮廓精切一刀。若按图 5.16（b）所示方式，来回地从一侧顺次切到另一侧，必然会因频繁抬刀和下刀而增加工时长。如图 5.16（c）所示，若岛屿间形成的槽缝小于刀具直径，则必然将槽分隔成几个区域；若以最短工时考虑，则可将各区视为一个独立的槽，先后完成粗、精加工再去加工另一个槽区；若以预防加工变形考虑，则应在所有的区域完成粗铣后，再统一对所有的区域先后进行精铣。

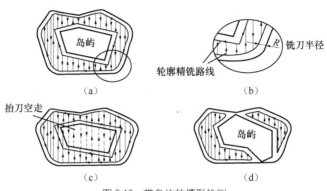

图 5.16　带岛屿的槽形铣削

（3）考虑机床联动精度的加工路径

在第 3 章我们已学到，由于摩擦、阻尼、惯量、刚度等因素的影响，数控机床各轴跟随误差有所不同，两轴和三轴的联动误差也会表现出很大差异。在精加工阶段，加工精度是首要任务，可以通过设定轮廓误差函数为目标函数，根据机床各轴跟随误差求出目标函数最小值的进给方向。如图 5.17 所示，由两个曲面构成的加工表面中，一个曲面曲率较小且比较陡峭，另一个曲面则比较平缓。在该加工曲面取 25 个采样点，图 5.18（a）为表面采样点在 XY 平面内的投影。采用以上办法计算得到采样点处最优进给方向，如图 5.18（b）所示。

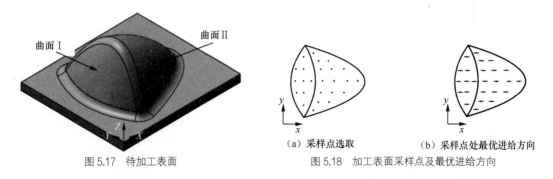

图 5.17　待加工表面　　　　图 5.18　加工表面采样点及最优进给方向

对最优进给方向进行加密处理并选取初始轨迹线，得到的最优加工轨迹平行于 X 轴，图 5.19（a）所示为最优加工轨迹在 XY 平面内投影示意图。对比其他三种加工路径（分别平行于 Y 轴、底面边界线和中间边界线），如图 5.19（b）～图 5.19（d）所示，其加工表面结果如各自照片所示，测量结果如表 5.4 所示，路径（a）轮廓误差最小。

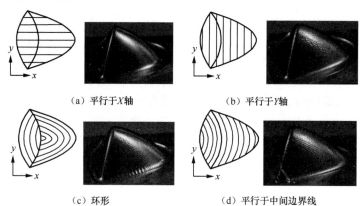

（a）平行于X轴　　　　　　　（b）平行于Y轴

（c）环形　　　　　　　（d）平行于中间边界线

图 5.19　不同加工轨迹示意图

表 5.4　　　　　　　　　　　　　不同路径的轮廓误差

加工路径	曲面 I /mm	曲面 II /mm
（a）路径	0.038	0.042
（b）路径	0.127	0.183
（c）路径	0.104	0.153
（d）路径	0.128	0.188

2. 寻求最短加工路线，减少刀具空行程，提高加工效率

（1）巧用对刀点

图 5.20 所示为采用矩形循环方式进行粗车的示例。其对刀点的设定是考虑到精车等过程中需方便换刀，故设置在离坯件较远的位置上，同时将起刀点与其对刀点重合在一起，按三刀粗车的进给路线安排如下：第一刀为 $A—B—C—D—A$，第二刀为 $A—E—F—G—A$，第三刀为 $A—H—I—J—A$。

图 5.20（b）为将起刀点与对刀点分离，并设于图示点位置，仍按相同的切削量进行三刀粗车，其进给路线安排如下：起刀点与对刀点分离的空行程为 $A—B$，第一刀为 $B—C—D—E—B$，第二刀为 $B—F—G—H—B$，第三刀为 $B—I—J—K—B$。显然，图 5.20（b）所示的进给路线短。

（2）巧排空行程路线

以图 5.21（a）所示零件上的孔加工路线为例，按照一般习惯，总是先加工均布于同一圆周上的一圈孔后，再加工另外一圈孔，如图 5.21（b）所示的走刀路线，这种走刀路线不是最好的。若改用图 5.21（c）所示的走刀

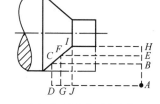

（a）对刀点和起刀点重合

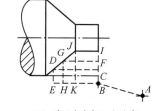

（b）对刀点和起刀点分离

图 5.20　巧用对刀点

路线，则可减少空刀时间，节省定位时间，提高加工效率。因此，从寻求最短加工路线、减少刀具空行程、提高加工效率考虑，图 5.21（c）所示加工方案是最理想的。

对于位置精度要求较高的孔系加工，特别要注意孔的加工顺序安排。加工顺序安排不当时，有可能将坐标轴的反向间隙带入，直接影响位置精度。图 5.22（a）所示为零件图，在该零件上镗 6 个尺寸相同的孔有两种加工路线。当按图 5.22（b）所示路线加工时，由于 5、6 孔与 1、2、3、4 孔定位方向相反，方向反向间隙会使定位误差增加，而影响 5、6 孔与其他

孔的位置精度。按图 5.22（c）所示路线加工完孔后往上多移动一段距离到 P 点，然后折回来加工 5、6，这样方向一致，可避免反向间隙的引入，提高 5、6 孔与其他孔的位置精度。

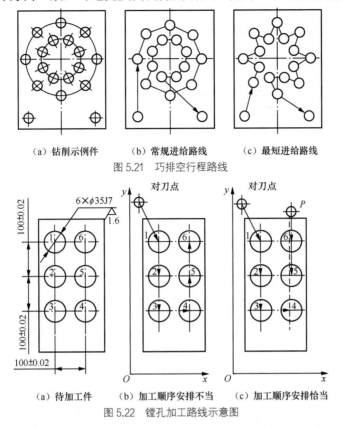

（a）钻削示例件　　　（b）常规进给路线　　　（c）最短进给路线

图 5.21　巧排空行程路线

（a）待加工件　　　（b）加工顺序安排不当　　　（c）加工顺序安排恰当

图 5.22　镗孔加工路线示意图

3．简化编程原则

（1）对曲率变化不大和精度要求不高的曲面粗加工

采用图 5.23（a）加工方案时，每次沿直线加工，刀位点计算简单，程序少，加工过程符合直纹面的形成规则，可以准确保证母线的直线度；采用图 5.23（b）加工方案时，符合这类零件数据给出情况，便于加工后检验，叶形的准确度高，但程序较多。

对曲率变化较大和精度要求较高的曲面精加工，常用三轴联动的行切法加工，如图 5.24 所示。

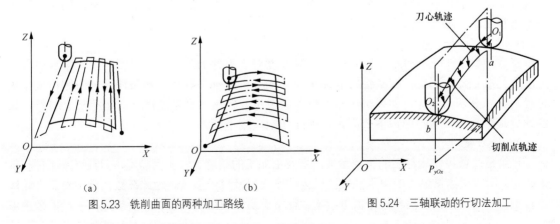

（a）　　　　　　　　　　　（b）

图 5.23　铣削曲面的两种加工路线

图 5.24　三轴联动的行切法加工

（2）对于叶轮螺旋桨这样的零件，因其叶片形状复杂，刀具容易与相邻表面发生干涉，故常用五轴联动加工，其加工原理如图 5.25 所示。

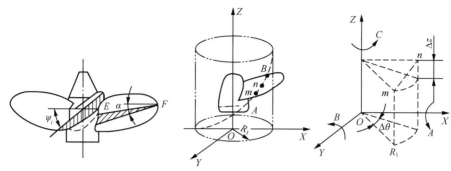

图 5.25　五轴联动加工

5.5　加工参数的制定准则

加工参数的制定准则

设计切削加工工艺过程中，加工顺序和加工路径确定后，切削参数的确定是另一个重点问题。使用传统机床加工时，切削参数的确定主要依靠经验或查阅相关的切削参数手册。这些手册给定的参数基本能满足现场的需求，保证加工精度。

在数控加工时，截至目前还没有可靠的参数表可用，企业多数依靠经验或试加工的办法来确定；切削参数实际是企业的技术机密，未来也很难有公开可用的切削参数表或者参数库。事实上，每一家企业所拥有的设备不同，即使加工同样的零件，其切削参数也不可能一样。加工参数的选择在一定程度上需要根据企业自身设备的实际情况（刚性、精度等性能）确定。选择保守了，加工效率上不去；选择过大了，加工工艺过程中又容易产生振动，或者导致刀具磨损加剧。

本节针对航空航天等领域一些零件的特点，先介绍切削参数确定的基本原则，再分析影响加工参数的重要因素——变形和振动，并介绍参数确定的相关基本理论知识。

5.5.1　加工参数选取的切削静力学准则

在第 2 章中，我们了解了切削参数会直接影响切削力和切削热的大小，学习了切削力的计算，属于切削力学范畴。其作用在于通过切削力的计算，可以进一步计算出需要的切削扭矩及功率等，也可以分析计算切削过程中工件、刀具、机床的静力变形等，从而确定加工参数的选择是否合理。

1. 切削速度

在数控铣加工工艺过程中，铣削的切削速度对于零件加工具有重要影响。切削速度与铣刀的直径成正比，因此，在数控铣的加工中，如果机床刚性好且冷却条件充分，则可采用大直径刀具和高切削速度。如果机床刚性较差就要选择较慢的切削速度。对于难加工材料，切削速度是影响刀具磨损的最主要因素，因此切削速度不能太高。

2. 进给量

进给量是数控铣床加工的重要参数，主要由加工的精度、表面粗糙度、刀具以及工件材料来确定。影响进给量最大的因素是数控机床的刚性以及进给系统，因此在数控铣中对工件轮廓进行加工时，要在工件拐角处降低进给量。在工件质量较高的情况下，要想提高生产的效率就要选择较高的进给量；加工时应用高速钢刀，要将进给量控制在 20～50mm/min；当工件表面要求的粗糙度和精度较高时，就要降低进给量来维持高的精度和表面粗糙度。

3. 背吃刀量和侧吃刀量

在数控铣加工工艺中，背吃刀量和侧吃刀量主要根据机床的性能、工件的特点以及刀具的刚度来确定。在进行数控铣的加工中，在刚度一定的基础上，要尽量让背吃刀量和侧吃刀量保持一致，这样可以减少走刀次数，缩短生产周期，提高生产效率。由于工件的表面粗糙程度不同，背吃刀量也有不同的标准，因此要根据工件的不同来选择不同的吃刀量。

5.5.2 加工参数选取的切削动力学准则

切削加工工艺过程中，无论是车削、镗削等连续型切削运动还是铣削、磨削等间歇型切削运动，工件与刀具之间均存在特定的周期性运动，在加工中会有振动产生。产生的振动是一种十分有害的现象。刀具与工件间产生相对位移会使加工表面产生振痕，严重影响零件的表面质量和服役性能。工艺系统将持续承受动态交变载荷的作用，刀具极易磨损（甚至崩刃），机床精度受到影响，严重时甚至使切削加工无法继续进行。振动中产生的噪声还将危害操作者的身体健康。为减小振动，很多时候会通过调整加工参数的方法。首先，我们需要了解切削加工工艺过程中所产生振动的种类。

1. 加工工艺过程振动类型

切削加工中产生的振动主要有强迫振动和自激振动（颤振）两种类型。

（1）强迫振动

强迫振动是指在系统外部或内部周期性激励力（也称振源）的作用下而产生的振动。共振是强迫振动的一个特例。强迫振动主要特征如下。

① 强迫振动的频率与外界周期性激励力频率相同，或是它的整数倍。

② 除由切削过程本身不均匀性所引起的强迫振动外，激励力一般与切削过程无关。激励力消除，强迫振动停止。

③ 强迫振动的振幅与激励力的振幅、工艺系统的刚度及阻尼大小有关。在激励力频率不变的情况下，激励力幅值越大、工艺系统的刚度及阻尼越小，则强迫振动振幅越大。

④ 激励力的频率与工艺系统某一固有频率的比值等于或接近于 1 时，系统将产生共振，振幅达到最大值。

影响强迫振动的因素有很多，如主轴高速回转不平衡、电机转子偏心等，其中加工参数不合适所导致的激励频率与工艺系统频率接近也会引起强迫振动。

（2）自激振动（颤振）

自激振动是指切削加工工艺过程中，在没有周期性外力（相对于切削过程而言）作用下，由系统内部激发反馈产生的周期性振动。其主要特征如下。

① 自激振动的频率等于或接近于系统的固有频率。

② 自激振动能否产生及其振幅的大小，取决于每一振动周期内系统所获得的能量与系统阻尼消耗能量的对比情况。

③ 由于维持自激振动的干扰力是由切削过程本身激发的，故切削一旦中止，激励力及能量补充过程立即消失。

自激振动是影响高速加工稳定性的最主要原因。根据自激振动形成的原因，自激振动可分为再生型颤振（Chatter）、耦合型颤振和摩擦型颤振，其中再生型颤振在实际切削过程中最普遍，对高速加工影响最大。当加工状态处于自激振动时，容易引起刀具和工件的剧烈振动，

加工质量严重下降（参见图 5.26），切削声音产生剧烈啸叫，非常刺耳。如果任由自激振动发
生而不及时停机，还会造成工件报废，甚至损坏刀具和机
床。因此，在指定加工参数时，需要考虑自激振动的约束，
确保加工工艺过程在无颤振条件下完成。这一节我们主要
学习再生型颤振。

2. 切削稳定性图求解

为了避免发生颤振，必须先了解颤振发生的机理和过
程。以刀具侧铣工件为例，随着加工的进行，刀具系统和
工件系统的刚度会发生变化；整体毛坯粗加工时，选择大

图 5.26 铣削颤振的已加工表面

直径立铣刀，刀具和工件刚性均较好，一般不会发生颤振。随着加工的进行，工件刚性逐渐
减弱，加工工艺过程易引起颤振。工程中可以借助二维或三维切削稳定性图来避开颤振，下
面将介绍工艺系统切削稳定性图的求解过程。

（1）铣削动力学模型

图 5.27（a）为刀具侧铣零件示意图，机床—刀具系统可简化为 X、Y 方向相互垂直方向
上的二自由度振动系统，如图 5.27（b）所示。以微分方程表示的铣削动力学方程为

$$\begin{cases} m_x x + c_x x + k_x x = \sum_{j=1}^{N} F_{xj} = F_x(t) \\ m_y y + c_y y + k_y y = \sum_{j=1}^{N} F_{yj} = F_y(t) \end{cases} \tag{5-2}$$

式中：m_x、m_y——X、Y 方向上机床—刀具系统的质量；c_x、c_y——X、Y 方向上机床—刀具系
统的阻尼；k_x、k_y——X、Y 方向上机床—刀具系统的刚度；F_{xj}、F_{yj}——X、Y 方向上作用在
刀齿 j 上的切削力分力。

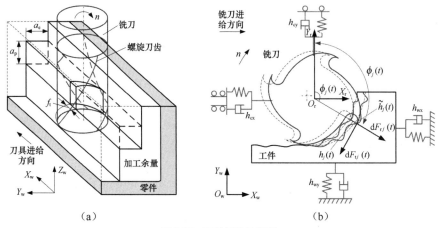

（a）   （b）

图 5.27 刀具侧铣示意图

铣削时切削力在 X、Y 两个方向对加工系统进行激励，分别引起相应的动态位移 x 和 y。
动态位移经过坐标变换 $v_j = -x\sin\phi_j - y\cos\phi_j$ 作用在刀齿 j 切削厚度方向上，其中 ϕ_j 是刀齿 j 的瞬
时径向接触角。因此，最终的切削厚度由两部分构成：一部分是刀具作为刚体运动的静态切
削厚度部分 $f_t\sin\phi_j$；另一部分是当前刀齿与前一个刀齿振动引起的动态切削厚度变化部分，
如图 5.27（b）所示。由于切削厚度是在径向上进行度量的，因此，总的切削厚度可以表示为

$$h(\phi_j) = [f_t \sin\phi_j + (v_{j,0} - v_j)]W(t) \tag{5-3}$$

式中：f_t——每齿进给量；$v_{j,0}$、v_j——刀具在前一个刀齿周期和当前刀齿的动态位移；$W(t)$——单位阶跃函数，用于确定刀齿是否处于切削状态。

尽管切削厚度的静态部分也随铣刀旋转而发生改变，但它对再生颤振没有贡献，因此仅需考虑切削厚度动态分量，其可以表示为

$$h_j(\phi) = \Delta x \sin\phi_j + \Delta y \cos\phi_j \tag{5-4}$$

（2）再生铣削力

作用在刀齿 j 上切向和径向动态切削力可表示为

$$\begin{cases} F_{tj} = K_{tc} a_p h(\phi_j) \\ F_{rj} = K_r F_{tj} \end{cases} \tag{5-5}$$

式中：K_r——径向力系数 K_{rc} 与切向力系数 K_{tc} 之比。将切削力在 X、Y 方向分解得到

$$\begin{cases} F_{xj} = -F_{tj}\cos\phi_j - F_{rj}\sin\phi_j \\ F_{yj} = F_{tj}\sin\phi_j - F_{rj}\cos\phi_j \end{cases} \tag{5-6}$$

将作用在刀齿上的切削力相加，得到作用在刀具上的总切削力为

$$\begin{cases} F_x = \displaystyle\sum_{j=0}^{N-1} F_{xj}(\phi_j) \\ F_y = \displaystyle\sum_{j=0}^{N-1} F_{yj}(\phi_j) \end{cases} \tag{5-7}$$

将式（5-6）代入式（5-7），并表示为矩阵形式，可得

$$\begin{Bmatrix} F_x \\ F_y \end{Bmatrix} = \frac{1}{2} a_p k_{ts} \begin{bmatrix} \alpha_{xx} & \alpha_{xy} \\ \alpha_{yx} & \alpha_{yy} \end{bmatrix} \begin{Bmatrix} \Delta x \\ \Delta y \end{Bmatrix} \tag{5-8}$$

上式中随时间变化的方向系数为

$$
\begin{aligned}
\alpha_{xx} &= -\sum_j W_j(t)\left[\sin(2\phi_j(t)) + \frac{k_{rs}}{k_{ts}}(1 - \cos(2\phi_j(t)))\right] \\
\alpha_{xy} &= -\sum_j W_j(t)\left[(1 + \cos(2\phi_j(t))) + \frac{k_{rs}}{k_{ts}}\sin(2\phi_j(t))\right] \\
\alpha_{yx} &= \sum_j W_j(t)\left[(1 - \cos(2\phi_j(t))) - \frac{k_{rs}}{k_{ts}}\sin(2\phi_j(t))\right] \\
\alpha_{yy} &= \sum_j W_j(t)\left[\sin(2\phi_j(t)) - \frac{k_{rs}}{k_{ts}}(1 + \cos(2\phi_j(t)))\right]
\end{aligned}
\tag{5-9}
$$

考虑到上述参数随时间和角度的变化，将上式在时域内用矩阵形式表示，则

$$\boldsymbol{F}_c(t) = \frac{1}{2} a_p k_{ts} \boldsymbol{A}(t) \boldsymbol{\Delta}(t) \tag{5-10}$$

式中：$\boldsymbol{A}(t) = \begin{bmatrix} \alpha_{xx} & \alpha_{xy} \\ \alpha_{yx} & \alpha_{yy} \end{bmatrix}$，又因为 $\boldsymbol{A}(t)$ 是周期为 $T_c = 60/(N_t n)$ 的函数，因此可将其展开为傅里叶级数形式。

$$
\begin{aligned}
\boldsymbol{A}(t) &= \sum_{r=-\infty}^{\infty} \boldsymbol{A}_r \mathrm{e}^{\mathrm{i}r\omega t} \\
\boldsymbol{A}_r &= \frac{1}{T_c} \int_0^{T_c} \boldsymbol{A}(t) \mathrm{e}^{-\mathrm{i}r\omega t} \,\mathrm{d}t
\end{aligned}
\tag{5-11}
$$

$A(t)$实际上存在高次谐波，但为了对问题进行简化，只保留其直流分量，即

$$A_0 = A(t, r = 0) = \frac{1}{T_c} \int_0^{T_c} A(t) \, dt \tag{5-12}$$

将 $A(t)$ 代入，可得

$$A_0 = \frac{N_t}{2\pi} \int_{\theta_s}^{\theta_e} A(\phi) \, d\phi = \frac{N_t}{2\pi} \begin{bmatrix} \beta_{xx} & \beta_{xy} \\ \beta_{yx} & \beta_{yy} \end{bmatrix} \tag{5-13}$$

式中的平均方向系数为

$$\beta_{xx} = \frac{1}{2} \left[\cos(2\phi) - 2\frac{k_{rs}}{k_{ts}}\phi + \frac{k_{rs}}{k_{ts}}\sin(2\phi) \right]\Bigg|_{\theta_s}^{\theta_e}$$

$$\beta_{xy} = \frac{1}{2} \left[-\sin(2\phi) - 2\phi + \frac{k_{rs}}{k_{ts}}\cos(2\phi) \right]\Bigg|_{\theta_s}^{\theta_e}$$

$$\beta_{yx} = \frac{1}{2} \left[-\sin(2\phi) + 2\phi + \frac{k_{rs}}{k_{ts}}\cos(2\phi) \right]\Bigg|_{\theta_s}^{\theta_e} \tag{5-14}$$

$$\beta_{yy} = \frac{1}{2} \left[-\cos(2\phi) - 2\frac{k_{rs}}{k_{ts}}\phi - \frac{k_{rs}}{k_{ts}}\sin(2\phi) \right]\Bigg|_{\theta_s}^{\theta_e}$$

进一步，再生铣削力可简化为

$$F_c(t) = \frac{1}{2} a_p k_{ts} A_0 \Delta(t) \tag{5-15}$$

（3）再生铣削力激励下的系统位移响应

在铣削力的动态激励下，t 时刻刀具和工件的动态位移在频域可表示为

$$\begin{cases} x_c(j\omega) = h_{cx}(j\omega) F_{cx}(j\omega) \\ y_c(j\omega) = h_{cy}(j\omega) F_{cy}(j\omega) \\ x_w(j\omega) = h_{wx}(j\omega) F_{wx}(j\omega) \\ y_w(j\omega) = h_{wy}(j\omega) F_{wy}(j\omega) \end{cases} \tag{5-16}$$

刀具相对工件的相对位移可表示为

$$(j\omega) = \begin{bmatrix} x_c(j\omega) - x_w(j\omega) \\ y_c(j\omega) - y_w(j\omega) \end{bmatrix} = \begin{bmatrix} h_{cx}(j\omega) + h_{wx}(j\omega) & 0 \\ 0 & h_{cy}(j\omega) + h_{wy}(j\omega) \end{bmatrix} \begin{bmatrix} F_{cx}(j\omega) \\ F_{cy}(j\omega) \end{bmatrix} \tag{5-17}$$

由于当前 t 时刻第 i 个刀齿会切削到第 $i-1$ 个刀齿在 $t-\tau$ 时刻遗留下的工件表面，因引在 $t-\tau$ 时刻，刀具和工件的动态位移在频域可表示为

$$\begin{cases} x_c(j\omega)e^{j\omega\tau} = h_{cx}(j\omega) F_{cx}(j\omega)e^{j\omega\tau} \\ y_c(j\omega)e^{j\omega\tau} = h_{cy}(j\omega) F_{cy}(j\omega)e^{j\omega\tau} \\ x_w(j\omega)e^{j\omega\tau} = h_{wx}(j\omega) F_{wx}(j\omega)e^{j\omega\tau} \\ y_w(j\omega)e^{j\omega\tau} = h_{wy}(j\omega) F_{wy}(j\omega)e^{j\omega\tau} \end{cases} \tag{5-18}$$

相应地，刀具相对工件的相对位移可表示为

$$(j\omega)e^{j\omega\tau}=\begin{bmatrix} x_c(j\omega)e^{j\omega\tau} - x_w(j\omega)e^{j\omega\tau} \\ y_c(j\omega)e^{j\omega\tau} - y_w(j\omega)e^{j\omega\tau} \end{bmatrix}=\begin{bmatrix} h_{cx}(j\omega)+h_{wx}(j\omega) & 0 \\ 0 & h_{cy}(j\omega)+h_{wy}(j\omega) \end{bmatrix}\begin{bmatrix} F_{cx}(j\omega)e^{j\omega\tau} \\ F_{cy}(j\omega)e^{j\omega\tau} \end{bmatrix} \tag{5-19}$$

此时，上述相对位移的相对变化量，即再生位移为

$$\Delta(j\omega_c)=\{ (j\omega)- (j\omega)e^{j\omega\tau}\}=[1-e^{j\omega\tau}]\begin{bmatrix} h_{cx}(j\omega)+h_{wx}(j\omega) & 0 \\ 0 & h_{cy}(j\omega)+h_{wy}(j\omega) \end{bmatrix}\begin{bmatrix} F_{cx}(j\omega) \\ F_{cy}(j\omega) \end{bmatrix} \tag{5-20}$$

（4）颤振发生的临界条件

由于

$$\boldsymbol{F}_c(j\omega)=\begin{bmatrix} F_{cx}(j\omega) \\ F_{cy}(j\omega) \end{bmatrix}=\frac{1}{2}a_p k_{ts}\boldsymbol{A}_0\Delta(j\omega) \tag{5-21}$$

综合式（5-20）和式（5-21）可得

$$\begin{bmatrix} F_{cx}(j\omega) \\ F_{cy}(j\omega) \end{bmatrix}=\frac{1}{2}a_p k_{ts}\boldsymbol{A}_0[1-e^{j\omega\tau}]\begin{bmatrix} h_{cx}(j\omega)+h_{wx}(j\omega) & 0 \\ 0 & h_{cy}(j\omega)+h_{wy}(j\omega) \end{bmatrix}\begin{bmatrix} F_{cx}(j\omega) \\ F_{cy}(j\omega) \end{bmatrix} \tag{5-22}$$

令其行列式为 0，可得该方程的特解为

$$\det\left\{\boldsymbol{I}-\frac{1}{2}a_p k_{ts}\boldsymbol{A}_0[1-e^{j\omega\tau}]\begin{bmatrix} h_{cx}(j\omega)+h_{wx}(j\omega) & 0 \\ 0 & h_{cy}(j\omega)+h_{wy}(j\omega) \end{bmatrix}\right\}=0 \tag{5-23}$$

令 $\Lambda=-\dfrac{N_t}{4\pi}a_p k_{ts}(1-e^{j\omega\tau})$，

$$\boldsymbol{h}_0=\begin{bmatrix} h_{xx} & h_{xy} \\ h_{yx} & h_{yy} \end{bmatrix}=\begin{bmatrix} \beta_{xx} & \beta_{xy} \\ \beta_{yx} & \beta_{yy} \end{bmatrix}\begin{bmatrix} h_{cx}(j\omega)+h_{wx}(j\omega) & 0 \\ 0 & h_{cy}(j\omega)+h_{wy}(j\omega) \end{bmatrix}=\begin{bmatrix} \beta_{xx}(h_{cx}(j\omega)+h_{wx}(j\omega)) & \beta_{xy}(h_{cy}(j\omega)+h_{wy}(j\omega)) \\ \beta_{yx}(h_{cx}(j\omega)+h_{wx}(j\omega)) & \beta_{yy}(h_{cy}(j\omega)+h_{wy}(j\omega)) \end{bmatrix},$$

此时，特征方程可简化为

$$\det\{\boldsymbol{I}+\Lambda\boldsymbol{h}_0(j\omega)\}=0 \tag{5-24}$$

在发生颤振时，令振动频率 ω 等于颤振频率 ω_c。需注意的是，该频率不同于强迫振动的频率。若已知切削力系数（k_{ts}、k_{rs}），切入及切出角（θ_s、θ_e）和系统的传递函数 $\boldsymbol{h}_0(j\omega)$，代入上式中即可求得铣削动态加工系统特征方程的特征值和颤振频率。此时，系统的特征方程可简化为一个二次方程：

$$\begin{cases} a_0\Lambda^2+a_1\Lambda+1=0 \\ a_0=h_{xx}(\omega_c)h_{yy}(\omega_c)-h_{xy}(\omega_c)h_{yx}(\omega_c) \\ a_1=h_{xx}(\omega_c)+h_{yy}(\omega_c) \end{cases} \tag{5-25}$$

此时可以得到特征值 Λ 为

$$\Lambda=-\frac{1}{2a_0}(a_1\pm\sqrt{a_1^2-4a_0}) \tag{5-26}$$

将上述特征值 Λ 表示为实部和虚部的形式，即 $\Lambda=\Lambda_R+j\Lambda_I$。又有 $e^{-j\omega_c\tau}=\cos(\omega_c\tau)-j\sin(\omega_c\tau)$，代入式，可得

$$\begin{aligned} \Lambda&=\Lambda_R+j\Lambda_I \\ &=-\frac{N_t}{4\pi}a_p k_{ts}(1-e^{j\omega_c\tau}) \\ &=-\frac{N_t}{4\pi}a_p k_{ts}(1-\cos(\omega_c\tau)-j\sin(\omega_c\tau)) \end{aligned} \tag{5-27}$$

在该特征值表达式中，可求得颤振频率处的极限轴向切深，如下式所示。

$$a_{p\,\lim} = a_{p\,\lim}(\omega = \omega_c)$$

$$= -\frac{2\pi}{N_t k_{ts}}\left[\frac{\varLambda_R(1-\cos(\omega_c\tau)+\varLambda_I\sin(\omega_c\tau)}{1-\cos(\omega_c\tau)} + j\frac{\varLambda_I(1-\cos(\omega_c\tau)-\varLambda_R\sin(\omega_c\tau)}{1-\cos(\omega_c\tau)}\right] \quad (5\text{-}28)$$

考虑到实际加工中，轴向切深 $a_{p\,\lim}$ 必为实数，因此上式虚部为 0，即

$$\varLambda_I(1-\cos(\omega_c\tau)) - \varLambda_R\sin(\omega_c\tau) = 0 \quad (5\text{-}29)$$

令 $\kappa = \dfrac{\varLambda_I}{\varLambda_R} = \dfrac{\sin(\omega_c\tau)}{1-\cos(\omega_c\tau)}$，上式的临界轴向切深为

$$a_{p\,\lim} = -\frac{2\pi\varLambda_R}{N_t k_{ts}}(1+\kappa^2) \quad (5\text{-}30)$$

只要给定颤振频率 ω_c，就可根据上式计算出临界切深。在以颤振频率振动的一个主轴旋转周期内，已加工表面的波纹数量为

$$f_c\tau = k + \frac{\varepsilon}{2\pi} \quad (\varepsilon < 2\pi,\ \omega_c = 2\pi f_c) \quad (5\text{-}31)$$

可得主轴旋转周期为

$$\tau = \frac{2k\pi+\varepsilon}{2\pi f_c} \quad (5\text{-}32)$$

此时可得主轴转速为

$$n = \frac{60}{N_t\tau} = \frac{120\pi f_c}{N_t(2k\pi+\varepsilon)} \quad (5\text{-}33)$$

又因为

$$\kappa = \frac{\varLambda_I}{\varLambda_R} = \tan\varphi = \tan\left(\frac{\pi}{2} - \frac{\omega_c\tau}{2}\right) \quad (5\text{-}34)$$

式中：φ——结构传递函数的相移，则有

$$\omega_c\tau = \pi - 2\phi \quad (5\text{-}35)$$

结合式（5-31），可得

$$\varepsilon = \pi - 2\phi \quad (5\text{-}36)$$

代入式（5-33）和式（5-34），即可通过相邻刀齿时滞时间 τ 求得极限轴向切深对应的主轴转速为

$$n = \frac{120\pi f_c}{N_t((2k+1)\pi - 2\arctan(\varLambda_I / \varLambda_R))} \quad (5\text{-}37)$$

综上所述，在切宽 a_e 不变的条件下，给定的颤振频率 ω_c 下的临界切深 a_p 和主轴转速 n，即颤振发生的临界条件。

（5）稳定性叶瓣图

当继续改变颤振频率 ω_c 时，就可以在加工参数域内画出 $n\text{-}a_p$ 的临界曲线。此外，当改变切宽 a_e 时，按照同样的流程也可画出相应的临界曲线。具体流程如图 5.28 所示。

通过上述阐述，我们知道，在该曲线上的加工参数对应临界颤振发生状态，在该曲线以上的加工参数，对应铣削颤振状态；在该曲线以下的加工参数，对应铣削稳定状态。由于这条颤振稳定性曲线形似一瓣一瓣的树叶，故称之为稳定性叶瓣图（stability lobe diagram）。

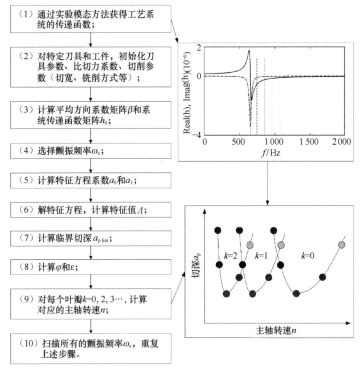

（1）通过实验模态方法获得工艺系统的传递函数；

（2）对特定刀具和工件，初始化刀具参数、比切力系数、切削参数（切宽、铣削方式等）；

（3）计算平均方向系数矩阵 β 和系统传递函数矩阵 h_0；

（4）选择颤振频率 ω_c；

（5）计算特征方程系数 a_0 和 a_1；

（6）解特征方程，计算特征值 Λ；

（7）计算临界切深 $a_{p\,lim}$；

（8）计算 φ 和 ε；

（9）对每个叶瓣 $k=0,2,3\cdots$，计算对应的主轴转速 n；

（10）扫描所有的颤振频率 ω_c，重复上述步骤。

图 5.28　颤振稳定性叶瓣图绘制流程

（6）加工参数计算案例

刀具参数：硬质合金螺旋铣刀，2 齿，直径为 16mm，螺旋角为 30°。

工件材料：7050 铝合金。

刀具—工件对的切削力系数：

$$k_{ts}=849.5\text{N/mm}^2,\ k_{rs}=388.3\text{N/mm}^2$$

模态参数：

$$m_{cx}=0.28\text{kg},\ c_{cx}=87.13\text{N/(m/s)},\ k_{cx}=1.02\times10^7\text{N/m}$$

$$m_{cx}=0.21\text{kg},\ c_{cx}=66.64\text{N/(m/s)},\ k_{cx}=8.33\times10^6\text{N/m}$$

$$m_{cx}=11.92\text{kg},\ c_{cx}=860.92\text{N/(m/s)},\ k_{cx}=1.21\times10^7\text{N/m}$$

$$m_{cx}=7.25\text{kg},\ c_{cx}=459.73\text{N/(m/s)},\ k_{cx}=1.34\times10^7\text{N/m}$$

其他加工参数：切宽为 4mm，进给量为 0.1mm/齿，顺铣。

计算获得的稳定性极限图如图 5.29 所示。在选择加工参数时，需在叶瓣包络线以下的区域选择主轴转速和切深。这样选定的切削参数既能保证不发生颤振，又能保证切削效率。当然，其前提是必须保证所计算的稳定性极限图可靠，因此，该图的准确计算也是目前研究的热点。

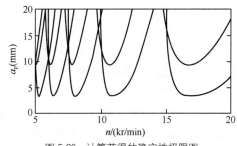

图 5.29　计算获得的稳定性极限图

5.6　数控加工工艺过程

本节在前面章节基础上，介绍数控加工工艺过程的仿真，通过几何仿真方法来检查为零件制定好的加工顺序、加工路径、加工参数等信息的合理性，最后介绍工艺文件的格式和编制内容。

5.6.1 数控加工程序的编制

1. 手工编制 G 代码

手工编程的过程全部由人工完成，要求编程人员对代码功能、代码编写规则有充分的理解，并具备切削加工工艺知识、几何知识和数值计算能力。手工编写一般适用于几何形状不复杂、联动轴不超过三个、编程工作量不大的数控程序。如图 5.30 所示，手工编程的主要内容包括分析零件图纸、工艺人员制定加工工艺规程、刀轨计算、程序编制及输出加工程序，最后进行校验修改与试切等。其中每个环节都需要遵守一些原则，以下针对其中关键环节进行简述。

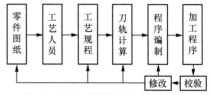

图 5.30　手工编程的主要内容与顺序

（1）分析零件图纸及制定加工工艺规程。编程人员应首先对照零件图对零件的材料、几何特征、尺寸、装夹方式、技术要求等加以分析，明确加工顺序、工序及要求。选择合适的数控机床、刀具、夹具。在安排工序时，应当尽量将同一把刀具加工的内容集中完成，以节省换刀时间。同样，用相同定位与装夹方式的工序也尽可能连续进行，以减少重复定位次数。此外，在确定加工顺序时，一般遵循基准先行（首先加工在后续工序中要作为基准的表面）、先主后次（优先加工对尺寸、位置精度要求较高的表面）、先粗后精（按各表面统一粗加工、精加工的顺序进行，而不是把某个表面的粗、精加工都完成后再去加工其他表面）、先面后孔（先加工平面再加工孔，这样有利于提高孔的位置精度，并避免产生孔口毛刺）、先内后外（内外表面都需要加工时，由于内表面的加工更为困难，先进行内、外表面的粗加工，后进行内、外表面的精加工）、保证刚性（先安排对工件刚性破坏较小的工序）的原则。

（2）刀轨计算。确定加工工艺后，需要根据零件以及机床的特点确定合适的坐标系，计算刀具的运动轨迹，获得刀位数据。规划刀具运动轨迹时，应合理规划走刀路线，选择最短的安全路线到达各个加工部位，以减少刀具的无效加工时间。切入、切出时，要注意进刀、退刀方向与零件外轮廓相切，防止在零件表面留下凹坑。在规划路径时，一般遵循先近后远的原则，即先安排离起刀点近的部位的加工，后安排离得远的部位的加工，以减少刀具的空行程。在规划孔系加工路径时，需要注意进给系统的反向间隙，尽量使有位置精度要求的孔系中每个孔加工前刀具运动方向一致。

（3）加工程序编制。根据刀位数据编写 G 代码，并根据工艺需要加入 M 代码辅助加工。需要注意的是，不同厂家的数控机床、不同的数控系统，其数控加工程序的格式并不一定相同，这样就要求手工编程人员充分熟悉所使用机床的功能、指令、程序格式。根据刀具、工件材料的不同，还需要选择合适的切削参数。粗加工时，为提高加工效率，在机床刚度允许的情况下应选择较大的切深。对于精度和表面质量要求高的情况，应选择较小的切深，并为后续的工序留出足够的余量。进给速率根据零件的表面质量要求选取。对于表面粗糙度要求低的零件，可选择较大的进给速率。在接近轮廓拐角处，可逐渐降低进给速率；切出拐角后逐渐增加进给速率，以获得更好的轮廓加工质量。切削速度增加时刀具寿命会显著降低，此时需要综合切深、进给速率、刀具材料、工件材料进行计算或查表选取。

编写程序时，开头应有程序起始符和程序名，结束时应有结束指令和结束符，除此以外还含有程序主体和注释符。程序主体由若干条程序段组成，程序段以程序段序号开始，后接功能指令，并以程序段结束符结束。功能指令包括准备功能指令（G）、尺寸指令（X、Y、Z、I、J、K 等）、进给功能指令（F）、主轴转速功能指令（S）、刀具功能指令（T）、辅助功能指令（M）等。

图 5.31 为 NAS（national aerospace standard）试件。NAS 试件是美国航天工业协会（aerospace industries association of America，AIAA）于 1966 年提出的 NAS 979 三轴机床检测试件，它开启了利用检测试件的实际切削和检测评估数控机床工作精度的方法。NAS 圆锥台试件也常用于五轴机床加工精度测试。NAS 979 试件分别需要加工中心直径为 ϕ20mm 且深 40mm 的盲孔、边长为 140mm 的外正方形、边长为 100mm 的菱形、倾斜角为 5° 的斜面以及直径为 ϕ16mm、深 30mm 的四个盲孔。通过钻头钻孔、立铣刀侧铣平面、面铣刀铣平面等多种加工方式，可完成包括单轴直线、两轴联动直线插补和圆、两轴联动不等速插补、三轴联动螺旋插补等多种形式的运动，从而系统检验三轴机床的工作精度。试件加工特征为从上至下排列（为加工下层的特征，需将毛坯上层材料先去除，因此按从上到下的顺序进行加工）。

下面以图 5.31 为例，介绍主要加工对象。

① 加工基准面。此工件的基准面为毛坯底面。

② 加工底面完成并装夹好后，再加工菱形端面和端面上的孔系。三个周边孔的定位基准是中心孔，因此先钻出中心孔，之后钻出三个周边孔。然后遵循"先面后孔"的原则，先用大直径的铣刀加工端面，再换用小直径的铣刀扩孔。为避免反向间隙的影响，扩孔时应注意加工前进刀的方向要一致。

③ 加工圆形面。这一步需要把毛坯中圆形面上的菱形轮廓利用立铣刀加工出来。同样地，我们可以使用大直径铣刀加工，但在切入工件时要注意平行于菱形各边。

④ 加工小正方形面及面上的孔。这一步还是遵循"先面后孔"的原则，铣削加工出面上的圆柱轮廓，需要注意加工圆柱时切入方向沿着圆的切向，以免损坏工件；之后换用小直径铣刀加工两个盲孔。

⑤ 加工 L 形平面。依旧采用立铣的方式，在 L 形平面加工出小正方形轮廓。

⑥ 加工两个斜面。同样使用立铣刀加工，但要注意不可损伤底下的小平面。

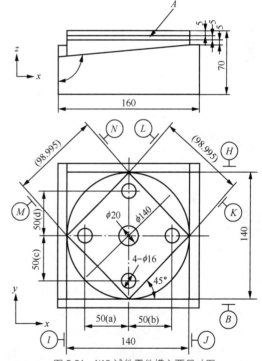

图 5.31　NAS 试件零件模主要尺寸图

⑦ 加工小平面。此处可使用立铣刀在不损伤小正方形轮廓的前提下除去大部分材料，再换用精雕铣刀去除剩余材料。

通过上述对 NAS 试件数控加工工艺过程的分析，确定试件毛坯、加工方法及所使用的刀具类型和机床类型、夹具、工艺基准后，再确定零件的数控加工工艺路线，最后确定刀具的进给路线和加工工艺参数。NAS 试件的数控加工工艺过程如表 5.5 所示。

表 5.5   NAS 试件的数控加工工艺过程（简表）

序号	工序名称	工序内容及要求	设备
1	下料	确定毛坯尺寸、类型、余量等	—
2	顶面加工	① 粗铣顶部定位基准面（留余量 1mm） ② 精铣顶部定位基准面 ③ 粗铣侧面轮廓 ④ 精铣侧面轮廓	加工中心
3	打定位工艺孔	钻定位销孔（与工装匹配）	加工中心
4	检验	检验毛坯尺寸和定位工艺孔是否符合要求	高精度检测设备
5	铣 NAS 件外形	① 铣 140mm×140mm 正方形 ② 铣 ϕ 140mm 圆形 ③ 铣菱形 ④ 钻孔 ⑤ 镗孔	加工中心
6	检验	检验 NAS 试件精度，出具详细检验报告	轮廓测量仪、 三坐标测量机
7	包装、入库	完成零件包装并入库	—

2. 自动生成 G 代码

手工编程通常耗时长且容易出现错误。对于形状复杂的零件，手工编程就具有一定的难度，此时更适宜采用自动编程。自动编程是将零件的加工信息用较简便的方式输入计算机，由计算机编程系统根据数控机床的类型输出数控加工程序的方法。在编程过程中，除零件图纸分析及加工工艺制定外，其余工作均可借助计算机辅助完成，因此自动编程适用于形状复杂、计算量大、编程工作量大的零部件。自动编程是 CAD（计算机辅助设计）与 CAM（计算机辅助制造）高度结合的过程。实现无纸化设计与制造的系统，通常称为 CAD/CAM 系统。一般计算机辅助自动编程的步骤简述如下。

（1）CAD 三维建模。CAD 模型是自动编程的基础，CAM 生成加工程序需要指定 CAD 模型为加工对象。获取零件三维模型可以采用以下两种办法：①一般 CAM 软件中包含三维建模功能，设计人员可以直接在这些 CAM 软件中建立零件的三维模型，这类软件包括 UG NX、Mastercam 等；②在 SolidWorks、CAXA 等 CAD 软件中建好三维模型，之后以 CAM 软件能够读取的格式存储，再导入 CAM 软件中。

（2）加工工艺分析。利用计算机进行自动编程时，工艺分析同样是不可或缺的一步。自动编程中需要通过工艺分析来确定具体加工零件的哪些部位，按形状特征、公差要求确定加工方法，对加工工艺路线进行规划，确定加工的设备、参数。

（3）选定毛坯、工件、坐标系。建立好毛坯、工件的三维模型并导入 CAM 软件后，还需要在 CAM 软件中指定毛坯和工件分别对应哪一个模型。此外，还要注意工件模型、毛坯模型、加工工序使用的工件坐标系并不一定重合，因此需要根据工艺分析的结果来确定加工工序中工件坐标系的原点应该设置在哪里。这一步中，有的 CAM 软件还能将加工中不能触碰的面或体设置为检查体，以避免撞刀。

（4）设置刀具参数。CAM 软件需要知道刀具、刀柄的信息，以规划刀路及判断工件和刀具是否会发生干涉。

（5）设置加工方式及参数。CAM 软件在创建每一个工序时需要编程人员来选择具体的加工方式（钻削、平面铣削、型腔铣削、叶轮加工等）。此时，若加工指定表面时对切削参数有要求，编程人员还需要输入工艺分析得到的切削参数。CAM 软件通过加工方式、刀具信息、加工参数和需要加工的表面特征生成刀路。

（6）刀路仿真。执行完以上步骤后，CAM 软件已经拥有了足够生成刀路的信息，此时让 CAM 软件自动生成刀路，刀路一般会与三维模型一同显示。通过刀路轨迹初步判断程序是否与自己想象的一样，依次进行加工，若刀路与自己预计的差距过大或者无法生成刀路，则返回之前的步骤寻找原因。

（7）仿真检查。为确保程序的安全性，需要通过零件、毛坯与刀具的三维模型仿真刀具沿着刀路加工零件的切削过程，检查刀具是否有欠切或者过切，是否与夹具或者毛坯存在干涉。若发现切削过程存在问题，则要再次修改之前的步骤，重新生成刀路。

（8）后处理。后处理的作用是把 CAM 软件的刀路轨迹信息转换成可被搭载特定数控系统的特定机床识别的程序代码。后处理时通常需要选择机床的型号和加工程序代码的格式，便可生成程序代码。但此时的程序代码可能含有机床无法识别的语句，故还需要人工核对代码以进行进一步修改。

上面简述了自动编程的核心步骤，下面以 NAS 试件和软件 UG 为例进行具体应用介绍。首先建立或导入 NAS 试件 CAD 三维模型并进入 CAM 加工环境。接着根据机床坐标系、刀具、加工方法等信息创建刀具组、几何体组和加工方法组，进一步创建、设置并生成具体的加工工序（见图 5.32），加工工序设置的内容主要有指定待加工几何体、刀具、刀轴、刀轨等参数。根据表 5.5 数控加工工艺过程中的工序步骤设置工序，然后对完整的刀具轨迹进行确认。基于已确认生成的完整刀具轨迹，进行 NAS 试件的可视化动态模拟仿真。用鼠标右键单击工序导航器的最高级目录，在弹出的快捷菜单中选择"后处理"，并在后处理器中选择合适的机床类型，即可自动生成对应类型数控机床的 NAS 试件的数控加工程序（G 代码）。生成程序的效果图如图 5.33 所示。

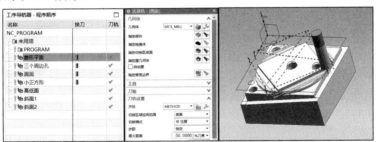

图 5.32 加工工序设置及生成效果图

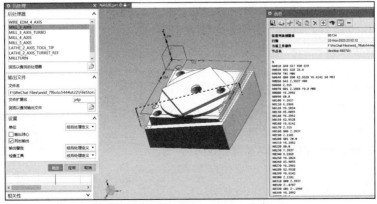

图 5.33 NAS 试件数控加工程序生成效果图

3. G 代码的后续处理

利用计算机软件生成的 G 代码含有数控系统不能理解的语句，并不能直接使用，需要人工进行检查和修改。图 5.34 为一个通过 CAM 软件生成的加工程序。

图 5.34 中 N100 一行以上的所有内容均不是加工程序，且无法被机床数控系统识别。若直接将代码导入机床数控系统运行，机床数控系统就会报错。在加工程序导入机床数控系统前，需要人工删去这些无意义的程序段。

```
N10 ;Start of Program
N20 ;
N30 ;PART NAME  :C:\Users\教材\NAS979.prt
N40 ;DATE TIME  :Thu Nov 23 19:18:03 2023
N50 ;
N60 DEF REAL _camtolerance
N70 DEF REAL _X_HOME, _Y_HOME, _Z_HOME, _A_HOME, _C_HOME
N80 DEF REAL _F_CUTTING, _F_ENGAGE, _F_RETRACT
N90 ;
N100 G40 G17 G700 G94 G90 G60 G601 FNORM
N110 ;Start of Path
N120 ;
N130 ;TECHNOLOGY: METHOD
N140 ;TOOL NAME : D20
N150 ;TOOL TYPE : Milling Tool-5 Parameters
N160 ;TOOL DIAMETER    : 0.787402
N170 ;TOOL LENGTH   : 2.952756
N180 ;TOOL CORNER RADIUS: 0.000000
N190 ;
N200 ;Intol    : 0.001181
N210 ;Outtol   : 0.001181
N220 ;Stock    : 0.000000
```

除了这些无意义的程序段以外，有时还需要对特定的功能指令等进行检查。例如在连接测力仪或者用石蜡粘贴了传感器时，切削液会对测力仪、传感器造成损害，因此需要删去程序中打开切削液的指令。

图 5.34 加工程序样本

程序处理完成、导入机床数控系统后还可以开启机床数控系统自带的刀路仿真模块，最后一次检测程序刀路是否有异常，避免 G 代码有误而导致工件、刀具、机床损坏。

5.6.2　数控加工工艺过程仿真

本小节主要讲授数控加工工艺过程的仿真。对于数控加工工艺过程，尽管已基本实现了自动化，但是在实际加工之前，为了检查零件的加工面是否能全部加工出来，以及加工过程是否会产生干涉、过切、欠切等问题，我们需要开展几何仿真或者运动仿真，以及通过物理仿真预测加工的精度、振动情况等。

数控加工工艺过程仿真

然而，物理仿真还没有成熟的商用软件，但某些几何仿真的商用软件中已经开发出部分物理仿真的模块。未来随着科技的进步，加工过程全参数物理仿真以及加工过程的数字孪生都将被实现。

在加工过程的几何仿真方面，我国还没有自主开发的商用软件，基本是应用国外的仿真软件，比较知名的有 VERICUT、UG、PowerMill 等。下面以一个具体的零件实例介绍加工过程仿真软件的使用。

NAS 试件数控加工程序生成后，用仿真软件（如 VERICUT）进行加工过程的仿真，可检验加工过程中是否存在干涉、碰撞等问题，以提高零件的试切成功率，减少废品，同时还可以对程序进行优化，提高生产效率，提升零件表面质量。

以 VERICUT 为例，在其系统中通过单击"Setup"|"Toolpath"命令，将"Toolpath Type"设置为"G-code"格式，即可用于仿真 G 代码刀具轨迹文件。如在 VERICUT 数据库中没有找到所需的机床模型，用户可以根据需要自定义机床模型。VERICUT 加工仿真工作流程如图 5.35 所示。

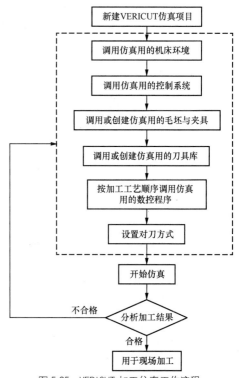

图 5.35 VERICUT 加工仿真工作流程

仿真过程中的主要步骤说明如下。

1. 调用仿真用的机床环境

由于 NAS 试件是三轴机床检测试件,因此需要构造一个具有 *X*、*Y*、*Z* 三个直线轴的数控机床模型。一般机床的外壳、操作面板等与实际加工工艺过程关联程度较小的模型不需要建立,其只增加机床真实感。在 VERICUT 中,可以通过 CAD 软件建立机床三维模型,再导出 VERICUT 可接收的格式,如 STL 等。当然,也可以通过软件现有的机床模型库进行构建。

2. 调用仿真用的控制系统

在确定好数控机床后,还需要确定机床的数控系统,如图 5.36 所示。常用的数控系统有 FANUC(发那科)、Siemens(西门子)、海德汉、华中数控等。

3. 调用或创建仿真用的毛坯与夹具

选择适合 NAS 试件加工所对应的夹具类型,目前现场加工 NAS 试件主要有两种装夹方式:一种是在较大的毛坯中间铣出来 NAS 试件,这样就可以通过螺钉压板对毛坯周边进行装夹;另一种是选用能包住 NAS 试件的较小毛坯,沿周边铣出凸台,再用螺钉压板进行装夹。现场用得较多的是第一种。创建好夹具后,依据 NAS 试件尺寸大小创建毛坯。

4. 调用或创建仿真用的刀具库

在导航器内单击加工刀具并选择对应的刀具,如图 5.37 所示,再对装夹点等参数进行设置。

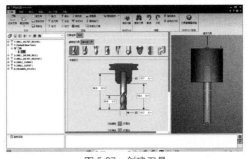

图 5.36　创建机床模型及选用数控系统　　　　　图 5.37　创建刀具

5. 调用仿真用的数控程序

在项目树中选择"数控程序",在配置程序窗口中单击"添加 NC 程序文件"按钮,在弹出的窗口中选择上节通过 UG 自动编程生成的 G 代码。

6. 设置对刀方式

在项目树中选择"G 代码偏置",在"配置 G 代码"窗口的"偏置名"下拉列表中选择"工作偏置",寄存器设置为 54,单击"添加"按钮,即可设置工件坐标系。此外选择"从/到定位"或"输入偏置",即可设置工件坐标系的原点坐标。

7. 加工工艺过程仿真

所有参数设置完成后,单击"重置模型"并进行仿真。图 5.38 为工件顶面铣削加工仿真结果。

5.6.3　形成工艺文件

图 5.38　工件顶面铣削加工仿真结果

数控加工就是根据被加工零件的图样和工艺要求等原始条件,编制零件数控加工程序

（简称为数控程序），进而输入数控系统，控制数控机床中刀具与工件的相对运动，使之加工出合格零件的方法。采用数控机床加工零件时所运用的各种方法和技术手段的总和即数控加工工艺，它应用于整个数控加工工艺过程。把工艺过程的各项内容归纳写成文件形式，就是工艺规程。工艺文件的种类和形式多种多样，详简程度也有很大差别，要视生产类型而定。工艺文件既是数控加工、产品验收的依据，也是操作者遵守、执行的规程。同时，工艺文件是对数控加工的具体说明，目的是让操作者更明确加工程序的内容、装夹方式、各个加工部位所选用的刀具及其他技术问题。数控加工工艺文件主要有：数控编程任务书、工件安装和原点设定卡片、数控加工工序卡片、数控加工走刀路线图和数控刀具卡片等。其中，数控编程任务书中阐明工艺人员对数控加工工序的技术要求、工序说明和加工前应保证的加工余量；工件安装和原点设定卡片中注明加工原点和夹紧方式；数控加工工序卡与切削加工工序卡有许多相似之处，所不同的是数控加工工序简图中应注明编程原点与对刀点，要进行简要编程说明（如所用机床型号、程序编号、刀具半径补偿等）及切削参数；数控加工走刀路线图一般可采用统一约定的符号，告知操作者关于数控编程中的刀具运动路线，防止刀具在运动过程中与夹具或工件发生意外碰撞。

工艺文件尚无统一的格式，并且同一种工艺文件由于来源不同，它的内容也可能大同小异。表 5.6 为上述 NAS 试件的数控加工工序卡片，仅作参考。

表 5.6　　　　　　　　　　　　　　　　　数控加工工序卡片

| （工厂全称） | 数控加工工序卡片 | 产品型号 | * | 零（部）件图号 | 01 | 共 1 页 |
| | | 产品名称 | NAS 试件 | 零（部）件名称 | NAS 试件 | 第 1 页 |

（工序简图）		车间	工序号	工序名称	材料牌号
		*	1	顶面加工	铝 7050
		毛坯种类	毛坯外形尺寸	每坯件数	每台件数
		铸造	165×165×80	1	1
		设备名称	设备型号	设备编号	同时加工件数
		加工中心	VMC850	*	1
		夹具编号		夹具名称	冷却液
		01		平口虎钳	环保切削液
					工序时间
				准终	单件
					2h

工步号	工步内容	工艺装备	主轴转速/ (r/min)	切削速度/ (m/min)	进给量/ (mm/r)	背吃刀量/ mm	进给次数	工时定额 基本	辅助
1	粗铣顶面	VMC850	1 600	100	0.1	3	3		
2	精铣顶面	VMC850	5 000	300	0.05	0.1	10		
3									

| 编制 | | 编制 （日期） | | 审核 | | 审核 （日期） | | 会签 | | 会签 （日期） | |

为了减少制定工艺过程的劳动量，缩短生产准备时间，使新产品能迅速投产，对同类型的多种零件可制定典型的工艺规程作为代表。这时，首先要求把零件按结构形状的相似性进行分类，使同类型零件的加工表面和工艺特征相似，其次还可以将同类型零件划分为组，使每组零件的尺寸、大小和加工精度要求相似。例如，轴类零件可以分为光轴、阶梯轴、空心轴三

大类，每类按尺寸、大小、质量再分成几组。在总结国内各工厂先进经验的基础上，根据不同生产类型，为每组零件制作典型的工艺规程。这样不仅减少了制定工艺过程的工作量，而且通过典型工艺规程的制定，能更好地总结先进生产经验，促进生产技术的发展，改善工艺过程的技术经济效果。对于油漆、包装、涂防锈油、探伤、去磁、动平衡等工艺，常常不必单独制定工艺规程，可以制定工艺守则，说明其工艺要求和工艺过程，作为通用性的工艺文件。

5.7　加工工艺过程质量检测/监测与分析

本节主要学习加工工艺过程的质量检测、监测和质量数据的处理方法，包括统计分析、SPC、C_{pk}、C_{mk}、加工工艺过程控制点图等，其目的是掌握加工工艺过程质量控制的一般方法，了解加工工艺过程产生误差后进行误差溯源的一般思路和方法。

5.7.1　质量检测/监测的目的

不论是零件的加工工艺过程还是加工完后，总要对零件的加工精度进行检测或者监测，特别是对自动加工或自动线，质量检测和监测的目的都是要能保证加工出合格的零件。

如果是在线实时监测，通过对监测数据的处理、分析，正确地诊断出导致超差或不合格的原因，然后通过在线实时调整，从而保证后续的加工能达到合格。如果是加工后的检测，通过数据的处理，同样要分析产生超差或不合格的原因，然后通过对切削加工工艺系统的重新调整，保证加工时不出现超差品或少出现超差品。

随着加工自动化程度的提高，甚至智能化的普及，通过在线检测/监测判断是否会出现超差品，然后实时调整加工工艺系统是未来的发展方向，最近几年出现的数字孪生技术就可应用到这一领域。

然而，难点在于一个零件的质量检测参数太多，包括尺寸精度、形状精度、位置精度以及表面质量等，如果想实时地把一个零件的所有质量参数都监测到并能做出判断实在是太难了。另一个难点就是引起工件的质量参数超差的因素太复杂，甚至是多因素同时作用的结果，不能对原因及时、准确地进行判断并对机床工艺系统进行实时调整。尽管难，但是这无疑是加工以及机床未来的发展方向，或者说就是智能机床、智能加工的真正内涵。

在零件的加工工艺过程中，实时监测工件或刀具几乎是不可能的事，特别是复杂型面的轮廓及表面质量，无法用单一传感器获得数据，当然对某些内外圆磨削监测直径的做法已经实现了；再如刀具的磨破损问题，如果想实时监测刀刃和前后刀面状况是不可能的，因为正在进行切削的刀刃和前后刀面是被切屑加工面包裹着，加之冷却液的影响，用视觉传感器是看不到想监测的部位的。换一种思路，通过监测机床的状态，包括主轴的功率、机床各运动轴的状态、机床部件及整机的振动状况来间接监测工件的质量参数或许是可行之路。

5.7.2　质量数据采集

对于工件的各类质量数据，主要指精度参数，均有手动检测与自动检测两种形式。手动检测常用的测量工具有游标卡尺、千分表、百分表以及塞规量规等，目前这些测量仪器都带有数字显示和传输功能，测量的数据可实时上传到质量数据的中继站或者质量监测中心的数据库中。

自动测量的仪器包括气动量仪、电感测量仪、激光测量仪等，有接触测量和非接触测量两种方式。三坐标测量仪是常用的高精度测量仪，往往用于零件的最终检验。近些年，基于机器视觉的测量也多用于自动线不同的质量参数检测与监测中，如有些缺陷的检测，也有的用于尺寸精度的检测中。

1. 手动检测及数据采集

传统工厂内部品质检查的方法为测量一个数据后，由测量人员人工记录在纸张中，或者由一个人测量，另一个人进行记录的操作方式，当需要进行分析时，由操作人员录入计算机的 Excel 表格中。这种方式的缺点是效率低，数据容易记错。如今，我们利用测量仪器的联网功能，也可把数据直接上传至质量数据中继站或监测中心。

2. 自动检测及数据采集

对检测仪器（三坐标测量仪、卡尺、千分尺、百分表、电子秤）中的数据进行自动采集，自动读取检测仪器数据文件中的数据，通常有以下一些方式。

（1）从检测仪器设备的 RS232 串口中采集数据。

（2）从检测设备的 PLC 中获取数据。

（3）与其他系统建立接口读取数据，如 MES 系统。

自动测量仪具有自动化程度高、精确度高的特点。自动测量仪可以通过无线传输设备配合无线分析软件，从所有的测量仪器数显设备无线发射模块，将数据传输至 200m 内无线接收模块，并录入 Excel 工作簿中，然后收集到的测量数据可以通过控制图、直方图进行统计分析和SPC 控制，如图 5.39 所示。随着自动化加工技术的发展，加工工艺过程的数据以及加工机床或设备的运行状态数据均可统一采集到数据管理及处理中心，经过分析、处理后，对设备的运行状态以及零件加工的质量进行判断，以判别设备的运行状态是否正常或者质量是否受控。下面对零件的加工质量数据，主要是精度数据的处理方法进行简单介绍，以供读者学习。

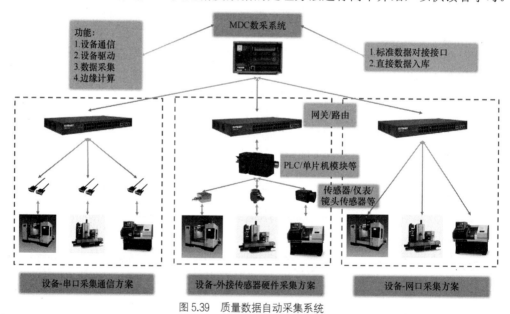

图 5.39　质量数据自动采集系统

5.7.3　质量数据分析方法

不论是在加工中还是加工后，获得了质量数据后均需通过数据的处理来进行误差性质的判断和误差溯源。本小节主要学习质量数据的处理方法。

统计过程控制（statistical process control，SPC）是指应用统计技术对过程中的各个阶段进行评估和监控，建立并保持过程处于可接受且稳定的水平，从而保证产品符合规定要求的一种质量管理技术。用户依托各种统计控制图来研究过程，查看输出的数据识别风险点并及时判别、分析原因，进一步采取有效经济的措施来优化过程，使制造、检验结果始终保持在标准控制范围内。对于以预防为主的质量管理控制，统计过程控制是一种很有效的质量工具。

实施统计过程控制分为两个阶段：一是分析阶段；二是监控阶段。在分析阶段通常使用分析类控制图来检验生产过程中零件的误差是否处于稳态，使用直方图或者过程能力分析来判断生产的过程能力（C_{pk}）是否足够。如果其中任何一个不能满足，则必须找到原因，进行改进，并重新准备生产及分析。监控阶段主要使用控制图进行生产过程中零件误差的监控。生产过程的数据及时绘制到控制图上，并密切观察控制图，控制图中点的波动情况可以显示出过程受控或失控，如果发现失控，必须寻找原因并尽快消除其影响。

1. 点图法

点图法就是按加工的先后顺序作出尺寸的变化图，因此它可以暴露整个加工工艺过程中误差变化的全貌以及反映出加工工艺过程的动态特征。

将一批工件依照加工顺序或者连续记录的工件某质量参数数据，分成 m 件为一组，共 K 组，第 i 组的平均值用 $\bar{x}_i$ 表示；相应地计算第 i 组数值的极差 $(x_{\max} - x_{\min})_i$，用 R_i 表示。

以组数为横坐标，X、R 为纵坐标，可画出两张点图，通常称为 $\bar{x} - R$ 图。在 $\bar{x} - R$ 图上分别画出中心线和控制线，中心线和上下控制线的计算方法依据相关统计分析理论，具体计算表达式如下。

$\bar{x}$ 图的中心线为

$$\bar{\bar{x}} = \sum_{i=1}^{K} x_i / K \qquad (5\text{-}38a)$$

R 图的中心线为

$$\bar{R} = \sum_{i=1}^{K} \bar{R}_i / K \qquad (5\text{-}38b)$$

$\bar{x}$ 图的上控制界限为

$$\text{UCL} = \bar{\bar{x}} + A\,\bar{R} \qquad (5\text{-}38c)$$

$\bar{x}$ 图的下控制界限为

$$\text{LCL} = \bar{\bar{x}} - A\,\bar{R} \qquad (5\text{-}38d)$$

R 图的上控制界限为

$$\text{UCL} = D\,\bar{R} \qquad (5\text{-}38e)$$

R 图的下控制界限取 0，即

$$\text{LCL} = 0 \qquad (5\text{-}38f)$$

一般情况下，每组件数 m 取 4 或 5，式中 A 和 D 的数值是根据数理统计的原理定出的，如表 5.7 所示。

表 5.7　　　　　　　　　　　　　　控制图系数

每组件数 m	A	D
4	0.73	2.28
5	0.58	2.11

不难理解，$\bar{x}$ 和 R 的波动反映了工件平均值的变化趋势和随机性误差的分散程度。

表 5.8 为生产过程中缸体曲轴传感器安装孔直径（直径公差为 20.75～20.80mm）测量数据。

表 5.8　　　　　　　　缸体曲轴传感器安装孔直径测量数据

组号	测量 1	测量 2	测量 3	测量 4	测量 5	每组均值 X_i	每组极差 R_i
1	20.778	20.771	20.775	20.780	20.779 7	20.776 8	0.008 4
2	20.775	20.770	20.773	20.775	20.771 3	20.772 8	0.004 4

组号	测量 1	测量 2	测量 3	测量 4	测量 5	每组均值 X_i	每组极差 R_i
3	20.771	20.774	20.789	20.770	20.775 0	20.775 8	0.018 4
4	20.781	20.774	20.775	20.777	20.771 1	20.775 7	0.009 6
5	20.779	20.774	20.774	20.776	20.770 1	20.774 5	0.008 9
6	20.773	20.782	20.771	20.774	20.779 6	20.776 0	0.011 6
7	20.777 0	20.770 6	20.777 8	20.778 3	20.769 6	20.774 7	0.008 7
8	20.777 7	20.774 8	20.777 9	20.770 7	20.777 6	20.775 7	0.007 2
9	20.772 4	20.778 1	20.783 9	20.767 5	20.773 5	20.775 1	0.016 4
10	20.777 8	20.772 8	20.777 9	20.772 5	20.777 0	20.775 6	0.005 4
11	20.780 9	20.771 0	20.776 4	20.774 1	20.780 9	20.776 6	0.009 8
12	20.777 6	20.768 2	20.771 0	20.776 2	20.770 4	20.772 7	0.009 4
13	20.778 4	20.768 3	20.770 8	20.777 9	20.772 5	20.773 6	0.010 1
14	20.780 0	20.776 9	20.768 3	20.768 8	20.771 8	20.773 1	0.011 8
15	20.777 1	20.768 1	20.777 1	20.777 6	20.780 1	20.776 0	0.012 0
16	20.779 0	20.786 0	20.789 7	20.777 7	20.777 4	20.782 0	0.012 2
17	20.791 5	20.779 5	20.795 9	20.778 6	20.796 8	20.788 5	0.018 2
18	20.778 0	20.780 6	20.773 5	20.775 4	20.785 1	20.778 5	0.011 6
19	20.778 7	20.775 7	20.775 7	20.776 7	20.776 6	20.776 7	0.003 0
20	20.782 7	20.774 5	20.777 0	20.779 8	20.777 0	20.778 2	0.008 2
21	20.776 0	20.790 8	20.780 1	20.773 8	20.775 7	20.779 3	0.017 0
22	20.782 1	20.777 5	20.778 7	20.776 2	20.782 0	20.779 3	0.005 8
23	20.780 8	20.782 7	20.781 4	20.781 9	20.783 0	20.781 9	0.002 2
24	20.782 0	20.789 8	20.782 9	20.788 0	20.787 9	20.786 1	0.007 8
25	20.780 6	20.786 6	20.781 2	20.795 0	20.787 9	20.786 3	0.014 4
样本均值 $\bar{X}$ /样本极差 $\bar{R}$						20.777 7	0.010 1

根据加工数据可得 $\bar{x}$ 图和 R 图的控制界限，由表 5.8 可得，当 $n=5$ 时可查得 $A=0.58$，$D=2.11$。

$\bar{x}$ 图的控制界限为

$$UCL = \bar{\bar{x}} + A\bar{R} = 20.777\ 7 + 0.58 \times 0.010\ 1 \approx 20.783\ 5$$

$$LCL = \bar{\bar{x}} - A\bar{R} = 20.777\ 7 - 0.58 \times 0.010\ 1 \approx 20.771\ 9$$

R 图的控制界限为

$$UCL = D\bar{R} = 2.11 \times 0.010\ 1 \approx 0.021\ 4$$

$$LCL = 0$$

由此可绘制控制图，如图 5.40 所示。

控制图异常识别：（1）$\bar{x}$ 图中有 3 个点超出 A 区；（2）$\bar{x}$ 图中连续 6 个点递增；（3）$\bar{x}$ 图中连续 9 个点落在同一侧；（4）R 图中连续 6 个点递增。由此可判定缸体曲轴传感器安装孔直径加工存在异常，这表明工艺过程是不稳定的。一旦出现异常波动，就要及时寻找原因，使这种不稳定的趋势得到消除。

$\bar{x}$ 图中的点有明显上升的趋势，这是受热变形影响出现的典型现象。任何一种产品点图上的点总是有波动的，但要区别两种情况：第一种情况是只有随机的波动，属于正常波动，这表明工艺过程是稳定的；第二种情况为异常波动，这表明工艺过程是不稳定的。表 5.9 为根据数理统计学原理确定的正常波动与异常波动的标志。

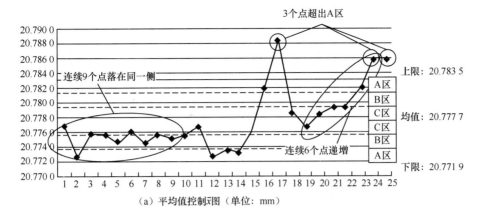

（a）平均值控制$\bar{x}$图（单位：mm）

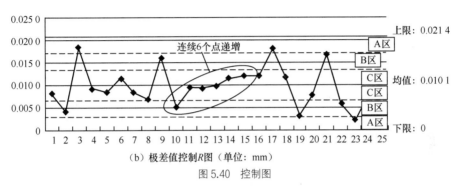

（b）极差值控制R图（单位：mm）

图 5.40　控制图

表 5.9　　　　　　　　　　　　正常波动与异常波动的标志

正常波动	异常波动
① 没有点超出控制线； ② 大部分点在中线上下附近，小部分在控制线附近； ③ 点没有明显的规律性	① 有点超出控制线； ② 点密集在中线上下附近； ③ 点密集在控制线附近； ④ 连续 7 点以上出现在中线一侧； ⑤ 连续 11 点中有 10 点出现在中线一侧； ⑥ 连续 14 点中有 12 点以上出现在中线一侧； ⑦ 连续 17 点中有 14 点以上出现在中线一侧； ⑧ 连续 20 点中有 16 点以上出现在中线一侧； ⑨ 点有上升或下降倾向； ⑩ 点有周期性波动

　　与工艺过程加工误差分布图分析法比较，点图分析法的特点是：（1）所采用的样本为顺序小样本；（2）能在工艺过程进行中及时提供主动控制的资料；（3）计算简单。

　　点图的用法有多种，下面主要阐述点图在工艺稳定性的判定和工序质量控制方面的应用。

　　所谓工艺的稳定，从数理统计的原理来说，若一个过程（工序）质量参数的总体分布，其平均值$\bar{x}$和均方根差σ在整个过程（工序）中保持不变，则工艺是稳定的。为了验证工艺的稳定性，这里需要应用$\bar{x}_i$和R_i两张点图。

　　2. 分布曲线法

　　检查与上文相同的缸体曲轴传感器安装孔直径，其直径公差范围为 20.750 0～20.800 0mm，抽查件数为 100 件。测量时发现它们的尺寸是各不相同的，这种现象称为尺寸分散。把测量所得的数据按尺寸、大小分组，每组的尺寸间隔为 0.005mm，列出测量结果如表 5.10 所示。

表 5.10　　　　　　　　　　　　缸体曲轴传感器安装孔直径测量结果

组别	公差范围/mm	组平均尺寸 x/mm	组内工件数 m/件	频率 m/n
1	20.777 0～20.782 0	20.779 5	4	4/100
2	20.782 0～20.787 0	20.784 5	16	16/100
3	20.787 0～20.792 0	20.789 5	32	32/100
4	20.792 0～20.797 0	20.794 5	30	30/100
5	20.797 0～20.802 0	20.799 5	16	16/100
6	20.802 0～20.807 0	20.804 5	2	2/100

　　表 5.10 中 n 是测量的工件数。如果用每组件数 m 或频率 m/n 作为纵坐标，以组平均尺寸 x 为横坐标，就可以作出图 5.41 所示的折线图。

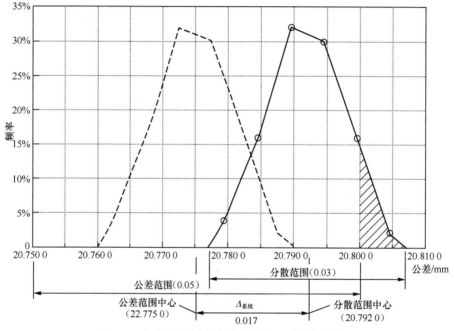

图 5.41　缸体曲轴传感器安装孔径直径尺寸分布折线图

　　此外，图 5.41 中还表示出：

分散范围＝最大孔径－最小孔径＝20.807 0mm－20.777 0mm＝0.03mm

$$分散范围中心（即平均孔径）＝\frac{\sum mx}{n}=20.792\,0\text{mm}$$

$$公差范围中心＝\frac{20.800\,0+20.750\,0}{2}\text{mm}=20.775\,0\text{mm}$$

　　实际测量的结果表示：一部分工件已超出公差范围（20.800 0～20.807 0 约占 18%），成了废品，图 5.41 中的阴影部分就表示废品部分。从图 5.41 中也可以看出，这批工件的分散范围 0.03mm 比公差范围 0.05mm 小，但还是有大约 18% 的工件尺寸超出了公差上限，造成这种结果的原因是分散范围中心与公差范围中心不重合。如果能够设法将分散范围中心调整到与公差范围中心重合，所有工件将全部合格。因此，解决这道工序的精度问题是消除常值系

统性误差，即

$$\Delta_{\text{系统}} = 20.792\ 0\text{mm} - 20.775\ 0\text{mm} = 0.017\text{mm}$$

无数生产实践的经验表明：在正常条件下加工一批工件，其尺寸分布情况常与上述曲线相似。在研究加工误差问题时，我们常常应用数理统计学中一些"理论分布曲线"来近似地代替实际分布曲线，这样做能获得很大的方便和好处。其中应用最广泛的便是正态分布曲线（或称高斯曲线），它的方程式用概率密度函数 $y(x)$ 来表示，即

$$y(x) = \frac{1}{\sigma\sqrt{2\pi}}\exp\left[-\frac{(x-\overline{x})^2}{2\sigma^2}\right] \quad (-\infty < x < +\infty) \tag{5-39}$$

当采用这个理论分布曲线来代表加工尺寸的实际分布曲线时，上列方程各个参数的含义如下：

x——工件尺寸；

$\overline{x}$——工件平均尺寸（分散范围中心），$\overline{x} = \sum\limits_{i=1}^{n} x_i / n$；

σ——均方根误差（标准误差），$\sigma = \sqrt{\sum\limits_{i=1}^{n}(x_i-\overline{x})^2 / n}$；

n——工件总数（工件数量应足够多，如 $100\sim200$ 件）。

正态分布曲线下所包含的全部面积代表了全部工件，即

$$\int_{-\infty}^{+\infty} \frac{1}{\sigma\sqrt{2\pi}}\exp\left[-\frac{(x_i-\overline{x})^2}{2\sigma^2}\right]\mathrm{d}x = 1 \tag{5-40}$$

图 5.42（a）中阴影部分的面积 F 为尺寸从 $\overline{x}$ 到 x 间工件的频率，即

$$F(\overline{x},x) = \frac{1}{\sigma\sqrt{2\pi}}\int_{-\infty}^{+\infty}\exp\left[-\frac{(x_i-\overline{x})^2}{2\sigma^2}\right]\mathrm{d}x \tag{5-41}$$

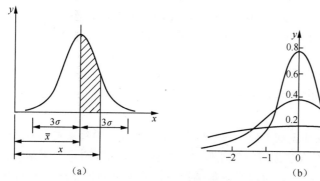

图 5.42 正态分布曲线的性质

在实际计算时，可以直接查积分表（见表 5.11）。

实践证明：在调整好的机床（如自动机床）上加工，引起误差的因素中没有特别显著的因素，而且加工进行情况正常（机床、夹具、刀具在良好的状态下），则一批工件的实际尺寸分布可以看作是正态分布。也就是说，若引起系统性误差的因素不变，引起随机性误差的多种因素的作用都微小且在数量级上大致相等，则加工所得的尺寸将按正态分布曲线分布。

表 5.11 $\qquad F = \dfrac{1}{\sigma\sqrt{2\pi}} \int_{\bar{x}}^{\bar{x}} \exp\left[-\dfrac{(x-\bar{x})^2}{2\sigma^2}\right] \mathrm{d}x$ 的积分表

序号	$\dfrac{x-\bar{x}}{\sigma}$	F	序号	$\dfrac{x-\bar{x}}{\sigma}$	F	序号	$\dfrac{x-\bar{x}}{\sigma}$	F	序号	$\dfrac{x-\bar{x}}{\sigma}$	F	序号	$\dfrac{x-\bar{x}}{\sigma}$	F
0	0	0	23	0.23	0.091 0	46	0.46	0.177 2	69	0.88	0.310 6	92	1.85	0.467 8
1	0.01	0.004 0	24	0.24	0.094 8	47	0.47	0.180 8	70	0.90	0.315 9	93	1.90	0.471 3
2	0.02	0.008 0	25	0.25	0.098 7	48	0.48	0.184 4	71	0.92	0.321 2	94	1.95	0.474 4
3	0.03	0.012 0	26	0.26	0.102 6	49	0.49	0.187 9	72	0.94	0.326 4	95	2.00	0.477 2
4	0.04	0.016 0	27	0.27	0.106 4	50	050	0.191 5	73	0.96	0.331 5	96	2.10	0.482 1
5	0.05	0.019 9	28	0.28	0.110 3	51	0.52	0.198 5	74	0.98	0.336 5	97	2.20	0.486 1
6	0.06	0.023 9	29	0.29	0.114 1	52	0.54	0.205 4	75	1.00	0.341 3	98	2.30	0.489 3
7	0.07	0.027 9	30	0.30	0.117 9	53	0.56	0.212 3	76	1.05	0.353 1	99	2.40	0.491 8
8	0.08	0.031 9	31	0.31	0.121 7	54	0.58	0.219 0	77	1.10	0.364 3	100	2.50	0.493 8
9	0.09	0.035 9	32	0.32	0.125 5	55	0.60	0.225 7	78	1.15	0.374 9	101	2.60	0.495 3
10	0.10	0.039 8	33	0.33	0.129 3	56	0.62	0.232 4	79	1.20	0.384 9	102	2.70	0.496 5
11	0.11	0.043 8	34	0.34	0.133 1	57	0.64	0.238 9	80	1.25	0.394 4	103	2.80	0.497 4
12	0.12	0.047 8	35	0.35	0.136 8	58	0.66	0.245 4	81	1.30	0.403 2	104	2.90	0.498 1
13	0.13	0.051 7	36	0.36	0.140 6	59	0.68	0.251 7	82	1.35	0.411 5	105	3.00	0.498 65
14	0.14	0.055 7	37	0.37	0.144 3	60	0.70	0.258 0	83	1.40	0.419 2	106	3.20	0.499 31
15	0.15	0.059 6	38	0.38	0.148 0	61	0.72	0.264 2	84	1.45	0.426 5	107	3.40	0.499 66
16	0.16	0.063 6	39	0.39	0.151 7	62	0.74	0.270 3	85	1.50	0.433 2	108	3.60	0.499 841
17	0.17	0.067 5	40	0.40	0.155 4	63	0.76	0.276 4	86	1.55	0.439 4	109	3.80	0.499 928
18	0.18	0.071 4	41	0.41	0.159 1	64	0.78	0.282 3	87	1.60	0.445 2	110	4.00	0.499 968
19	0.19	0.075 3	42	0.42	0.162 8	65	0.80	0.288 1	88	1.65	0.450 5	111	4.50	0.499 997
20	0.20	0.079 3	43	0.43	0.166 4	66	0.82	0.293 9	89	1.70	0.455 4	112	5.00	0.499 999 97
21	0.21	0.083 2	44	0.44	0.170 0	67	0.84	0.299 5	90	1.75	0.459 9			
22	0.22	0.087 1	45	0.45	0.173 6	68	0.86	0.305 1	91	1.80	0.464 1			

正态分布曲线具有下列特点。

（1）曲线呈钟形，中间高，两边低。这表示尺寸靠近分散范围中心的工件占大部分，而尺寸远离分散范围中心的工件为极少数。

（2）工件尺寸大于 $\bar{x}$ 和小于 $\bar{x}$ 的同间距范围内的频率是相等的。

（3）表示正态分布曲线形状的参数是 σ。如图 5.42（b）所示，σ 越大，曲线越平坦，尺寸越分散，也就是加工精度越低；σ 越小，曲线越陡峭，尺寸越集中，也就是加工精度越高。

（4）从表 5.11 中可以查出，$x-\bar{x}=3\sigma$ 时，$F=49.865\%$，$2F=99.73\%$，即工件尺寸在 $\pm 3\sigma$ 以外的概率只占 0.27%，可以忽略不计。因此，一般取正态分布曲线的分散范围为 $\pm 3\sigma$（见图 5.42（a））。

$\pm 3\sigma$（或 6σ）的概念在研究加工误差问题时应用很广，是一个很重要的概念。简单地说，6σ 的大小代表了某一种加工方法在规定的条件（毛坯余量、切削用量、正常的机床、夹具、刀具等）下所能达到的加工精度。所以在一般情况下，应使公差带宽度 T 和均方根误差 σ 之间的关系为

$$T \geqslant 6\sigma \tag{5-42}$$

但考虑到变值系统性误差（如刀具磨损）及其他因素的影响，总是使公差带的宽度大于 6σ。刀具磨损会使分布曲线的位置移动及 σ 逐渐加大。在外圆加工中，开始加工时，应使尺寸分散范围接近公差带的下限；在孔加工中，开始加工时，应使尺寸分散范围接近公差带的上限。这样在刀具磨损过程中，工件的尺寸分散范围逐渐向上限（外圆加工）或向下限（孔加工）移动，可以保持在比较长的加工时间内使工件尺寸不超出公差带。

在上述检查活塞销孔的例子中，由表 5.11 所列的测量数值来计算 σ。

$$\sigma = \{[4(27.993 - 27.997\,9)^2 + 16(27.995 - 27.997\,9)^2 + 32(27.997 - 27.997\,9)^2 +$$
$$30(27.999 - 27.997\,9)^2 + 16(28.001 - 27.997\,9)^2 +$$
$$2(28.003 - 27.997\,9)^2] / 100\}^{1/2} = 0.002\,23(\text{mm})$$
$$6\sigma = 0.013\,4(\text{mm})$$

通常就以 0.013 4mm 作为在正常生产条件（一次调整、同一机床、同一切削用量等）下整批活塞销孔的尺寸分散范围。试比较一下上面所抽查 100 件测量的结果，尺寸分散范围为 0.012mm，可见是颇为接近的。

3. 工艺能力系数计算

正态分布曲线除了用来进行加工误差性质的判断外，还常常用来进行工艺能力（工序能力）的计算。工艺能力用工艺能力系数 C_p 来表示，它是工件公差 T 和实际加工误差（分散范围 6σ）之比，即

$$C_p = T / (6\sigma) \tag{5-43}$$

根据工艺能力系数 C_p 的大小，工艺能力可以分为以下五个等级：

$C_p > 1.67$ 为特级，说明工艺能力过高，不一定经济；

$1.33 < C_p \leqslant 1.67$ 为一级，说明工艺能力足够，可以允许一定的波动；

$1.00 < C_p \leqslant 1.33$ 为二级，说明工艺能力勉强，必须密切注意；

$0.67 < C_p \leqslant 1.00$ 为三级，说明工艺能力不足，可能出少量不合格品；

$0.67 \geqslant C_p$ 为四级，说明工艺能力不行，必须加以改进。

一般情况下，工艺能力不应低于二级。

数理统计的理论证明：如果从一批工件中取出一部分，则这部分的平均值和均方根误差与整批工件的平均值和均方根误差是颇为接近的。这样就可以省去逐件检查的烦琐手续，而采取抽查较少工件的方法来研究加工精度问题。在活塞销孔这个例子中，经验表明，即使抽查 50 件，所得到的尺寸平均值和均方根误差，也是与抽查 100 件或件件检查所得到的尺寸平均值和均方根误差相接近的。这种用局部的参数来代表整体参数的近似方法，给我们带来了极大的方便。当然，在单件生产和小批生产中，就不能用统计分析方法。

在切削加工中，工件实际尺寸的分布情况有时也并不近似于正态分布。例如将两次调整下加工出的工件混在一起测量，则其分布曲线将为图 5.43（a）所示的双峰曲线。实质上是两组正态分布曲线（如虚线所示）的叠加，即在随机性误差中混入了系统性误差，每组有各自的分散范围中心和均方根误差。又如在活塞销贯穿磨削一例中，如果砂轮磨损较快而没有自动补偿，工件的实际尺寸分布将呈平顶形，如图 5.43（b）所示。它实质上是正态分布尺寸的分散范围中心在不断地移动，也即在随机性误差中混有变值系统性误差。再如工艺系统在远未达到热平衡而加工时，由于热变形开始较快，以后渐慢，直至稳定，则工件尺寸的实际分布也出现不对称状态；对于不分正负的几何误差，如轴向圆跳动、径向跳动等的分布曲线，也呈不对称性，称为偏态分布，即加工误差偏向于接近零的一边，如图 5.43（c）和表 5.12 中所列的偏态分布所示。对于非正态分布的加工误差，在计算出均方根误差 σ 后，就不能以 $\pm 3\sigma$ 作为其分散范围。根据数理统计理论的分析结果，非正态分布的分散范围，应将 6σ 除以分布系数 K，即等于 $\dfrac{6\sigma}{K}$。K 值的大小与分布曲线的形状有关。表 5.12 列出了几种典型分布曲线的 K 值和 α 值，α 称为相对不对称系数。

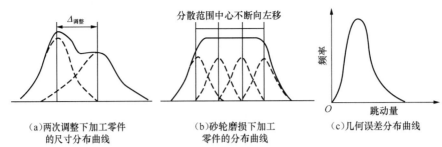

图 5.43　随机性误差和系统性误差混合而形成的分布曲线

表 5.12 典型分布曲线的 K 值和 α 值

典型分布	正态分布	Simpson 分布（等腰三角形）	等概率分布	平顶分布	偏态分布
分布曲线图形					
K	1	1.22	1.73	1.1～1.5	≈1.17
α	0	0	0	0	≈0.26
分布范围 Δ	6σ	4.92σ	3.47σ	4σ～5.45σ	5.13σ

有时产生加工误差的因素比较复杂，这时就不容易从分布曲线中看出和区分出不同性质的加工误差。分布曲线法的另一个不足之处是必须待全部工件加工完后才能进行测量和处理数据，因此它不能暴露出在加工工艺过程进行中误差变化的规律性，以供在线控制时之用。点图法在这方面就比较占据优越地位。

4. C_{mk} 与 C_{pk} 的用途及计算

工艺能力系数 C_p 只能表示在过程中的平均值和目标值重合的情况，但是在实际生产、应用中目标值和平均值重合的情况很少，所以设计人员可以利用过程能力指数 C_{pk} 来表征产品的加工质量与要求吻合的程度。过程能力是指工序处于稳定状态期间，生产出的产品满足加工质量要求的能力，它不仅显示加工过程中实际加工误差与公差 T 之间的关系，还关注加工过程中加工尺寸的均值是否偏离公差 T 的中间值。我们可根据其数值的大小范围来判定过程能力是否充分，其计算表达式为

$$C_{pk} = \frac{\min(\text{USL}-\bar{x}, \bar{x}-\text{LSL})}{3\sigma} \tag{5-44}$$

式中：USL——加工公差的上限；LSL——加工公差的下限；$\bar{x}$——样本平均值；σ——样本标准差。

根据过程能力指数 C_{pk} 的大小，过程能力可以分为以下五个等级：

$C_{pk}>1.67$，说明过程能力充分，考虑降低成本；

$1.33<C_{pk}\leqslant1.67$，说明过程能力理想，可以维持现状；

$1.00<C_{pk}\leqslant1.33$，说明过程能力正常，可以尽量改进；

$0.67<C_{pk}\leqslant1.00$，说明过程能力不足，必须提升能力；

$0.67\geqslant C_{pk}$，说明过程能力严重不足，必须进行全面整改。

一般 C_{pk} 要求应大于 1.33。

不仅如此，汽车零件加工过程中最重要的是设备的稳定性。工厂按照高生产运行指标购置自动化设备，机床不稳定，加工质量差，频繁停机，会影响工厂最终的生存。C_{mk} 指临界机器能力指数，它仅考虑设备本身的影响，同时考虑分布的平均值与规范中心值的偏移，是

衡量设备稳定运行的一个指标。由于仅考虑设备本身的影响，因此在采样时对其他因素要严加控制，尽量避免其他因素的干扰，其计算公式与 C_{pk} 的相同，只是取样不同。

根据 C_{mk} 值的大小，机器能力可以分为以下三个等级：

$C_{mk}>1.67$，说明设备能力足够；

$1.33<C_{mk}\leqslant1.67$，说明设备能力尚可；

$1.33\geqslant C_{mk}$，说明设备能力不足，必须进行改进。

一般 C_{mk} 要求应大于 1.67。

C_{mk}、C_{pk} 都是描述或表征机床加工工艺过程的稳定性及受控状态的。二者最大的差别在于，C_{pk} 是描述整个过程或者说长时间过程的稳定性的，C_{mk} 是描述短过程稳定性的，特别是描述新机床加工工艺过程稳定性。因此，C_{mk} 和 C_{pk} 本质的差别是采样的数量不同，C_{mk} 一般采样 25 组，每组数据 4~5 个，而 C_{pk} 要采样 100 组，用来描述更长时段内工艺的稳定性。与此同时，汽车零件厂商选购的设备，验收时大多要测试机床的稳定性（C_{mk} 值）或切削过程的稳定性（C_{pk} 值），这一点不仅是我国汽车厂商的要求，而且是全世界汽车厂商的统一要求。C_{mk}、C_{pk} 值大于 1.33、1.66 或 2.0，值越高，机床运行就越稳定，产品质量就越能得到保证。国内好的机床 C_{mk}，$C_{pk}>1.33$，要实现 C_{mk}、C_{pk} 大于 1.66 比较困难。国外机床制造商经常为汽车行业提供"交钥匙工程"（Turn Key），对这类要求都很清楚，会根据 C_{mk}、C_{pk} 的不同要求，提供不同档次的设备。

过程能力指数是由操作者（人）、设备（机）、原材料（料）、工艺方法（法）、生产环境（环）和测量方法（测）等（六个）基本质量因素综合作用的能力指数，所以加工工艺过程的易变性可表征为

$$\sigma_{总}^2 = \sigma_{人}^2 + \sigma_{机}^2 + \sigma_{料}^2 + \sigma_{法}^2 + \sigma_{环}^2 + \sigma_{测}^2 \tag{5-45}$$

由此可得 C_{mk} 与 C_{pk} 的关系为

$$\left(\frac{1}{C_{pk}}\right)_{总}^2 = \left(\frac{1}{C_{mk}}\right)^2 + \left(\frac{1}{C_{pk}}\right)_{其他}^2 + \left(\frac{1}{C_{pk}}\right)_{测量}^2 \tag{5-46}$$

式中：$\left(\dfrac{1}{C_{mk}}\right)^2$——由机器造成的变异；$\left(\dfrac{1}{C_{pk}}\right)_{其他}^2$——由人、料、法、环造成的变异；

$\left(\dfrac{1}{C_{pk}}\right)_{测量}^2$——由测量造成的变异。

此外，还有量具能力指数、过程绩效指数、综合能力指数等参数来评价产出的产品满足加工质量要求的能力。量具能力指数是在生产初期或定期评价量具测量能力的指数；过程绩效指数是指在试产期小批量生产时生产出的产品满足加工质量要求的能力；综合能力指数是考虑过程能力与平均值偏离目标值的综合结果；临界机器能力指数是在验收期评价机械设备稳定性的指数；过程能力指数是指在量产期大批量生产时处于稳定状态期间生产出的产品满足加工质量要求的能力。其中各种能力指数的区别如表 5.13 所示。

表 5.13	各种能力指数对比		
能力指数	定义	评价时期	计算公式
量具能力指数 C_g	量具能力指数用来评估一台量具的测量能力是否与被测产品的公差要求匹配	初期或定期	$C_g = \dfrac{0.2T}{6S}$

能力指数	定义	评价时期	计算公式
量具能力指数 C_{gk}	它不仅考虑量具对加工的影响，同时考虑分布的平均值与规范中心值的偏移	初期或定期	$C_{gk} = \dfrac{(0.1T - \mid \text{平均偏移值} \mid)}{2\sigma}$
临界机器能力指数 C_m	机械设备能力指数用来评估一台机械设备的稳定性，通常在进行设备验收时使用，是短期的机械设备能力指数；它强调设备本身因素的影响，针对的是机械设备本身，而不是其产出的零件	验收期	$C_m = \dfrac{\text{USL} - \text{LSL}}{6\sigma}$
临界机器能力指数 C_{mk}	它不仅考虑设备本身的影响，同时考虑分布的平均值与规范中心值的偏移		$C_{mk} = \dfrac{\min(\text{USL} - \bar{x}, \bar{x} - \text{LSL})}{3\sigma}$
过程绩效指数 P_p	从过程总波动的角度来考虑过程的能力，它既包含了过程中常规原因引起的过程波动，又包含了特殊原因引起的过程波动，随时间的变化而变化	试产期	$P_p = \dfrac{\text{USL} - \text{LSL}}{6S}$
过程绩效指数 P_{pk}	它不仅显示过程中实际加工误差与公差 T 之间的关系，还关注过程中加工尺寸的均值是否偏离公差 T 的中间值		$P_{pk} = \dfrac{\min(\text{USL} - \bar{x}, \bar{x} - \text{LSL})}{3S}$
工艺能力系数 C_p	工序处于稳定状态期间生产出的产品满足加工质量要求的能力。它仅考虑了测量产品公差的允许范围 T 与实际变动之间的状况，没有考虑偏离目标范围 T 的状况	量产期	$C_p = \dfrac{\text{USL} - \text{LSL}}{6\sigma}$
过程能力指数 C_{pk}	它不仅显示过程中实际加工误差与公差 T 之间的关系，还关注过程中加工尺寸的均值是否偏离公差 T 的中间值，一般用于表达过程的短期能力（样本容量多为 30~50）		$C_{pk} = \dfrac{\min(\text{USL} - \bar{x}, \bar{x} - \text{LSL})}{3\sigma}$
过程能力指数 C_{pm}	过程能力指数将目标值 T 与均值 μ 的偏差也考虑了进来，因此具有实际的改进意义	量产期	$C_{pm} = \dfrac{\text{USL} - \text{LSL}}{6\sqrt{\sigma^2 + (\mu - T)^2}}$
综合能力指数 C_{pmk}	综合能力指数 C_{pmk} 又叫综合过程能力指数。不但要考虑过程满足规格要求，而且要求其尽量在目标附近波动，不要偏离目标值太远		$C_{pmk} = \dfrac{\min(\text{USL} - \mu, \mu - \text{LSL})}{6\sqrt{\sigma^2 + (\mu - T)^2}}$

某公司转向器壳体中一重要尺寸 ($20^{+0.017}_{+0.003}$) 批量生产过程存在不稳定的现象，以 SPC 理论为基础，利用统计学原理对此尺寸的测量数据进行分析。表 5.14 为每隔 2h 采集 1 组（每组 5 件），每天采集 5 组，连续采集 5 天，总共采集 125 个数据。

表 5.14　　　　　　　　　　　某公司转向器壳体尺寸数据

组号	时间	组采集数据					均值 $\bar{x}$	极差 R
		第 1 件	第 2 件	第 3 件	第 4 件	第 5 件		
1	2007/06/09:00	20.010	20.009	20.011	20.014	20.010	20.011	0.005
2	2007/06/11:00	20.012	20.014	20.010	20.012	20.010	20.012	0.004
3	2007/06/13:00	20.012	20.012	20.010	20.008	20.014	20.011	0.006
4	2007/06/15:00	20.008	20.012	20.010	20.008	20.012	20.010	0.004
5	2007/06/17:00	20.013	20.012	20.012	20.010	20.011	20.011	0.003
6	2007/07/09:00	20.011	20.010	20.012	20.011	20.011	20.011	0.002
7	2007/07/11:00	20.010	20.013	20.013	20.012	20.011	20.012	0.003
8	2007/07/13:00	20.015	20.013	20.011	20.012	20.012	20.013	0.004
9	2007/07/15:00	20.011	20.012	20.012	20.012	20.012	20.012	0.001
10	2007/07/17:00	20.012	20.008	20.009	20.011	20.013	20.011	0.005
11	2007/08/09:00	20.011	20.011	20.009	20.010	20.010	20.010	0.002

续表

组号	时间	组采集数据					均值 $\bar{x}$	极差 R
		第1件	第2件	第3件	第4件	第5件		
12	2007/08/11:00	20.012	20.012	20.010	20.012	20.010	20.011	0.002
13	2007/08/13:00	20.010	20.009	20.009	20.009	20.010	20.009	0.001
14	2007/08/15:00	20.012	20.010	20.011	20.009	20.009	20.010	0.003
15	2007/08/17:00	20.010	20.011	20.010	20.010	20.010	20.010	0.001
16	2007/09/09:00	20.013	20.014	20.010	20.010	20.008	20.011	0.006
17	2007/09/11:00	20.012	20.010	20.010	20.009	20.010	20.010	0.003
18	2007/09/13:00	20.010	20.008	20.010	20.010	20.009	20.009	0.002
19	2007/09/15:00	20.011	20.009	20.008	20.010	20.009	20.009	0.003
20	2007/09/17:00	20.010	20.008	20.010	20.009	20.012	20.010	0.003
21	2007/10/09:00	20.012	20.010	20.010	20.008	20.009	20.010	0.005
22	2007/10/11:00	20.011	20.010	20.009	20.012	20.010	20.010	0.002
23	2007/10/13:00	20.011	20.009	20.011	20.010	20.012	20.011	0.003
24	2007/10/15:00	20.010	20.011	20.012	20.011	20.011	20.011	0.001
25	2007/10/17:00	20.009	20.012	20.011	20.011	20.014	20.011	0.004

由此可计算：

$$\sigma = \sqrt{\frac{\sum_{i=1}^{n}(x_i - \bar{x})^2}{n}} = 0.0015184$$

$$S = \sqrt{\frac{\sum_{i=1}^{n}(x_i - \bar{x})^2}{n-1}} = 0.0015123$$

$$P_{pk} = \frac{\min(\text{USL} - \bar{x}, \bar{x} - \text{LSL})}{3S} = 1.396$$

$$C_{pk} = \frac{\min(\text{USL} - \bar{x}, \bar{x} - \text{LSL})}{3\sigma} = 1.391$$

由于此次做的是长期过程能力研究，C_{pk}=1.391，P_{pk}=1.396，均大于1.33。此过程受统计控制且有能力满足要求，状态理想。若作为不断改进的一部分，可能要求进一步降低变差。

接下来对 $(20_{+0.003}^{+0.017})$ 尺寸数据绘制控制图以进行分析，如图5.44所示。

由此可得：

（1）第8组数据的平均值超出UCL，属于1点在A区以外，可对参数 μ 或 σ 的变化给出信号，变化越大则给出信号越快。均值极差图（R 图）若保持稳态，则可去除 σ 变化的可能，对过程单个失控做出反应。

（2）第19~25组连续7点上升，应针对过程平均值参数变化趋势，原因可能是刀具逐渐磨损、设备的完好状态逐渐降低、操作者技能逐渐提高等，从而使参数随时间变化而变化。

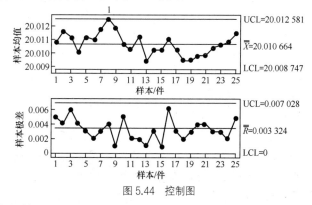

图5.44 控制图

根据以上对控制图的分析，查阅控制图日志，得出结论如下。

（1）1 点在 A 区以外，这属于偶然现象。寻找原因后发现，第 8 点这组数据采集的人员发生了变动，也就是这个班次的操作人员替换过了。据了解，这名操作员对产品、产品加工及使用测量设备并不熟练。因此，采取的必要措施是对该操作人员进行相应培训。培训后还需验证操作员是否有能力上岗操作——将操作员测量出的数据与检验员测量出的数据进行比对。

（2）连续 7 点上升，寻找原因后发现，连续 7 个班次未更换过刀具，以至于出现了 7 点位于中心线一侧的现象。采取的措施是添加刀具更换记录表：一是为了控制刀具的正常使用寿命；二是能更好地控制成本。验证结果是在第 25 点数据变得正常。

通过计算 C_{pk} 和 P_{pk} 值可以得出该尺寸的过程能力良好，状态稳定，可以满足客户要求。但是，由对控制图的分析可以看出，我们对于生产过程中的特殊原因需要加以控制，制定相关局部措施以减少特殊原因的出现。

5.7.4　减小加工误差的基本思路和方法

对质量数据的处理，基本上可以归结为两类目的：一类是静态地判断加工出来的零件合格品率、超差品率以及废品率等，如上面的分布曲线法，即可计算出一批工件的合格品率等；另外一类是动态过程的判断，如点图法、统计过程控制等。

工程实际中，无论是静态的判断还是动态过程的判断，都涉及误差的溯源和质量的控制等。为了便于分析，首先了解一下误差的性质。

1. 加工误差的性质

加工误差按它们在一批零件中出现的规律来看，可以分为两大类，即系统性误差和随机性误差。

（1）系统性误差

当连续加工一批零件时，这类误差的大小和方向保持不变，或是按一定的规律变化。前者称为常值系统性误差，后者称为变值系统性误差。

原理误差、机床/刀具/夹具/量具的制造误差、工艺系统的静力变形都是常值系统性误差，它们与加工的顺序（或加工时间）无关。机床和刀具的热变形、刀具的磨损都是随着加工顺序（或加工时间）而有规律地变化的，因此这类误差属于变值系统性误差。

（2）随机性误差

在加工一批零件中，随机性误差的大小和方向是不规律变化的。从表面上来看似乎没有什么规律，应用数理统计的方法可以找出一批工件加工误差的总体规律，即分布的均值和方差。毛坯误差（余量大小不一、硬度不均等）的复映误差、定位误差（基准面尺寸不一、间隙影响等）、夹紧误差（夹紧力大小不一）、内应力引起的变形误差等都属于随机性误差。

对误差性质进行判断后，其目的是对误差进行溯源，并针对不同性质的误差采取相应的减小或消除措施。根据工件加工误差产生的来源，通常把引起加工误差的源头定义为"原始误差"，该误差是产生工件加工误差的"因"，而工件的加工误差是"果"。知道果找因就是误差溯源；知道因预计果，就是预测。

实际上工件产生了加工误差后对其误差进行溯源是一件极其复杂的事情。就如同医生诊断病因一样，其不仅需要经验，更需要科学的判据。一般我们把完成零件加工成形的机床、刀具、夹具以及量具等统称为机床加工工艺系统。工艺系统本身存在的误差称为原始误差，通常分为静误差和动误差，如图 5.45 所示。

如果工艺系统存在了原始误差，那势必产生加工误差，这时就需要精准的预测技术。也恰恰是通过精准的预测技术，才能实现机床工艺系统的正向设计。如果已经发生了加工误差，就需要对产生的加工误差进行溯源。准确地溯到误差的源头,则需要加工工艺过程的物理仿真,这时可能就涉及近些年发展起来的数字孪生技术。

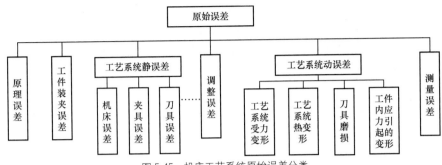

图 5.45 机床工艺系统原始误差分类

2. 减小或消除加工误差的一般思路与方法

根据误差的性质不同,所采取的减小或消除误差的手段也不同。一般来讲,常值系统误差可通过重新调整或补偿来消除,如前面提到的刀具对刀误差就可以通过重新对刀来消除。但是对变值系统性误差的补偿是一件非常难的事情,如机床受热影响引起的工件加工误差,体现的明显是变值系统性误差,如何补偿呢?近些年,机床热误差补偿似乎是一个研究的热点,但是在具体的工程现场应用成功的却很少。如在铣削平面时,主轴的轴向伸长会引起所加工平面的什么误差?对这一误差能进行实时或间歇的主轴伸长补偿吗?如果这样补偿了,铣出的平面会是什么样的平面?另外一个基本的概念是,机床达到热平衡状态时,还需要补偿吗?在面对实际问题时,对这些概念还是需要首先弄清楚的。

另外对待随机性误差又该如何处理呢?通过上面对质量的数据进行处理后发现,随机因素导致的误差处处存在,如上面看到工件直径的变化在时间的维度上总是存在着随机性。实际上,在批量加工或制造时,同一个质量参数也是存在着随机性,从而影响批量产品某性能指标的一致性。对这一类误差的减小(实际上不可能消除)又应该采取什么样的思路和方法呢?

近些年出现的人工智能方法,包括大数据的处理、神经网络、各种自学习方法可能在减小这类误差方面大有可为。有兴趣的读者可开展相关研究。

思考与练习题

5-1 什么是生产过程、工艺过程和工艺规程?

5-2 工序、工步、走刀各有何不同?

5-3 不同生产类型的工艺过程各有何特点?

5-4 试简述工艺过程的设计原则、设计内容及设计步骤。

5-5 拟订工艺路线需完成哪些工作?

5-6 零件结构工艺性主要涉及哪些方面?

5-7 试简述粗基准、精基准的选择原则,为什么在同一尺寸方向上粗基准通常只允许用一次?

5-8 加工图 5.46 所示的零件,其粗基准、精基准应如何选择?(标有 ✓ 符号的为加工面,其余为非加工面)。图 5.46(a)、图 5.46(b)、图 5.46(c)所示零件要求内外圆同轴,端面与孔轴线垂直,非加工面与加工面间尽可能保持壁厚均匀;图 5.46(d)所示零件毛坯孔已铸出,要求孔加工余量尽可能均匀。

5-9 切削加工工艺过程为什么通常划分加工阶段?各加工阶段的主要作用是什么?

5-10　试简述按工序集中原则、工序分散原则组织工艺过程的工艺特征，各适用于什么场合？

5-11　试阐述安排切削加工工序顺序的基本原则。

5-12　在卧式镗床上采用工件送进方式加工直径为 200mm 的通孔时，若刀杆与送进方向倾斜，则在孔径横截面内将产生什么样的形状误差？其误差大小为多少？

5-13　在外圆磨床上磨削图 5.47 所示轴类工件的外圆，若机床几何精度良好，试分析所磨外圆出现纵向腰鼓形的原因，并分析 $A—A$ 截面加工后的形状误差，画出 $A—A$ 截面形状，提出减小上述误差的措施。

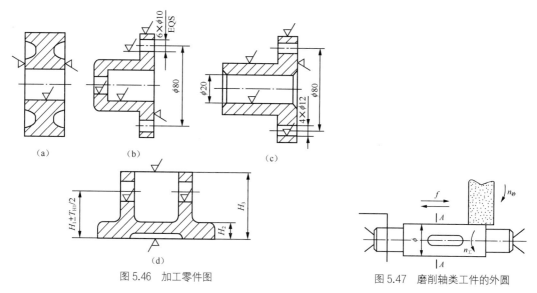

(a)　　(b)　　(c)

(d)

图 5.46　加工零件图　　　　　　　　　图 5.47　磨削轴类工件的外圆

5-14　车削一批轴的外圆，其尺寸要求为 $\phi20_{-0.1}^{0}$ mm，若此工序尺寸按正态分布，均方差 $\sigma=0.025$mm，公差带中心小于分布曲线中心，其偏移量 $e=0.03$mm，试指出该批工件的常值系统性误差及随机性误差，并计算合格品率及不合格品率。

5-15　在均方差 $\sigma=0.02$mm 的某自动车床上加工一批 $\phi10$mm±0.1mm 小轴外圆，试回答以下问题。

（1）这批工件的尺寸分散范围多大？

（2）这台自动车床的工艺能力系数多大？

（3）若这批工件数 $n=100$ 件，分组间隙 $\Delta x=0.02$mm，试画出这批工件以频数为纵坐标的理论分布曲线。

实践训练题

5-1　以某叶轮为对象，编制其数控加工工艺程序，并用商用软件进行加工工艺过程仿真，检验其是否存在问题。

5-2　以某一变速箱的箱体为对象，试分别设计完全用传统机床加工和数控机床加工的工艺过程并编制相关工艺卡，且比较两种工艺过程的不同之处和相同之处，包括工艺路线的长短、机床夹具投入的成本、加工时间、加工效率以及所需的人工等。

5-3　参观某汽车零部件加工车间或企业，考察其质量或设备运行状态监测系统，绘制系统构成框图，给出其未来可实现智能化的技术需求。

第6章 机器装配工艺基础

作为机器制造过程的重要环节，装配工艺是本章学习的重点。无论多么复杂的机器都是由零部件装配而成的，装配过程合理与否同样影响着机器的质量和装配效率与成本。本章介绍了机器装配的概念、装配工作的基本内容等，在此基础上，重点介绍了一般机器装配的性能要求，包括间隙/过盈量、结合面装配刚度以及其他性能要求和工艺方法等。最后介绍了数字化装配、自动化装配的基本概念及其关键核心技术。

6.1 机器装配概述

6.1.1 机器装配的概念

图 6.1（a）为关节机器人 RV 减速器装配示意图。

各零件通过连接、配合，装配完成后，实物如图 6.1（b）所示。

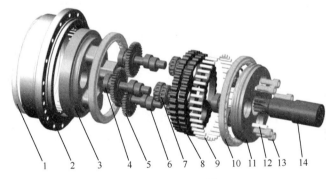

| （a）装配各零件分解 | （b）装配结果 |

1—垫圈；2—针齿壳；3—左行星架；4—向心轴承；5—渐开线齿轮；6—曲柄轴；7—轴承；8—摆线轮；9—针齿；
10—轴承；11—右行星架；12—柱销；13—锁紧螺栓；14—输入轴。

图 6.1　关节机器人 RV 减速器装配示意图

根据图 6.1 中的例子可得出装配的基本概念：装配是按照规定的技术要求，将零件或部件进行配合和连接，使之成为机器的过程。

零件是组成机器的最基本装配单元，若干零件组合、装配在一起可以形成合件、组件、部件，各装配单元间关系如图 6.2 所示。"装配单元"一般划分为五种等级，在图 6.2 上按纵向分成五种等级的装配单元：零件、合件、组件、部件和机器。

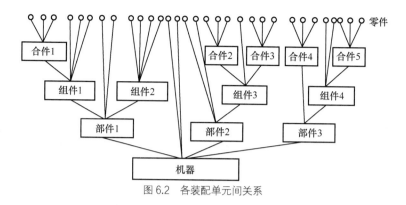

图 6.2　各装配单元间关系

零件——零件是组成机器的基本元件。一般零件都是预先装成合件、组件或部件才进入总装，直接装入机器的零件不太多。

合件——合件可以是若干零件永久连接（焊、铆等）或者是连接在一个"基准零件"上少数零件的组合。合件组合后，有的可能还需要加工。

组件——组件是指一个或几个合件和几个零件的组合。对于上述 RV 减速器来说，其行星架为组件，如图 6.3 所示。

部件——部件是一个（或几个）组件、合件或零件的组合。

机器——机器或叫产品，它是由上述全部装配单元结合而成的整体。

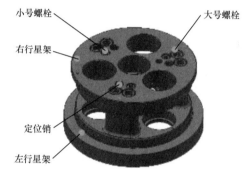

图 6.3　RV 减速器行星架组件

6.1.2　装配工作的基本内容

装配工作内容包括：在准备阶段有零部件的清洗、平衡等工艺；在装配阶段有零部件的刮削、连接、校正等工艺；在后期阶段有运转试验、包装等工艺。

1. 准备阶段

（1）清洗

对进入装配的零件进行清洗，可以去除制造、储藏、运输过程中所黏附的切屑、油脂和灰尘。零部件在装配过程中，经过刮削、运转磨合后也需进行清洗。清洗工作对保证和提高机器装配质量，延长产品使用寿命有着重要意义。对机器的关键部分，如轴承、密封、润滑系统、精密偶件等，必须进行清洗。

（2）平衡

旋转体的平衡是装配准备阶段中的一项重要工作，尤其是对于转速高、运转平稳性要求高的机器，对其零部件的平衡要求更为严格，而且有必要总装后在工作转速下进行整机平衡。

旋转体的平衡有静平衡和动平衡两种方法。一般的旋转体可作为刚性体进行平衡，对直径大、长度小者（如飞轮、皮带盘等）一般只需进行静平衡；对于长度较大者（如鼓状零件或部件）则需进行动平衡。工作转速在一阶临界转速 75% 以上的旋转体，应以挠性旋转体进行平衡，例如汽轮机的转子便是一个典型的例子。

对于旋转体内的不平衡质量可用钻、铣、磨、锉刮等方法去除；也有用螺纹连接、铆接、补焊、胶接或喷涂等方法加配质量来达到平衡的；还有用改变平衡块在平衡槽（设计结构时预先考虑设置）中的位置和数量的方法来达到平衡的。

2. 装配阶段

（1）刮削

在机器装配过程中，刮削是一种重要的工艺方法，例如机床导轨面、密封结合面、内孔、轴承或轴瓦以及蜗轮齿面等则较多采用刮削方法。刮削时，先用显示剂涂于工件表面，通过研规或相配工件互研，使工件表面不平整部位显示出高点，然后对高点用刮刀进行刮削；如此反复，直到满足精度要求。刮削切削量小，切削力小，热量产生也小，装夹变形小，刮削用具简单、操作灵活、不受工件形状和位置及设备条件的限制且精度高，但刮削工作的劳动量大，需要操作工人具有一定的工作经验。

（2）过盈连接

对于轴、孔的配合连接，常采用过盈连接。过盈连接的装配方法常用的有压入装配、温差装配和可拆性的液压套装装配。压入装配时，工人利用锤击或压力机将被包容件装入包容件。温差装配利用"热胀冷缩"原理加热包容件使其胀大，而冷却被包容件使其收缩，形成装入间隙再进行装配。液压套装装配利用高压油注入配合面间，将包容件胀大再压入被包容件。对于过盈连接件，在装配前应清洗洁净，包容件与被包容件相对位置要求准确，且过盈量需符合规定。

（3）螺纹连接

螺纹连接是应用最广泛的装配方法之一。常见的螺纹连接形式有螺栓连接、双头螺柱连接、螺钉连接、自攻锁紧螺钉连接等。螺纹连接的质量除受到加工精度的影响外，与装配技术有很大关系。例如拧紧螺母的次序不对，施力不均匀，将使部件变形，降低装配精度。对于运动部件上的螺纹连接，若紧固力不足，会使连接件的寿命大大缩短，以致造成事故。为此，对于重要的螺纹连接，必须规定预紧力的大小。对于中、小型螺栓，常用定扭矩法（用定扭矩扳手）或扭角法控制预紧力。例如图 6.1 所示 RV 减速器组装大号内六角螺钉及定位销钉时（见图 6.4），操作员使用定位销装配装置将销组装到一定位置，然后操作拧紧机构，根据操作规范将大号螺钉拧紧至一定的扭矩，分三次将螺钉安装到位，大号螺钉需按顺序依次拧紧。

图 6.4　RV 减速器销钉和大号螺钉装配

（4）校正

校正通过各零部件间相互位置的找正、找平及相应的调整工作，以消除加工、装配过程中产生的形位公差。一般用于大型机械的基体件装配和总装配中。如重型机床床身的找平，活塞式压缩机气缸与十字头滑道的找正中心(对中)，汽轮发电机组各轴承座的对正轴承中心，水压机立柱的垂直度校正，以及棉纺机架的找平（平车）等。常用校正的方法有平尺/角尺/水平仪校正、拉钢丝校正、光学校正，近年来又有激光校正等方法。

3. 后期阶段

对重大产品部装、总装后，还需要进行运转试验，以保证机器的运转安全。根据对象不同，常见的运转检测有：运动副的啮合间隙和接触情况，如导轨面，齿轮、蜗轮等传动副，轴承等；过盈连接、螺纹连接的准确性和牢固情况；各种密封件和密封部位的装配质量，防止"三漏"（漏水、漏气、漏油）。针对图 6.1 所示 RV 减速器专门开发减速器整机的检测平台，如图 6.5 所示。该平台可以检测关节机器人减速器的角度传动精度、反向间隙、振动对比、轴温升和噪声等。

6.1.3 机器装配生产类型及特点

装配工艺的选择需根据产品结构、零件大小、制造精度、生产批量等因素，选择装配工艺的方法、装配的组织形式和装配自动化的程度。机器装配的生产类型按装配工作的生产批量大致可分为大批量生产、批量生产及单件生产三种。生产类型支配着装配工作且各具特点，如表 6.1 所示。

图 6.5　RV 减速器整机检测平台

表 6.1　　　　　　　各种生产类型装配工作的特点

生产类型	大批量生产	批量生产	单件生产
装配工作特点	产品固定,生产活动经常反复，生产周期一般较短	产品在系列化范围内变动，分批交替投产或多品种同时投产，生产活动在一定时期内重复	产品经常变换，不定期重复生产，生产周期一般较长
组织形式	多采用流水装配线，有连续移动、间隔移动及可变节奏等移动方式，还可采用自动装配机或自动装配线	笨重、批量不大的产品多采用固定流水装配，批量较大时采用流水装配，多品种平行投产时采用多品种可变节奏流水装配	多采用固定装配或固定式流水装配进行总装，同时对批量较大的部件亦可采用流水装配
装配工艺方法	按互换法装配，允许有少量简单的调整，精密偶件成对供应或分组供应装配，无任何修配工作	主要采用互换法，但灵活运用其他保装配精度的装配工艺方法，如调整法、修配法及合并法以节约加工费用	以修配法及调整法为主，互换件比例较少
工艺过程	工艺过程划分很细，力求达到高度的均衡性	工艺过程的划分需适合于批量的大小，尽量使生产均衡	一般不制定详细工艺文件，工序可适当调度，工艺也可灵活掌握
工艺装备	专业化程度高，宜采用专用、高效工艺装备，易于实现机械化、自动化	通用设备较多，但也采用一定数量的专用工装、夹具、量具，以保证装配质量和提高工效	一般通用设备及通用工装、夹具量具
手工操作要求	手工操作占比小，熟练程度容易提高,便于培养新工人	手工操作占比不小，技术水平要求较高	手工操作比例大，要求工人有高的技术水平和多方面的工艺知识
应用实例	汽车、拖拉机、内燃机、滚动轴承、手表、缝纫机、电气开关	机床、机车车辆、中小型锅炉、矿山采掘机械	重型机床、重型机器、汽轮机、大型内燃机、大型锅炉

由表 6.1 可以看出，对于不同的生产类型，装配工作的特点都有其内在的联系，装配工艺方法亦各有侧重（装配工艺方法将在 6.2 节着重讲解）。例如，大量生产汽车或拖拉机的工厂主要是以互换法装配产品，只允许有少量简单的调整，工艺过程必须划分很细，即采用分散工序原则，以便达到高度的均衡性和严格的节奏性。在这样的装配工艺基础上和专用、高效工艺装备的物质基础上，才能建立移动式流水线，乃至自动装配线。

单件生产的装配工艺方法以修配法及调整法为主，互换件比例较小，与此同时，工艺上的灵活性较大，工序集中，工艺文件不详细，设备通用，组织形式以固定式为多。这种装配工作的效率，一般是较低的。要提高单件生产的装配工作效率，必须注意装配工作的特点，保留和发扬合理的部分，改进和废除不合理的部分，通过具体措施予以改进和提高。例如，采用固定式流水装配就是一种组织形式上的改进。又如，尽可能采用机械加工或机械化手动工具来代替繁重的手工修配操作；以先进的调整法及测试手段来提高调整工作效率；总结先进经验，制定详细的装配施工指导性工艺文件和操作条例，这样既保证了装配工作可以适当、灵活地调整，又便于保质保量按期完成装配任务，同时又有利于培养新工人。批量生产类型的装配工作特点则介于大批量生产和单件生产这两种之间。

6.1.4 装配工艺过程设计

1. 装配工艺过程设计基本原则

装配工艺规程是用文件形式规定下来的设计好的装配工艺过程，它是指导装配工作的技术文件，也是做好装配生产计划和技术准备的主要依据。常见的设计装配工艺过程的基本原则有如下几点。

（1）保证产品装配质量，并力求提高其质量。

（2）钳工装配工作量尽可能小。

（3）装配周期尽可能缩短。

（4）所占车间生产面积尽可能小，也就是力争单位面积上具有最大生产率。

例如，在大量生产汽车或拖拉机的工厂里，组件、部件装配采取平行作业，总装配采用流水作业，在强制移动的装配线上进行；装配工作的机械化程度高，装配车间的平面布置极为紧凑，装配周期以分钟来计算。

2. 装配工艺过程设计步骤

设计装配工艺过程的步骤，大致可划分为以下四个。

（1）产品分析。这一步需要明确产品图纸和技术要求。若有不符合工艺性的地方，应进行修改；对达到装配精度的方法以及相应的零件加工精度要求都应予以最后确定。

（2）研究产品图纸和装配时应满足的技术要求。

（3）对产品结构进行"工艺分析"与"尺寸分析"。工艺分析是指结构装配工艺性、零件的毛坯制造及加工工艺性分析；尺寸分析是指装配尺寸链的分析、计算以及对装配精度的影响。

（4）将产品分解为可以独立进行装配的"装配单元"（见图6.2），以便组织装配工作的平行、流水作业。

其中结构装配工艺性是指机器结构符合装配工艺上的要求，装配工艺对机器结构的要求主要有下列三个方面。

① 机器结构能被分解成若干独立的装配单元。

② 装配中的修配工作和机械加工工作应尽可能少。

③ 装配与拆卸都方便。

结构装配工艺性的优劣对于能否顺利地装拆产品，关系很大。图6.6（a）所示表示皮带轮轴（该图上未画出皮带轮）装入箱体的情况：原结构设计的装配工艺性不好，装配时必须先将轴插入箱体左端孔内，才能装上齿轮、套以及右端的轴承；当装上以后，必须使两个轴承同时进入箱体孔内，这样就使装配工作进展困难。后来，设计者将左端阶梯形轴承孔的非配合部分直径略微放大些，能够使齿轮与右端轴承通过；另外将轴的中间最大直径圆柱部分长度加大3～5mm（见图6.6（b）），这样就消除了旧结构的缺点，其优点是皮带轮轴上的全部零件均能事先装在轴上，形成一个完整的装配单元，总装时又能顺利地将它插入箱体孔，右端和左端轴承先后进入轴承孔内。

3. 装配组织形式的确定

装配组织形式一般分为固定和移动两种。固定装配可直接在地面上或在装配台架上进行。移动装配分为连续移动和间歇移动，可在小车上或输送带上进行。装配组织形式的选择主要取决于产品结构特点（尺寸大小与质量等）和生产批量。

4. 装配工艺方法及设备的确定

根据机械结构及其装配技术要求确定装配工作内容，并选择为完成这些工作所需的合适的装配工艺及相应的设备或工装、夹具、量具。例如对过盈连接，是采用压入配合法还是采用热胀（或冷缩）配合法，采用哪种压入工具或哪种加热方法及设备，诸如此类，需要根据结构特点、技术要求、工厂经验及具体条件来确定。对于新建工厂，则可收集有关资料或按有关手册（如《机械工程手册》），根据生产类型等因素予以确定。

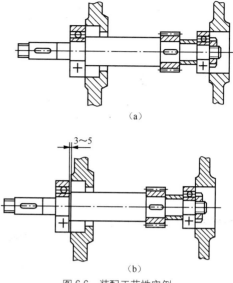

图 6.6　装配工艺性实例

5. 装配顺序的确定

与图 6.2 所示装配单元的级别相对应，分别有合件、组件、部件装配和机器的总装配过程。这些装配过程是由一系列装配工作以最理想的施工顺序来完成的，因此还需确定装配顺序。不论哪一等级装配单元的装配，都要选定某一零件或比它低一级的装配单元作为基准件。首先进入装配工作，然后根据结构具体情况和装配技术要求考虑其他零件或装配单元装入的先后次序。总之，要有利于保证装配精度，以及使装配连接、校正等工作能顺利进行。一般装配顺序的规律是：先下后上，先内后外，先难后易，先重大后轻小，先精密后一般。

6. 装配工艺规程文件的整理与编写

在图 6.2 装配单元系统图的基础上，再结合装配工艺方法及装配顺序的确定，绘制出装配工艺流程，如图 6.7 所示。图 6.7 上每一长方框中都需填写零件或装配单元的名称、代号和件数，其格式如图 6.7 右下方附图所示，或者按实际需要自定。

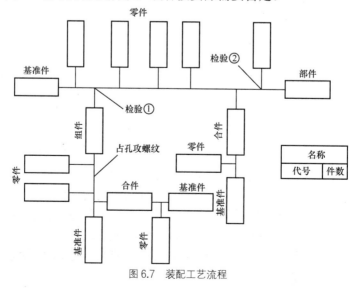

图 6.7　装配工艺流程

由图 6.7 可看出该部件的构成及其装配过程。该部件的装配由基准件开始，沿水平线自左向右装配成部件为止。进入部件装配环节的各级单元依次是：一个零件、一个组件、三个零件、一个合件、一个零件。在该过程中有两个检验工序。

由于实际产品包含的零件和装配单元众多，不便集中画成一张总图，故在实际应用时，都分别绘制各级装配单元的流程图和一张总装流程图。此外，装配单元的分级数量及名称完全可按具体需要自行确定。

装配工艺流程图既反映了装配单元的划分，又直观地表示了装配工艺过程。它对于拟定装配工艺过程、指导装配工作、组织计划以及控制装配进度均提供了方便。

6.2 装配的性能要求及工艺方法

装配的性能要求及
工艺方法

装配不仅仅是简单地拧螺钉或者将多个零件组装在一起，更重要的是组装后产品能实现相应的功能，具有较好的质量。而这里质量不仅指装配精度这一项指标，还应当包括刚度、强度、阻尼、密封性、应力、传热特性等多项指标。

6.2.1 装配精度保证与装配尺寸链

装配精度是机器质量指标中的重要项之一。凡是装配完成的机器必须满足规定的装配精度，它是保证机器具有正常工作性能的必要条件。如表 6.1 提到的，保证装配精度的工艺方法可以归纳为四类：互换法、选配法、修配法和调整法。

1. 互换法

互换法是指在装配过程中，同种零件互换后仍能达到装配精度要求的装配方法。互换法分为完全互换法和不完全互换法（统计互换法）。互换法的实质和关键是要控制零件加工误差，从而保证装配精度。

（1）完全互换法

在装配时，各配合零件不经修理、选择或调整即可达到装配精度的方法，被称为完全互换法。完全互换有关零件公差之和应小于或等于装配公差，这一原则可以用式（6-1）表示。显然，在这种装配方法中，零件是完全可以互换的。

$$T_0 \geqslant \sum_{i=1}^{n} T_i = T_1 + T_2 + \quad + T_n \tag{6-1}$$

式中：T_0——装配公差；T_i——各有关零件的制造公差。

完全互换法的优点有以下几点：

① 装配过程简单，生产率高。

② 对工人技术水平要求不高，易于扩大生产。

③ 便于组织流水作业及自动化装配。

④ 容易实现零部件的专业协作，降低成本。

⑤ 备件供应方便。

基于以上优点，如能满足零件经济精度要求，无论何种生产类型都首先考虑采用完全互换法装配。但是当对装配精度要求较高，尤其是组成零件数量较多时，就难以满足经济精度要求。因此，完全互换法适用于少尺寸链或者精度不高的多尺寸链中。

在装配图上将与某项精度指标有关的零件尺寸依次排列，构成一组封闭的链形尺寸，就称为装配尺寸链，如图 6.8 所示。在装配尺寸链中，每个尺寸都是尺寸链的组成环，它们是进入装配环节的零件或部件的有关尺寸，如 $A_{垫}$、$A_{尾座}$、$A_{床头箱}$ 都组成环，而精度指标常作为封闭环，如 A_0。显然，封闭环不是一个零件或一个部件上的尺寸，而是不同零件、部件的表面或轴心线之间的相对位置尺寸；它是在装配后形成的。在本例中，$A_{垫}$ 和 $A_{尾座}$ 是增环，$A_{床头箱}$ 则是减环。

各组成环都有加工误差，所有组成环的误差累积就形成封闭环的误差。因此，应用装配尺寸链就便于揭露累积误差对装配精度的影响，并可列出计算公式进行定量分析，确定合理的装配方法和零件的公差。常用的装配尺寸链计算方法有极值法和概率法。

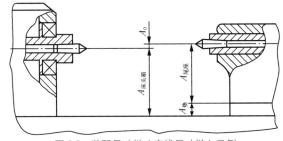

图 6.8 装配尺寸链（直线尺寸链）示例

应用装配尺寸链分析与解决装配精度问题，其关键步骤有三个：第一步是建立装配尺寸链；第二步是确定达到装配精度的方法；也称为解装尺寸链（问题）的方法；第三步是进行必要的计算。最终目的是确定经济的，至少是可行的零件加工公差，第二步和第三步骤往往是需要交叉进行的。例如对某一装配尺寸链问题，开始时选用了完全互换法来解决，经过计算却发现对组成环的精度要求太高，于是考虑采用其他装配方法，从而又要进行相应的计算。因此，这两个步骤可以合称为装配尺寸链（问题）的解算。

如上所述，要想应用装配尺寸链分析与解决装配精度问题，正确地建立装配尺寸链是关键步骤之首，因为它是解算装配尺寸链问题的依据。对于初学者来说，在装配尺寸链的建立中往往产生的困难和问题是：第一找不到封闭环，第二把不相干的尺寸排列到尺寸链中去。找不到封闭环的原因是没弄清楚装配件结构对装配精度的影响关系，把不相干的尺寸列入尺寸链中，或者说是因为在装配图上未能把影响装配精度的相关零件的尺寸理解清楚。应用装配基准这一概念，该问题即可迎刃而解。

装配尺寸链的封闭环是在装配之后形成的，而且这一环是有装配精度要求的。装配尺寸链中的组成环是对装配精度要求发生直接影响的那些零件或部件（在总装时部件作为一个整体进入总装）上的尺寸或角度（在线性尺寸链时是尺寸，在角度尺寸链时是角度）。作为组成环的那些零件或部件，在进入装配环节中各个零件的装配基准贴接（基准面相接或在轴孔配合时是轴心线相重合）。简言之，即"基面贴合"，从而就形成尺寸相接或角度相接的封闭图形——装配尺寸链。

建立正确的装配尺寸链，其路线最短。换言之，即环数最少。此即所谓最短路线原则，又称最少环数原则。要满足这一原则，必须做到一个零件上只允许一个尺寸列入装配尺寸链。简言之，即"一件一环"。

对于完全互换法，若采用极值法，其封闭环的公差（按等公差原则分配）为 $T(A_0) = \dfrac{T(A_i)}{n-1}$；

若采用概率法，其封闭环公差等于各组成环公差平方和的平方根 $T(A_0) = \sqrt{\sum_{i=1}^{n-1} T(A_i)^2}$。

【例 6.1】 图 6.9 所示为车床主轴部件的局部装配图，要求装配后保证轴向间隙 $A_0 = 0.10 \sim 0.35$mm。已知各组成环的基本尺寸为 $A_1 = 43$mm，$A_2 = 5$mm，$A_3 = 30$mm，$A_4 = 3_{-0.04}^{0}$ mm，$A_5 = 5$mm，A_4 为标准件挡圈的尺寸，试按极值法求各组成环的公差及上、下偏差。

解： ① 建立装配尺寸链，如图 6.10 所示，其中 A_1 是增环，A_2、A_3、A_4、A_5 是减环。

② 确定各组成环公差。根据完全互换法原则（见式（6-1）），组成环的平均公差为

$$T_{mean} = \frac{T_0}{n-1} = \frac{0.35-0.1}{6-1} = 0.05(\text{mm})$$

根据实际情况确定，$T(A_1) = T(A_3) = 0.06\text{mm}$，$T(A_2) = T(A_5) = 0.045\text{mm}$，$A_4$ 为标准件，所以 $T(A_4) = 0.04\text{mm}$。

以 A_3 为协调环，其他各组成环按入体原则标注上、下偏差，得到

$$A_1 = 43^{+0.06}_{0}, \quad A_2 = 5^{0}_{-0.045}, \quad A_4 = 3^{0}_{-0.04}, \quad A_5 = 5^{0}_{-0.045}$$

计算 A_3 的上、下偏差，可得

$$\text{EI}(A_3) = -0.16\text{ mm}, \quad \text{ES}(A_3) = -0.10\text{mm}$$

所以 $A_3 = 30^{-0.10}_{-0.16}$。

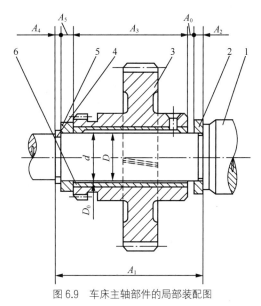

图 6.9　车床主轴部件的局部装配图

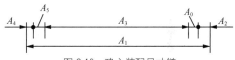

图 6.10　建立装配尺寸链

（2）不完全互换法（统计互换法）

所有合格零件在装配时，无须选择、修配或改变其大小、位置，装入后即能使绝大多数装配对象达到装配精度的方法，被称为不完全互换法。不完全互换法中相关零件公差值平方之和的平方根小于或等于装配公差，即

$$T_0 \geqslant \sqrt{\sum_{i=1}^{n} T_i^2} = \sqrt{T_1^2 + T_2^2 + \quad + T_n^2} \tag{6-2}$$

不完全互换法实质是零件按照经济精度制造，零件的公差可以放大些，使加工容易而经济，同时会有少数被装配的制品不符合装配精度要求，但是这为小概率事件，总体经济、可行。不完全互换法适用于大批量生产条件下，装配精度要求高、组成环较多的尺寸链中。但需要考虑好补救的措施，或者事先进行经济核算来论证可能生产废品所造成的损失小于因零件制造公差放大而得到的增益。这些问题解决后，那么，不完全互换法就值得采用。

2. 选配法

在成批或大量生产条件下，若组成零件不多而装配精度很高时，采用完全互换法或不完全互换法，都将使零件的公差过严，甚至超过了加工工艺的现实可能性，例如内燃机的活塞与缸套的配合、滚动轴承内外环与滚珠的配合等。在这种情况下，就不宜甚至不能只依靠零件的加工精度来保证装配精度，而可以用选配法。

选配法是将配合件中各零件仍按经济精度制造（即制造公差放大了），然后选择合适的零件进行装配，以保证装配精度的一种装配方法。选配法按其形式不同可分为直接选配法、分组装配法及复合选配法。

（1）直接选配法

直接选配法是指由装配工人在许多待装配的零件中，凭经验挑选合适的互配件装配在一起。这种方法在事先不将零件进行测量和分组，而是在装配时直接由工人试凑装配，挑选合适的零件，故称为直接选配法。其优点是简单，但工人挑选零件可能要耗费较长时间，而且装配质量在很大程度上取决于工人的技术水平。因此这种选配法不宜用在节拍要求严格的大

批量流水线装配中。

（2）分组装配法

分组装配法是指事先将互配零件测量和分组，装配时按对应组进行装配，以达到装配精度要求。该方法适用于大批量生产中对装配精度要求高、组成环数少的装配尺寸链中。

这种选配法的优点有以下几点：

① 零件加工公差要求不高，而能获得很高的装配精度。

② 同组内的零件仍可以互换，具有互换法的优点，故该方法又称为"分组互换法"。

这种选配法的缺点有以下几点：

① 增加了零件存储量。

② 增加了零件的测量、分组工作并使零件的存储、运输工作复杂化。

图 6.11 为轴和孔的分组装配示例。从图 6.11 中可以看出，通过分组装配可以提高装配精度，同时通过公差放大可以降低装配零件的加工精度即降低加工成本。

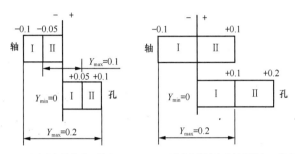

（a）通过分组提高装配精度　（b）通过公差放大降低零件加工精度

图 6.11　轴和孔的分组装配示例

采用分组装配的注意事项如下。

① 配合件的公差应相等，公差的增加要同一方向，增大的倍数就是分组数。这样才能在分组后按对应组装配而得到既定的配合性质（间隙或过盈）。

如图 6.12 所示，以轴与孔动配合为例，设轴与孔的公差按完全互换法的要求分别为 $T_{轴}$、$T_{孔}$，并令 $T_{轴} = T_{孔} = T_0$，装配后得到最大间隙为 S_{imax}，最小间隙为 S_{imin}。

由于公差 T 太小，加工困难，故用分组装配法。为此，将轴、孔公差在同一方向放大到经济可行地步。设放大了 n 倍，即 $T' = nT$。零件加工完后，将轴与孔按尺寸分为 n 组，故每组公差为 $T = \dfrac{T'}{n}$。装配时按对应组装配，以第 k 组为例，轴、孔对应组装配后最大与最小间隙为 $S_{kmax} = [S_{1max} + (k-1)T_{孔} - (k-1)T_{轴}] = S_{1max}$ 和 $S_{kmin} = [S_{1min} + (k-1)T_{孔} - (k-1)T_{轴}] = S_{1min}$。

可见，无论哪一个对应组，装配后得到的配合精度与性质不变，都满足原设计要求。

如果轴与孔的公差不相等，就不能使各组获得相同的配合性质。

② 配合件的表面粗糙度、形位公差必须保持满足原设计要求，不能随着公差的放大而降低表面粗糙度要求和放大形位公差。

③ 要采取措施，保证零件分组装配中都能配套，不产生某一组零件由于过多或过少，无法配套而造成积压和浪费。

按照一般正态分布规律，零件分组后，各组配合件的数量是基本相等

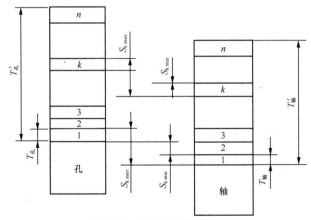

图 6.12　轴与孔分组装配图

的。以轴和孔配套为例，其配套情况如图 6.13（a）所示。但由于某种工艺因素而造成尺寸分布不是正态分布，如图 6.13（b）所示。因而在零件分组后，对应组的零件数量不等，造成某

些零件过多或过少现象，这种现象在实际生产中往往难以避免，需要采取措施予以解决。例如，一种办法是采取分组公差不等的方法来平衡对应组的零件数量，如图 6.13（c）所示，但必须先分析由此而造成配合精度降低的情况是否允许；另一种办法是在聚集相当数量的不配套零件后，专门加工一批零件来配套。

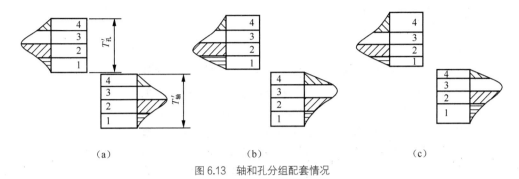

图 6.13 轴和孔分组配套情况

④ 分组数不宜过多，否则将使前述两项缺点更加突出而增加费用。

⑤ 应严格组织对零件的精密测量、分组、识别、保管和运送等工作。

由上述可知，分组装配法只适用于对装配精度要求很高，组成件很少（一般只有两三个）的情况下。作为分组装配法典型案例的是，大量生产滚动轴承的工厂为了不因前述缺点而造成过多的人力和费用的增加，一般采用自动化测量和分组等措施。

（3）复合选配法

复合选配法是上述两种方法的复合形式，即零件预先测量、分组，装配时再在各对应组中凭工人经验直接选配。这一方法的特点是配合件的公差可以不相等。由于在分组的范围中直接选配，因此既能达到理想的装配质量，又能较快地选择合适的零件，便于保证生产节奏。在汽车发动机装配中，气缸与活塞的装配大多采用这种方法。一般汽车与拖拉机发动机的活塞均由活塞制造厂大量生产供应，同一规格的活塞，其裙部尺寸要按椭圆的长轴分组。

3. 修配法

在单件生产中，当对装配精度要求高且组成件多时，完全互换法或不完全互换法均不能采用。例如，车床主轴顶尖与尾架顶尖的等高性、六角车床转塔的刀具孔与车头主轴的同轴度都要求很高，而它们的组成件都较多。假使采用完全互换法，则有关零件的尺寸精度势必达到极高的要求；若采用不完全互换法，则由于公差值放大不多也无济于事，在单件生产条件下更无条件采用不完全互换法，在这些情况下修配法将是较好的方法且被广泛采用。

通常，修配法是指在零件上预留修配量，在装配过程中用手工锉、刮、研等方法修去该零件上的多余部分材料，使装配精度满足技术要求。修配法的优点是能够获得很高的装配精度，而零件的制造精度要求可以放宽。其缺点是增加了装配过程中的手工修配工作，劳动量大，工时又不易预测，不便于组织流水作业，而且装配质量依赖于工人的技术水平。

采用修配法时应注意以下几点。

（1）正确选择修配对象。首先应选择那些只与本项装配精度有关而与其他装配精度项目无关的零件作为修配对象，然后选择其中易于拆装且修配面不大的零件作为修配件。

（2）应该通过计算，合理确定修配件的尺寸及其公差，既要保证它具有足够的修配量，又不要使修配量过大。

为了弥补手工修配的缺点，应尽可能考虑采用机械加工的方法来代替手工修配，例如采用电动或气动修配工具，抑或用"精刨代刮""精磨代刮"等机械加工方法。

在这种思想上进一步发展，人们创造了所谓"综合消除法"或称"就地加工法"。这种方法的典型例子是：转塔车床对转塔的刀具孔进行"自镗自"，这样就直接保证了符合同轴度的要求。其因为装配累积误差完全在零件装配结合后，以"自镗自"的方法予以消除，故而得名。这种方法广泛应用于机床制造中，如龙门刨床的"自刨自"，平面磨床的"自磨自"，立式车床的"自车自"等。

此外还有合并加工修配法，它是将两个或多个零件装配在一起后进行合并加工的一种修配方法，这样可以减少累积误差，从而也减少了修配工作量。这种修配法的应用例子也较多，例如将车床尾架与底板先进行部装，再对此组件最后精镗尾架上的顶尖套孔，这样就消除了底板的加工误差。由于尾架部件从底面到尾架顶尖套孔中心的高度尺寸误差减小，因此在总装时，就可减少对底面的修配量，达到车床主轴顶尖与尾架顶尖等高性这一装配精度要求。又如万能铣床工作台和回转盘先行组装，再合并在一起进行精加工，以保证工作台与回转盘底面有较高的平行度，然后作为一体进入总装，最后满足主轴回转中心线对工作台的平行度要求，由于减少了加工累积误差，因此在总装时修配劳动量大为减轻。

由于修配法有其独特的优点，又采用了各种减轻装配工作量的措施，因此除了在单件生产中被广泛采用外，在批量生产中也采用较多。至于合并法或综合消除法，其实质都是减少或消除累积误差，这类方法在各类生产中都有应用。

4．调整法

调整法与修配法在原则上是相似的，但具体方法不同。这种方法是用一个可调整的零件，在装配时调整它在机器中的位置或增加一个固定尺寸零件（如垫片、垫圈、套筒等）以达到装配精度的。上述两种零件都起到补偿装配累积误差的作用，故称为补偿件；相应地，这两种调整法分别称为可动补偿件调整法和固定补偿件调整法。

图 6.14 表示了保证装配间隙（以保证齿轮轴向游动的限度）的三种方法：①互换法，即以尺寸 A_1、A_2 的制造精度保证装配间隙 A_0；②加入一个固定的垫圈来保证装配间隙 A_0；③加入一个可动的套筒来达到装配间隙 A_0。

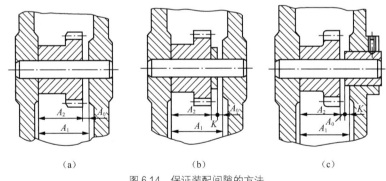

（a）　　　　　　　　（b）　　　　　　　　（c）

图 6.14　保证装配间隙的方法

调整法的优点有以下几点：

① 能获得很高的装配精度，尤其是在采用可动件调整法时，可达到理想的精度，而且可以随时调整由于磨损、热变形或弹性变形等原因所引起的误差。

② 零件可按经济精度要求确定加工公差。

调整法的缺点有以下几点：

① 往往需要增加调整件，这样就增加了零件的数量，也增加了制造费用。

② 应用可动调整件时，往往要增大机构的体积。

③ 装配精度在一定程度上依赖于工人的技术水平，对于复杂的调整工作，工时较长，时间较难预测，因此不便于组织流水作业。

因此调整法的应用，应根据不同机器、不同生产类型予以妥善考虑。在大批量生产条件下采用调整法，应该预先采取措施，尽量使调整方便、迅速。例如用调整垫片时，垫片应准备几档不同规格。以图 6.1 所示 RV 减速器为例，在进行行星架装配时，操作员可分组选择调整垫圈，调整垫圈可分五组供料，操作员将调整垫圈安装到右行星架上（见图 6.15），再将轴承注脂、加热并压装到行星架上。

图 6.15　调整垫圈分组装配

调整法进一步发展，于是出现了"误差抵消法"。这种方法是在装配两个或两个以上的零件时，调整其相对位置，使各零件的加工误差相互抵消以提高装配精度。例如，在安装滚动轴承时，可用这个方法调整径向跳动。这是在机床制造业中常用来提高主轴回转精度的一个方法，其实质就是调整前后轴承偏心量（向量误差）的互相位置（相位角）。又如滚齿机的工作台与分度蜗轮的装配也可用这个方法抵消偏心误差以提高其同轴度。

这种方法再进一步发展，又出现了"合并法"，即将互配件先行组装，经调整，再进行加工，然后作为一个整体进入总装，以简化总装配工件，减少误差的累积。例如，分度蜗轮与工作台组装后再精加工齿形，就可消除两者的偏心误差，从而提高滚齿机的传动链精度。

6.2.2　结合面装配刚度保证方法

宏观上完全接触的两个表面，实际上不是绝对光滑的表面，而是由多个微凸体组成的粗糙表面。因此，在微观上，两结合面间实际上是两粗糙表面上微凸体与微凸体之间的接触，微凸体之间的接触行为将直接影响其宏观接触特性。结合面之间的接触行为在很大程度上影响机械系统的摩擦和磨损、传输精度和检测精度，并直接影响机器的性能和寿命。

以机床为例，其整机系统由刀具、主轴、立柱、床身、工作台等结构组成，构件之间形成大量结合面，破坏了机床结构的连续性。研究表明，机床中结合面的刚度占机床总刚度的 $60\% \sim 80\%$，结合面引起的变形量占机床总静变形量的 $85\% \sim 90\%$，结合面的接触阻尼占机床全部阻尼的 90% 以上。因此，结合面特性对整机的性能至关重要，结合面动静态特性的准确预测是整机性能预测的基础，结合面性能的合理设计是提高整机性能的关键。装配零件的刚度及抗振性会直接影响其配合与接触质量，从而影响到整个产品的精度，因此，提高零件间配合面的接触刚度有利于提升产品装配精度。

1．固定结合面

固定结合面主要通过螺纹连接实现，包括螺栓-螺母连接和螺钉-螺孔连接，结合部的连接刚度包括结合面的接触刚度和螺钉连接刚度。假设实际接触压强变动范围较小，则可用平均压强表示宏观作用区域，区域内的法向总接触刚度为单位面积法向接触刚度与宏观作用区域名义面积的乘积。

$$k_{\mathrm{n}} = \alpha \cdot p_{\mathrm{e}}^{\beta} \tag{6-3}$$

$$K_{\mathrm{n}} = 1.0 \times 10^6 \cdot k_{\mathrm{n}} \cdot S_{\mathrm{e}} \tag{6-4}$$

式中：k_{n}——单位面积法向接触刚度（N/μm/mm²）；p_{e}——面元内的平均接触压强（MPa）；α、β——与结合面材料和加工方式有关的常数；K_{n}——法向总接触刚度（N/m）；S_{e}——名义接触面积（mm²）。

固定结合面的刚度除了与螺钉刚度、数量、分布方式相关外，结合面尺寸、结合面上的静载荷以及结合面粗糙度对其也有一定的影响，接触面刮研质量直接影响结合面粗糙度。车床主轴箱与床身固定结合面是重要结合面，床身接触面为刮研面，主轴箱底面是精刨面，紧固后由于机加工表面宏观不平的影响，只有少数硬点与机加工表面接触，使该结合面接触刚度低，机床动刚度低，抗振性能差，同时接触点磨损快，机床精度不稳定。

利用振动研点法，又称就位研点法，即先对普通车床主轴箱与床身结合面使用传统刮研法加工，然后将主轴箱与床身紧固，启动拖动发电机，这时紧固后的结合面出现振动摩擦，接触的少数硬点会显示出来，然后对硬点刮削，让更多的高点参与接触。这时的刮研表面不再是平面，刮研表面与精刨表面的接触，就像人的上下牙齿咬在一起，可消除宏观不平的影响。此时的接触硬点分布均匀，随着刮研次数增多，每平方英寸接触点数量也会增加，接触变形不断减小，最终满足接触刚度要求。

2. 动结合部

动结合部，也称可动结合面，就是两接触物体能够发生宏观移动。它广泛存在于机床结构中，是研究机床进给系统和整机动态特性的关键因素之一。动结合部的种类很多，常见的有轴承副、丝杠-螺母副、导轨-滑块副、滑动导轨、静压导轨、静压丝杠副等。

（1）轴承副

轴承刚度为轴承内外圈产生的单位相对弹性位移量所需外加载荷，其表达式为

$$K_{\text{bearing}} = \frac{\mathrm{d}F}{\mathrm{d}\delta} \tag{6-5}$$

轴承刚度是衡量轴承使用性能的一项指标，分为径向刚度、轴向刚度、角刚度。预紧力是影响轴承装配刚度的重要因素之一，以主轴常用角接触轴承为例，其预紧量大小 δ_a 计算公式为

$$\delta_a = \frac{0.002}{\sin\alpha}\sqrt[3]{Q^2/d_\theta} \tag{6-6}$$

$$Q = F_a\sin\alpha/Z \tag{6-7}$$

式中：F_a——主轴系统的设计轴向负荷（N）；Z——轴承滚动体数；α——轴承接触角；d_θ——滚动体直径（mm）。

轴承径向刚度计算经验公式为

$$K_r = 17.8\times(Z^2 d_\theta)^{1/3}\frac{\cos^2\alpha}{\sin^{1/3}\alpha}F_a \tag{6-8}$$

轴承的刚度与其预紧力的大小有一定的关系，轴承预紧力与其支承刚度的变化关系以及预紧力与主轴静刚度变化关系分别如图 6.16 和图 6.17 所示。由分析结果可知，轴承的支承刚度与主轴静刚度随预紧力的增大而增大。

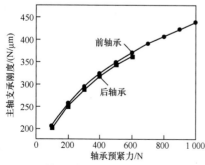

图 6.16　轴承预紧力与其支承刚度的变化关系

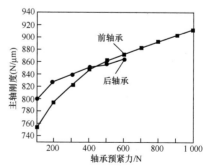

图 6.17　轴承预紧力与主轴刚度的变化关系

（2）丝杠-螺母副

对于丝杠-螺母副来说，最重要的是其轴向刚度，其大小直接影响进给系统的动态性能。决定丝杠-螺母副轴向刚度的主要因素包括结构类型、预紧方式和轴向负载。

（3）导轨-滑块副

对于导轨-滑块副来说，其刚度是指导轨-滑块副在受到一定载荷时，其载荷与变形量的比值。导轨-滑块副的刚度决定了其抵抗受力变形的能力，主要包括弯曲刚度和扭曲刚度两个方面。弯曲刚度是指导轨在承受垂直方向力作用时的抗弯刚度；扭曲刚度是指导轨在承受横向力作用时的抗扭刚度。导轨-滑块副刚度越大，变形越小，导轨-滑块副在运动过程中的精度和稳定性就越好。按轨面摩擦性质，导轨可分为滑动导轨、滚动导轨、液体静压导轨、气浮导轨等。滑动导轨结构简单，刚性好，但摩擦阻力大，对轨面刮研质量要求高；滚动导轨摩擦系数小，不易出现爬行现象，但刚度低，阻尼小。

6.2.3 无应力/小应力装配

零部件装配基准面的形位精度是引起装配应力的根本因素，装配之前各零部件的形位误差经过检验都能达到精度要求，但是装配时各零部件结合表面形位精度的存在（结合面"高""低"点的配合），导致所需精度（或工艺）要求达不到，需要施加额外的螺栓拧紧力来实现，从而产生装配应力。在航空航天领域，国内外航空公司都聚焦于采用无应力/小应力装配，即在部件装配的过程中，对组合部件的锚固扭矩大小及锚固次序进行合理的设计，以实现对组合部件的合理预加载，进而实现对组合部件的有效调控与降低组合部件的组装应力，提升组合部件的力学性能与疲劳性能，提升飞行器的安全性和可靠性。

新一代飞机复合材料机体的装配也要求严格控制装配应力水平。复合材料比强度、比刚度高，且具有优异的疲劳性能和耐介质腐蚀性能，被大量用于新一代飞机机体结构中，如机体的壁板、翼梁、翼肋等。复合材料构件由多层材料铺叠而成，具有各向异性的特点，且脆性强，耐冲击性、耐压性较差，在受到外力时容易分层，其层间的应力分布状况直接影响其寿命和可靠性。因此，研究学者提出了面向飞机复合材料结构装配应力控制的少无应力装配方法。该方法主要包括精益化工艺补偿、基于力控制的装配策略以及基于数值仿真的装配应力评价与优化等内容。

1. 精益化工艺补偿

由于零件外形制造误差、工装定位误差等因素，在飞机装配中零件之间或零件与工装间的配合特征会出现形状、尺寸不协调的状况，如配合面间隙（或干涉）、配合孔轴线不协调等。相比金属构件，复合材料构件外形几何尺寸波动更大，装配中更易出现配合特征不协调现象。为避免零件强迫装配产生装配应力，我们需采用工艺补偿措施，对配合特征的几何不协调进行修正。以 A350 复合材料机翼壁板装配为例，精益化工艺补偿技术涉及以下方面。

（1）对翼壁板与翼肋的配合面外形进行快速、精确测量，并拟合配合面间隙和干涉的三维形状数据。

（2）根据间隙和干涉的形状数据生成柔性机器人末端执行器的运动轨迹，柔性机器人在零件表面对应间隙处自动精确地施加垫片，同时利用装有铣削刀具的柔性机器人在零件表面对应干涉处进行自动铣削。

2. 基于力控制的装配策略

在装配过程中，通过限制零件所受的装配应力值来进行装配的方法，被称为基于力控制的装配策略。图 6.18 所示为自适应无应力装配技术，首先通过将精密力传感器集成至自动化柔性工装，形成一种可根据装配力变化进行自动调整的自适应工装，然后在自适应工装定位构件时，依靠工装的自适应功能来减小或消除构件的强迫装配变形，从而减小甚至消除构件的装配应力。

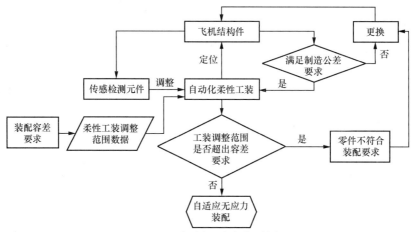

图 6.18 自适应无应力装配技术

飞机在装配过程中，需进行各部件的对合装配，例如在对接机身大部件时，需保证对接部件具有正确且准确的位置和姿态，柔性对接工装 POGO 柱是一种常用的调姿装置，如图 6.19 所示。为实现无应力/小应力装配，我们可在各 POGO 柱的支承部位安装力传感器，以实现对接过程中机身部件装配力的实时监测。当装配力超过限值时，易产生装配应力，此时操作员需要进行工艺补偿和调整，保障构件装配力自适应控制。

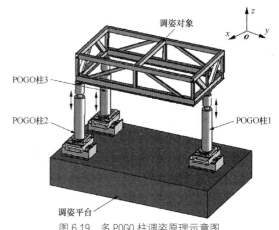

图 6.19 多 POGO 柱调姿原理示意图

6.2.4 其他装配性能要求

密封性是机械设备使用过程中必须保证的性能之一，如密封性出了问题，会导致漏油、漏气，造成浪费的同时污染环境，反之外界物质进入设备内会造成零件损坏、发生故障，严重影响生产安全。如何保证装配工艺中的密封性？

1. 选用合适的密封材料

常用的密封材料有橡胶、塑料、金属、密封胶等，其中橡胶耐压、耐高温性能不高，塑料耐压能力较好，但不耐高温，金属耐高温且耐高压。静密封时，可用液态密封胶，其可分为干性附着型、干性可剥型、非干性黏型和半干性黏弹性型。干性附着型密封胶涂覆后，溶剂挥发，可牢固附着于结合面上，耐热、耐压，不耐冲击且不可拆卸；干性可剥型密封胶涂覆后，形成薄膜，具有一定弹性，附着严密、耐振动、可剥离；非干性黏型密封胶涂覆后，黏性长期保持，耐冲击、耐振动、可剥离；半干性黏弹性型密封胶，同时具有干性和非干性的优点。

2. 合理配合，均匀压紧

当采用螺纹进行连接时，如果压紧度不够时会引发泄漏或在工作中使用一段时间后，由于振动会造成螺钉松动、拉长进而丧失压紧。对于静密封垫片，丧失弹力会引起垫片密封失效；对于动密封来讲，会带来一起发热、磨损加剧、摩擦功率加大等不良效果。

3．采用合理的密封结构

以主轴装配为例，其装配工艺为轴承与主轴轴颈过盈配合安装到主轴，冷却套与主轴箱装配，然后把轴承和冷却套间隙配合安装到一起，最后安装预紧装置和密封装置。主轴工作时，夹带大量杂质的切削液喷射到主轴，如果轴承密封不严，大量切削液进入轴承，将加速主轴轴承的磨损，降低主轴回转精度。

6.3　数字化装配技术

数字化装配技术

回顾工业的发展，装配技术经历了从人工装配、半自动化装配、自动化装配到数字化装配的发展历程。在 20 世纪 80 年代，由于现代网络的兴起，加上计算机技术的不断发展，美国波音、洛克希德·马丁公司，还有欧洲的空客公司这些大型飞机公司都陆续地对飞机数字化装配技术进行应用。数字化装配在保证装配质量的前提下，满足机体长寿命要求，同时提高了装配的生产效率，如图 6.20 所示。

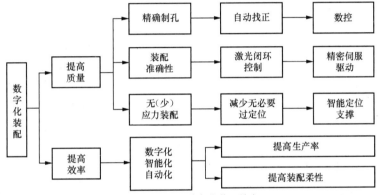

图 6.20　飞机数字化装配特点

数字化装配已在多种产品成功应用，典型的有波音 787、A380 与 JSF 等。洛克希德·马丁公司在进行 JSF 战斗机研制过程中，将每架飞机的生产周期由之前的 15 个月缩短到了 5 个月，把工装数量从 350 个降低到 19 个，实现降低成本 1/2。采用数字化装配技术后，取消了大部分的制孔工具与工装，利用较为先进的龙门钻削系统，并充分利用激光定位、电机驱动的精密制孔，提高孔的质量，最终节省九成以上的时间。美国波音 787 客机的装配连接中，充分应用复合材料，根据复合材料的力学性能特点，对其连接技术进行改善。根据此应用需求以及钻孔需求，波音公司与其他公司合作研制了专用的自动化钻孔铆接设备与技术，从而提高波音 787 的装配质量与速度，同时也降低了成本。另外，波音 787 还在总装过程中采用了 iGPS 系统，使多用户、大尺度、高精度的测量成为可能。波音公司还采用了数字化的壁板装配系统，对电磁铆接技术与柔性装配工装进行集成，解决了大型构件自动化装配面临的困难。进入 21 世纪，制造已经步入数字化时代，工程设计通过 CAD 来定义，工艺设计通过 CAPP 进行数字化仿真，工艺装备设计通过数字化定义和发放，质保通过数字化技术进行测量，零件制造可以实现全方位的数控加工，装配大面积采用数字量传递技术。

6.3.1　数字化装配的定义

数字化装配的定义为利用数字化现实技术、计算机图形学、人工智能技术和仿真技术等构造数字化现实环境和产品数字模型，从而在产品装配过程中通过交互分析，规划与仿真装配过程和装配结果，可以克服传统装配工艺设计中主要依赖人的装配经验和知识，以及设计难度大、效率低、优化程度低等问题。通过建立一个高逼真度的多模式（包括视觉、听觉、触觉等）交互装配操作仿真环境，装配人员在计算机虚拟环境中交互地建立产品零部件的装配顺序、路径，选择工具、卡具和装配操作方法，并通过多种传感器装置分析装配过程中的各种人机工程问题，可视化和可感知地分析工艺方法的优劣与实用性，最终得到一个合理、经济、实用且符合要求的装配方案，从而达到优化产品设计、减少物理模型制作、缩短产品开发周期、降低开发风险和成本、提高装配人员的培训和操作速度、提高装配质量和效率的目标。

与传统装配相比，数字化装配的重点在于直观的人机交互，通过直接操作和自然命令完成装配操作。它不仅能够检验、评价、预测产品的可装配性，而且能够面向装配过程提供直观、经济的规划方法。

数字化装配技术不仅仅是利用信息化的手段将软、硬件设备进行简单的连接和展示，还是融合整个设计、制造的数字化过程。数字化装配以产品数据集为中心，以数字量传递为基础，综合了数字化装配工艺规划、数字化测量、数字化工艺仿真等技术，在装配过程中控制、保证装配性能和生产效率。

数字化装配的流程如图 6.21 所示。

1. 工艺数据模型构建

基于产品 3D 模型数据，整合设计数据（engineering bill of material，EBOM）、工艺数据（process bill of material，PBOM）、装配要求与标准、装配工艺等构建工艺数据模型。

2. ABOM 构建

在 PBOM 基础上增加外购件和外供件，构建装配物料清单（assembly bill of material，ABOM）。

3. 装配工艺规划

装配工艺规划包括装配序列和路径规划。装配工艺规划需建立相关零组件与装配工艺、工序、设备、工装之间的关系，规划零组件装配顺序，制定装配工艺细节技术要求。

4. 装配工艺仿真

在计算机中进行虚拟装配，通过装配工艺路径、装配顺序仿真，重点对装配过程是否发生干涉进行检查，避免零件尺寸、工艺装备尺寸、装配顺序以及装配路径不合理所导致的干涉问题。

采用装配精度或装配性能仿真，可根据产品装配所需的各类零部件的实测数据（如几何尺寸及公差、质量、偏心量等），确定合理的工艺参数，从而保证各零部件装配的高效配合及连接状态、同轴度或平衡性等性能要求。

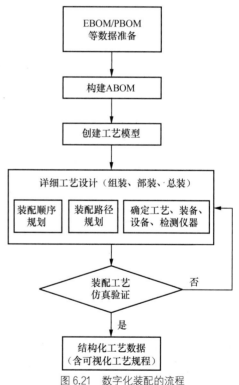

图 6.21　数字化装配的流程

6.3.2　数字化装配关键技术

1. 装配顺序规划

装配顺序由零件之间的几何关系、物理结构及功能决定。规划装配顺序时要注意，应满足以下几个条件：装配模型直接推导出装配序列的难易程度，装配序列的各种表达方法之间是否易于实现变换，装配序列各工序的关系是否表达清楚，能否保证装配序列的完整性以及正确性，装配序列表达所需的存储空间。

装配顺序规划是研究装配序列的生成，找出能把零件装配成产品且满足约束条件（如几何、工艺、工具等）的顺序。图 6.22 所示为基于几何推理和知识相结合的装配顺序规划过程。从产品装配模型开始，对局部进行拆卸，每拆卸完一个零件后，更新原装配模型，并确定下一个待拆卸零件。对每一组候选零件，在满足局部拆卸可行性和全局可行性的基础上，根据装配时间估计确定最优待拆卸零件，在三维环境下进行可视化地拆卸，记录拆卸顺序和路径，如此反复。最后将拆卸序列反演，便得到产品的最优装配顺序。

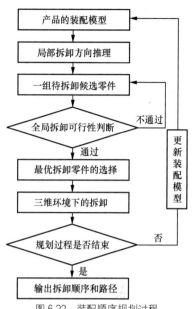

图 6.22 装配顺序规划过程

2. 装配路径规划

装配路径是零部件在数字化装配空间中的运动轨迹。装配路径规划是基于装配建模和装配顺序规划，利用装配信息进行路径分析和求解，判断并生成合理的装配运动路径。装配路径规划的目的是实现无碰撞、无干涉装配，起到保护零件和更快捷、更有效的装配作用。

3. 碰撞与干涉检查

碰撞与干涉检查是对产品结构和装配规划进行干涉检查，检查产品的可装配性，对装配过程中零部件之间或工具与零部件之间可能发生的碰撞以及对产品在正常运转中可能发生的碰撞进行动态检查。碰撞检查的原理是在离散的时间点上，对有可能发生干涉的空间内物体的面、边或体进行相交检查。如图 6.23 所示，通过对装配路径进行干涉和间隙体积计算，完成碰撞与干涉检查，避免物理之间的相互穿透和彼此重叠等不真实现象。

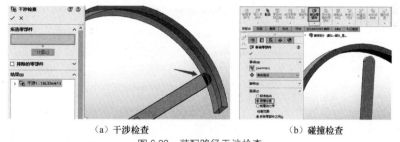

（a）干涉检查　　　　　　　　　　　（b）碰撞检查

图 6.23 装配路径干涉检查

4. 实时图形处理技术

应用实时图形处理技术可减少数字化装配系统的运行时间，提高工作效率。目前，常用的实时图形处理软件有 CAD 软件，如 Unigraphics、Pro/Engineering 和 CATIA 等，可支持复杂产品的数字化装配。

5. 数字化装配实例

【例 6.2】 涡轮泵是航天发动机中的关键部件产品，装配工艺复杂、难度大，可利用装配数字化技术进行交互式工艺规划和仿真，并自动生成装配工艺规程，图 6.24～图 6.26 分别为基于 SolidWorks 的装配工艺规划及仿真界面、装配工艺规程制定以及基于虚拟现实的虚拟装配系统界面。虚拟装配系统具有真实感、沉浸性、交互作用强等特性，借助 VR 外设（如数据手套等）像操作真实产品一样来进行产品的装配，检验装配性能。利用可视化技术、仿真技术、装配技术和决策理论等，在完成零件设计后，将零件几何信息、拓扑信息和装配信息等输入虚拟环境，对产品进行装配模拟、检验和评估，对不合理的结构进行设计改进，并辅助进行与装配有关的工程决策，最后确定实际产品设计方案和装配工艺方案。

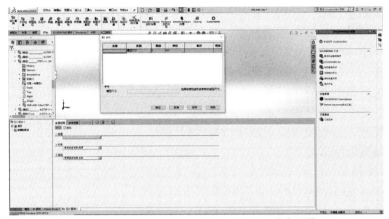

图 6.24　基于 SolidWorks 的装配工艺规划及仿真界面

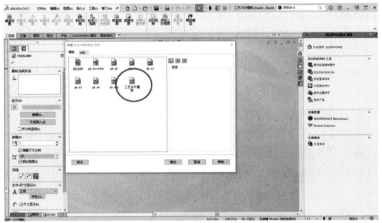

图 6.25　装配工艺规程制定

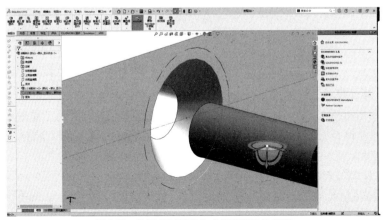

图 6.26　基于虚拟现实的虚拟装配系统界面

【例 6.3】传统的飞机制造一般采用模线样板—标准样件为制造协调依据，以模拟量进行协调的工作方法。将数字化技术融入飞机装配技术中，形成飞机数字化装配模式。飞机数字化装配涉及工艺设计与管理、柔性装配工装、自动化装配系统、自动钻铆、数字化装配检测与试验、生产线规划与管理、虚拟现实等技术。

自动化装配技术

6.4　自动化装配技术

6.4.1　自动化装配的定义

自动化装配是利用自动化设备和手段，通过执行机构，使装配过程中各零部件按预先规定的程序自动地进行装配，无须人工直接干预，装配过程实现自动化操作的装配方式。

传统手工装配方法多依靠工人经验，费时费力，装配效率和装配质量依赖于装配工人的熟练程度。自动化设备可快速、准确地完成装配任务，装配效率高；另外，自动化装配减少了人工操作，不仅降低了人力成本，还减少了人为操作失误的发生，减少了人为因素对产品质量的影响，降低装配成本的同时，保证了产品质量。除此之外，自动化装配时相关自动化设备具有较高的稳定性和可靠性，可保证长时间、连续、安全作业，提高了装配生产的稳定性和可靠性。

6.4.2　自动化装配关键技术

本小节以图 6.27 所示某企业精密机器人 RV 减速器装配线为例，介绍自动化装配相关关键技术。

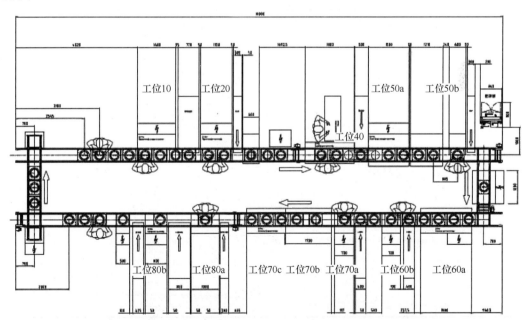

工位 10（ST10）—行星架拆卸工位；工位 20（ST20）—行星架装配工位；工位 40（ST40）—摆线轮安装工位；
工位 50（ST50）—圆锥滚子轴承外圈压入；工位 60（ST60）—减速机预装工位；
工位 70（ST70）—螺栓和定位销钉安装工位；工位 80（ST80）—总装工位。

图 6.27　精密机器人 RV 减速器装配线

自动化装配的内容一般包括储料、传送、给料、装入、连接和检测等。下面针对其关键技术进行介绍。

1. 给料与传送

自动给料包括装配件的上料、定向、隔料、卸料等。自动传送是指装配零件由给料口向各个装配环节或在不同装配工位间进行自动传输，然后在装配工位上完成相应装配作业，最终完成整个装配过程。自动传送装置主要有回转工作台、链式传送装置、非同步的夹具式链传送装置等。自动传送按装配工件在工位间的传送方式，分为连续传送和间歇传送。其中，连续传送是指工件或夹持有工件的随行夹具，在装配机或装配线上恒速传送，装配机或操作人员跟随工件在一定范围内移动，并完成相应的装配作业。间歇传送是指工件在装配机或装配线上按节拍进行传送，在工件静止时进行装配作业。

以图 6.28 所示机器人 RV 减速器装配中拆卸工位为例，该图中各序号对应机构名称如表 6.2 所示。其中序号 5 为传输线，操作员触摸启动按钮，工件托盘在输送线上移动到相应的工作位，并完成相应装配动作。

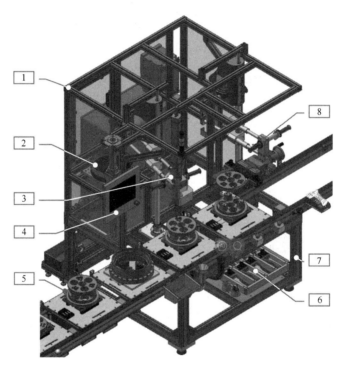

图 6.28　机器人 RV 减速器装配中拆卸工位

表 6.2　　　　　　　　　　　　　　拆卸工位各部分组成

序号	SAP 编号	名称	序号	SAP 编号	名称
1	0804CZ9372	上机架	5	0804DF6250	输送线&托盘
2	0804CZ9375	感应器系统	6	0804DG4188	换型件暂放位
3	0804CZ9373	拧紧系统	7	0804CZ3962	下机架
4	R911171059	控制面板	8	0804CZ9374	夹紧翻转机构

2. 待装配件的精确定位

　　基础件、配合件和连接件等必须停止在准确的位置，才能顺利完成装配工作，这需要定位机构来保证准确定位。以图 6.29 所示机器人 RV 减速器装配中圆锥滚子轴承外圈压入工位为例，该图中各序号对应机构名称如表 6.3 所示。装配时需将左、右行星架各压入三个外圈，并将针齿壳和摆线轮组件安装到位。外圈压装压力、位置反馈、压装工位应有限位功能，即工件托盘载着相应零部件顺着输送线流入工位，阻挡器将工件托盘停留在该工位的压合位即实现定位，以保证后续压入的正确。

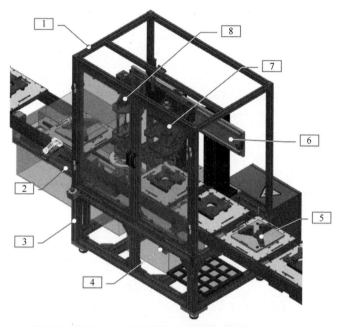

图 6.29　机器人 RV 减速器装配中圆锥滚子轴承外圈压入工位

表 **6.3**　　　　　　　　　　圆锥滚子轴承外圈压入工位各部分组成

序号	SAP 编号	名称	序号	SAP 编号	名称
1	0804CY6471	上机架	5	0804DF6485	输送线&托盘
2	0804DF4893	转运机构	6	0804CY6470	移动机构
3	0804DF4953	下机架	7	0804CY6468	压装机构
4	0804DF4954	视觉系统	8	0804CY6469	抓取&提升机构

3. 装入与连接

　　工件经定向、送进至装配工位后，通过装入机构对准基件进行装入。装入可分为间歇配合、过盈配合、套合、灌入等。螺纹连接是最普遍应用的连接方法之一，螺纹连接自动化包括螺母和螺钉的对准、拧入、拧紧、拧出等。针对图 6.4 中 RV 减速器的销钉和大号螺钉装配，在相应装配工位配有螺钉拧紧机构，如图 6.30 中序号 5 所示，该图中各序号对应机构名称如表 6.4 所示。操作员在装配时，从输送线前端的物料盒取出大号螺钉，并将它们放到行星架组件对应的安装孔位中，然后利用螺钉拧紧装置将螺钉拧入，拧紧顺序根据操作屏提示进行。

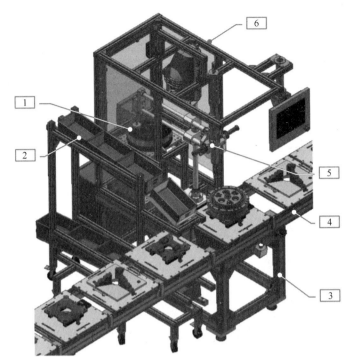

图 6.30　机器人 RV 减速器装配中减速机预装工位

表 6.4　　　　　　　　　　　减速机预装工位各部分组成

序号	SAP 编号	名称	序号	SAP 编号	名称
1	0804DG1433	感应器系统	4	0804DF6491	输送线&托盘
2	0804DG0983	大号螺钉物料盒	5	0804DG1068	螺钉拧紧机构
3	0804DG1067	下机架	6	0804DG1099	上机架

4. 自动检测

从给料、传送、定位到装入、连接，再到装配完成，每个装配环节都需要自动化检测技术的支持。例如传感器技术已成功应用于给料、计数等装配环节，机器视觉可用于装入与连接过程的监测和产品质量的检测。自动化检测可安排在重点装配工位完成装配作业后进行质量检测，也可以用于装配结束后装配误差的分析。上述机器人 RV 减速器装配线配有光电传感器、视觉检测系统、放错检测传感器、扭矩检测等，保证装配过程中零部件正反、位置、数量等安装正确。

思考与练习题

6-1　装配单元分为几个等级？分别是什么？

6-2　过盈装配的常用方法有哪些？

6-3　请分析完全互换法与不完全互换法的不同，各有什么特点？

6-4　影响装配刚度的因素有哪些？

6-5　与传统手工装配相比，自动化装配的优势是什么？

6-6 请查阅相关资料，指出自动化装配应用场景。

6-7 数字化装配的关键技术有哪些？

实践训练题

6-1 如有条件参观一下某企业的自动化装配单元或自动线，提出可进一步提高自动化程度的技术方案，并思考给出未来可智能化的技术需求。

6-2 针对 RV 减速器，利用常用数字化装配仿真软件，如 CATIA、SIMULIA、3DAST、DELMIA 等，对其装配过程进行仿真，完成装配顺序、装配路径规划，以及碰撞、干涉检查和装配精度分析。

6-3 针对单轨双滑块和双轨四滑块的导轨-滑块结合部，根据刚度的定义，请分别设计其结合部刚度测试装置，如加载装置、力和变形量检测仪器等，列出结合部刚度测试主要步骤，实现不同负载下结合部刚度的检测，并分析刚度与装配工艺的关系。

参 考 文 献

[1] 卢秉恒. 机械制造技术基础[M]. 4 版. 北京:机械工业出版社, 2018.

[2] 顾崇衔. 机械制造工艺学[M]. 3 版. 西安:陕西科技出版社, 1991.

[3] 龚定安, 赵孝旭, 高化. 机床夹具设计[M]. 西安:西安交通大学出版社, 1992.

[4] 吴超群, 孙琴. 增材制造技术[M]. 北京:机械工业出版社, 2020.

[5] 闫春泽, 文世峰, 蔡道生, 等. 粉末激光烧结增材制造技术[M]. 武汉:华中科技大学出版社, 2013.

[6] GEBHARDT A, KESSLER J, THURN L. 3D-Drucken Grundlagen und Anwendungen des Additive Manufacturing (AM)[M]. München:Carl Hanser Verlag, 2016.

[7] YANG L, HSU K, BAUGHMAN B, et al. Additive Manufacturing of Metals the Technology, Materials, Design and Production [M]. Gewerbestrasse:Springer International Publishing, 2017.

[8] 张海杰. 一种大吨位三向模锻液压机[J]. 锻造与冲压, 2020 (5):2.

[9] 李玮. 金属船板曲面无模渐进成形技术研究和程序设计[D]. 北京:中国石油大学, 2017.

[10] ALTINTAS Y. Manufacturing Automation-Metal Cutting Mechanics, Machine Tool Vibrations, and CNC Design [M]. 2nd ed. New York:Cambridge University Press, 2012.

[11] KALPAKJIAN S, SCHMID S R, SEKAR V. Manufacturing Engineering and Technology [M]. 7th ed. Singapore:Pearson Publications, 2013.

[12] 陈明, 安庆龙, 刘志强. 高速切削技术基础与应用[M]. 上海:上海科学技术出版社, 2012.

[13] SCHULZ H, ABELE E, 何宁. 高速加工理论与应用[M]. 北京:科学出版社, 2010.

[14] 杨丙乾, 贾晨辉, 吴孜越. 数控机床编程与操作[M]. 北京:化学工业出版社, 2018.

[15] 任同. 数控加工工艺学[M]. 西安:西安电子科技大学出版社, 2011.

[16] 沈钻科. 一种数控车床自动上下料系统的设计[J]. 常州工学院学报, 2020, 33(3):5.

[17] 王睿晟, 彭峰. SPC 在发动机缸体加工孔直径稳定性方面的应用[J]. 时代汽车, 2019, 9(9):3.

[18] 毛新超, 王立华, 李佳奇, 等. 刮研对结合面刚度特性影响研究[J]. 软件导刊, 2020, 19(9):4.

[19] 王亮. 飞机数字化装配柔性工装技术及系统研究[D]. 北京:北京航空航天大学, 2010.